건축재료실험

한천구 감수

한민철·임남기·이건철·이창준·기성훈·한동엽·김종 공저

머리말

건축재료실험은 건축공사에 이용되는 각종 재료의 시험체에 물리 · 화학적으로 변화를 일으킨 후, 그 결과를 분석하는 과정이다. 따라서 이러한 과정에서는 표준화된 방법에 의해 실험을 진행하여야 하며, 이때 이용되는 것이 한국산업표준(Korean Industrial Standards ; KS)이다.

KS는 우리나라 산업 전 분야의 제품(제품표준), 시험(방법표준), 용어(전달표준) 등에 대하여 규정하고 있는데, 2011년 말 기준으로 기본, 기계, 전기, 건설 부문 등 다음 표와 같은 21개 부문, 2만 3천여 종, 20만여 쪽에 이르는 방대한 양이다.

KS의 분류

A: 기본, B: 기계, C: 전기, D: 금속, E: 광산, F: 건설, G: 일용품, H: 식료품, I: 환경, J: 생물, K: 섬유, L: 요업, M: 화학, P: 의료, Q: 품질경영, R: 수송기계, S: 서비스, T: 물류, V: 조선, W: 항공우주, X: 정보

따라서 학생이나 연구원들이 필요한 사항만을 찾아보거나 구하기도 쉽지 않으며, 내용 또한 이해하기 곤란한 점이 많고, 실험과 관련한 경우 실험의 진행 및 결과 판정 등에도 어려운 점이 많다.

그러므로 본서에서는 국내의 건축 관련 전공자들과 실무 종사자들이 필요로 하는 건축재료실험 분야에 대하여 최근의 한국산업규격에 근거하여 알기 쉽도록 정리하였다.

본서의 구성은 제1편 실험일반, 제2편 각종 재료실험, 제3편 각종 데이터 시트로 분류하여 서술하였고, 구조실험이나 환경실험과 관련한 사항은 본서에서 생략하는 것으로 하였다.

본서는 1981년에 서울대학교 정일영 교수, 청주대학교 한천구 교수, 단국대학교 정상진 교수에 의해 최초 집필된 것을 2003년 한천구, 정상진 교수 외 주성대학 윤기원 교수, 청주대학교 한민철 교수, 동명대학교 임남기 교수, 대흥엔지니어링 김성식 박사까지 가세하여 개정 · 증보한 후 그 자료를 토대로 2015년 청주대학교 한민철 교수, 동명대학교 임남기 교수, 한국교통대학교 이건철 교수, 충북대학교 이창준 교수, 동아대학교 기성훈 교수, 경상대학교 한동엽 교수가 새로이 집필진으로 참여하여 본서를 출간하였다.

2015년 개정 출간 이후 새로운 건축재료의 등장, 건축재료의 고성능화, 관련 규격 및 표준 등이 개정됨에 따라 이를 반영할 필요성이 제기되어 전면 개정판을 출간하게 되었고, 청주대학교 김종 교수가 집필진으로 참여하여 공동으로 개정 · 집필을 하였다.

끝으로 귀중한 자료를 흔쾌히 물려준 선배 교수님들께 고마움을 표하고 또한, 출간을 맡아준 기문당 강해작 사장님께도 감사의 마음을 표한다.

2022. 6.

저자대표 한민철

차 례

머리말 3

Part 1 실험일반

제1장 실험 개요 11

1-1 실험 목적 12
1-2 보고서 작성법 12
1-3 실험시 유의사항 13
1-4 실험결괏값 정리법 13
2-1 개 요 21

제2장 재료의 특성실험 21

2-2 물리적 성질 시험 22
2-3 강도 시험 27
2-4 표면 시험 39
2-5 변형과 응력 측정 42
2-6 내구성 시험(Durability test) 50
2-7 방수성 시험 56
2-8 재료의 방화 및 내화실험 61
2-9 기타 시험 72

Part 2 각종 재료실험

제1장 시멘트 85

1-1 개 요 85
1-2 포틀랜드 시멘트 87
1-3 시멘트의 시료채취 방법 91
1-4 시멘트의 밀도 시험 방법 92

1-5 시멘트의 분말도 시험 방법 94
1-6 시멘트의 응결시간 시험 방법 101
1-7 시멘트의 오토클레이브 팽창도 시험 방법 105
1-8 시멘트 모르타르의 압축강도 시험 방법 107
1-9 시멘트 모르타르의 인장강도 시험 방법 112
1-10 시멘트 강도 시험용 표준사(ISO 기준 모래) 117
1-11 시멘트의 기타 시험 방법 118

제2장 골재 119

2-1 개 요 119
2-2 골재의 시료채취 방법 124
2-3 골재의 체가름 시험 방법 127
2-4 잔 골재의 밀도 및 흡수량 시험 방법 132
2-5 굵은 골재의 밀도 및 흡수량 시험 방법 135
2-6 골재의 단위용적질량 및 실적률 시험 방법 137
2-7 잔 골재의 표면수 측정방법 141
2-8 로스앤젤레스 시험기에 의한 굵은 골재의 마모 시험 방법 144
2-9 골재의 안정성 시험 방법 147
2-10 콘크리트용 모래에 포함되어 있는 유기불순물 시험 방법 153
2-11 골재에 포함된 잔입자(0.08 mm체를 통과하는) 시험 방법 155
2-12 골재 중에 함유되어 있는 점토덩어리 양의 시험 방법 157
2-13 기타 골재 시험 159

제3장 콘크리트 161

3-1 개 요 161
3-2 굳지 않은 콘크리트의 시료채취 방법 164
3-3 콘크리트의 슬럼프 시험 방법 167
3-4 굳지 않은 콘크리트의 단위용적질량 및 공기량 시험 방법 (질량방법) 169
3-5 압력법에 의한 굳지 않은 콘크리트의 공기량 시험 방법 172
3-6 콘크리트의 블리딩 시험 방법 177
3-7 관입저항침에 의한 콘크리트의 응결시간 시험 방법 179
3-8 콘크리트의 강도 시험용 공시체 제작 방법 182
3-9 콘크리트의 압축강도 시험 방법 191
3-10 콘크리트의 휨강도 시험 방법(단순보의 3등분점 하중법) 193

3-11 콘크리트의 쪼갬 인장강도 시험 방법 195
3-12 콘크리트 원주 공시체의 정탄성계수 및 포아송비 시험 방법 197
3-13 모르타르 및 콘크리트의 길이변화 시험 방법 201
3-14 기타 콘크리트 시험 204

제4장 시멘트 및 콘크리트제품 205

4-1 개 요 205
4-2 콘크리트 벽돌 206
4-3 속빈 콘크리트 블록 210
4-4 인조석층 평판 215
4-5 기 타 220

제5장 석재 및 점토질 재료 223

5-1 개 요 223
5-2 석재의 시료채취 방법 225
5-3 석재의 밀도 및 흡수율 시험 방법 227
5-4 석재의 압축 강도 시험 방법 229
5-5 점토 벽돌 233
5-6 도자기질 타일 235
5-7 기 타 247

제6장 금속재료 249

6-1 개 요 249
6-2 금속재료 인장 시험편 253
6-3 금속재료 인장 시험 방법 256
6-4 금속재료 굽힘 시험 264
6-5 금속재료의 브리넬경도 시험 방법 268
6-6 금속재료 기타 시험 방법 274

제7장 목 재 277

7-1 개 요 277
7-2 평균 나이테 간격, 함수율 및 밀도 측정방법 278
7-3 목재의 수축률 시험 방법 279
7-4 목재의 흡수량 시험 방법 282
7-5 목재의 압축 시험 방법 283

7-6 목재의 인장 시험 방법 286
7-7 목재의 휨 시험 방법 288
7-8 보통합판 290
7-9 파티클 보드 295
7-10 플로어링 보드 301
7-11 기타 시험 방법 303

제8장 마감 재료 305

8-1 개 요 305
8-2 방수재료 306
8-3 보수재료 351
8-4 미장재료 369
8-5 도장재료 386

Part 3 각종 데이터 시트

각종 데이터 시트 397

Part 1

실험일반

제1장 실험 개요
제2장 재료의 특성실험

제1장

실험 개요

실험이란 어떠한 물건이나 현상이 변화를 일으키게 하여 그 변화를 조사하는 일을 말하는 것으로서, 가설이나 이론이 실제로 들어맞는지를 확인하기 위해 서로 경쟁 관계에 놓인 모델이나 가설들을 비교·대조하는 과학적 방법론의 한 단계이다. 실험은 또한 이미 존재하는 이론이나 새로운 가설들을 뒷받침하거나 반증하는 데 사용되고, 과학적 의문에 대한 답변을 얻거나 문제에 대한 조사를 하기 위하여 설계될 수 있는데, 이를 위하여 다양한 조건하의 여러가지 시험, 측정 및 관찰 등이 수행될 수 있다.

이와 연관하여 우선 관찰이 이루어져야 하고, 그에 따라 과학적 의문이나 문제가 발생하게 되며 그 이후 가설이 형성된다. 이후 실험을 수행하여 그 가설을 검증하고, 결과를 분석하여 결론이 도출되면 이론이 형성되고, 연구논문 등을 통해 그 결과가 공유된다.

실험의 종류는 크게 제어실험, 자연실험 및 현장실험의 세 종류로 구분할 수 있는데, 제어실험은 실험군의 실험결과와 대조군의 실험결과를 비교하는 방식으로 수행되며 실험의 모든 조건이 정확하게 통제되기 어려울 때 많이 행해진다.

자연실험의 경우 관찰연구의 일종으로 피실험자 혹은 실험체에 연구과제에 대한 처리가 우연적으로 행해지는 경우를 말하는데, 연구설계 단계에서 제어실험을 수행하기 어려울 것으로 판단되는 경우에 고려되는 방식이다.

현장실험은 실험실 실험과 대조하기 위하여 붙여진 이름으로써 인위적으로 통제되는 실험실실험에 비하여 결과가 자연적으로 도출되는 이점이 있으나 자연실험과 마찬가지로 실험데이터가 오염될 위험성을 항상 수반한다.

한편, 공학 분야에서의 실험은 위의 세 가지에 모두 해당될 수 있으며, 세부적으로는 두 가지로 분류한다. 즉, 재료 자체의 성질과 형태를 규명하고 또한 유용성 여부의 판단을 목적으로 하는 재료의 성상연구실험과 이 재료를 사용하여 실제 구조물에 대한 적용 여부의 시험을 목적으로 하는 재료 시험연구실험으로 대별된다. 또한 이와 같은 실험의 종류 구분에서 건축 분야는 다시 재료실험, 구조실험 및 환경실험 등으로도 분류된다.

1-1 실험 목적

본서에서 다루는 실험은 재료의 시험연구실험으로서 건축의 전반적인 분야의 실험에 대하여 서술하며, 특히 재료실험 분야에 더욱 치중하여 상술하도록 한다. 이와 같은 시험연구실험 중 건축 분야의 실험 목적은 다음과 같다.

① 한국산업규격(KS) 및 그 외의 표준시험 방법에 의한 측정값이 규정된 품질을 나타내는지에 대하여 검토한다.

② 공사 진행에 따른 부위별, 상태별로 설계도 및 시방서에 규정된 품질을 나타내는지에 대하여 검토한다.

③ 재료품질의 양부에 대하여 검토하고, 품질 향상을 연구한다.

1-2 보고서 작성법

실험이 만족스럽더라도 보고서로서의 표현 및 작성방법에 따라 그 가치는 크게 좌우될 수 있다. 그러므로 실험결과의 보고서는 관련 분야의 연구자, 감독자, 기술자 및 보통의 전문지식을 가진 사람들에게도 충분히 이해되도록 정확하고 간결하며 알기 쉬운 양식과 문장으로 작성해야 한다. 따라서 일정한 형식에 맞춰 정리해야 하는데, 그 형식을 일반적으로 규정하기는 어렵지만 대체로 다음과 같은 항목을 토대로 작성한다.

① 실험명, ② 실험일자 및 온도 · 습도 등 실험실의 환경조건, ③ 시료에 대한 상세한 기록, ④ 사용실험기구 및 장치에 대한 내용, ⑤ 실험방법 및 과정에 필요한 스케치, 메모, 참고사항, ⑥ 시험결과, ⑦ 최종판정(규정 한계치와 비교), ⑧ 실험기간 및 실험자

1-3 실험시 유의사항

실험과 시험은 반드시 어떤 결과치를 얻기 위해 행하는 것으로서, 이 실험치는 대부분 수치로 표시되어 실제 응용되기 때문에 무엇보다 정확도(Accuracy)와 정밀도(Precision)가 요구되며, 연구실험에서는 다음의 사항에 유의해야 한다.

① 시료: 주요 재료의 채취방법과 양 등에 따른 대표성 확인

② 실험용 기구 점검: 길이, 질량, 시간 등 각종 측량기구의 용량, 감도, 읽기 등의 검사와 확인

③ 실험 상태: 온도, 습도 등의 환경조건

④ 측정과 유효숫자: 측정에는 직접측정과 간접측정이 있다. 예를 들면 직접측정은 물체의 길이를 직접 자로 재는 경우이고, 간접측정은 재료의 열팽창계수를 구하기 위하여 길이의 변화 및 온도를 각각 측정하여 간접적으로 열팽창계수를 구하는 것과 같은 경우에 해당된다. 그리고 이때 구한 실험결괏값은 유효숫자를 확인해야 한다.

1-4 실험결괏값 정리법

1. 측정값과 정밀도

(1) 측정(Measurement)

양의 측정이라 함은 시료의 양을 기준단위량과 비교하여 단위량에 대한 비가 얼마인지를 정하는 것이며, 이 과정을 측정이라 하고, 측정에 의하여 구한 값을 측정값이라고 한다. 양의 측정에는 직접측정과 간접측정이 있다. 직접측정은 양을 측정기로 직접 측정하는 것이며, 간접측정은 측정량과 일정한 관계가 있는 다른 양을 직접측정값을 이용하여 구하는 방법이다. 예를 들면 원주체의 밀도 ρ는 직경 d, 높이 h, 질량 m의 직접측정값에 의하여 $\rho = \frac{4m}{\pi d^2 h}$인 간접측정값을 구하는 것이다.

(2) 오차(Error)

측정시 정밀한 측정기를 사용하고, 세심한 주의를 기울인다고 해도 그 결과는 다음 ①, ②, ③의 이유 때문에 근사치로 보아야 하며 참값을 구하는 것은 거의 불가능에 가깝다. 측정값과 참값의 차이를 절대오차 또는 단순히 오차라고 하며 참값을 알지 못하는 한, 측정값의 오차 또한 알 수 없다.

그러나 경우에 따라서는 어느 정도 이하의 오차가 있을 것이라고 하는 오차의 한계는 알 수 있다. 절대적인 오차가 일정한 정밀도를 가지고 있는 경우가 존재할 수 있다. 따라서 측정한 결과의 신뢰성을 판단하기 위해서 측정값의 '정밀도'를 평가해야 한다. 또한 필요한 정밀도를 보증할 측정방법도 검토해야 한다. 이와 같이 실험에 있어서 정밀도의 문제가 매우 중요하다.

오차가 발생하는 원인은 여러 가지가 있지만 대체로 다음과 같이 분류할 수 있다.

① **정차(定差) 또는 계통 오차**(Systematic error)
오차의 원인에는 기계적 오차(눈금의 불균일 등에서 발생함), 물리적 오차(광선의 굴절 등에 의하여 발생함), 개인적 오차(측정자의 특유의 습관으로 어떤 양을 과대 또는 과소평가함으로써 발생함)가 있지만, 이것들은 그 오차의 원인이 판명되면 계산 또는 적당한 다른 방법으로 제거할 수 있다.

② **과실**(Mistake)
눈금의 오독과 기록 및 계산상의 과실 때문에 발생하는 것이므로 주의한다면 제거할 수 있다.

③ **우연오차**(Accidental error)
정차와 과실을 제거해도 발생하는 것으로서, 원인이 불분명한 것은 전부 우연성이라고 할 수 있으며, 오차론에서 말하는 오차라 함은 이 우연오차를 지칭하는데, 측정 횟수가 많을 경우 다음 두 가지의 공통된 결과를 갖는다.
㉠ 적은 오차가 발생할 확률은 큰 오차가 발생할 확률보다 높다.
㉡ 심한 오차가 발생할 확률은 아주 적다.
따라서 여러 번 반복하여 측정한 측정값의 평균값은 개개의 측정값보다 오차가 적기 때문에 참값에 가깝다고 할 수 있다.

(3) 직접측정의 정밀도

정밀도의 평가는 오차의 대소만으로는 불충분하며, 측정량의 크기에도 관계가 있다. 일반적으로 측정값과 참값의 차(오차)를 참값으로 나눈 것을 '상대오차'라 하고, 이것으로서 정밀도를 표시한다. 실제로 참값을 구한다는 것은 거의 불가능하기 때문에 참값 대신에 측정값을 사용한다. 이 경우 절대오차도 구할 수 없으므로 보통은 추정에 의한 한계치(분산 등)를 이용하고 있다.

(4) 간접측정의 정밀도

실험에서는 간접측정을 하는 경우가 많다. 이 경우 직접측정의 정밀도로부터 간접측정의 정밀도를 측정하는 데는 직접측정방법의 검토 · 결과의 신뢰성 한계가 간접측정의 정밀도에 매우 큰 영향을 미친다. 이러한 것들은 오차론에 의하여 수학적 처리가 필요한데, 일반적으로 오차법칙을 표시하는 식은 다음과 같다.

직접측정한 양(x_1, x_2,……, x_n)이 간접측정할 양에 $y = f\ (x_1, x_2, \cdots\cdots, x_n)$로 되는 관계에 있어서 x_1, x_2,……, x_n에 각각 ε_1, ε_2,……, ε_n의 오차가 있고, y의 오차를 ε_0라고 하면 다음 식과 같다.

$$\varepsilon_0^2 = \left(\frac{\partial f}{\partial x_1}\right)x_1^2 + \left(\frac{\partial f}{\partial x_2}\right)x_2^2 + \cdots\cdots + \left(\frac{\partial f}{\partial x_n}\right)x_n^2 \tag{1.1}$$

2. 측정값 취급법

(1) 측정값 기록법과 유효자릿수

측정값에는 오차가 따르므로 측정의 정밀도에 따라 유효숫자 자릿수로서 표시해야 한다. 측정값은 확실한 숫자의 자리까지 맺으면 좋다. 이 같은 숫자를 '유효숫자', 그 자릿수를 '유효자릿수'라고 한다. 예로 0.1 mm 눈금의 오차로 어떤 길이를 측정하여 45 mm와 46 mm 사이에 있었다고 한다면, 먼저 45 mm의 눈금에서 읽고서 그 다음 눈금에서 0.3 mm를 읽었다면 측정값은 45.3 mm라고 쓴다. 만약 45.30 mm로 표기했다면 그 값이 나타내는 의미는 전혀 다르므로 특히 0인 때 주의해야 한다.

이상에서 알 수 있듯이 직접측정값의 유효숫자는 측정값의 그 자리숫자만큼의 숫자이며, 눈금에 표시되어 있는 자릿수만 기록한다. 반면에, 간접측정값의 유효숫자는 직접측정값을 이용하여 계산함으로써 경우에 따라 직접측정값의 자릿수보다도 더 많아지며, 또한 자릿수가 무한히 계속될 수도 있다. 그러나 직접측정값을 이용한 종류가 많지 않을 경우에는 간접측정값의 유효자릿수와 직접측정값의 유효자릿수는 대부분 일치하지만 경우에 따라서는 감소하는 경우도 있다. 그래서 실험 전에 간접측정값과 직접측정값과의 정밀도 관계(15쪽 (4)항 참조)를 조사하고, 측정능률을 향상시킬 수 있도록 직접측정값의 유효자릿수를 결정(직접측정값의 범위를 정함)하는 것이 좋다.

(2) 근사치 계산방법

양의 간접측정에는 직접측정값의 수학적 처리 과정이 포함되어 있어서 직접측정에 비하여 매우 복잡하다. 만약 근사치의 계산규칙에서 불필요한 자릿수를 버리지 않고 정확한 수치에 대한 계산을 한다면 결과에 표시된 자릿수는 상당히 증가되며, 아울러 계산과정이 복잡해지고 계산도 곤란하게 된다. 따라서 결과의 정밀도를 저하시키지 않고 계산작업을 용이하게 할 수 있는 방법으로 근사치를 구하는 것이 바람직하다.

(3) 수치의 맺음법

측정값 정리시 발생하는 수치의 맺음법은 KS A ISO 2854(데이터의 통계적 해석방법-평균 및 분산의 검정방법과 추정방법)에 규정되어 있다. 이 규격은 십진법에 따른 것으로 어떤 수치를 유효숫자 n자리의 수치로 맺을 때, 또는 소수점 이하 n자리 수치로 맺을 때는 (n+1) 자리 이하의 수치를 다음과 같이 정리하도록 규정하고 있다.

① (n+1)자리 이하의 수치가 n자리 1단위의 1/2 미만일 때에는 버린다.

② (n+1)자리 이하의 수치가 n자리 1단위의 1/2을 초과할 때는 n자리를 1단위만 올린다.

③ (n+1)자리 이하의 수치가 n자리 1단위의 1/2이든가 또는 그 1/2이 (n+1)자리 이하의 수치가 버려진 것인지, 올려진 것인지를 알 수 없을 때는 ㉠ 또는 ㉡과 같이 한다.

㉠ n자리의 수치가 0, 2, 4, 6, 8이면 버린다.

㉡ n자리의 수치가 1, 3, 5, 7, 9이면 n자리를 1단위만 올린다.

예를 들면 2.325를 유효숫자 3자리에서 맺을 때 4자릿수 5가 버려져서 5가 된 것인지, 올려져서 5가 된 것인지를 알 수 없을 때는 5가 버려져 2.32가 된다. 이는 계산상의 편리를 위하여 짝수로 만들기 위함이다.

④ (n+1)자리 이하의 수치가 버려진 것인지를 알고 있을 때는 ① 또는 ②의 방법으로 해야 한다.

⑤ 맺음법은 1회에 한한다.

예를 들면 5.3456을 유효숫자 2자리로 맺으면 5.3이 된다. 이것을 두 번으로 나누어

(첫 단계)	(둘째 단계)
5.3456 → 5.35	5.35 → 5.4

와 같이 하면 안 된다.

3. 실험치 표시법

측정결과 표시는 '표', '도표', '실험식'의 세 방법이 있으며, 이들은 각각 장단점을 가지고 있으므로 측정 목적이나 내용에 따라 적당한 것을 선택한다.

(1) 표(Table)

표는 값(Data)의 보존에 적당하고, 실험결과 전체를 개관할 수 있으며, 결과 간의 관계와 측정의 결함을 쉽게 파악할 수 있는 장점이 있다. 그러나 각 항목의 종횡란에 기입하므로 지면의 낭비가 많고, 기입이나 계산의 능률성, 결과 분석이나 검사의 편리성 등을 먼저 고려해야 하는 단점도 있다.

(2) 도표(Graph)

도표에서는 수치 상호 간의 관계나 최소치 및 최대치, 주기성 혹은 범위에서 벗어난 값 등의 중요한 성질들을 한눈에 볼 수 있는 장점이 있다. 그러나 좌표축에 쓰는 양의 종류나 단위, 눈금의 크기, 범위, 측정값의 정밀도 등을 고려하여 작성하는 단점이 있다. 일반적으로 이용되는 도표의 형식과 특징 및 표시방법은 다음과 같다.

■ 도수분포의 표시방법

어떤 양의 측정값을 많이 구할 경우에는 도수분포로 나타내며, 도수분포를 나타내기 전에 도수표를 만든다.

① 도수표(Table of frequency)

표 1.1.1과 같은 도수표의 작성순서는 다음과 같다.

㉠ 범위(R) 계산

$$R = \text{측정값의 최대치} - \text{측정값의 최소치}$$

㉡ 계급폭 결정

최대치와 최소치를 포함한 구간을 5~20과 같은 간격, 즉 계급으로 나눌 수 있도록 계급의 폭을 정한다.

표 1.1.1 도수표의 일례

No.	계 급	중심치 x	도수마크	도수 f
1	2.5005~2.5055	2.503	一	1
2	2.5055~2.5105	2.508	下	4
3	2.5105~2.5155	2.513	正下	9
4	2.5155~2.5205	2.518	正正下	14
5	2.5205~2.5255	2.523	正正正正丁	22
6	2.5255~2.5305	2.528	正正正下	19
7	2.5305~2.5355	2.533	正正	10
8	2.5355~2.5405	2.538	正	5
9	2.5405~2.5455	2.543	正一	6
합 계				90

㉢ 도수표 용지 준비
㉣ 계급 한계치 결정
㉤ 계급 중심치 계산
㉥ 도수를 구함

② 막대그래프(Histogram)
측정값이 존재하는 범위를 여러 구간으로 나누었을 때 각 구간을 밑변으로 하여 그 구간에 속한 측정값의 출현도수에 비례하는 면적을 가진 기둥(긴 네모꼴)을 늘어놓은 그림을 말한다. 구간의 폭이 일정한 경우에는 긴 네모꼴의 높이가 각 구간에 속한 값의 출현도수에 비례하므로 그 높이를 도수의 눈금으로 할 수 있다.

③ 꺾은선 그래프(Frequency diagram)
막대그래프의 각 중앙치를 차례로 연결시켜 구한다.
데이터 수를 점차 증가시키고, 구간 폭을 작게 하면 꺾은선은 유연한 곡선에 가깝다. 이 극한의 곡선을 도수곡선이라 한다. 일괄적으로 이것을 도수도라고 하며, 특징은 구간 폭과 그래프로 둘러싸인 부분의 면적이 그 구간에 속하는 도수를 표시하는 것이다.

④ 누적꺾은선 그래프(Cumulative frequency diagram)
누적도수를 꺾은선으로 표시한 것으로서 누적상대도수를 종축에 표시하면, 어떤 값 이상 및 이하의 것이 전체의 몇 퍼센트(%)인지를 명백히 알 수 있다.

좌표축에 있어서 눈금의 표시방법

① 균등눈금 도표
종횡 양축에서 눈금을 등간격으로 표시하는 도표로서, 최근에 많이 사용되는 도표이다.

② 비균등눈금 도표
좌표축에서 비균등눈금을 가진 도표로서, 변수 x 및 y의 값에 직접 비례하지 않고 관계되는 어떤 수에 비례하는 것이다. 예를 들면 $\log x$ 및 y^2에 비례하는 것이다. 일반적으로 이 관계되는 수의 형태는 균등눈금에서의 곡선그래프가 비균등눈금 도표에서는 직선이 되도록 하는 것이며, 최근 사용되는 비균등눈금 도표에는 1축 대수눈금, 양축 대수눈금과 같은 것이 있다.

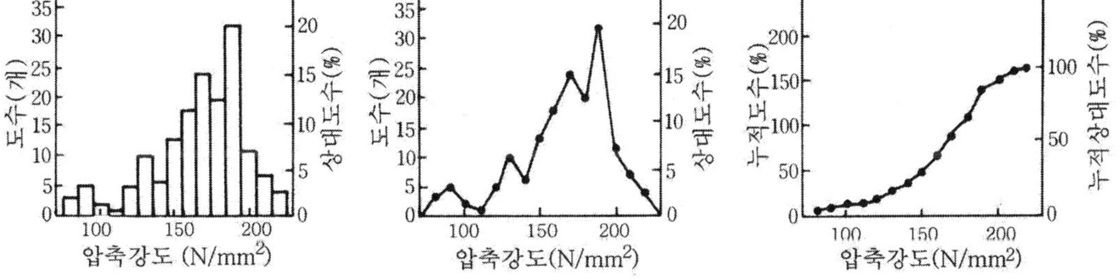

(a) 막대그래프 (b) 꺾은선 그래프 (c) 누적꺾은선 그래프

그림 1.1.1 도수도

(3) 실험식

실험식으로 결과를 표시하면 양의 관계를 간결하게 표현할 수 있고, 수학적인 해석방법을 적용할 수도 있다.

실험식은 2~3종류의 방법으로 얻을 수 있으나 여기서는 도표를 이용하는 방법을 설명하고자 한다. 먼저 균등눈금 도표에서 양의 관계가 직선관계인지, 곡선관계인지를 파악하여 적당한 실험식 형태를 정해야 한다.

선형관계

이 관계를 $y=a+bX$로 표시하여 계수 a, b의 값을 구한다. 이 경우 통계학상의 회귀분석에서 최소제곱법(Least squares method) 개념이 도입된다. 독립변수 x와 종속변수 y의 관찰값이 그림 1.1.2와 같을 때 직선이 $Y=a+bx$라고 표현된다고 가정하면, 실제값 Y_i와 추정값 $\widehat{Y}_i$와의 차($Y_i-\widehat{Y}_i$)의 합이 최소화되도록 a와 b를 구하면 된다. 여기서 실제값 Y_i와 추정값 $\widehat{Y}_i$의 차이를 잔차(Residual)라 하고, 이를 ε_i라고 표시하면 $\varepsilon_i = Y_i - \widehat{Y}_i$이다.

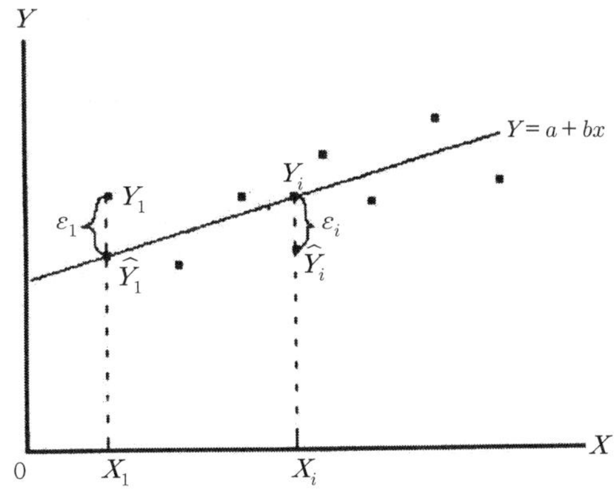

그림 1.1.2 선형관계식

이러한 잔차의 제곱합을 최소화하면서 회귀선 기울기 b와 절편 a를 추정하는 방법을 최소제곱법이라고 한다. 이렇게 해서 구한 직선이 회귀선이다. 잔차의 제곱합은 다음 식과 같다.

$$\sum^{n}\varepsilon_i^2 = \sum^{n}(Y_i - \widehat{Y})^2 = \sum^{n}(Y_i - a - bx)^2 \tag{1.2}$$

이때 회귀직선 $y = a + bx$에 있어 a와 b는 다음 식으로 구할 수 있다.

$$a = \overline{y} - b\overline{x} \tag{1.3}$$

$$b = \frac{\sum(x_i - \overline{x})(y_i - \overline{y})}{\sum(x_i - \overline{x})^2} \tag{1.4}$$

비선형관계

균등눈금 도표로 얻은 실험데이터 그래프가 곡선인 경우, 여러 종류의 비균등 그래프와 비교해 보고, 가장 유사한 그래프를 선정하여 그래프가 갖고 있는 방정식을 알아야 한다. 그리고 그 방정식에 따른 변수로서 직선관계가 되도록 변수를 대치한다. 다른 변수의 수치계산을 하지 않고 작성한 그래프가 직선화되었는지를 조사하고, 만약 완전히 직선화되지 않는 경우는 이 그래프를 버리고 다른 방정식을 적용하여 재검토한다.

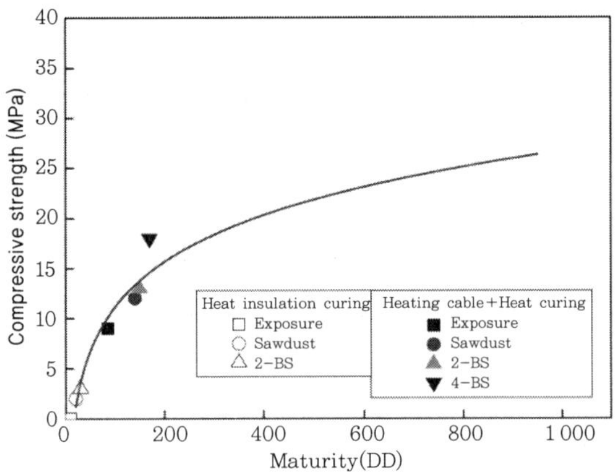

그림 1.1.3 비선형 회귀분석곡선 예

이와 같이 최적의 방정식이 되면 다른 변수에 의한 실험식의 정수를 결정하고 또한 변수가 바뀐 역산으로부터 원래의 변수에 의한 실험식(곡선)의 정수를 결정하여 최종적인 실험식을 도입한다. 예를 들면 방정식이 $y = ae^{bx}$라 하면 양변에 로그함수를 대입하여 $\log y = Z$, $\log a = A$로 바꾸면 $Z = A + bx$라는 선형식이 얻어진다.

이러한 관계식은 각종 통계 소프트웨어를 이용하면 간단히 구할 수 있다.

제2장

재료의 특성실험

2-1 개 요

건축재료의 성질은 건축물에 쓰이는 각 부분에 따라 다양하다. 건축재료의 특성에 대한 각종 시험이나 연구는 물리석 · 화학석 · 역학적 성질로 나누어 검토되어 왔다. 물리적 성질은 비중, 밀도, 물 및 습기적 · 열적 · 음향적 · 전기적 성질로 구분할 수 있으며, 화학적 성질은 화학성분, 내약품성 등이 포함된다. 그리고 역학적 성질은 다음과 같이 다양하다.

① 재료의 강도 시험: 압축, 인장, 휨, 전단, 부착 등의 시험

② 재료의 표면 시험: 경도, 마모 시험

③ 재료의 공업적 시험: 재료의 가공, 시공, 접합, 균질성 등의 시험

단, 본서에서는 건축재료 시험에 해당하는 재료의 강도 시험과 표면 시험에 중점을 두며, 재료의 공업적 시험에 대해서는 건축재료 시험과 특별한 관계가 없는 한 생략하기로 한다. 그리고 강도 시험은 하중을 가하는 방법에 따라 다음과 같이 세분한다.

① 정적 시험(일반적인 강도 시험)

② 충격 시험

③ 반복 시험, 피로 시험

④ 크리프 시험

⑤ 진동 시험

참고로 앞의 방법 외에 다음과 같이 분류하기도 한다.

① 시험의 특수성에 따른 분류

㉠ 보통재료 시험

• 정적 시험: 압축, 인장, 전단, 휨 및 비틀림 등의 시험

• 동적 시험: 충격, 피로 등의 시험

㉡ 특수재료 시험: 연성, 마모 및 비파괴 등의 시험

② 파괴 여부에 따른 분류

㉠ 파괴 시험: 인장, 압축, 전단, 휨, 비틀림, 피로, 충격, 크리프, 마모 등의 시험

㉡ 비파괴 시험: 자력식 함몰시험법, 형광시험법, 초음파시험법, 공명진동시험법, 표면반발력(슈미트 해머 등)에 의한 시험법, X선 시험법, γ선 시험법, 기타 시험법

③ 동일 계통을 중점적으로 취급한 분류

㉠ 보통강도 시험법: 인장, 압축, 휨, 전단, 비틀림 등의 시험

㉡ 피로 시험: 반복 인장 및 압축, 반복 휨, 반복 비틀림, 복합피로 등의 시험

㉢ 충격 시험: 충격인장, 충격압축, 충격휨, 반복충격 등의 시험

㉣ 크리프 시험: 인장 크리프, 토숀 크리프 등의 시험

㉤ 경도 시험: 압입경도, 충격경도, 스크래치(Scratch)경도, 롤링(Rolling)경도 등의 시험

㉥ 기타 시험: 마모 시험, 연성 시험 등

2-2 물리적 성질 시험

1. 질량에 관한 성질

(1) 비중(Specific gravity)

■ 개 요

재료의 질량을 그와 동일한 체적의 4℃인 물의 질량으로 나눈 값을 비중이라 한다. 비중은 수분이나 공극을 포함하지 않는 실질적 비중인 진비중(True specific gravity)과 수분이나 공극을 포함한 겉보기비중(Apparent specific gravity)으로 구분한다. 건축재료는 일반적으로 수분이나 공극을 포함한 겉보기비중으로 표시한다. 비중의 단위는 없으며, 단위용적당 질량으로 표시할 경우 g/cm^3, kg/m^3 또는 kg/l 등으로 나타낸다.

진비중과 겉보기비중을 알면 그 재료에 공극의 함유 정도와 실적이 얼마나 있는지를 알게 되므로 재료를 취급하는 데 유용하다.

한편, 밀도(Density)는 부피의 단위당 질량을 나타내는 값으로 물질마다 고유값을 가진다. 부피가 일정할 때 밀도가 클수록 그 물체의 질량은 크며, 단위는 kg/m^3, g/cm^3 등으로 나타낸다.

한국산업표준(KS)에서는 콘크리트용 골재를 포함한 각종 건축재료의 용어 사용에 있어 비중이라는 표현을 국제적 표준규격인 ISO와 부합되도록 밀도로 변경하여 사용하고 있는데, 일부 건축재료의 경우는 여전히 비중이라는 표현도 혼용하므로 이를 구분하여 올바른 용어를 선택할 필요가 있다. 본 절에서는 비중에 대한 표현을 중점적으로 설명하고 있으므로 이하 비중이라고 표현하겠다.

◪ 측정방법

비중을 측정하는 방법이나 원리는 재료의 종류에 따라 약간 다른 측정방법이 사용되는데, 측정원리 및 종류는 다음과 같다.

① 원 리

㉠ 질량방법: 목재의 비중을 구하는 데 주로 사용된다.

$$\frac{\text{무게}}{\text{체적(부피)}} \tag{1.5}$$

㉡ 수주차방법: 시멘트나 잔골재의 비중을 구하는 데 사용된다.

$$\frac{\text{물체의 무게}}{\text{액체의 높이차}} \tag{1.6}$$

㉢ 수중질량방법: 굵은 골재 등의 밀도를 구하는 데 사용된다.

$$\frac{\text{물체의 무게}}{\text{수중무게 감소량}} \tag{1.7}$$

㉣ Hydrometer방법: 액체 속 비중계의 값을 읽는 방법으로 우유나 기타 액체 등의 비중을 측정할 때 사용된다.

② 종 류

비중은 물의 함유 정도에 따라 표현방법상 다음과 같이 구분한다.

㉠ 겉보기비중

$$\frac{A}{B-C} \tag{1.8}$$

㉡ 표면건조포화상태 비중

$$\frac{B}{B-C} \tag{1.9}$$

㉢ 진비중

$$\frac{A}{A-C} \tag{1.10}$$

여기에서, A : 완전건조 질량(g)
B : 표면건조포화상태 질량(g)
C : 수중 질량(g)

(2) 함수율 및 흡수율

■ 개 요

함수율은 재료 중에 포함되어 있는 수분의 질량을 그 재료의 건조 질량으로 나눈 값을 말한다. 흡수율은 재료를 일정기간 동안 물속에 넣었을 때 재료의 건조 질량에 대한 흡수량의 비율이며, 질량백분율로 표시한다. 완전히 건조된 재료의 함수율은 0이다. 건축재료에서는 습윤질량 함수율보다는 건조질량 함수율을 쓰는 경우가 많다.

■ 재료별 측정방법

① 목재함수율

$$\frac{\text{건조 전 질량} - \text{완전건조 질량}}{\text{완전건조 질량}} \times 100\ (\%) \tag{1.11}$$

② 목재흡수량

$$\frac{\text{방수 전후 질량차(흡수량)}}{\text{흡수면적}}\ (\mathrm{g/cm^2}) \tag{1.12}$$

③ 잔 · 굵은 골재, 석재, 보통벽돌, 보도용 콘크리트판, 시멘트기와의 흡수율

$$\frac{\text{표면건조포화상태 질량} - \text{완전건조 질량}}{\text{완전건조 질량}} \times 100\ (\%) \tag{1.13}$$

(3) 공극률 및 실적률

■ 개 요

공극률이란 입상물질 전체의 용적에 대한 공극용적의 백분율을 나타낸 것이다. 골재의 경

우 단위용적 질량 중 공극의 비율을 백분율로 나타낸 것을 골재의 공극률이라 하고, 실적 부분의 비율(%)은 실적률을 의미한다.

◪ 측정방법

공극률의 원리는 다음과 같다.

$$\frac{\text{공극을 제외한 단위용적 질량} - \text{공극을 포함한 단위용적 질량}}{\text{공극을 제외한 단위용적 질량}} \times 100\ (\%) \qquad (1.14)$$

$$\text{실적률} = 1 - \text{공극률}\ (\%) \qquad (1.15)$$

공극률은 공극의 양이 많은 경우와 적은 경우가 있는데 비교적 많은 경우는 공극률, 적은 경우는 공기함유량(공기함유율)이라고 한다.

한편, 각 재료별 공극률을 구하는 방법은 다음과 같다.

① 목재

$$\left(1 - \frac{\text{절건밀도}}{1.54}\right) \times 100\ (\%) \qquad (1.16)$$

② 골재

$$\frac{(\text{밀도} \times 0.999) - \text{단위용적 질량}}{\text{밀도} \times 0.999} \times 100\ (\%) \qquad (1.17)$$

③ 콘크리트

$$\frac{T - T'}{T} \times 100\ (\%) \qquad (1.18)$$

여기에서, T : 공기가 전혀 없는 것으로 계산한 콘크리트 무게(g)
T' : 단위용적 질량(g)

(4) 입도 및 입형

입도란 크고 작은 입자들의 혼합된 정도를 말하며, 골재의 경우 입도의 양부가 직접적으로는 콘크리트의 워커빌리티와 같이 아직 굳지 않은 콘크리트의 제 성질에 영향을 미치며, 간접적으로는 단위수량이나 단위시멘트량 등의 배합 및 경화 후의 콘크리트강도 및 내구성 등에도 영향을 미친다.

그리고 입형이란 입자의 모양이 모가 나거나 가늘고 길거나 혹은 편평한 경우와 같은 입자의 모양을 말하는데, KS 규격에는 부순 골재의 경우 입형 판정 실적률로 품질을 규정하고 있다.

2. 열에 관한 성질

(1) 비 열(Specific heat capacity)

질량이 1 kg인 재료의 온도를 1K 높이는 데 필요한 열량을 그 재료의 비열이라고 하며, 단위는 J/kg · K, kcal/kg · K이다. 물의 비열은 1J/kg · K이다.

(2) 열전도율(Thermal conductivity)

열전도란 동일한 재료 내에서 온도차가 있을 때 높은 온도의 분자로부터 인접한 다른 분자로 열이 전달되는 과정을 말한다. 열전도율은 재료의 열전도 특성을 나타내는 비례정수를 의미한다. 단위는 W/mK(kcal/mh℃)로 표시한다.

(3) 열팽창계수(Coefficient of thermal expansion)

온도의 변화에 따라 재료가 팽창 · 수축하는 비율을 열팽창계수라 한다. 이는 단위길이에 대한 변화를 나타내는 선팽창계수와 부피에 대한 변화를 나타내는 체적팽창계수가 있는데, 선팽창계수를 알면 체적팽창계수를 구할 수 있으므로 선팽창계수가 주로 이용된다.

(4) 열관류율(Heat transmission coefficient)

여러 가지 재료로 구성된 구조체를 통한 열전달을 산정할 때 전도, 대류, 복사의 복합적 형태에 의한 열전달의 모든 요인을 혼합하여 하나의 값으로 나타내면 매우 편리하다. 이를 열관류율 또는 K값이라 한다. 열관류율은 열관류에 의한 관류열량의 계수로서 이 계수는 1 m^2인 구조체를 사이에 두고 온도차가 1℃일 때 구조체를 통한 열류의 흐름을 의미한다. 단위는 W/m^2K($kcal/m^2h$℃)로 표시한다.

3. 빛에 대한 성질

(1) 투과율(Transmission factor)

광선이 채광재료를 얼마나 투과하는가에 대한 정도, 즉 투과율은 입사하는 광속에너지에 대해 투과하는 광속에너지의 비율에 대한 백분율로서 단위는 %로 표시한다. 투과율은 재료 표면의 평활도, 두께, 가시광선, 적외선, 자외선 등의 파장에 따라 달라진다.

(2) 반사율(Reflection factor)

재료에 대한 빛의 반사는 난반사와 정반사로 구분할 수 있는데, 난반사는 재료의 색깔을 표현하고, 정반사는 재료의 광택을 나타낸다. 반사율은 재료에 입사하는 광속에너지에 대해 반사하는 광속에너지 비율의 백분율로서 단위는 %로 표시한다.

또한, 이 외에도 음에 대한 성질로는 흡음률 및 차음도 등을 들 수 있다.

4. 음향적 성질

(1) 차음도(Noise insulation factor)

차음도는 재료의 한편에 투사된 음의 세기가 반대편에서 얼마나 약화되었는가, 다시 말하면 재료가 음을 얼마나 차단하는가의 정도로서, 기호는 N · I · F로 표시되며, 단위는 데시벨(dB)로 표시한다.

(2) 흡음률(Absorption coefficient)

재료가 어느 주파수의 음에 대하여 음에너지를 흡수하는 효율을 그 주파수에 있어서의 흡음률이라 한다. 보통 입사음파의 에너지에 대한 흡수에너지의 비율로 표시한다. 흡음률은 재료 자체의 성질에도 영향을 많이 받지만 재료의 두께, 설치방법, 재료배후 공기층의 두께 등에 의해서도 영향을 받는다. 흡음재에 입사한 음에너지를 E_t, 반사하여 원래의 공간으로 되돌아오는 에너지를 E_r라 하며, 흡음률 α는 다음과 같이 구해진다.

$$\alpha = \left(1 - \frac{E_r}{E_t}\right) \times 100 \ (\%) \tag{1.19}$$

2-3 강도 시험

1. 압축 시험

(1) 시험목적

이 시험은 재료의 압축강도, 항복점, 변형도, 응력도 및 탄성계수 등을 측정하기 위하여 행하는 시험이다.

(2) 시험

압축 시험에 사용되는 공시체에는 장주와 단주가 있다. 장주는 공시체가 가늘고 긴 것으로서 좌굴이 생겨 파괴되는 것으로 이 시험을 장주 시험이라 한다. 단주는 공시체가 굵고 짧은 것으로서 통상 압축 시험이라 함은 단주 시험을 뜻한다.

단주를 압축하면 압축방향으로는 수축하고 동시에 하중방향과 직각인 방향으로는 팽창하게 된다. 그러나 공시체를 시험기로 가압하는 경우 공시체의 양단면은 가압판 사이의 마찰에 의하여 팽창이 구속을 받는다. 이 구속은 양단면 및 가압면의 상태, 공시체 양단면 사이의 개재물 유무에 따라 다르게 되어 공시체의 양단 부근에서는 복잡한 응력이 발생한다. 이 영향은 양단부에서 멀어질수록 적어져 일정한 응력분포를 이루고, 또한 압축 시험은 일정한 응력분포 상태로서 파괴되어야 하므로 공시체의 길이를 어느 정도까지 길게 할 필요가 있다. 그 최소길이 l은 다음과 같다.

$$l \geq \frac{d}{\tan\theta} \qquad (1.20)$$

여기에서, d : 공시체 단면의 1변 또는 직경

θ : 재료가 파괴되는 면의 재축과 이루는 각도

단, $\tan\theta$의 값은 콘크리트에서는 25°~35°, 금속은 45°, 목재는 60°~80°, 섬유는 평행이다.

단주 시험에서 공시체의 폭 혹은 직경에 대한 높이비가 작으면 강도는 높아진다. 이는 공시체 단부의 구속력의 영향을 받기 때문이다.

특수한 경우를 제외하고 공시체의 가압면은 양면이 평행하고 평활해야 하며, 압축하중이 공시체의 전단면에 균등히 분포되어 편심하중이 작용하지 않도록 해야 한다.

공시체의 가압면은 평행하지 않는 것이 대부분이므로 가압면의 양쪽 혹은 한쪽에 구좌를 넣어 하중이 공시체의 축방향에만 작용하고, 또 구심이 공시체의 중심을 통과하도록 그림 1.2.1과 같이 공시체를 시험기에 설치해야 한다.

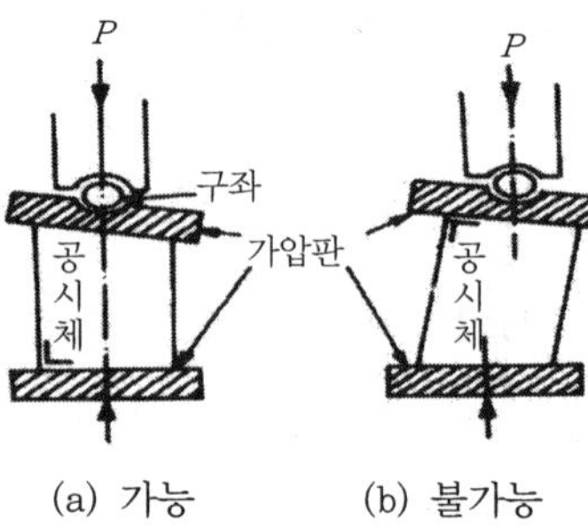

그림 1.2.1 압축강도 시험

가압면의 크기에 따라 그림 1.2.2와 같이 전면 압축과 부분 압축이 있다. 전면 압축은 콘크리트의 경우에 사용하며 부분 압축은 목재 및 시멘트제품의 경우에 사용한다.

편심하중은 재료의 비례한도 내 하중에서는 평균응력도 및 변형도에 거의 영향을 미치지 않으나 재료의 비례한도를 벗어난 경우 응력-변형도 및 강도에는 현저한 영향을 미친다.

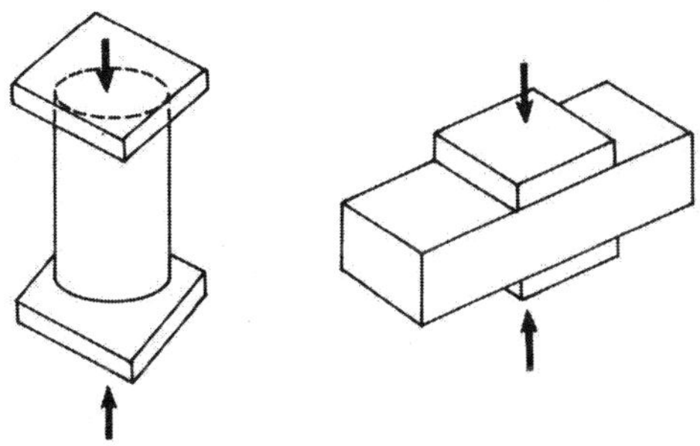

그림 1.2.2 가압판에 의한 압축방법의 종류

예를 들면 콘크리트강도는 편심률 0.05에서 약 15 % 정도 저하한다. 또한 공시체의 가압면이 평활하지 않을 경우에도 역시 강도는 저하한다. 전체적으로 보아 가압면이 평면으로서 미세한 요철이 있는 경우에는 강도측정에 거의 영향을 미치지 않지만 가압면 전체가 요철되어 있을 경우에 강도는 현저히 저하된다. 특히 콘크리트에서 철(凸)부가 있을 경우 강도는 더욱 저하하고, 압축강도는 다음 식으로 계산된다.

$$압축강도 = \frac{P}{A}\ (\mathrm{N/mm^2,\ MPa}) \tag{1.21}$$

여기에서, P : 파괴하중(N)

A : 단면적(mm^2)

보통 압축강도 시험에는 주로 만능 시험기(Universal testing machine)가 이용되며, 압축 전용의 시험기를 사용하는 경우도 있다.

2. 인장 시험(Tension test)

(1) 시험목적

인장 시험은 재료의 인장강도뿐만 아니라 연성재료의 항복점 및 항복점 응력, 신장률 등을 측정하기 위해서도 행하는 시험이다.

(2) 시험

인장 시험 시 주의사항은 압축 시험의 경우와 거의 동일하며, 특히 다음 사항에 주의해야 한다.

① 가력은 공시체의 축방향으로 정확히 작용하도록 한다. 단, 이 경우 가력하기 위해서는 구좌 또는 유니버설 조인트(Universal joint)를 넣어서 가력할 필요가 있다.

② 파단이 공시체의 중앙에서 발생하도록 한다. 이와 같은 파단을 위해서는 공시체 단부에 가력을 전달하는 방법 및 공시체 형상이 문제가 되므로 재료의 인장 시험은 공시체의 단부를 물림장치(Chuck)로 견고하게 고정시켜 인장해야 한다. 이와 같은 물림장치는 인장하중이 증가함에 따라 공시체를 점점 강하게 물리게 되므로 공시체의 단부가 빠져나오는 것을 방지한다. 이 작용에 의하면 공시체가 물림 부분으로 압밀되므로 취성재료는 물림 부분 부근에서 파괴되기 쉽다. 따라서 대부분의 공시체는 그림 1.2.4(a)와 같이 중앙부를 가늘게 가공하여 중앙부에서 파괴되도록 하고 있다. 또한 공시체의 물림장치에 물려지는 부분을 길게 해야 한다.

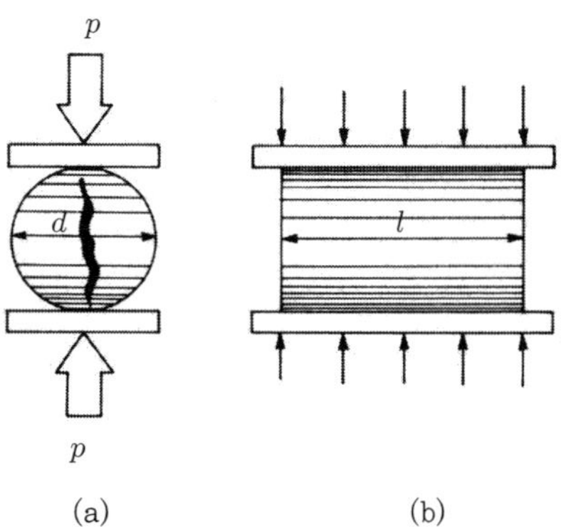

그림 1.2.3 콘크리트의 간접인장강도 시험법

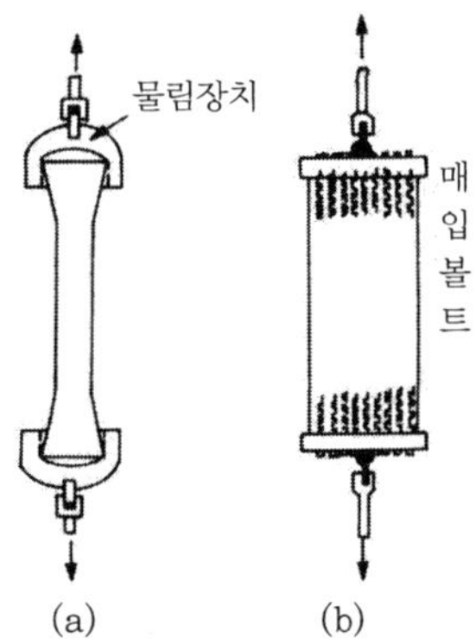

그림 1.2.4 콘크리트의 직접인장강도 시험법

콘크리트의 인장 시험기에는 원주형 공시체의 할렬에 의한 간접인장강도 시험법과 직접인장강도 시험법이 있다. 간접인장강도 시험법은 KS F 2423(콘크리트의 인장강도 시험법)에 규정되어 있으며, 시험 방법은 그림 1.2.3과 같은데, 최근에는 주로 이 시험 방법을 채택하고 있다.

직접인장강도 시험법은 그림 1.2.4에 표시하고 있는 바와 같은 방법이 있는데, 그림 1.2.4의 (b)는 공시체 양단에 매입한 철근과 콘크리트 부착력을 통하여 공시체에 인장력을 전달하는 방법이다. 이 방법은 매입철근의 방향을 가력방향과 일치시키는 것이 가장 중요한 사항이며, 이것도 매입철근의 전단 부근에서 파괴되기 쉬우므로 철근의 길이를 일정하게 하지 말고 여러 가지로 변화되게 하는 것이 좋다.

또한 콘크리트와 같이 인장강도에 약한 재료는 공시체 양단부를 접착제로 접착시켜 인장하는 방법도 있다. 인장강도의 계산은 다음과 같다.

① 직접측정 인장강도

$$인장강도 = \frac{P}{A}(\mathrm{N/mm^2},\ \mathrm{MPa}) \tag{1.22}$$

여기에서, P : 최대하중(N)

A : 원단면적(mm^2)

② 간접측정 인장강도

$$인장강도 = \frac{2P}{\pi dl}(\mathrm{N/mm^2},\ \mathrm{MPa}) \tag{1.23}$$

여기에서, P : 파괴하중(N)

d : 공시체의 직경(mm)

l : 공시체의 길이(mm)

보통 인장강도 시험에는 만능 시험기가 이용되고, 이외에 인장 전용의 쇼퍼(Schapper) 시험기를 사용하는 경우도 있다.

3. 휨 시험(Bending test)

(1) 시험목적

이 시험은 휨응력을 받는 보부재, 판재 등의 휨에 대한 저항성을 시험하고, 또한 금속과 같은 연성재료에서는 재료의 가공성 양부를 조사하기 위해 행하는 시험이다.

(2) 시험

휨 시험은 공시체의 축방향을 수평으로 하여 공시체의 양단부 근처에서 공시체를 지지하도록 하며, 상부에서 하중을 가하도록 한다. 휨하중이 증가함에 따라 공시체가 휘어져 축방향이 변하게 된다. 이 축방향의 변화에 상응하도록 지지점 및 하중점을 핀(Pin)으로 한다. 그러나 대부분은 환봉을 사용하고 있다. 이 경우 시험 방법에 따라서는 공시체의 지지봉에 접한 부분이 압밀되는 경우가 있으므로 공시체와 지지봉 사이에 작은 질량의 철판을 놓는다.

일반적으로 하중은 지지스팬에 대칭으로 가하게 된다. 지지스팬의 중앙점에 하중을 가한 것을 중앙집중하중 또는 중앙 1점 하중{그림 1.2.5(a)}, 지지스팬의 3등분점의 2점에 하중을 가한 것을 3등분점 하중{그림 1.2.5(b)}이라고 한다. 이외에 스팬의 전길이에 걸쳐 균등하게 하중을 가한 등분포하중이 있다.

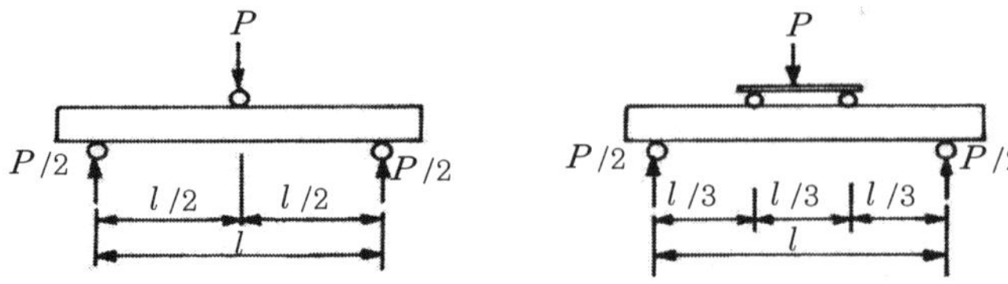

(a) 중앙집중하중 또는 중앙 1점 하중　　(b) 3등분점 하중

그림 1.2.5 휨 시험

3등분점 하중에 의한 휨모멘트 분포가 등분포하중의 휨모멘트 분포와 가장 유사하므로 등분포하중 시험시에는 등분포하중에 의한 시험 방법보다 시험 방법이 용이한 3등분점 하중에 의한 시험 방법이 자주 이용되고 있다.

재료 시험에서 휨 시험을 행할 경우 장방형 혹은 정방형의 단면공시체를 이용하는 경우가 많다. 이 경우 공시체 높이에 대하여 스팬길이에 대한 비가 적으면 전단파괴가 일어나므로 어느 정도 스팬의 길이를 길게 할 필요가 있다.

하중 증가에 따른 공시체의 휨은 일정한 속도로 여러 번 측정해야 하는데, 이때 휨변형 측정에는 다이얼 게이지를 이용한다. 휨강도 계산은 다음 식으로 구한다.

$$\text{휨강도} = \frac{M}{Z} (\text{N/mm}^2,\ \text{MPa}) \tag{1.24}$$

여기에서, M : 파괴하중에서 산출한 최대 휨모멘트(N · mm)

Z : 시험전 공시체 단면에서 구한 단면계수(mm^3)

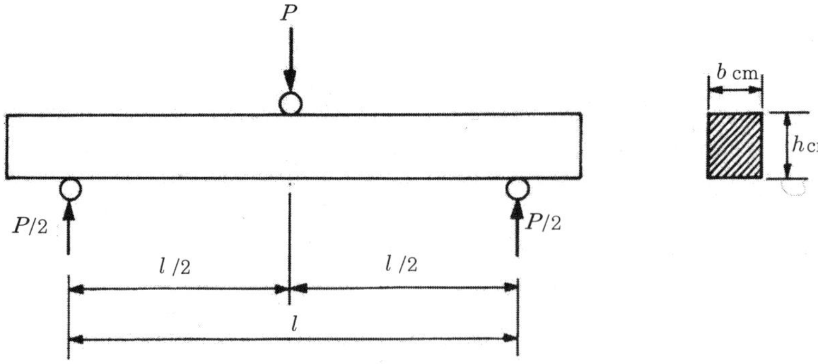

그림 1.2.6 휨강도 측정을 위한 하중지지상태

그림 1.2.6에 표시한 시험에서 휨강도는 다음 식으로 계산한다.

$$M = \frac{1}{4} pl (\text{N} \cdot \text{mm}) \quad (1.25)$$

$$Z = \frac{1}{6} bh^2 (\text{mm}^3) \quad (1.26)$$

$$\text{휨강도} = \frac{pl}{4} \times \frac{6}{bh^2} = \frac{3}{2} \cdot \frac{pl}{bh^2} (\text{N/mm}^2,\ \text{MPa}) \quad (1.27)$$

4. 전단 시험(Shearing test)

(1) 시험목적

전단 시험은 전단력에 대응하는 재료의 전단강도를 측정하기 위해 행하는 시험이다. 그런데 이 시험에서 순수한 전단강도를 측정하기란 매우 어려운 일이다. 그 이유는 시험시 전단응력과 동시에 인장응력, 압축응력 및 휨응력이 발생하기 때문이다.

(2) 시험

전단 시험에는 1면 전단 시험, 2면 전단 시험, 테에 의한 전단 시험의 3종류가 있다.

① 1면 전단 시험

그림 1.2.7과 같은 시험 방법으로 A-B면이 전단력을 받는다. 목재의 전단 시험은 이 방법으로 시험하며, 전단강도 계산은 다음 식과 같다.

$$\text{전단강도} = \frac{P}{bh} (\text{N/mm}^2,\ \text{MPa}) \quad (1.28)$$

여기에서, P : 파괴하중(N)

b : 공시체의 폭(mm)

h : 공시체의 높이(mm)

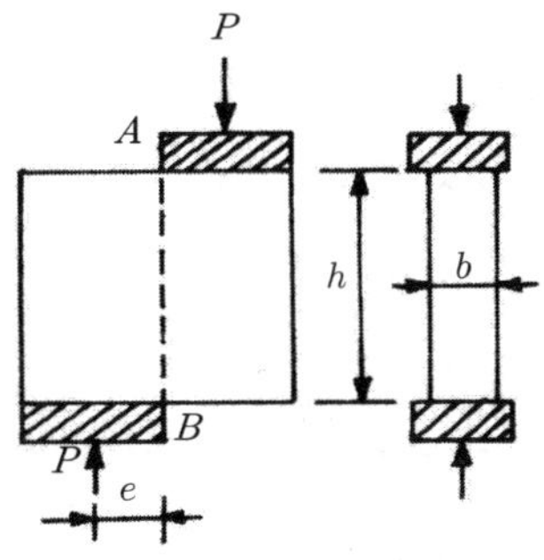

그림 1.2.7 1면 전단 시험

이 경우 전단면에는 $P \cdot e$ 만큼의 휨모멘트가 발생한다.

② 2면 전단 시험

그림 1.2.8과 같은 시험 방법으로 A-B 및 A′-B′의 2면이 전단력을 받는다. 전단강도의 계산은 다음 식과 같이 구한다.

$$전단강도 = \frac{P}{2bh} (N/mm^2,\ MPa) \quad (1.29)$$

여기에서, P: 파괴하중(N)

$2bh$: 공시체 A-B와 A′-B′의 면적(mm^2)

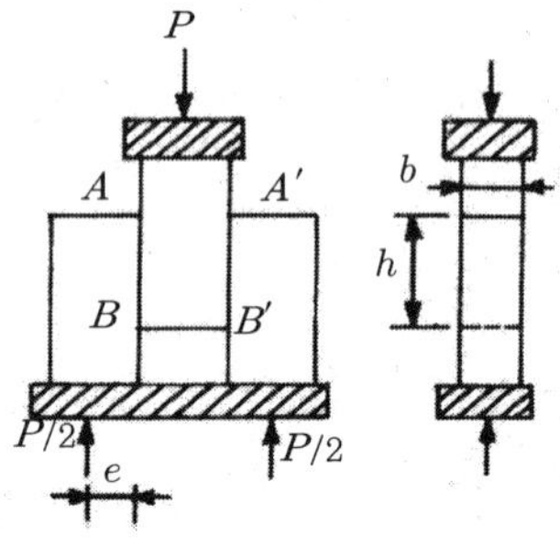

그림 1.2.8 2면 전단 시험

이 경우 전단면에는 $P \cdot \frac{e}{2}$ 만큼의 휨모멘트가 발생되며 A−A′, B−B′ 사이는 1개의 보로 휨모멘트를 받기 때문에 압축강도에 약한 재료는 A−A′ 사이에서, 인장강도에 약한 재료는 B−B′ 사이에서 전단파괴가 되기 전에 파괴된다. 1면 전단, 2면 전단은 휨모멘트를 작게 하기 위하여 e를 적게 할 필요가 있다.

③ 테에 의한 전단 시험

그림 1.2.9와 같이 핀접합한 4변형 테두리 속에 공시체를 넣어 가력하면 순수한 전단변형과 같은 형태의 변형을 주게 된다. 이 방법은 판류의 시험 시 자주 이용되고 있다. 이 방법은 가능한 테두리를 굵게 하여 시험중 직선을 유지하도록 하고 공시체 주변과 테두리의 접착을 강하게 할 필요가 있다.

인장 혹은 압축이 전단강도보다 작은 재료에서는 대각선방향의 인장 혹은 압축으로서 파괴된다.

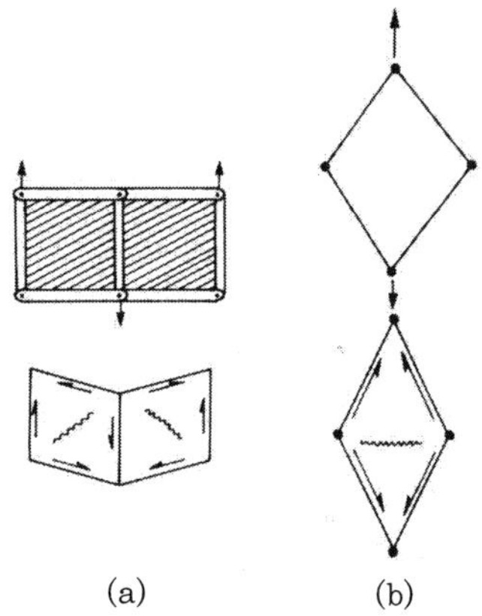

그림 1.2.9 테에 의한 전단 시험

5. 부착강도 시험(Bonding strength test)

(1) 시험목적

이 시험은 두 부재 간의 부착강도를 측정하기 위해 행하는 시험이다.

(2) 시험

두 부재의 부착면에 인장력을 가하여 부착강도를 구한다. 부착강도에는 최대 인장응력도로서 부착강도를 표시하는 방법과 최대 전단응력도로서 부착강도를 표시하는 방법 등이 있다.

그림 1.2.10은 최대 인장응력도로 부착강도를 표시한 예로서, (a)는 콘크리트에 대한 미장 모르타르의 부착력 시험이고, (b)는 신 · 구콘크리트에 대하여 행한 부착력 시험으로 많

이 이용하고 있다. (c)는 휨 시험에 의한 모르타르의 부착력 시험이다.

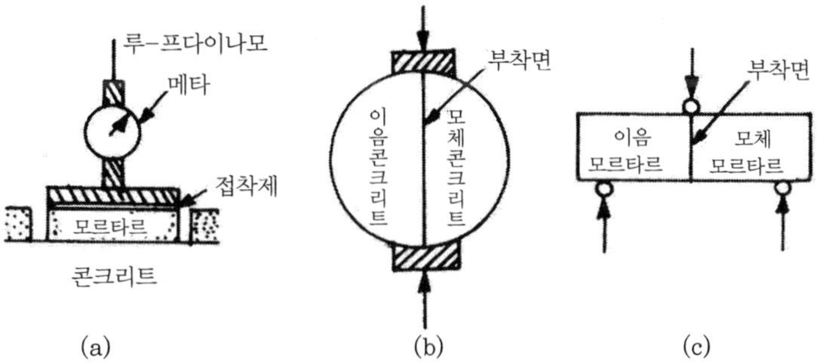

그림 1.2.10 모르타르, 콘크리트의 부착력 시험

그림 1.2.11은 최대 전단응력도로서 부착강도를 표시한 예이다. 단, 여기서는 순수한 전단응력 이외에 경우에 따라 수직면에는 인장응력이 작용하기도 한다.

부착강도는 다음 식과 같이 구한다.

$$\text{부착강도} = \frac{P}{A}(\text{N/mm}^2,\ \text{MPa}) \tag{1.30}$$

여기에서, P : 분리하중(N)

A : 부착면적(mm^2)

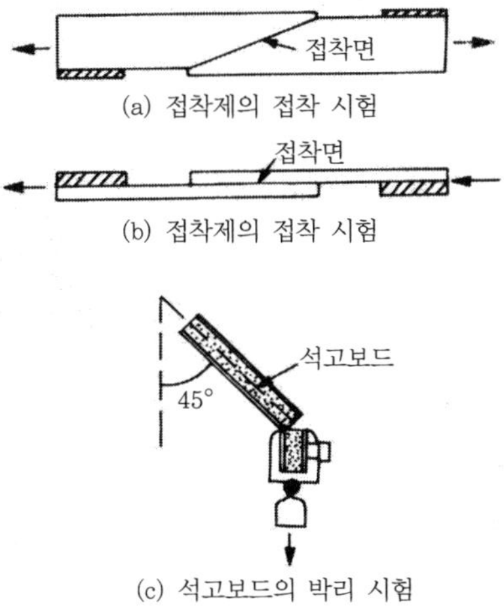

그림 1.2.11 부착력 시험

6. 충격 시험(Impact test)

(1) 시험목적

이 시험은 재료의 충격력에 대한 내력이나 취성 정도 및 재료의 점도에 대한 강약 등을 파악하기 위해 행하는 시험이다.

(2) 시험

단기간에 하중을 작용시킨 시험을 충격 시험이라 하며, 이 시험에는 흡수에너지에 의한 방법과 낙하추에 의한 방법 2종류가 있다.

◪ 흡수에너지에 의한 방법

1회의 충격으로 시편이 파괴될 때, 시편이 흡수하는 에너지의 크기를 구하며, 이 시험법은 다음과 같이 분류할 수 있다.

① 샤르피식 충격 시험(Charpy impact test)

이 시험에는 그림 1.2.12에 있는 시험기를 이용하여 시험한다. 샤르피식 충격 시험은 먼저 해머를 어느 각도까지 들어 올렸다가 떨어뜨리면 시편은 해머의 운동에너지에 의하여 절단되고 해머는 여력의 에너지에 의해 반대측의 어느 각도까지 운동한다. 시험결과는 처음 에너지와 후의 에너지에 의한 해머의 각도, 해머의 회전중심과 거리 및 질량으로부터 충격에 의한 흡수에너지를 구하는 방법이다.

② 아이조드식 충격 시험(Izod impact test)

이 시험 방법은 샤르피식 충격 시험과 유사하고, 시편은 대로부터 수직으로 지지되고

(a) 샤르피식 충격 시험기 (b) 아이조드식 충격 시험기

그림 1.2.12 흡수에너지에 의한 충격 시험

있으며, 시편의 꼭대기 부분을 해머로 타격하여 흡수에너지를 구한다.

■ 낙하추에 의한 방법

수평으로 놓은 재료의 중앙 위에 그림 1.2.13에 있는 가지모양의 추를 낙하시킨 다음 재료가 파괴되었을 때의 추 낙하높이 혹은 일정한 높이에서 추를 낙하시켜 재료가 손상되는지의 여부를 조사한다. 낙하추의 시험은 주로 석면 시멘트판, 석고보드 등의 재료 시험에 이용하고 있다.

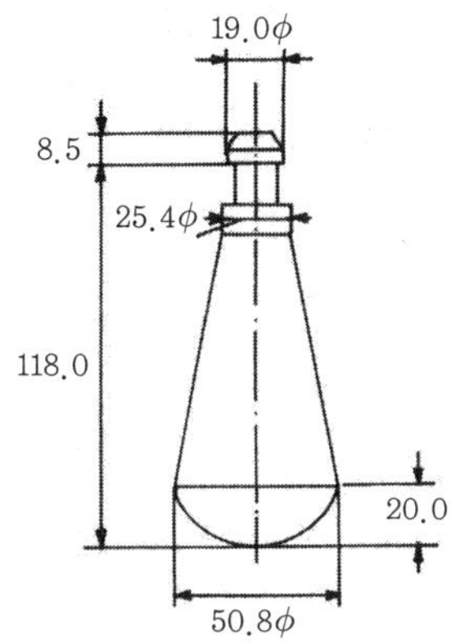

그림 1.2.13 충격 시험용 가지모양의 추

7. 반복 시험(Repeat test), 피로 시험(Fatigue test)

(1) 시험목적

재료를 일정한 응력 범위 내에서 하중을 반복하여 가하게 되면 이 반복하중이 파괴하중보다 작은 값이어도 그 재료는 파괴된다. 그러나 어느 한도 이하에서는 무한횟수로 하중을 가해도 파괴되지 않는다. 이와 같이 반복하중을 가해도 파괴되지 않는 범위의 최대응력을 피로한도라 한다.

피로 시험은 재료의 피로한도를 구하는 것이 목적이지만, 그 외에도 일반적으로 재료의 반복하중에 대한 저항력을 측정하여 재료의 우열을 비교하기 위해 행하는 시험으로서 주로 금속재료의 시험에 많이 이용하고 있다.

(2) 시험

피로 시험은 재료의 사용 목적에 따라 가공방법도 달라질 수 있다. 이 가공방법에는 압축, 인장, 휨, 비틀림 등의 단독으로 반복가력한 경우와 이들을 혼합하여 반복가력하는 경우가 있다. 기타 가력방법에는 충격하중으로서 반복가력하기도 한다.

시험장치에는 여러 종류가 있으며, 이들 시험장치에는 하중의 측정장치, 반복횟수의 계산기, 시편 파단시의 자동운전 정지장치 등이 부착되어 있다.

반복하중의 가력속도는 1분간 1 000~3 000회 정도로 한다. 실제 반복횟수를 무한으로 한다는 것은 불가능하므로 재료에 따라 $1\times10^5\sim10^8$ 정도의 일정횟수를 정해 놓고, 그 횟수에서 파괴되지 않는 응력변동의 최대범위를 측정한다.

8. 크리프 시험(Creep test)

(1) 시험목적

크리프 시험은 크리프를 측정하여 크리프한도를 구하기 위하여 행한다.

(2) 시험

재료나 구조물에 하중을 가한 경우 그 하중이 파괴하중 이하에서도 장기간에 걸쳐 작용하게 되면 그 재료나 구조물에 변형이 진행되어 파괴상태에 이른다. 이러한 현상을 크리프(Creep)라 한다. 이 소성변형은 처음에는 변형이 급하게 진행되며, 시간이 지나면 완만하게 변형이 진행된다. 재료에 가한 응력이 어느 값 이하가 되면 어떤 값에서도 변형이 정지하게 되고, 재료는 파괴되지 않는다. 이러한 응력의 한계를 크리프한도라고 한다. 이 크리프한도는 강도, 항복점과 함께 재료의 허용응력도를 결정하는 중요한 요인이 된다.

크리프 시험에는 그림 1.2.14와 같은 스프링식 크리프 시험기 및 기압식 크리프 시험기를 주로 이용하고 있다. 크리프 시험 기간 중 응력은 대부분 일정한 것으로 하지만 목적에 따라 응력을 변동시키는 경우도 있다. 변형의 측정에는 변형계(Strain gauge)를 이용하며, 변형계로서 장기간의 안전성을 충분히 체크할 필요가 있다. 시험기간 중 온도 및 습도에 의한 공시체의 자체 변형을 별도 측정하여 보정해야 하는 경우도 있다.

그림 1.2.14 크리프 시험기

크리프 시험 기간은 2~3개월에서 1년 정도로 한다. 이와 같이 크리프 시험은 장기간이 소요되므로 실제로는 여러 가지 편법이 활용되고 있다.

크리프한도값이 목재의 기건재에서는

$$\text{압축 크리프 한도} = 0.5 \times \text{보통의 압축강도} \tag{1.31}$$

$$\text{휨파괴계수의 크리프한도} = (0.4\sim0.5) \times \text{보통 휨파괴계수} \tag{1.32}$$

이며, 크리프한도의 하중을 장기간 받는 목재의 변형은 압축의 2배, 휨의 1.6~2배 정도이다. 콘크리트의 크리프한도는 목재보다 약간 커서 그 크리프한도의 값은

$$\text{압축 크리프 한도} = (0.8\sim0.9) \times \text{보통압축강도} \tag{1.33}$$

이다.

9. 진동 시험(Vibration test)

(1) 시험목적

진동이 장기간 연속적으로 작용할 경우에는 재료의 피로한도를 고려해야 하지만 지진력처럼 반복하중이 일정기간 동안 작용하여 재료가 파괴되는 경우에는 진동에 대한 재료의 강도를 별도 시험으로 구할 필요가 있다. 이런 경우에 진동 시험을 행한다.

(2) 시험

시험 방법은 일정한 하중을 반복하여 작용시킨 후의 재료강도 및 영계수(탄성계수: Young's modulus) 감소를 시험 전의 재료강도 및 영계수와 비교하기도 하며, 경우에 따라서 반복되는 하중을 증가시켜 재료가 파괴될 때의 하중을 보통 시험의 파괴하중과 비교하기도 한다.

2-4 표면 시험

1. 경도 시험(Hardness test)

(1) 시험목적

경도 시험은 재료표면의 어떤 부분에 변형을 주었을 때 그 재료의 저항을 파악하기 위해 행하는 시험이다.

(2) 시험

경도(Hardness)를 명확히 정의하기란 곤란하며, 또한 절대적인 시험법도 없다. 따라서 측정방법은 사용목적, 재질 및 조건에 따라 여러 종류가 있고, 각종 시험 방법에 의한 경도의 값도 반드시 일치하지는 않는다. 따라서 경도 시험의 결과보고서에는 시험한 방법에 따라 어떤 경도 시험이라고 반드시 명시해야 하며, 시험결과의 수치도 무명수로 기록한다.

현재 이용하고 있는 시험법에는 시험대상면에 일정한 구멍을 발생시키는 데 필요한 하중 및 구멍의 크기를 측정하는 정적압입법과 구상체를 시험면에 낙하시켰을 때 구멍의 크기 또는 반발고의 높이를 구하는 충격압입법이 있다. 이를 좀더 상세히 서술하면 다음과 같다.

◪ 정적압입법

브리넬경도 시험기(Brinell hardness test), 록웰경도 시험기(Rockwell hardness test)가 대표적이다. 브리넬경도 시험은 강구를 일정하중으로 공시체의 표면에 삽입하여 그때 생기는 구멍의 표면적을 하중으로 나누어 경도를 표시한다.

로크웰경도 시험은 강구를 먼저 기준하중으로서 공시체 면에 가하고, 그 다음 단계로 시험하중을 가한 다음, 다시 기준하중으로 되돌려 보냈을 때 전후 2회의 구멍 사이의 차이로 경도를 표시한다. 이 시험 방법은 다른 방법보다 간단하므로 자주 이용된다.

◪ 충격압입법

쇼어경도 시험기(Shore hardness test)가 대표적이다. 일정한 높이에서 추를 시험체의 표면 위에 자유낙하시켜 반발하는 높이로서 경도를 구하는 시험이다.

(a) 브리넬경도 시험기 (b) 로크웰경도 시험기 (c) 쇼어경도 시험기

그림 1.2.15 경도 시험기의 종류

2. 마모 시험(Wear test)

(1) 시험목적

마모 시험은 재료의 마모성상을 파악하기 위하여 행하는 시험이다.

(2) 시험

마모는 복잡한 현상의 일환으로 고체 사이의 미끄러짐에 의한 마모, 돌과 줄(File) 등의 연마입자와 모래 등에 의한 마모, 액체의 작용에 의한 마모가 있는데, 이 3종류를 광의의 의미로 마모라고 한다.

건축재료 중 가장 마모성이 뛰어나야 하는 재료는 바닥마감재이다. 바닥의 마모는 타격을 고려한 마모 시험으로 ASTM(American Society for Testing and Materials) 및 JIS(Japan Industrial Standards)에 시험기가 결정되어 있다. 또한 철물의 마모는 충격이 없고 순수한 마찰에 의한 마모 시험기를 이용하고 있다. 마모 시험기를 사용재료에 따라 서술하면 다음과 같다.

① 바닥 마모

바닥 마모에는 타격구가 부착되어 있는 시험기이어야 한다. 예를 들면 ASTM 시험기, 일본의 吉岡식 시험기, 일본건설성 건설연구소식 시험기를 사용한다.

② 철물 마모

마찰에 의한 마모 시험기로 시퍼(Schiefer) 시험기, 태보(Tabor) 시험기, 와이젠비크(Wyzen-beek) 시험기, 마틴데일(Martindale) 시험기가 있다.

③ 고무 마모

듀폰(Dupont) 시험기(일명, Williams 시험기라고도 함), 아크론(Akron) 시험기, 던롭(Dunlop) 시험기가 있으며, 이것들은 모두 회전에 의한 충격 시험기이다.

④ 석재 마모

도리(Dorry) 시험기, 로스앤젤레스(Los-angeles) 시험기가 있다.

결국 마모 시험은 사용목적에 따라 적당한 시험기를 선택하여 비교·시험해야 한다.

2-5 변형과 응력 측정

1. 개 요

어떤 물체에 압축, 인장, 기타의 외력이 작용하면 물체 내부에는 이 외력과 크기가 같고, 방향이 반대인 힘이 생기게 된다. 이와 같이 물체 속에 생기는 힘을 응력(Stress)이라 한다.

또한 외력이 작용하면 물체는 기하학적으로 늘어나거나 줄어들게 되는데, 이를 변형(Strain, Deformation)이라 한다. 부재가 인장력을 받을 때 생기는 응력을 인장응력(Tensile stress) · 변형을 인장변형(Tensile strain), 압축력을 받을 때 생기는 응력을 압축응력(Compressive stress) · 변형을 압축변형(Compressive strain)이라고 한다. 그리고 보, 골조 등의 구조물이 하중을 받으면 변형하여 원래의 축에서 이동하게 되는데, 이때의 이동길이를 처짐(Deflection) 또는 변위(Displacement)라 하고, 변형 전의 축과 만든 각을 처짐각(Deflection angle) 또는 변위각(Displacement angle)이라 한다.

단위면적을 통해 작용하는 응력을 응력도(Intensity of force)라 하고, 단위길이당의 변형을 변형도(Strain, unit strain)라 한다.

인장응력도 및 압축응력도는 단면력 중 축방향력에 기인하여 생기는 응력인데, 모든 단면에 수직으로 일어나므로 수직응력도(Normal stress)라고도 한다. 이외에 전단력에 의한 전단응력도(Shearing stress)와 전단변형도(Shearing strain)도 있다.

일반적으로 물체에 생기는 변형은 다음과 같다.

① 외력의 작용에 의해서 생기는 변형: 탄성변형, 크리프변형

② 시간의 경과에 따라 생기는 변형: 재료의 함수 및 화학변화 등에 의해 생기는 변형

③ 온도변화에 의해 생기는 변형: 온도, 열 등의 작용에 의해 생기는 변형

응력도를 종축, 변형도를 횡축으로서 응력도와 변형도의 관계를 표시한 곡선을 응력변형도(Stress strain diagram)라고 하며, 일반적인 재료의 응력변형도는 그림 1.2.16과 같고, 철강재의 인장 시험은 그림 1.2.17과 같다. 응력과 변형과의 관계는 재료의 탄성계수를 결정하는 기초가 되므로 재료실험을 할 경우 응력과 함께 변형도 반드시 측정할 필요가 있다.

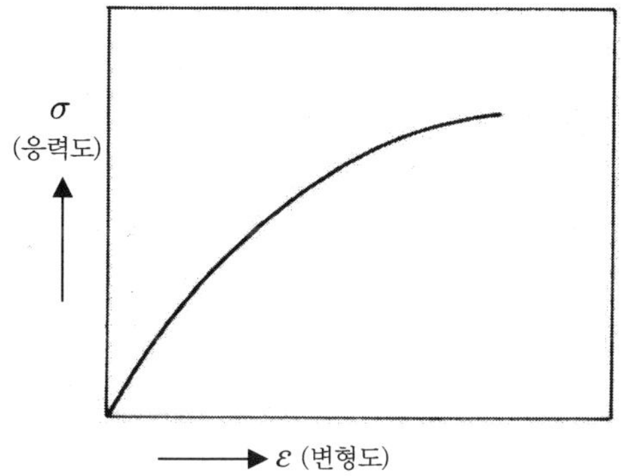

그림 1.2.16 일반재료의 응력변형도

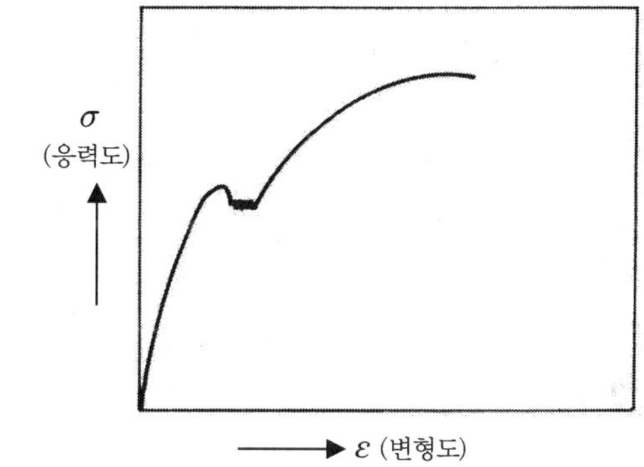

그림 1.2.17 철강재의 응력변형도

2. 기계적 변형 측정계

(1) 버니어 캘리퍼스(Vernier calipers)

버니어 캘리퍼스는 그림 1.2.18에 표시한 바와 같은 형상이다. 이 버니어 캘리퍼스의 외측 측정면으로서 물체의 두께, 관, 구 등의 외경, 내측 측정면으로서 관의 내경, 그리고 깊이바로서 깊이 등을 측정한다. 어미자와 아들자의 눈금으로 물체의 크기를 정밀하게 측정한다. KS B 5203-1, 2(버니어 캘리퍼스 제1부, 제2부)에는 표 1.2.1과 같이 3종류가 있으며, 측정길이는 150, 200, 300, 600 mm 및 1 m가 있다.

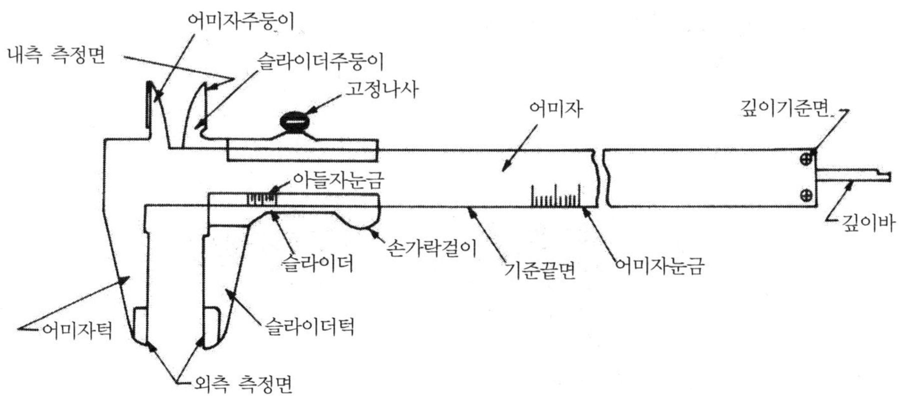

그림 1.2.18 버니어 캘리퍼스(M형)

표 1.2.1 버니어 캘리퍼스의 종류

<table>
<tr><th>종 류</th><th>호칭치수</th><th>눈금단계</th><th>어미자의
최소눈금</th><th>버니어 눈금
매김방법</th><th>최소 지시
눈금값</th></tr>
<tr><td rowspan="3">M형
버니어 캘리퍼스</td><td rowspan="3">130 mm
150 mm
180 mm
200 mm
280 mm
300 mm
600 mm
1 000 mm</td><td rowspan="3">1</td><td rowspan="2">0.5 mm</td><td>12 mm를 25등분</td><td rowspan="3">0.02 mm</td></tr>
<tr><td>24.5 mm를 25등분</td></tr>
<tr><td rowspan="3">1 mm</td><td>49 mm를 20등분</td></tr>
<tr><td>CB형
버니어 캘리퍼스</td><td rowspan="2">150 mm
200 mm
300 mm
600 mm
1 000 mm</td><td rowspan="2">2
(외측용,
내측용)</td><td>19 mm를 20등분</td><td rowspan="2">0.05 mm</td></tr>
<tr><td>CM형
버니어 캘리퍼스</td><td>39 mm를 20등분</td></tr>
</table>

(2) 마이크로미터(Micrometer)

마이크로미터는 박판의 두께, 선, 관의 직경 등을 측정하는 기구이다. U자형 프레임(Frame)에 고정된 앤빌(Anvil)과 스핀들(Spindle) 사이에 측정재료를 넣어 팀블(Thimble)을 회전하면 스핀들이 이동하여 앤빌과 스핀들 사이에 재료가 물리게 된다. 래치스톱은 측정압을 일정하게 한다. 재료의 크기는 프레임에 고정된 슬리브(Sleeve)의 원통상 눈금 및 팀블상의 원주눈금에 따라 읽게 된다. 외측 마이크로미터가 가장 일반적이지만 내측, 이두께(Gear tooth) 다이얼 게이지형, 캘리퍼스형 마이크로미터 등 종류가 다양하다.

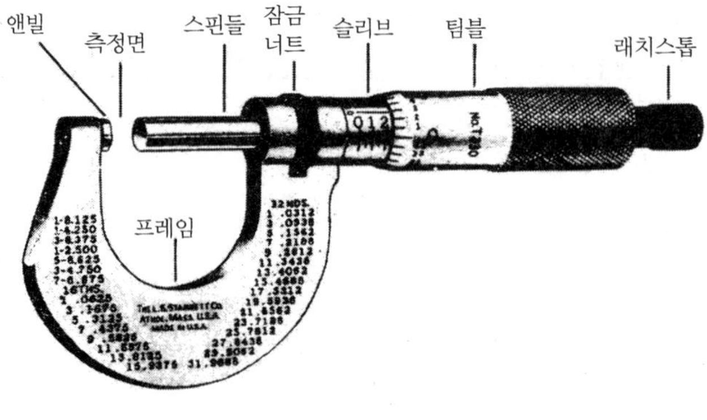

그림 1.2.19 마이크로미터

(3) 다이얼 게이지(Dial gauge)

길이, 두께 등의 변형 혹은 처짐(Deflection)을 측정하는 기구이다. 그림 1.2.20과 같은 측정자를 갖는 스핀들(Spindle)의 직선운동을 회전운동으로 변환시켜 끝단의 장침에 전달함으로써 이 장침이 이동한 양을 원형의 눈금판에서 읽게 된다. 스핀들의 이동량은 최소눈금 0.01 mm, 장침 1회전에 대한 스핀들의 이동이 1 mm, 측정범위 5 mm 및 10 mm의 것과 최소눈금 0.001 mm, 장침의 1회전에 대한 스핀들의 이동 0.2 mm, 측정범위 1 mm, 2 mm 및 5 mm의 것이 한국산업규격(KS)에 규정되어 있다. 또한 단침은 장침의 회전수를 나타낸다. 다이얼 게이지 부착방법은 시험목적에 따라 여러 종류가 있지만 귀살(Lug)을 게이지 스탠드(Gauge stand) 등에 고정하고, 측정하고자 하는 부분에 부착시킨다. 스핀들 선단의 측정자를 측정면에 접촉시킨다.

만약에 시험체의 접촉면이 너무 약하거나 요철이 있는 경우 측정면과 측정자 사이에 유리판 혹은 금속판 등을 끼워넣고 측정하기도 한다.

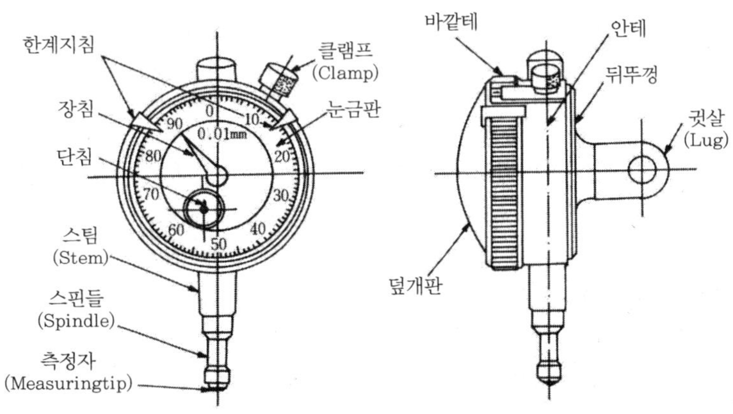

그림 1.2.20 다이얼 게이지

(4) 콤퍼레이터(Comparator)

두점 간의 길이 혹은 길이변화를 정확히 측정하는 데 이용하는 기구로서 모르타르의 수축 · 변형 등을 측정하는 경우에 이용한다. 측정기에는 1개 또는 2개의 현미경 A, B가 있고, 그중 1개는 마이크로미터가 부착되어 있으며, 마이크로미터의 십자선과 시험체에 부착한 젖빛유리 위에 그림선을 일치시키고, 마이크로미터로서 선간 거리를 읽어 1/1 000의 정밀도까지의 길이변화도 측정할 수 있다. 즉 젖빛유리(2매)를 소정의 위치에 미리 매입하여 각선(刻線)된 시험체를 측정대에 놓고, 2개의 현미경을 사용하여 각선거리를 읽는다. 이때 다음의 사항에 주의해야 한다.

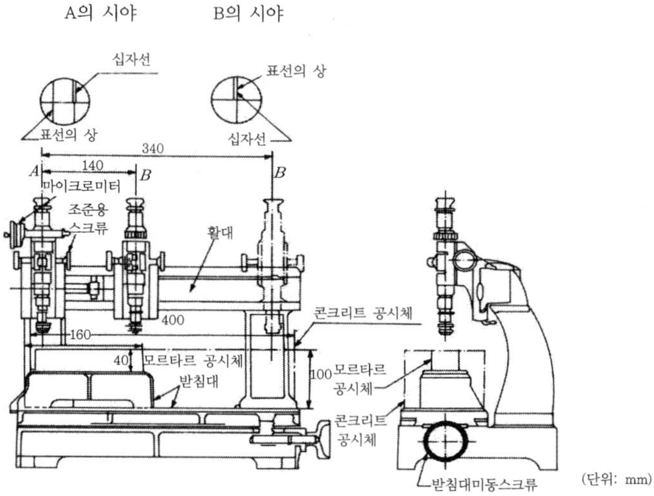

그림 1.2.21 콤퍼레이터 방법의 측정기

① 측정 전에 표준자를 이용하여 현미경 간의 거리를 정확히 검정한다.

② 각선이 가늘고 선명한 것은 측정정밀도를 높게 하는 중요한 요인이 되므로 각선을 할 때에는 주의해야 한다.

③ 측정 중 시험체에 가까운 거리에 광선(Light)이 있는 경우에는 그 열의 영향으로 현미경 간의 거리가 변할 수 있으므로 주의해야 한다.

(5) 마이크로미터식 변형기(Micrometer type strain meter)

마이크로미터 기구를 이용한 시험체의 신장률을 측정하는 방법에는 여러 가지가 있다. 그림 1.2.22에 표시한 것이 그 일례이다. 시험체 S의 양 표점에 A와 B를 각각 스크루(Screw)로 고정한다. 마이크로미터 M은 C와 접촉한다. 이 접촉의 정도를 일정하게 하기 위하여 램프(Lamp) 또는 전기적 장치를 사용한다. 2개의 마이크로미터를 사용하는 경우는 2개의 신장률 평균을 취하기 위함이다.

감도는 마이크로미터의 감도와 동등하지만 레버(Lever)기구에 의하여 변형을 확대하는 것도 가능하다.

(6) 다이얼 게이지식 변형기(Dial gauge type strainmeter)

다이얼 게이지를 이용하는 방법으로써 그림 1.2.22의 마이크로미터 M 대신에 다이얼 게이지를 부착한다. 다이얼 게이지식 변형계의 표점거리는 보통 200 mm, 감도는 1/100 mm이다.

(7) 레버식 변형계(Lever type strainmeter)

레버식 변형방식은 레버기구로 변형을 측정하는 형식이다. 이 측정기구에는 마텐즈(Martens)형, 오쿠젠(Okuizen)형, 후겐베르그(Hugenberger)형이 있다. 그림 1.2.23은 마텐즈형 변형계로써 감도는 1/300~2/1 000 mm이다.

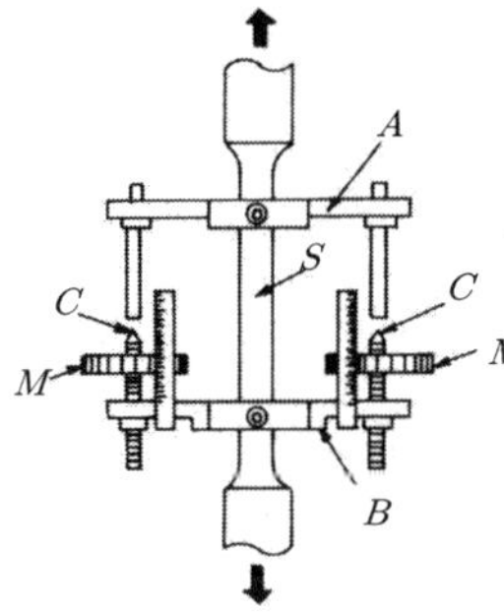

그림 1.2.22 마이크로미터식 변형계

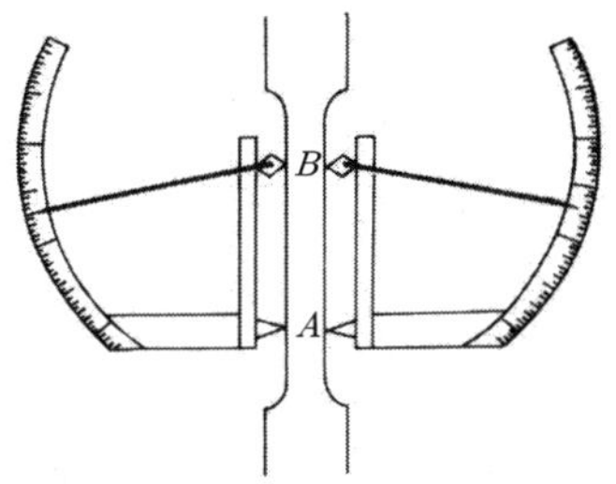

그림 1.2.23 마텐즈식 변형계

3. 전기 및 자기적 변형측정계

전기 또는 자기를 응용하여 변형을 측정하는 방법에는 여러 종류가 있지만 이러한 측정 방법들은 전술한 기계적 변형계 또는 광학적 변형계에 비하여 감도가 높으며, 필요에 따라 표점거리를 짧게 할 수 있다. 따라서 국부적인 변형의 측정도 가능하고 도선을 연장할 수 있으므로 원격측정도 가능하다. 또한 급격히 변하는 변형이나 진동중인 물체의 측정 혹은 다수점에 대한 동시 측정도 가능하다.

(1) 전기저항변형계(Wire strain gauge)

전기저항을 이용한 변형계는 탄소의 접촉저항 혹은 전해액의 저항을 이용도 하지만, 최근 많이 이용되는 것으로는 그림 1.2.24와 같이 변형에 의한 길이변화에 따라 금속선의 전기저항을 변화시킨 것이다. 이를 전기저항변형계라고도 한다.

보통 저항선은 직경 0.025 mm의 어드밴스(Advance, Ni 43 %와 Cu 57 %의 합금)를 이용하며, 이 선은 얇은 종이에 접착시켜 도선과 연결시킨다. 이를 게이지라 한다.

접차제로 공시체에 게이지를 붙여 변형과 동시에 변화하는 게이지의 저항변화를 전류계로 측정한다. 온도변화가 저항에 영향을 주므로 측정에서는 게이지와 표준저항을 휘트스톤 브리지(Wheatstone's bridge)로 하여 이용하고 있다. 기록에는 자기기록계, 오슬로그래프(Oslo graph) 등을 이용하고 있다.

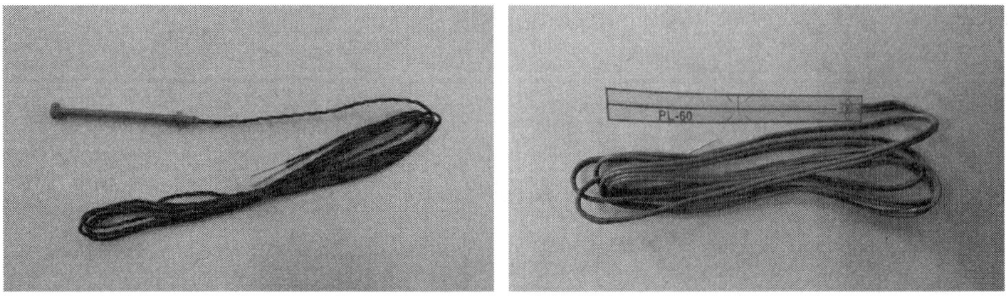

그림 1.2.24 전기저항변형계

(2) 전파변형계(Electric capacity type strainmeter)

이 장치는 전파작용에 의한 전기량의 변화에 따라 변형을 측정하는 장치이며, 전기량으로 변화를 주는 방법은 다음과 같다.

① U자형의 전자석 양극 앞에 가동철편을 놓고, 변형에 의한 가동철편의 이동에 따라 극과 철편과의 자기저항이 변화되도록 함으로써 변형을 측정한다.

② 코일(Coil) 내부를 가동철심이 이동하도록 함으로써 자기저항이 변화되도록 하여 변형을 측정한다.

4. 광탄성 실험에 의한 변형측정계(Photoelastic experiment)

셀룰로이드(Celluloid), 유리, 페놀라이트(Phenolite) 등에 힘을 주면 내부에 응력이 생기는데, 이때 판면에 직각으로 빛이 입사되면 2개의 굴절광선이 생긴다. 이를 복굴절(Double refraction)이라 하며, 광탄성 변형기는 이러한 성질을 이용하는 것이다.

5. 콘크리트의 건조수축 및 자기수축 변형

(1) 건조수축

콘크리트나 목재 등은 내부 함수율이 감소함에 따라 수축이 발생되는데, 이러한 수축현상을 건조수축이라 하고 건조수축은 콘크리트 균열 발생의 주요원인으로 작용한다. 콘크리트가 물에 접하면 수화반응에 의해 초기에는 약간의 팽창을 일으키지만 이후 내부의 수분증발에 의하여 건조수축현상으로 크게 줄어든다. 이와 같은 건조수축은 보통강도의 콘크리트에서 일반적으로 발생되며 건조수축을 설명하는 기구로는 모세관 장력설, 팽창압설, 표면장력설 및 층간수 이동설 등으로 알려져 있다. 건조에 의해 수축되는 응력이 자유단으로 구속되지 않을 경우 길이가 축소되면서 균열이 발생하지 않지만 수축응력이 고정단에 의해 구속되는 경우

그 수축응력이 재료의 인장응력을 초과하면 균열이 발생한다. 콘크리트의 건조수축은 6개월의 경우 4~8×10^{-4} 정도로서 평균 6×10^{-4} 정도이다.

그림 1.2.25 건조수축 변형 측정

이러한 건조수축 측정은 앞에서 언급한 각종 변형률 측정장비를 이용하여 측정을 할 수 있는데, KS F 2424 모르타르 및 콘크리트의 길이변화 시험 방법을 토대로 측정이 가능하다. 이 규격에 따르면 시험 방법은 공시체의 측면 길이변화를 측정하는 방법으로 현미경을 부착한 콤퍼레이터를 이용하는 방법과 콘택트 스트레인 게이지를 이용하는 방법으로 구분하고, 공시체의 중심축 길이변화를 측정하는 방법으로 다이얼 게이지를 부착한 측정기를 이용하는 방법으로 측정하도록 규정하고 있다.

(2) 자기수축

일반적으로 시멘트와 물이 반응할 때 생성되는 수화물의 체적이 이들 각각의 체적합보다 작아지는 현상을 수화수축 또는 화학수축이라 한다. 이러한 수화수축의 발생은 수화반응식에서 화학량론적으로 정해지는 절대체적의 감소를 총합한 것이다.

자기수축(Autogenous shrinkage)은 수화수축의 한 부분으로서 거시적인 견지에서 체적이 수화수축에 의해 감소하는 현상을 말한다(그림 1.2.26). 즉 자기수축이란 시멘트계 재료에서 시멘트의 수화에 의한 응결시점(초결) 이후 거시적으로 생기는 체적 감소를 말한다. 자기수축에는 물질의 침입과 온도변화, 외력 및 외부구속에 기인한 체적변화 등을 포함하지 않는 것을 말한다.

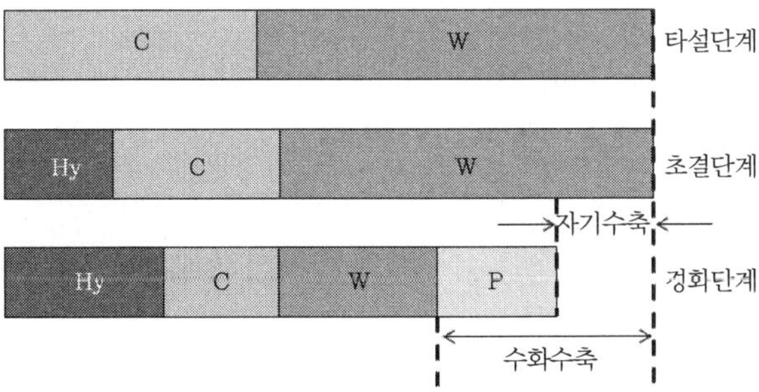

(C: 시멘트, W: 물, Hy: 수화생성물, P: 공극)

그림 1.2.26 수화수축과 자기수축의 관계

자기수축에 의한 수축변형 측정방법으로는 KS F 2586(시멘트 페이스트, 모르타르, 콘크리트의 자기수축 및 자기팽창 시험 방법)에 따라 시험할 수 있다.(그림 1.2.27 및 1.2.28 참조)

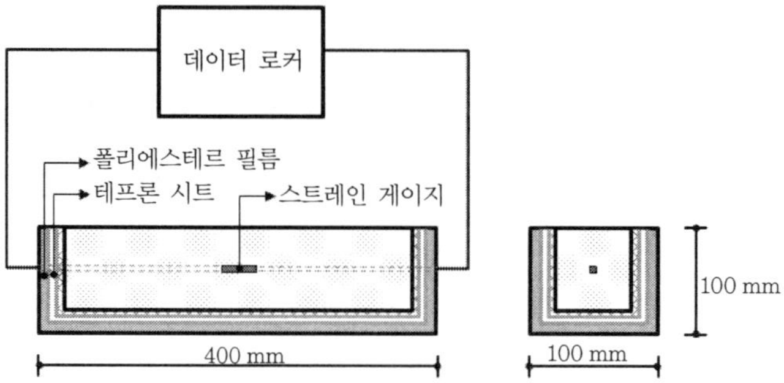

그림 1.2.27 스트레인 게이지를 이용한 자기수축변형 측정방법

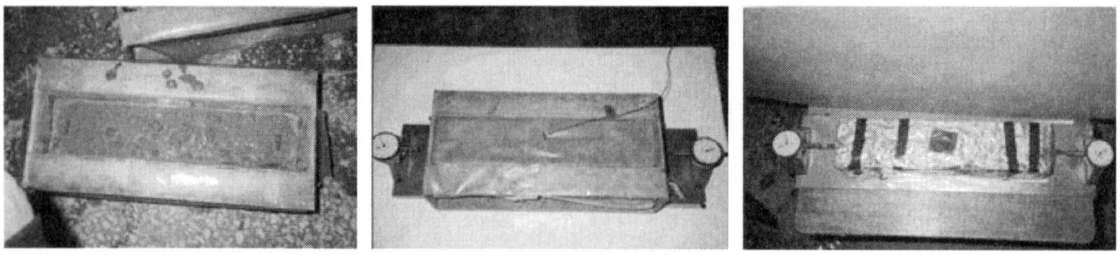

(a) 공시체 제작 (b) 탈형 이전의 측정 (c) 탈형 이후의 측정

그림 1.2.28 자기수축 시험

2-6 내구성 시험(Durability test)

1. 동결융해 시험(Freezing and thawing test)

흡수성 있는 재료는 일반적으로 저온에서 흡수하고 수분이 동결되어 재질의 노화, 탄성계수 감소, 인장강도 감소 및 재료의 표면이 박리되는 현상이 생기는데, 이러한 현상을 동해라고 한다. 이때 재료가 연속하여 동결된 경우는 동해가 비교적 적고, 동결융해작용이 계속 반복되면 동해가 매우 크게 된다.

(1) 시험 방법

동결융해 시험은 콘크리트와 연관하여 KS F 2456에 규정되어 있는데, 이 시험은 시험실 내에서 동결융해의 급속 반복 사이클에 대한 콘크리트공시체의 저항을 구하기 위한 시험이다. 다음 2가지 시험과정으로 평가할 수 있는데, 시험 방법 A는 수중에서의 급속 동결융해 시험 과정이고, 시험 방법 B는 공기 중에서 급속 동결하여 수중에서 융해시키는 시험과정이다.

동결온도는 −18℃로 하고 있으며, 융해온도는 4℃ 정도로 유지하도록 규정하고 있다. 이 시험은 콘크리트의 품질변화가 특정 동결융해 사이클에 대한 저항성에 미치는 영향을 구하는 데 사용된다. 여기서 재료 주위에 물의 막이 있고 이 막을 통하여 시료를 동결시키는 것이 수중동결법이고, 시료를 직접 저온공기의 조건하에서 동결시키는 것을 기중동결법이라고 한다.

동결융해작용의 시간적인 온도변화로 정상적인 동결융해 사이클은 공시체의 온도를 2시간 내지 4시간 사이에서 교대로, 4℃에서 −18℃로 떨어뜨리고, 다음에 −18℃에서 4℃로 상승시키는 것이다. 시험 방법 A에서는 융해시간을 총 시간의 25 %, 시험 방법 B에서는 총 시간의 20 %보다 적게 사용하지 말아야 하는 것으로 규정하고 있다. 또한, 냉각기간이 끝나는 순간의 공시체 중심온도는 −18±2℃ 정도로 유지해야 하며, 가열시간이 끝나는 순간의 온도는 4±2℃이어야 하고, 공시체의 온도가 −19℃ 이하 또는 6℃ 이상이 되지 않도록 한다.

임의의 공시체 중심에서 온도가 3℃에서 −16℃로 떨어지는 데 소요되는 시간은 냉각시간의 1/2 이하가 되지 않도록 하고, −16℃에서 3℃로 상승하는 데 소요되는 시간은 가열시간의 1/2 이하가 되지 않도록 한다.

(2) 시험장치

KS F 2456에 규정된 장치의 개요를 보면 시험조, 냉각기, 가열히터 3부분으로 구성되어 있으며, 시험조에 시료를 넣어 동결융해작용을 반복시킨다. 최근에는 이러한 동결융해과정이 자동제어 및 기록되는 그림 1.2.29와 같은 전자동식 동결융해 시험기를 많이 사용하고 있다.

그림 1.2.29 동결융해 시험기

(3) 동해 판정

동해 판정법은 목적에 따라 다음의 2종류가 있다. 즉 재실변화는 비파괴 시험 방법을 이용하여 동탄성계수를 일정 사이클마다 측정한 후 다음 식으로 동탄성계수비 P_n을 구하여 동해를 판정한다.

$$P_n = \frac{E_{Dn}}{E_{Do}} \times 100(\%) \tag{1.34}$$

여기에서, E_{Dn} : n사이클 후의 동탄성계수

E_{Do} : 시험개시 때의 동탄성계수

또한, 다음 식으로 내구성 지수(Durability factor ; DF)를 구하여 동해를 판정하는 방법도 있다.

$$DF = \frac{PN}{M} \tag{1.35}$$

여기에서, P : N사이클 후의 동탄성계수비

N : 사이클 수

M : 실험종료 때의 사이클 수

마감재료와 같이 표면상태의 변화를 내동해성으로 판정할 경우는 사이클 수 증가에 따른 재료표면상태의 변화 및 재료표면의 박리 등의 변화가 몇 사이클에서 발생하는지를 관찰해야 한다.

재료의 동해는 시험시 재료의 흡수상태에도 영향을 받을 수 있으므로 시료의 재령, 형상, 양생방법, 흡수상황 등의 조건을 결과보고서에 명기해야 한다.

2. 내약품성 시험

재료에 화학적인 변질현상을 일으키는 유해물에 대한 재료의 저항성을 일반적으로 내약품성이라고 한다. 산, 알칼리 이외의 유해물에 접촉하거나 이종 재료의 상호접촉과 금속 간에 물이 개재될 경우에 생기는 재료의 파괴적인 변질은 내약품성 시험으로 검토해야 한다.

재료에 따른 정확한 시험 방법이 규정되어 있지 않는 경우가 대부분이며, 실제 시험시는 목적에 적합한 시험 방법을 선택하여 시험한다.

내약품성 시험에는 실험실 시험과 현장 또는 실용 시험의 2종류가 있는데, 실험실 시험은 부식재료의 기초적 연구나 재질 개선을 위한 자료를 구할 목적으로 특정장치를 이용하여 실험실 내에서 동일한 조건으로 행하는 시험이다. 반면, 현장 또는 실용 시험은 각 장소마다의 특수한 환경에 있는 재료의 성능평가, 적절한 재료의 선택 및 방식공법의 실용효과 판정 등 실험실 시험에서 확실하게 파악할 수 없는 사실을 규명하고자 하는 경우에 행하는 시험이다.

3. 내후성 시험

옥외 대기조건의 영향을 받아서 시간경과에 따라 발생하는 재료의 물리적 및 화학적 성질 변화를 웨더링(Weathering) 또는 열화(Deterioration)라 한다. 이 대기조건의 영향은 재료의 종류에 따라 다르지만 도료, 고무, 플라스틱 같은 유기질 재료에 미치는 대기조건의 영향인자는 일광, 자외선, 오존, 빗물, 온·습도 등이다.

그러나 실제 이러한 것들 이외에도 공기오염의 영향을 비롯한 여러 종류의 인자에 의한 작용이 발생하므로 내후성 시험을 행할 때는 시험 방법의 선택이 어렵다고 할 수 있다.

이 시험 방법은 옥외 폭로 시험과 실내 실험 시험으로 분류할 수 있다. 옥외 폭로 시험은 시험체를 옥외의 일광, 풍우에서 장기간 폭로시키는 방법으로서 시험시 시험기간이 장기간이며, 시험의 재현성이 없는 단점이 있다. 실험실 시험은 인공촉진노화 또는 폭로 시험장치 등을 사용하여 옥외의 대기조건을 실험실에서 그대로 재현하고, 동일한 조건에서 시험을 할 수 있으며, 폭로조건을 강화시켜 폭로기간을 단축하여 시험할 수 있다. 이 시험법은 시험장치의 기계오차 또는 조작법의 적부가 재료의 열화에 심각한 영향을 주게 되는 단점이 있다.

이 내후성 시험의 대상재료는 일광, 빗물에 충분한 저항성이 있는 지붕재, 외장재 등이며, 옥내에 사용되어 일광의 영향을 받는 내장재를 대상으로 한 내광성 시험도 있다.

(1) 옥외 폭로 시험

■ 폭로장치

① 설치장소의 환경: 장치의 설치장소 환경은 공기오염이 없어야 하며, 주위에 유해한 영향을 줄 수 있는 장해물이나 설비 등이 없는 장소가 되어야 한다.

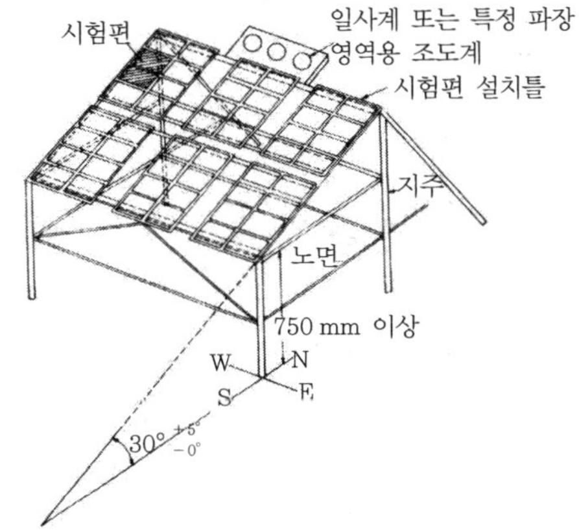

그림 1.2.30 옥외 폭로 시험 장치

② 장치의 구조: 장치는 튼튼해야 하고 또한 내구적으로 지면 등에 견고하게 부착되어야 한다.

③ 시험체의 폭로면: 폭로면은 정남면(방위오차 2° 이내)으로 하며, 연간 일광의 수조량을 최대로 흡수할 수 있도록 수평면에 대하여 30~35°의 경사를 유지시킨다. 또한, 지면에서의 반사와 빗물이 튀어오르는 것을 방지하기 위하여 지면이나 바닥면보다 750 mm 이상 높게 한다.

④ 부속기구: 장치에는 일사계 또는 특정파장영역용의 조도계를 폭로면과 동일한 각도로 설치하여 측정한다. 시험체 부근의 기온, 습도를 측정하기 위해 적당한 위치에 온습도계를 설치하여 관찰할 수 있도록 해야 한다.

폭로방법

시험체가 받는 대기의 영향은 계절마다 다르므로 3개월씩이더라도 겨울, 봄, 가을, 여름과는 그 폭로조건이 매우 다르다. 따라서 폭로기간은 적어도 1년 이상이어야 한다. 이 폭로기간 중 다음의 시기에는 수시로 관찰하여 성능조사를 할 필요가 있다.

표준이 되는 폭로기간은 다음과 같다. 폭로개시 후 1년 이내는 1, 2, 3, 4, 6, 9, 12개월 폭로개시 1년 이후는 3개월마다 행한다.

① 인공촉진 폭로 시험

인공촉진 폭로 시험장치는 재료와 열화현상을 인공적으로 촉진시키기 위하여 재현성이 있는 표준적 시험조건을 만들어내는 장치이다.

㉠ 인공촉진 폭로 시험장치

인공촉진 폭로 시험장치는 광원부, 시험조, 온도조절부 및 물분사부로 구성되어 있다.

- 광원부: 광원의 양부가 주요소라고 할 수 있다. 광원에는 카본아크등과 키세논아크등의 2종류가 있다. 카본아크등에는 사용 전극에 따라 자외선카본(WV형)과 선샤인카본(WS형)이 있으며, 키세논아크등은 1.5 kW형, 2.5 kW형, 6 kW형으로 분류된다. KS F 2274(건축용 합성수지재의 촉진 폭로 시험 방법)에서는 카본아크형의 자외선카본(WV형)과 선샤인카본(WS형)을 사용하도록 규정하고 있다.
- 시험조: 시험조 크기는 광원의 조사에너지 강도와 시험체의 폭로형식에 따라 다를 수 있다. 각 시험체는 시료 홀더에 삽입하고, 이를 일정한 속도로 회전하고 있는 드럼 또는 틀에 붙여 폭로시킨다.
- 온도조절부: 카본아크등으로부터 조사되는 광원에는 열선이 있어서 시험체가 열에 의해 열화를 나타낼 우려가 있다. 이 때문에 조사 에너지량은 정확히 관리하

여 시험조 내의 온도를 조절해야 한다. 여기서 이와 같은 온도조절은 부랙패널 온도계를 사용한다.

- 물분사부: 시험조의 일부분에 노즐 2~4개를 붙여 빗물 대신 물을 시험체에 분사시킨다. 이때 분사되는 물은 탈염수로 한다. 또한 분사량을 일정하게 유지할 수 있도록 수압조절이나 노즐조건을 같게 하며, 분사시간의 조정을 자동제어할 수 있도록 전자변식의 타임스위치(Time switch) 및 사이클미터(Cycle meter)를 설치한다.

㉡ 장치의 작동

자외선 카본아크(WV형)는 윗부분 카본홀더에 원 치수의 카본을 붙이고, 아랫부분 카본홀더에 길이 약 100 mm로 절단한 두 개의 카본을 붙인다. 원 치수의 카본을 각각 위·아래 카본홀더에 붙인 다음 타임 스위치를 20시간으로 설정해놓고, 회전시킨다. 방전전압(범위: 125~145V, 평균: 135V(±2 %)), 방전전류(범위: 15~17 A(±2 %))가 규정에 맞도록 조절하고(KS F 2274 참조), 시험기 내의 온도가 안정되었을 때 62±3℃가 되었음을 확인하고 부랙패널 온도계를 제거한다. 사이클미터의 스프레이 주기를

표 1.2.2 인공촉진 폭로 시험장치

종류	항목	WV형
기기	회전장치	전동식
	시료회전드럼 또는 틀의 횟수(회/분)	약 1
	안정기	안정된 방전이 얻어질 수 있도록 만들어져 있을 것.
	압력계	KS B 3505에서 규정한 최고눈금이 0.3~0.5 N/mm², 한 눈금이 0.02 N/mm²의 것으로 한다. 시료의 스프레이 압력을 나타낸다.
	정압밸브	시료의 스프레이 압력을 일정하게 유지하고, 스프레이 수량을 일정하게 유지할 수 있을 것.
	압력전환장치	방전전압에 대하여 변압기 또는 리액터의 탭 접속을 조정하여 방전 전압전류를 규정치가 되도록 조절할 수 있을 것.
	전자밸브	사이클미터와 연동하여 시료 스프레이 장치의 개폐가 가능할 것.
	타임스위치	설정한 윤전시간마다 전원을 차단할 수 있을 것. 사용 가능 시간 0~24시간 정밀도 20시간에 대하여 ±10분 이내일 것.
	적산시간계	윤전시간을 전산표시하되, 9999.9시간까지 적산이 가능하고, 판독의 정밀도는 20시간에 대하여 ±0.1시간 이내일 것.
	사이클미터	스프레이 수의 분무시간을 조절할 수 있을 것. 정밀도±0.5분

설정한다. 그리고 시료의 스프레이 압력이 압력계의 지시도 0.08~ 0.12 N/mm^2(KS F 2274 참조)에 적합한지 확인하고 정압변을 조절한다.

시험편은 원칙적으로 20시간마다 그 위치를 순서대로 바꾸어넣고, 광에너지를 균등하게 받도록 한다. 이후 소정시간이 될 때까지 이 조작을 반복한다.

② 시험결과의 판정방법

시험체는 필요에 따라 적당한 방법으로 깨끗하게 하고 동시에 KS A 0006(시험장소의 표준상태)에서 규정하는 표준 온 · 습도상태 3종류 이상의 조건에서 상태조절을 하며, 시험체 성능의 변화는 필요에 따라 보존 시험체 또는 비교 시험체와 비교하여 판정한다. 보존 시험체는 KS A 0006(시험장소의 표준상태)에서 규정하는 항온 · 항습을 만족하는 암실 또는 빛이 들어가지 않는 용기에 보존한다. 이때 광선이라든가 온도, 습도 및 먼지, 티끌 등의 영향에 세심한 주의를 요한다.

③ 판정항목

판정항목이 당해 재료의 한국산업규격(KS)에 규정되어 있을 때에는 이에 따르며, 만약 규정되어 있지 않는 경우에는 다음에 의한다.

- 형상과 치수의 변화
- 겉모양 변화
- 인장강도와 신장률

④ 판정방법

웨더링(Weathering)의 정도를 판정하기 위한 시험 방법이 당해 재료의 KS에 규정되어 있을 때는 이에 따르며, 만약 규정되어 있지 않는 경우는 합성수지 건축재료의 웨더링 평가방법에 의한다.

2-7 방수성 시험

1. 개 요

방수성이란 물의 침입 또는 물의 유출을 방지하는 성능이다. 물의 침입이나 유출은 재료 중의 세공을 통하여 생기는 것과 재료에서 발생한 틈새의 결함부를 통하여 생기는 두 종류가 있다.

여기서는 재료에 대한 방수성 시험에 대하여 서술한다.

2. 방수성 시험

(1) 흡수성 시험(Water absorption test)

■ 시험목적

재료는 함수 유무에 따라 재료의 성질이 변화하게 된다. 예를 들면 함유수량 감소와 동시에 목재는 강도가 증가·수축하게 된다. 또한 흡수량이 많은 재료들을 지붕재로 사용할 경우는 동해의 우려가 있으므로 부적당하다.

따라서 재료의 종류에 따른 흡수량을 측정할 필요가 있다.

■ 흡수성 시험의 순서 및 표시방법

흡수성 시험 순서는 건조상태로 물에 흡수시키지만 재료의 탈락 등으로 시험결과에 대한 오차가 클 경우에는 역순으로 하는 경우도 있다. 기건 시의 함수율을 측정할 경우 기건→흡수→건조의 순서로 한다.

흡수성은 건조상태에 대한 흡수량으로 질량비 또는 용적비(백분율)로 표시한다.

■ 건조방법 규정

표준적인 건조상태란 절건상태를 뜻하는데, 즉 물질 중 결정수 이외의 수분을 제외한 상태이며, 통상 약 105±5℃로 항량이 될 때까지 건조하면 이 상태가 된다. 재료시험규격에서도 항량건조를 규정하고 있는 것이 많지만 항량 건조의 확인은 장기간이 필요하고, 까다롭기 때문에 대부분 24시간을 항량에 가깝게 건조된 것으로 보고 있다. 그러나 경우에 따라서는 24시간 이상으로 규정하는 경우도 있다. 원래 재료가 결정수를 함유하지 않고, 고온건조에 영향을 받지 않는 것은 150℃로 건조하도록 규정하고 있다. 이와 반대로 105℃ 건조가 흡수성에 영향을 미칠 경우 저온건조하도록 규정한 것도 있다.

■ 흡수방법

흡수는 25℃ 정도의 수중에서 전체를 물에 담그고 시험하는 것이 보통이다. 그러나 시험체 전체를 물에 담그면 재료 중의 공기가 달아날 곳이 없으므로 재료의 일부분을 수면 위에 드러내는 방법(호흡법이라 함)도 있다. 40 mm×40 mm×160 mm 크기의 모르타르 시험체의 호흡법은 전면 침수법에 비해 흡수속도는 늦지만 48시간 이후에는 대부분 흡수량이 같다고 한다.

그림 1.2.24와 같은 흡수방법은 석재(KS F 2530)의 경우 100 mm×100 mm×200 mm의 시험체를 가로로 침수시켜 상부 10 mm를 공기 중에 들어내고, 건축용 시멘트 모르타르 40 mm×40 mm×160 mm의 시험체는 상부 20 mm를 공기 중에 드러내는 방법을 채택하고 있다. 이런

흡수방법들은 ASTM 규격의 호흡법을 도입했기 때문이다.

흡수시간은 통상 24시간이지만(석재의 한국산업규격에서는 48시간이며, ASTM 규격은 24시간) 이 시간 동안 재료를 포수시킨다는 것을 의미하는 것은 아니다. 비교적 흡수가 빠른 시멘트는 포수까지 48시간을 요하며, 아스팔트 루핑(KS F 4902)에서는 흡수 시험의 규정은 없지만 20℃의 수중에서 6주간 정도 침수시켜야 포수된다고 한다. 장기간의 흡수 규정은 ASTM규격의 플라스틱에 있으며, 이 규격에서는 24시간, 1주, 그 이후는 질량 증가가 1 % 또는 5 mg이 될 때까지 흡수시키도록 규정하고 있다.

흡수촉진법에는 온수침수법, 자비법, 진공흡수법의 3종류가 있다. 온수침수법은 재료실험시 많이 이용하고 있으며, 자비법은 중공벽돌(Holly brick), 타일, 벽돌 등의 점토제품에 적용하도록 JIS 및 ASTM에 규정하고 있다. 또 진공흡수법은 단기간에 흡수시킬 수 있으므로 연구 시험시 채택하는 방법이다.

흡수 후 재료 표면의 세공 속에 부착되어 있는 수량이 흡수량으로 산입되어 질량 측정에 커다란 영향을 미칠 경우를 고려하여 10초 간 침수시킨 질량을 흡수량 계산시 기준으로 정하는 방법도 있다.

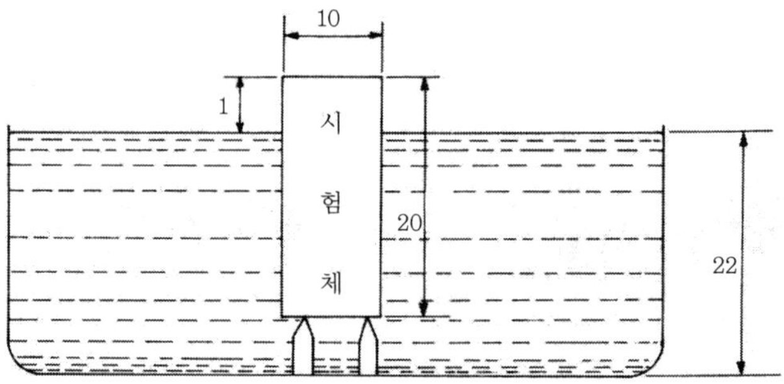

그림 1.2.31 석재의 흡수방법

(2) 투수성 시험(Falling head permeability test)

투수성 시험에는 투수 시험과 간이투수 시험이 있다. 이를 서술하면 다음과 같다.

◪ 투수 시험

재료의 한 면에 가압수를 작용시켜 다른 면까지 투과된 수량을 측정하는 방법이다. 물질 속을 정상적으로 통과하는 점성류에는 다음 식(1.36)의 다르시(Darcy)의 식이 적용된다.

그림 1.2.32의 (a)는 이 방법의 시험장치이다. 같은 그림 (b) 및 (c)는 중심부에 구멍이 있는 실린더에 의한 시험 방법으로 (b)는 내압투수, (c)는 외압투수라고 하며, 투수계수는

다음 식(1.37)으로 구한다. 단, (b)의 내압식에서는 큰 압력차로 수압을 가하면 시험체가 파손되어 이상한 결과가 나오므로 주의해야 한다.

$$Q = \frac{K \cdot A \cdot \Delta H}{L} \tag{1.36}$$

여기에서, Q : 유량(mm^3/sec)

K : 투수계수(mm/sec)

A : 유경(流經)의 단면적(mm^2)

ΔH : 수두차(mm)

L : 두께(mm)

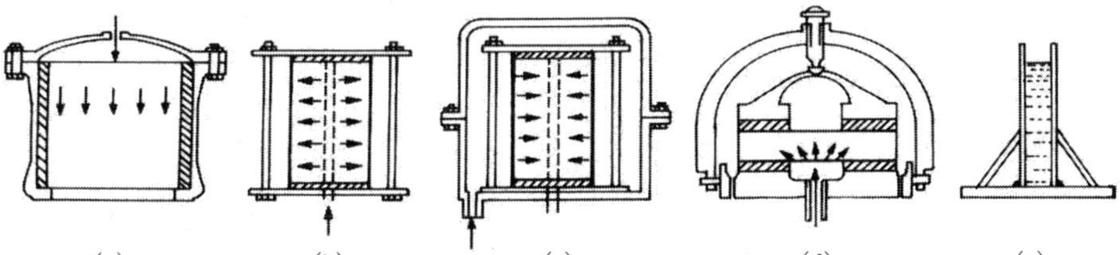

(a) (b) (c) (d) (e)

그림 1.2.32 투수 시험장치의 예

$$K = \frac{\rho \log r_0 / r_1}{2\pi H} \times \frac{Q}{\Delta P} \tag{1.37}$$

여기에서, ρ : 물의 단위질량(N/mm^3)

r_0 : 시험체의 반경(mm)

r_1 : 중앙구멍의 반경(mm)

H : 시험체의 높이(mm)

ΔP : 압력차(N/mm^2)

상기의 식은 물의 흐름이 정상류로 된 후에 적용되며, 그림 1.2.33은 시험 시작부터 정상류로 될 때까지의 투수곡선이다. 유량은 투과수로 구하면 오차가 생길 수 있으므로 유입수로서 계산하고 있다. 또 콘크리트의 투수계수는 시험체의 형상에 따라 다르며, 그림 1.2.34는 시험체 길이에 따른 투수계수의 영향을 표시하고 있다.

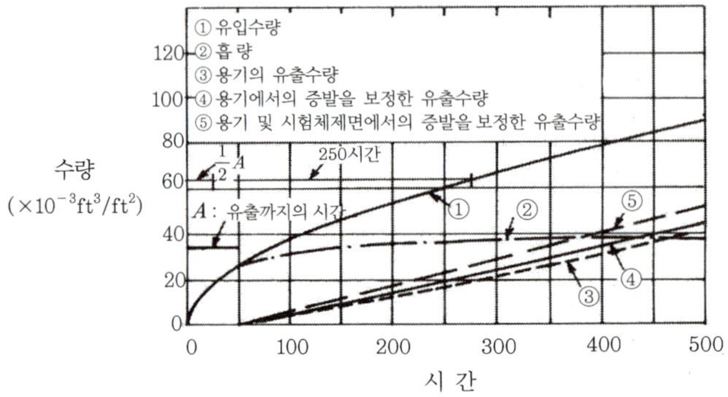

그림 1.2.33 투수곡선의 예(미국 개척국 자료)

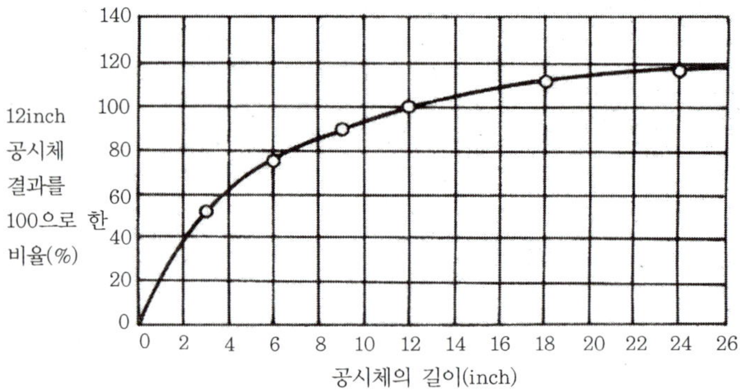

그림 1.2.34 콘크리트 공시체 길이에 따른 투수계수에 대한 영향

간이투수 시험

투수계수 K를 구함에 있어서 장시간을 필요로 하므로 일반적으로 단순히 비교하기 위해 간단한 방법을 이용하고 있다.

그림 1.2.32의 (d)는 콘크리트 방수제의 투수 시험 장치로서 모르타르용 0.01 N/mm^2, 콘크리트용=0.3 N/mm^{2}의 수압을 1시간 가하여 유입수량을 측정한다.

그림 (e)는 석면 시멘트판 등의 투수 시험 장치이며, 안지름 35 mm, 높이 300 mm인 유리관에 높이 250 mm까지 물을 넣어 24시간 후 시험체 뒷면에 물방울이 생기는 것으로 측정한다. 이 시험 방법은 간단한 것이 특징이다.

2-8 재료의 방화 및 내화실험

1. 개 요

시험에 사용하는 시험체는 건축물의 일부분과 동일하게 제작하여 실제 화재가 발생했을 경우 이와 가장 유사한 가열조건으로 방화에 관한 시험을 하고 있다. 따라서 이러한 시험은 건축법규와 상당히 밀접한 관계를 가지고 있다.

이와 같은 건축재료 및 공법의 방화에 관한 성능 시험을 대별하면 방화 시험, 내화 시험, 난연성 시험이 있다.

(1) 방화 시험

목조건축물에 있어서 연소방지가 가능한 건축재료 및 구조 부분의 방화성능을 방화성이라 하고, 이 성능 시험을 방화 시험이라 한다.

이 시험 방법에는 당초 건축물 목조 부분의 방화 시험 방법(KS F 2258), 건축물의 불연구조 부분의 방화 시험 방법(KS F 2256), 건축용 방화문의 방화 시험 방법(KS F 2298), 지붕재의 방화 시험 방법(KS F 2269)이 있었으나 2000년 이후 ISO표준과 정합성을 위해 폐지되었고, 지붕재의 방화 시험 방법은 지붕재의 화재 시험 방법(KS F 2269)으로 명칭이 변경되었다.

(2) 내화 시험

건축물 내에 있어서 연소를 방지할 수 있는 구조 부분(벽, 바닥, 기둥, 보 등)의 경우 불에 견디는 성능을 내화성, 이 성능 시험을 내화 시험이라 한다. 이 시험에서 가열은 건축물

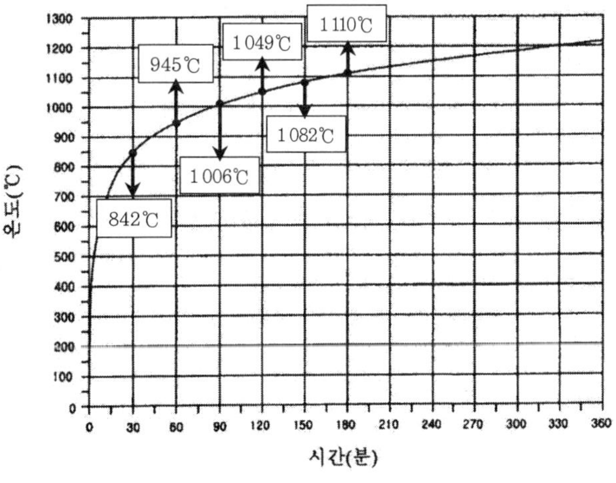

그림 1.2.35 건축구조 부분의 내화 시험 방법에 의한 표준가열곡선

의 용도, 구조에 따라 다르며 또한 표준가열곡선은 미국의 ASTM규격, 일본의 JIS규격과 한국의 KS규격에는 그림 1.2.35 및 그림 1.2.36에서와 같이 큰 차이는 없다. 이 시험 방법에 대해서 우리나라의 경우 건축부재의 내화 시험 방법(KS F 2257-1~9)으로 KS 규격화되어 있고, 방화문의 내화 시험 방법(KS F 2268-1)도 규격화되어 있다.

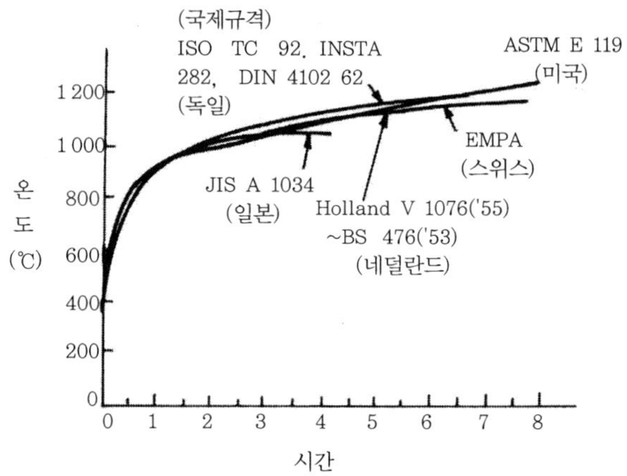

그림 1.2.36 각국의 내화 시험용 표준가열곡선

(3) 난연성 시험

건축물의 구조체가 내화구조로 축조되어 있어도 건축물의 내부가 연소되기 쉬운 내장재료로 마감되어 있으면 이 건축물은 화재가 발생하기 쉽고, 또한 순식간에 화재가 확산될 수 있기 때문에 그 내부를 난연화할 필요가 있다. 이에 건축물 마감재료는 해당 건축물의 용도 및 규모에 따라 난연성능 등급을 정하여 사용하도록 하고 있다.

2006년도까지는 기존 KS F 2271에 따라 기재시험, 표면시험, 부가시험 및 가스유해성 시험을 실시하여 그 결과에 따라 난연성능을 난연 1급, 난연 2급, 난연 3급으로 분류하였다. 그러나 2019년 국토 교통부 고시이후부터는 건축물 마감재료의 난연성능 및 화재확산 방지구조 기준에 따라 기존의 난연성능 분류체계 및 성능평가방법이 난연성능 등급을 구분하여 불연재료, 준불연재료, 난연재료로 변경되었으며, 각각의 시험 방법도 불연성 시험 방법(KS F ISO 1182), 열방출률 시험 방법(KS F ISO 5560-1) 및 가스유해성 시험 방법(KS F 2271)으로 평가하도록 하고 있다. 아울러 2015년 KS F 2271에 포함되어 있던 기재시험, 표면시험, 부가시험은 더 이상 건축법에 따른 건축물 마감재료의 난연성능평가에 사용되지 않고 가스유해성 시험만이 사용되고 있어, 가스유해성 시험 방법만 계속 유지하고 기타 사용이 미미한 시험 방법은 제외되었다.

2. 방화 시험

재료의 방화 시험과 연관하여 지붕의 방화 시험 방법 표준만이 지붕재의 화재 시험 방법(KS F 2269)으로 명칭이 변경되어 표준으로 활용되고 있다.

(1) 지붕재의 화재 시험 방법(KS F 2269)

지붕재의 화재 시험은 건물의 외부 연소에 의한 지붕재의 화재특성 측정방법을 A급 시험, B급 시험 및 C급 시험으로 구분하여 적용하도록 하고 있다.

① A급 시험: 심각한 화재에 노출시 미끄러져 내리거나 비화(Flying sparks)를 일으키지 않고 지붕널판을 효과적으로 방호할 수 있는 지붕재에 적용되는 시험

② B급 시험: 보통의 화재에 노출시 미끄러져 내리거나 비화를 일으키지 않고 지붕널판을 효과적으로 방호할 수 있는 지붕재에 적용되는 시험

③ C급 시험: 경미한 화재에 노출시 미끄러져 내리거나 비화를 일으키지 않고 지붕널판을 효과적으로 방호할 수 있는 지붕재에 적용되는 시험

해당 시험으로는 주기적 화염노출 시험, 화염전파 시험, 불티연소 시험, 비화 시험 및 강우 시험으로 구성되며, 시험체는 시험널판으로 너비(1.0 m)×길이(1.3 m) 규격에 수분함유량 8 % 이상 12 % 이하인 잣나무로 만들도록 규정하고 있다. 합판을 사용하는 경우 표면은 A등급 미송, 뒷면은 B등급 미송단판으로 구성하고 완성된 조립 시험체는 16~32℃의 실내에서 36~60일 동안 양생하도록 한다.

시험 방법으로 지붕재가 불연성 널판(강철, 콘크리트, 석고) 위에서 사용되는 것은 화염전파 시험만 실시하고, 지붕재가 가연성 널판 위에서 사용될 경우 주기적 화염노출, 화염전파 및 불티연소 시험을 실시하도록 하며, 지붕재는 4/10 경사에서 시험하도록 한다.

이상의 실험을 통하여 지붕재 화재 시험의 등급에서 주기적 화염노출, 화염전파 및 불티연소 시험 동안 또는 어느 시점에서도 다음을 만족해야 한다.

① 지붕재의 어느 부분이 바닥에 닿은 후 계속 화염을 내며 연소하거나 또는 적열하는 불티조각의 형태로 시험널판에 떨어져서는 안 된다.

② 지붕널판의 노출이 없어야 한다.

③ 바닥에 닿은 후 계속 화염을 내며 입자의 형태로 떨어져 나온 지붕널판 부분이 없어야 한다.

④ A급, B급, C급 주기적 화염 노출 또는 불티연소 시험 동안에 널판 아랫면의 지속적인 화염 발생이 없어야 한다.

⑤ 화염전파 시험 동안 화염은 A급에 대해서는 1.8 m, B급에 대해서는 2.4 m, C급에 대

해서는 3.9 m를 널판의 상부에서 초과하여 전파되지 않아야 한다. 시험화염에 직접적으로 노출된 경로로부터 화염의 심각한 옆으로의 전파가 없어야 한다.

⑥ 비화 시험에 있어서 바닥에 닿은 후 계속적으로 화염을 내는 조각, 비화하며 연소하는 불티 조각이 없어야 한다.

3. 내화 시험

(1) 건축부재의 내화 시험 방법(KS F 2257-1~9)

건축부재의 내화 시험 방법은 표 1.2.3에 제시된 바와 같이 KS F 2257에 7개의 표준으로 구성되어 있다.

표 1.2.3 건축부재 내화 시험관련 한국산업표준

산업표준 번호	산업표준 명칭	최종 고시년도
KS F 2257-1	건축부재의 내화 시험 방법-일반요구사항	2014
KS F 2257-4	건축부재의 내화 시험 방법-수직내력 구획부재의 성능조건	2004
KS F 2257-5	건축부재의 내화 시험 방법-수평내력 구획부재의 성능조건	2014
KS F 2257-6	건축부재의 내화 시험 방법-보의 성능조건	2014
KS F 2257-7	건축부재의 내화 시험 방법-기둥의 성능조건	2014
KS F 2257-8	건축부재의 내화 시험 방법-수직비내력 구획부재의 성능조건	2004
KS F 2257-9	건축부재의 내화 시험 방법-비내력 천장의 성능조건	2013

◪ 시험체

내화 시험은 수직내력 구획부재, 수평내력 구획부재, 보, 기둥, 수직비내력 구획부재, 비내력 천장 등의 구조 부문별로 행하도록 규정하고 있다.

이때 해당 시험체는 그 구조를 실물과 동일하게 제작하며, 마감재가 있는 경우 마감재를 포함하여 건축물에서의 표준시방에 의해 시험체를 제작하는 것이 중요하고 한 시험체에는 서로 다른 조인트공법 등 구조상의 어떠한 변화도 포함되지 않도록 한다. 실제 크기로 시험할 수 없는 경우 시험체의 크기는 각 부재에 대한 시험기준을 따르도록 한다. 이와 관련하여 각종 시험시설의 현황을 고려하면 실물 크기의 시험은 곤란하므로 KS에서는 표 1.2.4와 같이 부재별로 세분하여 규정하고 있다.

표 1.2.4 시험체의 크기

구조 부문	크 기	구 조
수직내력 구획부재	1) 실제구조의 높이가 3 m 미만 또는 너비가 3 m 미만: 실제 크기로 제작 2) 최소 3×3 m 가열로 크기보다 큰 부재: 3×3 m 이상	수직구획부재가 전기접속구와 같은 설비를 포함하고 있고, 이러한 것이 시험체의 일부인 경우 시험체에 포함되도록 함
수평내력 구획부재	1) 시험체 가열길이: 4 m 이상(시험체 스팬은 가열길이 각 끝에서 최대 100 mm 더한 길이) 2) 시험체 너비: 시험체 가열너비와 동등. 최소 3 m 이상	시험체가 천장을 포함하는 경우 천장의 크기는 시험체 가열길이와 가열너비에 부합하도록 함
보	1) 단순지지 시험체의 가열길이: 최소 4 m(시험체 스팬은 가열길이 각 끝에서 최대 100 mm 더한 길이) 2) 실제 가열길이가 가열로길이보다 긴보의 가열길이: 4 m 3) 구속된 보: 보의 x %가 정(+)의 휨상태 예상 시 전체 가열길이는 $4\times100/x$(m)	보가 실제 구조의 바닥 또는 지붕 부재와 같이 시험될 경우 바닥 또는 지붕부재는 T자 보를 이루는 시험구조의 일부가 됨
기둥	1) 시험체는 실제 크기, 높이 3 m 초과 가열되는 시험체 최소 크기 3 m 이상, 전체 높이는 가열높이 각 끝에서 300 mm를 넘지 않도록 함	내화피복재 적용 시 이음부가 발생시 시험체는 적어도 1개의 내화피복재 이음부가 시험체 중간 높이에 존재함.
수직비내력 구획부재	1) 실제구조의 높이가 3 m 이하인 경우: 실제 크기 2) 3 m 이상인 경우: 최소 3 m 이상	실제 구조가 벽돌이나 블록 같은 구조가 섞여 구성되지 않는 한 시험체는 서로 다른 구조가 섞이지 않도록 함.
비내력 천장	1) 실제구조가 4×3 m 이상인 경우: 가열면은 4×3 m 2) 4×3 m 미만인 경우: 실제구조와 같은 크기	원하는 소요 등급의 구조로 세로 및 가로방향의 이음부와 같은 구조상세에 맞도록 제작

가열로

가열로는 액체 또는 가스를 사용하며 다음의 능력을 가진 것으로 한다.

① 수직 또는 수평 구획부재의 한쪽 면 가열

② 벽의 1면 이상 가열

③ 기둥의 모든 면 가열

④ 보의 3면 또는 4면 가열

또한 각 부재에 대한 요구조건을 모두 만족시킬 수 있다면 가열로는 1개 이상의 부재를 동시에 시험할 수 있도록 하고, 가열로 안쪽 벽은 밀도가 1 000 kg/m^3 미만인 재료로 마감하며 최소 두께 50 mm로서 가열로 내부 노출면적의 70 % 이상을 구성하도록 하고 있다.

그림 1.2.37 보 및 바닥 가열로

그림 1.2.38 기둥 가열로

그림 1.2.39 벽 가열로

가열 시험

가열온도는 그림 1.2.35에 표시한 표준가열곡선에 의한다. 노 내의 평균온도는 다음의 관계식을 따르도록 조정한다.

$$T = 345\log_{10}(8t+1)+20 \tag{1.38}$$

여기서 T : 가열로 내 평균온도(℃)
t : 시간(분)

아울러 가열로에는 높이에 따라 선형 압력 기울기가 나타나며, 비록 기울기는 노 내의 온도함수로서 아주 미세하게 변화하지만 가열로의 압력조건을 평가하는 데는 높이 1 m당 8 Pa의 평균값을 가정할 수 있다. 하중재하 시에는 시험하중을 결정하게 된 근거를 명확히 밝혀야 한다.

가열온도 측정은 노내 열전대, 비가열면 열전대, 이동열전대, 시험체 내부 열전대 및 주위온도 열전대 등을 사용하는데, 노내 열전대의 경우 KS C 1602(열전대)에 규정하고 있는

표 1.2.5 열전대 설치 개수

구조 부문 / 열전대 구분	수직내력 구획부재	수평내력 구획부재	보	기둥	수직비내력 구획부재	비내력 천장
노내 열전대	가열면적 1.5 m^2당 1개 이상, 최소 4개 이상	가열면적 1.5 m^2당 1개 이상, 최소 4개 이상	보의 가열길이 1 m 마다 최소 2개이상	최소 6개	가열면적 1.5 m^2당 1개 이상, 최소 4개 이상	가열면적 1.5 m^2당 1개 이상, 최소 4개 이상
비가열면 열전대	시험체 상부 끝 부분의 너비 중앙지점 외 5곳	바닥 또는 내력지붕 시험체가 1개 이상 보를 포함하는 경우 KS F 2257-6에 규정한 위치	-	-	시험체 상부 끝 부분의 너비 중앙지점 외 6곳	표면주름, 골 있는 천장 6개, 천장이음부, 행거 등에 설치, 단열재 상부 설치
시험체 열전대	-	-	스팬중앙, 스팬중앙과 가열로 각 끝부분으로부터 500 mm 지점의 각 중간위치/온도기울기 결정을 위한 열전대 8개	4개 분할면에 설치하되 각 분할면에 최소 3개	-	-

보호관이 있는 K형 열전대로서 보호관의 바깥지름이 6 mm 이상인 것을 사용한다. 노내 열전대는 최초 사용에 앞서 히터에서 1 000℃로 1시간 동안 노출시켜 사용한다.

한편, 비가열 열전대는 시험체의 비가열면 온도를 측정하기 위해 설치한 것으로 양호한 열 접촉을 위하여 지름 0.65 mm 이하의 K형 열전대 선을 두께 0.2 mm, 지름 12 mm의 동 원판에 납땜 또는 용접한다. 이동 열전대는 시험중 높은 온도가 예측되는 부위의 비가열면 온도를 측정하는 데 사용된다. 이러한 열전대의 정밀도는 가열로 온도의 경우 ±15℃, 비가열면 및 주위온도는 ±4℃, 기타는 ±10℃ 이내의 정밀도를 갖도록 한다.

노내 열전대는 가열로에 불꽃이 직접 닿지 않도록 하고 가열로의 벽, 바닥, 지붕으로부터 최소 450 mm 이상 떨어지도록 하고, 시험 시작부터 시험체 가열면에서 100±50 mm 떨어지도록 한다. 비가열면 열전대는 평균온도를 측정하기 위하여 시험체 중앙 또는 그 근처, 그리고 4분할면 각 중앙 또는 그 근처에 설치하고 최고 상승온도는 고온상태가 예상되는 부위에 설치한다. 열전대의 개수는 부재별로 노내 열전대, 비가열면 열전대, 그리고 시험체 열전대로 구분하여 표 1.2.5에 표시한 개수 이상을 설치해야 한다.

◪ 성능기준

건축부재의 내화성능은 부재가 다음의 성능 기준에 적합한 시간을 말하며, 성능기준은 내력부재의 구조안전성과 구획부재의 구획 효용성을 측정하기 위한 것으로 시험체가 이 두 가지 기능을 모두 만족해야 하는 경우 두 측면에서 그 성능을 판정할 필요가 있다.

(1) 성능기준

시험체의 내화성능은 다음과 같은 성능기준의 하나 또는 그 이상으로 판단한다. 특정 건축부재에 대해서는 해당 기준에서 별도의 성능기준을 요구할 수 있다.

① 하중지지력

하중지지력은 시험중 시험체가 시험하중에 견디는 시간으로 한다. 시험하중에 대한 지지능력은 변형량 및 변형률 모두에 의해 결정한다. 안정된 상태에 도달할 때까지 상대적으로 급속한 변형이 생길 수 있으므로 변형률의 성능기준은 L/30을 초과할 때까지 적용하지 않는다. 이 규격에서 하중지지력은 다음의 2가지 기준을 모두 초과하였을 때 부적합한 것으로 간주한다.

㉠ 휨부재의 경우

$$\text{변형량 } D = \frac{L^2}{400d}\,\text{mm} \tag{1.39}$$

또한

$$\text{변형률 } \frac{dD}{dt} = \frac{L^2}{9000d} \text{mm/min} \quad (1.40)$$

여기서, L: 시험체의 스팬(mm)

d : 구조단면의 최대압축력을 받도록 설계된 위치에서 최대인장력을 받도록 설계된 위치까지의 거리(mm)

ⓛ 축방향 부재의 경우

$$\text{수축량 } C = \frac{h}{100} \text{mm} \quad (1.41)$$

또한

$$\text{변형률 } \frac{dC}{dt} - \frac{3h}{1000} \text{mm/min} \quad (1.42)$$

② 차염성

차염성은 시험중 다음의 상황이 발생되지 않고 시험체가 구획 기능을 유지하는 경과시간으로 정한다.

㉠ KS F 2257-1에서 규정한 면 패드 적용시 착화

ⓛ KS F 2257-1에서 규정한 균열 게이지 관통

ⓒ 10초 이상 지속되는 시험체 비가열면에서의 화염 발생

③ 차열성

차열성은 시험중 시험체의 비가열면 온도가 다음과 같이 상승하지 않고 시험체가 구획기능을 유지하는 경과시간으로 정한다.

㉠ 초기온도보다 140K를 초과하여 상승하는 것

ⓛ 이동 열전대를 포함한 모든 부분에서 초기온도보다 180K를 초과하여 상승하는 것

위의 성능기준을 토대로 하중지지력에 대한 차열성, 차염성은 하중지지력을 확보하지 못하는 경우 자동적으로 실패한 것으로 보며, 차염성에 대한 차열성은 차염성을 확보하지 못하는 경우 자동적으로 실패하는 것으로 본다.

(2) 방화문의 내화 시험 방법(KS F 2268-1)

이 시험 방법에서는 건물 벽체의 개구부에 설치하는 방화문의 내화성능 시험 및 판정방법에 대하여 규정하고 있고, 방화문은 실제 사용되는 고정 및 개폐장치가 설치된 문짝과 문틀로 구성되어 있어야 한다.

가열은 KS F 2257-1(건축부재의 내화 시험 방법-일반요구사항)에서 규정한 가열조건으로 시험체의 한 쪽면을 가열할 수 있어야 하고, 노내의 온도는 KS F 2257-1에서 정하는 허용오차 범위 내에서 제어될 수 있어야 한다.

시험체는 실제 크기의 어느 한쪽이 가열로에 수용할 수 있는 크기보다 큰 경우에는 가열로에 수용할 수 있는 최대크기로 하되 적절한 너비는 2 m, 높이는 2.5 m 이상으로 한다.

그림 1.2.40 가열 시험 전 가열로에 설치된 방화문

방화문은 이면온도를 측정하고, 면패드 시험, 균열게이지 시험을 실시하며 이면의 복사열을 측정한다.

문의 내화성능은 차열성 방화문과 비차열성 방화문으로 구분하며, 차열성 방화문은 다음의 차염성 및 차열성 기준에 합격해야 하고, 비차열성 방화문은 차염성 기준에 합격해야 한다.

① 차염성

㉠ 면패드를 적용하여 착화되지 않아야 한다.

㉡ 시험중 문지방 부위를 제외하고 이면에 발생되는 모든 개구부에 6 mm 균열게이지를 적용하고 게이지가 시험체를 관통하여 150 mm 이상 수평 이동되지 않아야 한다.

㉢ 시험중 이면에 발생되는 모든 개구부에 25 mm 균열게이지를 적용하고 게이지가 시험체를 관통하지 않아야 한다.

㉣ 시험중 이면에 10초 이상 지속되는 화염 발생이 없어야 한다.

② 차열성

차열성은 시험중 이면온도가 시험 시작시 평균이면 온도보다 다음에 정하는 온도를 초과하여 상승하지 않아야 한다.

㉠ 평균온도: 140K(5개의 고정 열전대)

㉡ 최고온도: 180K(5개의 고정 열전대, 문틀에 설치한 열전대, 이동열전대)

4. 난연성 시험

(1) 건축물 마감재료의 가스유해성 시험 방법(KS F 2271)

이 시험은 화재 초기에 건축물 내장에 사용하는 재료 및 구조의 난연성능을 파악하기 위하여 행하는 시험으로서 난연성능 등급은 불연재료, 준불연재료, 난연재료로 구분되고 난연성 시험은 KS F 2271DP 따른 가스유해성 시험 방법을 적용한다. 과거에 난연성 시험 방법으로 포함되었던 기재시험, 표면시험, 부가시험은 난연성 평가 시험에서 제외되었다.

가스 유해성 시험을 한다.

■ 가스유해성 시험

시험체는 시험을 실시해야 하는 제품을 대표하는 부분으로 하며 가스유해성 시험용 가열로는 그림 1.2.41과 같다. 시험체는 표면에서 뒷면으로 관통하는 지름 25 mm인 구멍을 3개 뚫은 것으로 한다. 시험체의 두께는 실제의 것과 같은 것으로 한다. 다만, 두께가 150 mm를 넘을 때는 시험체의 방화상 성능을 증대시키지 않고 또한 연기 발생 정도를 감소시키지 않는 방법으로 두께를 150 mm까지 감소시킬 수 있다. 시험체의 개수는 2개로 한다.

가열로는 표준판을 사용하여 가열 시험을 실시한 경우 표 1.2.6의 배기온도를 10℃ 이내의 오차로 재현할 수 있는 것으로 한다. 가열시험은 시험체의 열을 받는 면의 크기를 가로, 세로 각각 180 mm로 하고, 가열시간은 총 6분으로 한다. 가열 시 부열원으로 먼저 가열을 시작하고 부열원을 유지한 채로 3분부터는 추가로 주열원으로도 가열하여 6분 후에 종료한다.(부열원 : 6분간, 주열원 : 3분간).

표 1.2.6 표준판을 사용한 경우 경과시간별 배기온도

경과시간(분)	1	2	3	4	5	6
배기온도(℃)	70	85	100	140	170	195

단위: cm

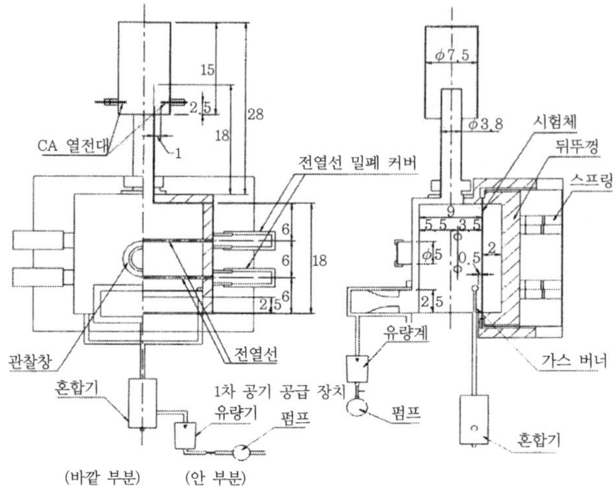

(a) 전면도　　　　　　(b) 측면도(단면)

그림 1.2.41　가스유해성 시험용 가열로

가열 시험은 시작할 때 피검 상자 내의 온도는 30℃로 하고, 표 1.2.7에 해당하는 흰 쥐를 1마리씩 넣은 회전 바구니(회전 바구니의 회전 부분은 원칙적으로 알류미늄제로 하되, 무게는 75 g 이하로 하여야 한다.) 8개의 피검 상자 내에 넣어야 한다.

표 1.2.7　시험용 흰 쥐

계통	주령	체중
DD계 또는 ICR계 암놈	5주	18 g~22 g

또한, 가열을 시작해서 시험용 흰 쥐가 행동을 정지할 때까지의 시간(이하 행동 정지 시간이라 한다.)의 측정은 자동 기록할 수 있는 장치를 사용하여야 하며, 가열은 시작 후 15분간 개개의 시험용 흰 쥐마다 실시하여야 한다.

2-9 기타 시험

1. 비파괴 시험

비파괴 시험은 기계공학, 제조, 재료 과학 분야에서 소재나 제품의 원형과 상태, 기능을 변화시키지 않고도 소재의 상태, 내부구조를 알아낼 수 있는 검사를 말한다. 표면상태를 변형시키지 않고 검사하는 방법이다. 건설 분야에서 오늘날 각종 구조물은 급속히 대형화, 고층화되고 구조물의 품질과 규모에도 큰 변화를 가져오며 안전성에 대한 신뢰도 확보가 매우 중요하게 대두되고 있다.

모든 건축재료는 완전무결할 수 없고 영구적일 수 없으므로 재료로부터의 결함이 발생하고 성장하여 재료의 수명에 영향을 주기 때문에 대상재료의 결함이 어느 정도 존재하고 이 결함이 사용조건에서 얼마나 유해한지 파악해야 하는데, 이 경우 신뢰성 있는 정보를 제공해줄 수 있는 하나의 방법으로 비파괴 시험을 활용할 수 있다.

현재 산업분야에서 응용되고 있는 비파괴 시험의 종류 및 특성은 아래 표 1.2.13과 같이 정리할 수 있다.

표 1.2.13 비파괴 시험의 종류

시험종류	비파괴시험의 개념 및 특성
방사선 비파괴시험 (Radiographic test)	방사선(X-선 또는 γ-선)을 시험체에 조사하였을 때 투과 방사선의 강도의 변화, 즉 건전부와 결함부의 투과선량의 차에 의한 필름상의 농도차를 2차원 영상으로 기록하여 결함을 검출하는 방법으로 용접부, 주조품 등의 결함을 검출하는 방법이다.
초음파 비파괴시험 (Ultrasonic test)	시험체 내부결함의 검출에 주로 이용되며 시험체에 초음파를 전달하여 내부에 존재하는 불연속으로부터 반사한 초음파의 에너지량, 초음파의 진행시간 등을 CRT Screen에 표시, 분석하여 불연속의 위치 및 크기를 알아내는 검사방법으로 균열 등 면상결함의 검출능력이 방사선투과 검사보다 우수하다.
자기 비파괴 시험 (Magnetic particle test)	강자성체의 표면 또는 표면하에 있는 불연속부를 검출하기 위하여 강자성체를 자화시키고 자분을 적용시켜 누설자장에 의해 자분이 모이거나 붙어서 불연속부의 윤곽을 형성, 그 위치, 크기, 형태 및 넓이 등을 검사하는 방법이다.
침투 비파괴시험 (Liquid penetration test)	시험체 표면에 침투제를 적용시켜 침투제가 표면에 열려있는 불연속부에 침투할 수 있는 충분한 시간이 경과한 후 불연속부에 침투하지 못하고 시험체 표면에 남아있는 과잉의 침투제를 제거하고 그 위에 현상제를 도포하여 불연속부에 들어있는 침투제를 빨아 올림으로서 불연속의 위치, 크기 및 지시모양을 검출하는 검사방법이다
와전류 비파괴시험 (Eddy current test)	금속 등의 시험체에 가까이 가져가면 도체의 내부에는 와전류라는 교류전류가 발생하며, 이 와전류는 결함이나 재질 등의 영향에 의하여 그 크기와 분포가 변화량을 측정한 와전류가 검사체 표면 근방의 균열 등의 불연속에 의하여 변화하는 것을 관찰함으로써 검사제에 존재하는 결함을 찾아내는 검사 방법이다. 와류탐상검사는 검사체가 전도체일 경우 적용 가능하고, 비접촉식 방법이며, 고속으로 탐상할 수 있어 관, 봉 등의 비교적 단순한 형상의 제품 검사와 발전소, 화학 플랜트 배관의 보수검사에 널리 이용되고 있다.

(표 계속)

시험종류	비파괴시험의 개념 및 특성
누설비파괴시험 (Leak test)	시험체 내부 및 외부의 압력차 등에 의해서 기체나 액체를 담고 있는 기밀용기, 저장시설 및 배관 등에서 내용물의 유체가 누출되거나 다른 유체가 유입되는 것을 말하며, 시험체의 불연속부에 의해 발생된다. 이때 유체의 누출, 유입 여부를 검사하거나, 유출량을 검출하는 방법이다.
음향방출 비파괴 시험 (Acoustic emission test)	하중을 받고 있는 재료의 결함부에서 방출되는 응력파를 분석하여 소성변형, 균열의 생성 및 진전 감시 등 동적거동 파악하고 결함부의 취이판정 및 재료의 특성평가에 이용한다.
육안비파괴시험 (Visual test)	재료, 제품 또는 구조물(시험체)을 직접 또는 간접적으로 관찰하여 시험체에 결함이 있는지 알아내는 비파괴검사 방법으로서 여러 재료 제품 또는 구조물의 제작사양, 도면 설계사양 규격 등에 적합한지 허용한도 이내에 드는지의 여부를 결정하는 것까지를 포함한 것으로 다른 비파괴검사 방법이 사용되기 전에 적용되어야 한다.
열화상 비파괴 시험 (Infrared thermography test)	피사체의 실물을 보여주는 것이 아닌 피사체의 표면으로부터 복사(방사)되는 에너지(열에너지)를 전자파의 일종인 적외선 형태로 검출 피사체 표면의 복사열의 강도(양)를 측정하여 강도(양)에 따른 피사체 온도 차이의 분포를 열화상 장치를 이용하여 영상으로 재현한 후 영상을 평가하여 건전성을 검사하는 방법이다.
중성자 비파괴 시험 (Neutron radiographic test)	중성자가 물질을 투과할 때 물질과 상호작용에 의해 그 세기가 감쇠되는 현상을 이용한 비파괴 검사 방법으로 X-선이 전자와 반응하는 반면 중성자는 원자핵과 반응하여 침투 정도가 X-선보다 훨씬 깊고 분해능도 뛰어나다. 금속과 같이 밀도가 높은 물질이나 폭약류, 수소 화합물과 같이 가벼운 원소로 구성된 복합 물질의 비파괴 검사에 유용하다.
응력 측정 비파괴 시험 (Stress measurement test)	구조물의 안전성은 외력을 가한 상태에서 응력을 측정하여 평가하나 응력을 직접 측정할 수 없으므로 응력과 변형량이 비례함을 이용하여 구조물의 변형량을 측정하여 응력을 구하고 안전성을 평가한다.

이러한 비파괴 시험과 연관하여 건축 분야에도 다양한 비파괴 시험 기법이 적용되고 있는데, 특히 건축구조재료로 가장 많이 사용되는 콘크리트와 강재의 비파괴 시험 방법이 표 1.2.9와 표 1.2.10에 제시되어 있다. 콘크리트의 비파괴 시험은 구조물의 강도와 연관된 사항이며, 그 외에 구조물의 강도가 충분하다는 전제하에 그 구조물의 내구성에 관한 조사 등이 이루어진다. 강재의 경우 주로 용접 부위 혹은 결합 부분의 균열 여부를 확인하기 위한 비파괴 시험이 주를 이룬다.

표 1.2.9 콘크리트 비파괴 시험 방법

측정 목적	비파괴 시험법의 종류				측정방법
콘크리트의 압축강도	타격법	표면경도법		낙하식 해머법 스프링식 해머법 회전식 해머법 피스톤강구타격법 등	좌측의 각종 기기를 사용하여 콘크리트의 표면을 타격하고 그 들어간 깊이, 직경, 면적 등을 측정
		반발도법		슈미트 해머 등	좌측의 기기로 콘크리트의 표면을 타격하고 그 반발경도를 측정
	국 부 파괴법	관입저항법		스피드 핀(Speed pin)법 윈저법(Windsor probe method)	관입 깊이를 측정
		인발법		못, 볼트 등의 인발법	미리 콘크리트에 매립한 볼트 등의 안전내력 측정
		국부압축법			ϕ15 mm 정도의 강판으로 국부압축내력(혹은 凹)을 측정
	복합법	음속, 슈미트 해머법, 초음파 전파속도법, 반발도법			초음파 전파속도와 슈미트해머-반발도 측정
콘크리트의 동적 특성(동탄성계수 등) 동결융해 저항성	진동법	파속법	초음파 전파속도법	Pundit법 Sonic Pure법 Ultra Sonic Pure법	초음파 전파속도 및 파형을 측정
			충격파법	충격반향법	충격파(종파, 횡파)의 전파속도 및 파형의 측정
		공진법		종공진법 횡공진법 비틀림공진법	특정형태, 치수의 콘크리트 시험체의 공진주파수 대수감쇠율 등의 측정
콘크리트의 두께, 내부결함	파속법	초음파 전파 속도법		Pundit법 Sonic Pure법 Ultra Sonic Pure법	초음파 전파속도 및 파형의 측정
		충격파법		충격반향법	충격파(종파, 횡파)의 전파속도 및 파형의 측정
콘크리트의 두께, 내부결함	방사선법			X선투과 시험법 γ 선투과 시험법	방사선 투과사진 촬영
	전자파법			레이더법	전자파(Pulse) 측정
콘크리트의 품질, 재하이력	기타			음향방출법 (Acoustic emission)법	재하에 따른 콘크리트의 균열 발생음 계측
콘크리트 구조물의 기초 깊이	음속법			충격반향법	충격파(횡파)의 전파속도 및 반사파형의 측정
콘크리트 내의 철근 위치	자기법			파코미터법(Paco meter법) 커버미터법(Cover meter법) R 미터법(R meter법) 와류탐사법	철근의 존재에 따른 자기장의 변화 측정

(표 계속)

측정 목적	비파괴 시험법의 종류		측정방법
콘크리트 내의 철근 위치	방사선법	X 선투과 시험법 γ 선투과 시험법	방사선 투과사진 촬영
	전자파법	레이더법	전자파의 측정
콘크리트 내의 철근의 부식상태	전기법	자연전위법	자연전위의 측정
	자기법	와류탐사법	여자전류와 철근에 발생하는 2차 전류의 위상차 측정
	방사선법	X 선투과 시험법	방사선 투과사진 촬영
콘크리트의 함수량 (율)	전기법	전기저항법 투전율법	전기저항, 투전율이 측정
	중성자법	중성자 함수량 측정법 중성자 활성화 분석법	중성자의 감쇠상황을 측정
	기타	마이크로파 흡수법	파장 0.3~330 mm의 마이크로파의 물에 의한 감쇠율 측정
		핵자기 공명법(NMR)	자기를 사용하고 수소원자핵의 거동을 관측하여 습기를 측정한다.

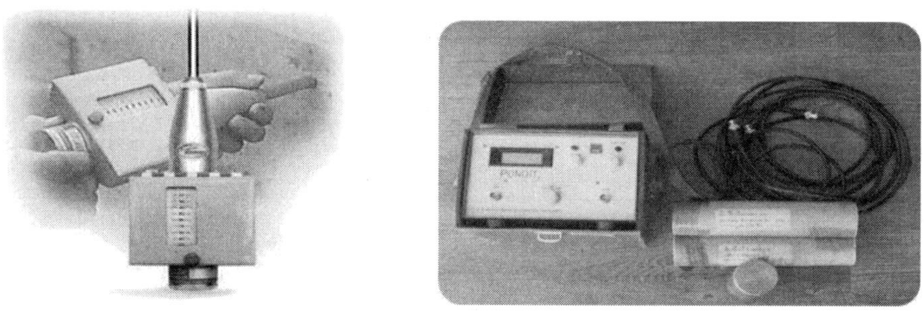

(a) 슈미트해머 (b) 초음파 속도측정기

그림 1.2.42 콘크리트 비파괴 시험 장비

표 1.2.10 강재의 비파괴 시험

검사	개요	항 목	내 용
방사선 투과 검사	강재 표면에 X선, γ선을 조사하여 방사선 투과사진 촬영	적용가능 재질	금속, 비금속 및 그 화합물
		적용 가능한 부위 모양	내부검사, 별다른 제한사항 없음
		실례	거의 모든 부품
초음파 탐상 검사	시험대상, 위치에 초음파를 전파시켜 균열장소에 반사되는 것으로 균열을 확인	적용 가능 재질	금속, 비금속 및 그 합금
		적용 가능한 부위 모양	내부검사, 접합부 및 본드 결합제, 구조물 등
		실례	판재, 봉재, 튜브, 주물, 단조품, 용접품, 항공기 부품, 엔진부품, 압력용기 및 원자로 부품
자분탐상 검사	시험대상 위치의 노보막을 제거하여 자화형광자분을 도포한 위를 자외선으로 조사하여 균열 확인	적용 가능 재질	자성물질
		적용 가능한 부위 모양	표면 및 표면 바로 밑 : 일반적으로 단순한 모양의 물체
		실례	본체, 단조품, 용접물, 압출품, 패스너, 엔진부품, 샤프트 및 기어
액체침투 탐상검사	도포막을 제거한 표면에 침투액을 도포하고 시간경과 후 걷어내어 균열 여부 확인	적용 가능 재질	모든 비다공성 및 비흡수성 물질
		적용 가능한 부위 모양	모든 물체의 표면 및 복잡성 모양의 피사체
		실례	용접물, 뉴빙, 주물, 빌렛, 액화산소탱크 용기, 알루미늄 부품, 기체터빈 디스크 및 블레이드, 엔진, 기어 등

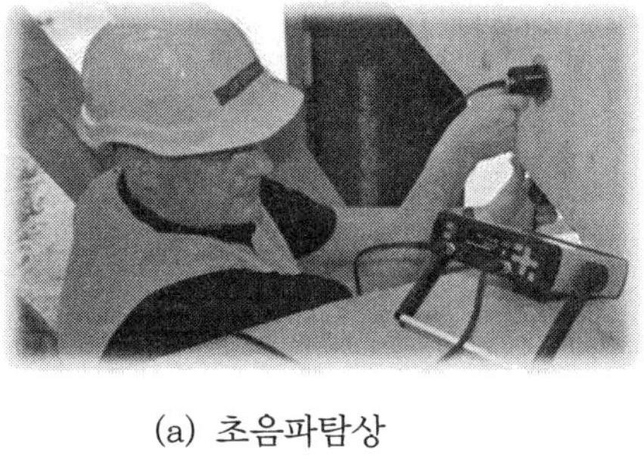

(a) 초음파탐상

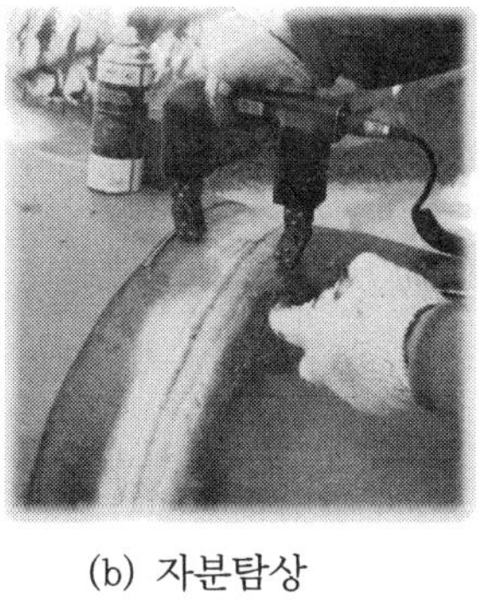

(b) 자분탐상

그림 1.2.43 강재 비파괴 시험 장비

2. 미세구조 및 화학분석 시험

재료의 미세구조 및 화학분석 시험과 연관하여 다공질의 다양한 재료로 구성된 콘크리트를 중심으로 기술하면 콘크리트는 골재, 시멘트, 혼화재료 등의 여러 물질이 조합된 물질로서 경화 후 내부 조직은 다양한 수화물질과 공극이 존재한다. 이러한 복잡한 내부구조를 보다 명확하게 이해하기 위하여 최근에는 첨단장비를 이용하여 미세구조 및 화학성분을 분석하고 있다. 미세구조 및 화학성분 분석을 위한 시험 방법으로는 크게 3가지 목적으로 시험을 실시하는데, 첫 번째로 각 사용재료의 품질과 배합 추정을 위한 시험, 그리고 콘크리트 내부조직을 분석하기 위한 시험, 마지막으로 콘크리트 내부 성능 저하를 조사하기 위한 시험으로 구분될 수 있고, 이를 정리하면 표 1.2.16과 같다. 아울러 최근 콘크리트의 미세구조 및 화학성분분석을 위한 각종 장비를 간단히 소개하면 다음과 같다.

(1) 주사전자현미경(SEM)

주사전자현미경(SEM)은 그림 1.2.44와 같은 구조로서 현미경의 일종이며, 일반적인 공학현미경과 큰 차이점은 현미경의 헤드 부분으로부터 확대상을 눈으로 직접 확인하는 것이 아니라 가늘게 포커싱한 전자빔을 시료 표면에 조사하여 되돌아나오는 표면정보(2차 전자)를 발생시키고, 안길이가 있는 입체감으로 조성된 시료의 표면 이미지를 얻기 위한 장치이다. 또한, 주사전자현미경에 에너지분산형 분광기(EDS)를 설치하면 관찰중인 이미지가 대략 어떠한 원소로 구성되어 있는지를 비교적 단시간에 알 수 있다.

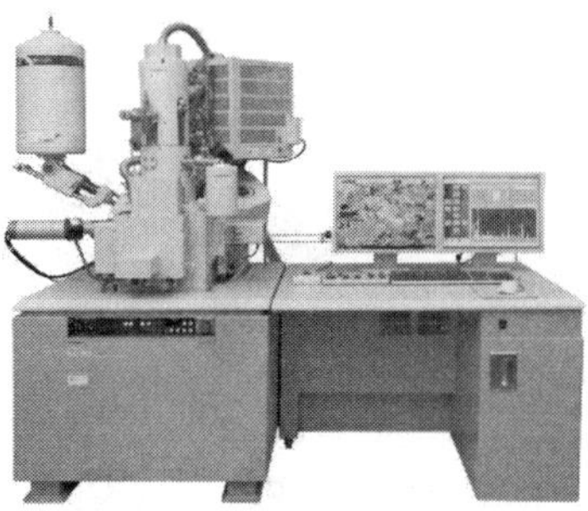

(a) 주사전자현미경

(b) 주사전자현미경에 의한 시멘트경화체 이미지

그림 1.2.44 주사전자현미경

표 1.2.16 콘크리트 미세구조 및 화학분석 방법

시료형태 / 조사목적	콘크리트 표본 채취시료 부문		
	콘크리트(전체)	시멘트수화물 부문	골재 부문
사용재료의 품질과 배합추정 조사	콘크리트 중 Cl정량 콘크리트 중 및 Cl 반송재 중의 Ca, Na, K 추정 전불용잔분, Ig, loss, Ca, Na, K의 정량 단위시멘트량, 수량, 골재 추정 시멘트 중 알칼리량(R_2O) 추정	각종 원소 분석 소성도 판정 슬래그·플라이 애시량의 추정(XRD, EPMA, IA) 슬래그·플라이 애시 중의 Ca, Na, K 추정	Ca, Na, K의 정량(AA) 암석·광물 종류 판정, 반응성광물의 검출과 정량, 개재물질 풍화도 입자형성(PM, XRD, IA)
콘크리트 미세조직 조사	공기량, 기포분포(IA) O_2와 Cl의 확산계수(OA) 반응생성물 관찰 Ettringite 관찰(SEM, EMPA) $Ca(OH)_2$ 결정 관찰(SEM, EMPA) 공극수 조성(AA, IC, ICP)	세공분포(PO) Ettringite검출, $Ca(OH)_2$ 정량(XRD, DTA)	
콘크리트내 성능저하 진행 상황조사	단면의 Cl농도분포(EPMA) 단면의 알칼리량 분포(EPMA) 반응생성물 관찰 Ettringite 관찰(SEM, EMPA) 공극수 조정(AA, IC, ICP)	중성화 깊이, $CaCO_3$ 정량(PM, DTA) 시멘트·골재 계면의 관찰(알칼리 골재반응 진행상태·균열) (PM, EPMA, SEM)	

(2) 전자선 마이크로 분석기(EPMA)

전자선 마이크로 분석기(EPMA)는 파장 분산형 X선 분광기를 탑재한 분석장치를 지칭하는 것으로 강재 등의 성분조성을 조사하는 데 사용되었고, 고체물질이라면 무기물이든, 유기물에 관계없이 모든 분석이 가능하다. 이 장비는 주사전자현미경과 같은 양상으로 가늘게 포커싱한 전자빔을 시료에 조사하고, 그때 나오는 2차 전자, 반사전자를 이용하여 시료의 표면을 관찰하고 동시에 발생되는 원소 특유의 X선을 이용함으로써 미소부의 원소정보를 얻는 장치이다.

(3) X선 회절분석기(XRD)

X선을 결정에 쏘이면 그 일부는 회절을 일으키고, 그 회절각과 강도와는 물질구조에 따라 특유한 값을 갖고 있어 그림 1.2.45에 제시된 장비로 회절 X선을 이용하여 시료 중에 포함된 결정성 물질의 종류와 양에 관계되는 정보를 알 수 있다. 이와 같이 결정성 물질의 구조에 대한 정보를 얻기 위한 방법이 X선 회절법이다. 통상적으로 분말시료를 이용하는 분말 X선 회절법에 의한 정량의 정도는 대략 ±5~10 %이므로 소량으로 존재하는 물질의 정량에는 적합하지 않다.

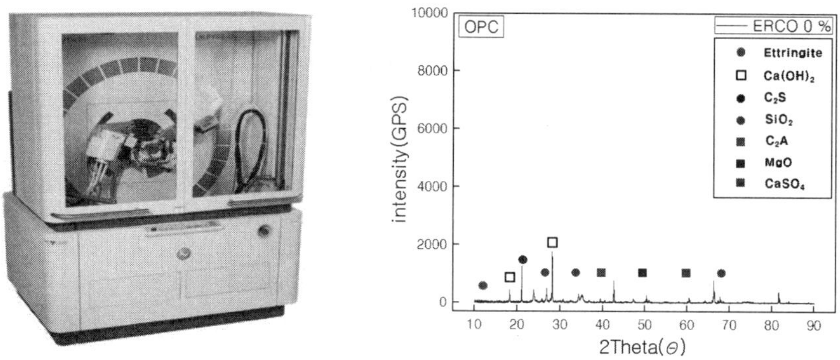

(a) X선 회절분석기 (b) X선 회절분석 결과 이미지

그림 1.2.45 X선 회절분석기

(4) 편광현미경

편광현미경을 이용할 경우 콘크리트 샘플의 골재 암종, 광물명 이들의 구성비율, 골재의 형상, 분포, 콘크리트 중 공극과 기포의 치수 분포상태, 시멘트 중의 혼합물을 알 수 있다. 특히, 알칼리골재반응을 일으킬 수 있는 골재가 포함되어 있는지 여부, 탄산화 진척 정도 여부를 정밀하게 조사할 때 유효한 장비이다.

(5) 시차열 중량분석장치(TG-DTA)

시료를 가열 또는 냉각시키는 과정에서 결정구조가 변화할 때 흡수 또는 방출하는 에너지를 열량으로 변환하여 측정하거나 융점 및 응고점에서의 열량 수지, 수화물의 결합수나 흡착수 등이 탈리하는 과정의 열변화 등을 측정하여 그 물성의 변화와 특히 수화물에 대해서 물의 결합 형태를 조사하는 데 유효한 역할을 한다.

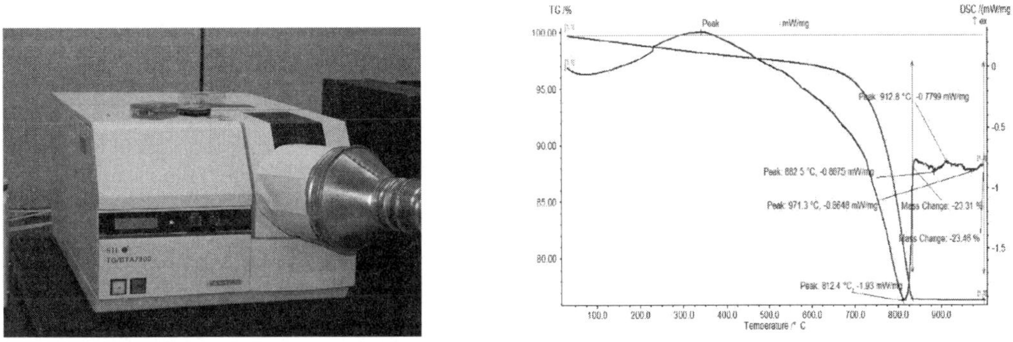

(a) 시차열 중량분석기　　　(b) 시차열 중량분석

그림 1.2.46 시차열 중량분석장치

(6) 수은압입법(MIP)

수은압입법은 수은을 이용하여 지정된 압력하에서 시료의 기공 내에 압입하여 수은의 체적 차이로 기공의 체적으로부터 기공률 및 기공 크기 분포를 측정하는 장치이다.(그림 1.2.47 참조) 수은압입법의 측정원리는 수은의 표면장력을 이용한 것으로 수은압입 시험은 젖지 않는 유체를 외부에서 압력이 작용할 경우만 고체 내부로 침투하는 특성을 이용하여 다공질성 고체의 공극특성을 측정하는 것이다.

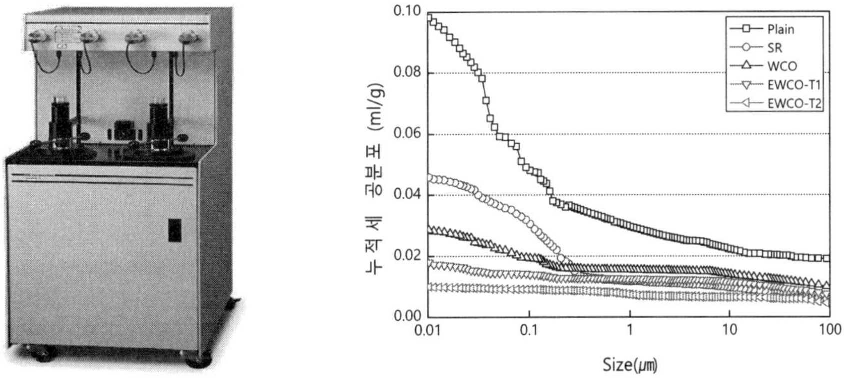

(a) 수은압입 시험 장치　　　(b) 세공분포

그림 1.2.47 수은압입 시험 장치

Part 2

각종 재료실험

제1장 시멘트
제2장 골재
제3장 콘크리트
제4장 시멘트 및 콘크리트제품
제5장 석재 및 점토질 재료
제6장 금속재료
제7장 목 재
제8장 마감 재료

제 1 장

시멘트

1-1 개 요

1. 시멘트의 정의 및 제조

시멘트란 결합재의 총칭으로 여러 재료를 부착시키는 역할을 하는 것을 말하지만 보통의 경우에 시멘트라고 하면 콘크리트에 사용되는 포틀랜드 시멘트를 지칭하는 것이 일반적이다. 시멘트의 제조방법으로는 점토(SiO_2, Al_2O_3, Fe_2O_3 등의 성분 함유)와 석회석(CaO 포함)을 주원료로 이들을 미세하게 분쇄하여 적당한 비율로 혼합한 뒤 일부가 용융할 때까지 소성시켜 만들어진 클링커에 3% 정도의 석고를 첨가하여 미세한 분말로 만든다. 원료의 혼합비율로 석회석과 점토의 비율을 대략 4: 1 정도로 하며, 소성 시 함수상태에 따라 건식법, 습식법, 반건식법으로 구분하지만, 현재에는 주로 건식법이 이용된다.

2. 시멘트의 종류 및 특징

(1) 천연 시멘트

주로 섬노실의 석회암과 같은 단일 원료를 구어 만든 것으로서, 현재는 거의 생산되지 않는다.

(2) 인공 시멘트

2종 또는 2종 이상의 원료를 조합하여 굽거나 추가적으로 여러 실리카물질 등을 혼합하여 만든 것으로 대표적인 시멘트로는 다음과 같은 종류 및 특징이 있다.

① 보통 포틀랜드 시멘트: 가장 일반적으로 사용되고 있는 포틀랜드 시멘트

② 중용열 포틀랜드 시멘트: 시멘트의 발열량이 적게 되도록 제조한 시멘트의 일종으로 시멘트의 광물조성 중 C_3S와 C_3A를 매우 적게 하고, C_2S를 많이 하여 장기강도를 확보할 수 있으며, 주로 매스 콘크리트용으로 사용되는데, 수축이 작고 화학저항성이 크다.

③ 조강 포틀랜드 시멘트: 조기에 높은 강도를 발휘할 수 있는 시멘트로서 거푸집 조기 제거, 공사속도 향상, 저온공사 가능 등의 특징이 있다.

④ 저열 포틀랜드 시멘트: 중용열 포틀랜드 시멘트보다 수화열을 더욱 낮춘 시멘트이다.

⑤ 내황산염 포틀랜드 시멘트: 특히 황산염의 침식작용에 대한 저항성이 크도록 C_3A를 적게 조정한 포틀랜드 시멘트이다.

표 2.1.1 시멘트 종류

포틀랜드 시멘트			기타 시멘트		
종 별	규격번호	수	종 별	규격번호	수
보 통 중 용 열 조 강 저 열 내황산염	KS L 5201 1종 KS L 5201 2종 KS L 5201 3종 KS L 5201 4종 KS L 5201 5종	5종	백색 포틀랜드 시멘트 고로 슬래그 시멘트 1, 2, 3종 플라이 애시 시멘트 1, 2, 3종 팽창성 수경 시멘트 K, M, S형 메이슨리 시멘트 N, S, M형 포졸란 시멘트 1, 2, 3종	KS L 5204 KS L 5210 KS L 5211 KS L 5217 KS L 5219 KS L 5401	6종

⑥ 백색 포틀랜드 시멘트: 시멘트 페이스트 색이 경화한 후에도 백색이 되도록 철분을 적게 한 시멘트

⑦ 고로 슬래그 시멘트: 급랭한 고로 슬래그를 사용한 혼합 시멘트

⑧ 플라이 애시 시멘트: 플라이 애시를 사용한 혼합 시멘트

⑨ 팽창성 수경 시멘트: 시멘트의 수축을 보상하기 위하여 팽창성을 부여한 시멘트

⑩ 메이슨리 시멘트: 조적용 시멘트

⑪ 포졸란 시멘트: 플라이 애시 이외의 포졸란을 사용한 혼합 시멘트

⑫ 알루미나 시멘트: 수경성의 칼슘알루미네이트를 주성분으로 한 클링커를 미세하게 분쇄하여 제조하는 초속경 성능의 시멘트

⑬ 초조강 포틀랜드 시멘트: 강도발현이 조강 포틀랜드 시멘트보다도 빨리 되도록 조정한 포틀랜드 시멘트
⑭ 레귤레이티드 세트 시멘트: 제트셋터(응결촉진제)를 이용하여 응결시간을 임의로 조정할 수 있는 초속경 시멘트
⑮ 유정 시멘트: 석유 굴착시 항정 내에 삽입한 케이싱과 항벽과의 환상공간에 사용하는 물, 기름 등의 유입방지 슬러지용 시멘트

1-2 포틀랜드 시멘트

(KS L 5201 ; Portland Cement)

1. 종 류

① 1종: 보통 포틀랜드 시멘트
② 2종: 중용열 포틀랜드 시멘트
③ 3종: 조강 포틀랜드 시멘트
④ 4종: 저열 포틀랜드 시멘트
⑤ 5종: 내황산염 포틀랜드 시멘트

2. 원료 및 제조방법

포틀랜드 시멘트는 주성분인 석회, 실리카, 알루미나 및 산화철을 함유하는 원료를 적당한 비율로 충분히 혼합하여 그 일부가 용융되어 소결된 클링커에 적당량의 석고를 가하여 분말로 한 것이다. 다만, KS L 5210(고로 슬래그 시멘트)에서 규정한 슬래그나 KS L 5401(포졸란 시멘트)에서 규정한 포졸란 또는 KS L 5405(플라이 애시)에서 규정한 플라이 애시 및 기타 첨가제 등을 시멘트의 5% 이내에서 혼합분쇄 또는 단독분쇄한 후 혼합할 수 있다.

3. 품 질

포틀랜드 시멘트의 품질은 편의상 화학성분과 물리성능의 두 가지 항목으로 나누어 규정한다.

(1) 화학성분

포틀랜드 시멘트는 표 2.1.2에 표시한 화학성분 규정에 따라야 한다.

(2) 물리성능

포틀랜드 시멘트는 표 2.1.3에 표시한 물리성능 규정에 따라야 한다.

4. 시험 방법

포틀랜드 시멘트의 품질은 편의상 화학성분과 물리성능의 두 가지 항목으로 나누어 규정하는데, 시험 방법은 다음에 따른다.

① 시료채취는 KS L 5101(시멘트의 시료채취 방법)에 따른다.

② 화학성분의 시험은 KS L 5120(포틀랜드 시멘트의 화학분석 방법) 또는 KS L 5222(시멘트의 형광 X선 분석 방법)에 따른다.

③ 분말도는 KS L 5106(공기 투과 장치에 의한 포틀랜드 시멘트의 분말도 시험 방법)에 따른다.

④ 안정도는 KS L ISO 9597(시멘트의 응결 및 안정성 시험 방법) 또는 KS L 5107(시멘트의 오토클레이브 팽창도 시험 방법)에 따른다.

⑤ 응결시간은 KS L ISO 9597(시멘트의 응결 및 안정성 시험 방법)에 따른다.

⑥ 압축강도는 KS L ISO 679(시멘트의 강도 시험 방법)에 따른다.

⑦ 수화열은 KS L 5121(포틀랜드 시멘트의 수화열 시험 방법)에 따른다.

5. 검 사

시멘트의 검사는 구매자와 제조자 사이의 동의하에 이루어져야 하며, 시험을 완결시키는 것은 시료 채취일로부터 다음에 표시하는 기간 내에 하여야 한다.

1일 시험: 6일 이내

3일 시험: 8일 이내

7일 시험: 12일 이내

28일 시험: 33일 이내

검사결과 다음과 같은 경우에는 불합격품으로 한다.

① 시멘트의 품질이 품질 규정에 적합하지 않을 때

표 2.1.2 화학성분

항 목 ＼ 종 류		1종	2종	3종	4종	5종
산화마그네슘(MgO)	%	5.0 이하	5.0 이하	5.0 이하	5.0 이하	5.0 이하
삼산화황(SO_3)	%	3.5 이하	3.0 이하	4.5 이하	3.5 이하	3.0 이하
강열감량	%	5.0 이하	5.0 이하	5.0 이하	5.0 이하	5.0 이하
C_3S	%	–	50 이하	–	–	–
C_2S	%	–	–	–	40 이상	–
C_3A	%	–	8 이하	–	6.0 이하	4.0 이하

비고 1) 화학성분을 기호로 표시할 때, C=CaO, S=SiO_2, A=Al_2O_3, F=Fe_2O_3로 한다.
예를 들면 $C_3A = 3CaO \cdot Al_2O_3$

2) Al_2O_3와 Fe_2O_3의 함량비[Al_2O_3(%)/Fe_2O_3(%)]가 0.64 이상인 경우 C_3S, C_2S, C_3A 및 C_4AF는 화학분석 결과에서 다음 식에 따라 계산한다.
$C_3S = [4.071 \times CaO(\%)] - [7.600 \times SiO_2(\%)] - [6.718 \times Al_2O_3(\%)] - [1.430 \times Fe_2O_3(\%)] - [2.852 \times SO_3(\%)]$
$C_2S = [2.867 \times SiO_2(\%)] - [0.7544 \times C_3S(\%)]$
$C_3A = [2.650 \times Al_2O_3(\%)] - [1.692 \times Fe_2O_3(\%)]$

3) Al_2O_3와 Fe_2O_3의 함량비[Al_2O_3(%)/Fe_2O_3(%)]가 0.64 이하인 경우에는 알루민산철석회 고용체 [(C_4AF+C_2F)고용체]가 생성되며, 이 고용체 및 규산삼석회(C_3S)는 다음 식에 따라 계산한다.
[(C_4AF+C_2F)고용체] $= [2.100 \times Al_2O_3(\%)] + \{1.702 \times Fe_2O_3(\%)]$
$C_3S = [4.071 \times CaO(\%)] - [7.600 \times SiO_2(\%)] - [4.479 \times Al_2O_3(\%)] - [2.859 \times Fe_2O_3(\%)] - [2.852 \times SO_3(\%)]$
이때 시멘트 중에 C_3A는 존재하지 않으며, C_2S는 상기의 식에 의해 계산한다.
이들 계산에서는 분석 결괏값을 소수점 이하 첫째 자리까지 계산하고 정수로 끝맺는다.

4) 단 고로 슬래그, 포졸란, 플라이 애시 및 석회석이 첨가된 경우 다음 식에 따라 계산한다.

$$X_f = X_b \times \frac{(100 - L - P)}{100}$$

여기서:
X_b =기본 시멘트(포틀랜드 시멘트 클링커와 모든 첨가된 황산칼슘) 내 C_3S, C_2S, 또는 C_3A의 질량 비율
L =석회석의 질량 비율,
P =고로 슬래그, 플라이 애시 및 포졸란 등의 질량 비율,
X_f=완제품 시멘트 내 C_3S, C_2S 또는 C_3A의 질량 비율.

(예) 시멘트에 5 %의 석회석과 5 %의 고로 슬래그가 첨가되고, 기본 시멘트에 60 %의 C_3S 15 %의 C_2S 및 7 %의 C_3A가 함유된 경우, 조정된 시멘트상 조성은 다음과 같다.

$$C_3Sf = \frac{60 \times (100-5-5)}{100} = 54$$

$$C_2Sf = \frac{15 \times (100-5-5)}{100} = 13.5$$

$$C_3Af = \frac{7 \times (100-5-5)}{100} = 6.3$$

표 2.1.3 물리성능

항 목 \ 종 류			1종	2종	3종	4종	5종
분말도	비표면적(Blaine) (cm^2/g)		2 800 이상	2 800 이상	3 300 이상	2 800 이상	2 800 이상
안정도	오토클레이브 팽창도 (%)		0.8 이하	0.8 이하	0.8 이하	0.8 이하	0.8 이하
	르샤틀리에 (Le Chatelier) (mm)		10 이하	10 이하	10 이하	10 이하	10 이하
응결시간	비카 시험	초결 분 종결 시간	60 이상 10 이하	60 이상 10 이하	45 이상 10 이하	60 이상 10 이하	60 이상 10 이하
수화열 (J/g)	7일 28일		– –	290 이상 340 이하	– –	250 이상 290 이하	– –
압축강도 (MPa, (N/mm^2))	1일 3일 7일 28일 91일		– 12.5 이상 22.5 이상 42.5 이상	– 7.5 이상 15.0 이상 32.5 이상	10.0 이상 20.0 이상 32.5 이상 47.5 이상	– – 7.5 이상 22.5 이상 42.5 이상	– 10.0 이상 20.0 이상 40.0 이상

비고 1) 안정도 시험 방법은 수요자의 요구에 따라 오토클레이브 시험과 르샤틀리에 시험 중 택일하여 실시한다.
2) 중용열 시멘트의 28일 수화열은 수요자의 요구가 있을 때만 적용한다.
3) 3일 강도는 1일 강도보다, 7일 강도는 3일 강도보다, 28일 강도는 7일 강도보다 커야 한다.
4) 압축강도 중 포장 시멘트의 28일 강도, 비포장 시멘트의 7일, 28일 강도는 수요자가 요구하지 않을 때는 생략할 수 있다.

② 품질시험이 끝난 후, 6개월 이상 저장한 시멘트나 포장한 시멘트를 출하하여 제조자 측에서 3개월 이상 보관한 것은 재시험을 할 수 있고, 그 결과가 품질 규정에 적합하지 않을 때

③ 단위제품이 규격 질량의 3 % 이상 미달되거나 또한 포장제품 중 무작위로 시료 채취한 50포대의 평균 질량이 규정 질량에 미달일 때

6. 저 장

시멘트는 검사 및 확인이 용이하도록 저장해야 하고, 습기를 방지할 수 있도록 하는 것은 물론 기후 조건에도 견딜 수 있도록 저장해야 한다.

1-3 시멘트의 시료채취 방법

(KS L 5101 ; Test Method for Sampling Hydraulic Cement)

1. 시료의 수(數) 및 양(量)

시료는 정한 양에 대하여 시멘트의 평균 품질을 나타내도록 시멘트의 시료채취 방법에 따라 채취한다. 이때 채취하는 시료의 양은 다음과 같다.

(1) 시료의 수

① 물리 및 화학실험용 시료는 별도의 규정이 없는 한, 300톤(7 500포대)마다 일정량을 채취하는 것을 원칙으로 한다.

② 품질 이력이 우수하고 제조공장이 안정되어 있는 상태에서 생산되거나 그 생산된 시멘트가 출하되는 경우는 동일 날짜의 생산량 또는 출하량을 대표할 수 있는 혼합시료로 조합할 수도 있다.

③ 인수 · 인도 당사자 사이의 협정에 따라 시료의 수를 조정할 수 있다.

(2) 시료의 양

규정된 실험을 하기 위해 채취하여 혼합된 시료의 양은 5 kg 이상이어야 한다.

2. 시료채취

시료는 다음에 따라 채취한다.

① 벌크 상태의 경우: 100톤마다 일정량의 시료를 채취하여 평균 혼합시료로 한다.

② 포대 상태의 경우: 그림 2.1.1의 시료채취기를 사용하여 4톤(100포대[1])마다 1포대씩 대각선으로 넣어 시료를 채취하고, 이것들을 모아 평균 혼합시료로 한다.

3. 시료의 보관

방습성 밀폐용기에 가득 채워 넣고, 습기나 공기와 접촉이 안 되도록 밀봉하여 보관한다.

---

1) 100톤 이하 또는 100포대 이하인 경우, 필요에 따라 인수 · 인도 당사자 사이의 협정에 따라 시료채취 주격을 정할 수도 있다.

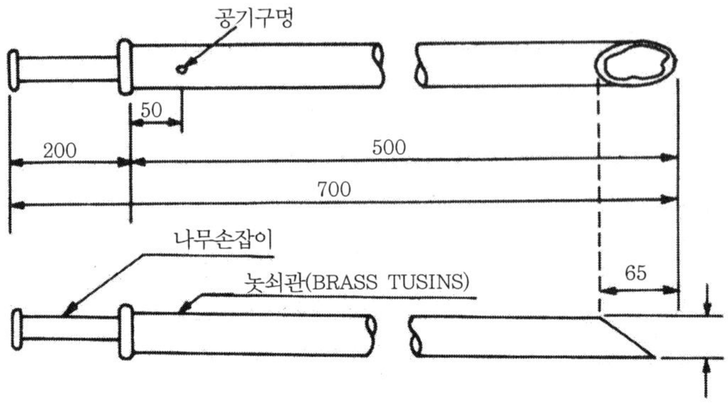

그림 2.1.1 시멘트의 시료채취 기구

4. 시료 준비

시험하기 전에 841 μm의 표준체로 잡물을 제거하고, 덩어리를 부순다. 이때 굳어진 덩어리 및 잡물은 깨뜨리지 말고 버린다. 시료는 시험하기 전에 완전히 혼합한다.

1-4 시멘트의 밀도 시험 방법

(KS L 5110 ; Test Method of density of Hydraulic Cement)

1. 시험목적

시멘트의 밀도 시험은 콘크리트의 배합설계시 필요하며 또한 시멘트의 개략적인 품질 정도를 파악하는 지표가 된다. 즉 시멘트는 소성이 불충분하고, 이물질의 혼화물이 첨가되면 밀도가 저하되므로 그의 소성 정도, 혼화물의 유무를 판별한다. 또한 시멘트가 풍화되면 밀도가 저하되는데, 그 정도도 알 수 있다. 미지(未知)의 시멘트인 경우는 밀도를 측정함으로써 그 종류를 알 수 있다.

2. 시험용 기구

① 르샤틀리에 플라스크(Le chatelier flask): 그림 2.1.2 참조
② 저울(최대용량 200 g, 정밀도 0.05 g)
③ 스푼(Spoon)
④ 철사 및 마른걸레(비중병 내부의 수분 제거용)
⑤ 수조(물탱크)
⑥ 온도계

3. 시료 및 사용재료

① 대표적인 시멘트 시료로서 포틀랜드 시멘트는 약 64 g 정도(1회분)

② 광유: 온도 23±2℃에서 밀도가 약 0.73 mg/m^{3}인 완전 탈수된 등유(Kerosine)나 나프타(Naphtha)

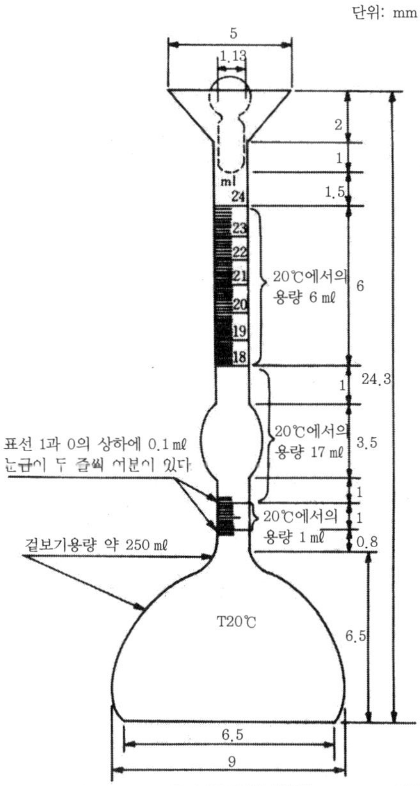

그림 2.1.2 르샤틀리에 플라스크

4. 시험 방법

① 르샤틀리에 플라스크의 0~1 mℓ 사이 눈금선까지 위에서 규정한 광유를 채운다. 필요하면 광유를 부은 다음에 액면 윗부분의 르샤틀리에 플라스크 내부를 마르도록 한다.

② 실온으로 일정하게 되어 있는 물중탕에 넣어 광유의 온도차가 0.2℃의 이내로 되었을 때의 눈금을 읽어 기록한다.

③ 일정한 양의 시멘트(포틀랜드 시멘트는 약 64 g)를 0.05 g까지 정확히 재서 조금씩 넣는다. 이때 시멘트가 흐트러지지 않고, 또 액면 윗부분의 르샤틀리에 플라스크 내부에 묻지 않도록 주의해야 한다. 시멘트가 르샤틀리에 플라스크 안에 잘 들어가고 또 르샤틀리에 플라스크의 안벽에 묻어 있지 않도록 적당히 진동시킨다.

④ 시멘트를 모두 넣은 다음 르샤틀리에 플라스크의 마개를 막고, 공기방울이 나오지 않을 때까지 플라스크를 조금씩 기울여 굴리던 가 또는 천천히 수평하게 돌려서 시멘트 안의 공기를 없앤다.

⑤ 적당한 양의 시멘트를 넣었다면 광유의 액면은 르샤틀리에 플라스크 윗부분의 눈금이 있는 곳까지 와 있어야 한다. 르샤틀리에 플라스크를 물탱크 안에 넣어 광유 온도차가 0.2℃ 이내로 되었을 때의 눈금을 읽는다.

⑥ 계산

$$\text{밀도}(\mathrm{mg/m^3}) = \frac{\text{시멘트의 질량(g)}}{\text{르샤틀리에 플라스크의 눈금 차(mℓ)}}$$

⑦ 보고: 이 방법에 따른 밀도 결정은 두 번 이상 시험을 해서 ±0.03 mg/m³ 이내로 일치시켜야 한다.

1-5 시멘트의 분말도 시험 방법

(KS L 5106, 5112, 5117 ; Test Method for Fineness of Portland Cement)[2]

1. 시험목적

분말도는 시멘트의 굵고 가는 정도에 따라 모르타르 또는 콘크리트에 미치는 성질을 예측할 수 있다. 즉 응결시간 및 강도와 관련하여 분말도가 클(미세할)수록 표면적은 증가하여 수화작용은 빨라지며, 강도는 커지지만 지나치게 되면 비경제적이 되고, 풍화가 촉진된다. 시멘트 분말도의 측정은 두 가지 방법이 있는데, 체(Sieve)에 의한 방법(KS L 5112, 5117)은 체에 잔류하는 양에 따르며, 블레인(Blaine) 공기 투과 장치(KS L 5106)는 비표면적으로 분말도를 측정한다. 여기서 비표면적이라 함은 1 g의 시멘트가 가지고 있는 총 표면적(cm^2/g)이다.

2. 시험용 기구

(1) 비표면적 시험

① 블레인(Blaine) 공기 투과 장치 세트

㉠ 장치의 특성: 블레인 공기 투과 장치는 일정한 기공률을 갖도록 만든 시멘트 베드를 통하여 일정량의 공기를 흡인하는 장치로 되어 있다. 일정한 기공률을 갖도록 만든 시멘트 베드 안의 구멍수와 크기는 시멘트 입자크기의 함수이고, 베드를 통해 흐르는 공기의 속도로 결정한다. 장치의 모양과 치수는 사진 2.1.1과 같다.

㉡ 투과셀(Permeability cell): 투과셀은 유리나 부식하지 않는 금속으로 되어 있고, 안지름이 12.7±0.1 mm의 견고한 원통으로 되어 있어야 한다. 셀의 위 끝은 셀의 주축에 대하여 직각이어야 한다. 셀의 아래 끝은 마노미터의 윗부분과 기밀하게 연결 되도록 한다. 셀 내부에 윗부분으로부터 55±10 mm되는 곳의 돌기부는 유공 금속판을 얹는 곳이다.

---

2) KS L 5106은 공기 투과 장치에 의한 포틀랜드 시멘트의 분말도 시험 방법, KS L 5112는 45 μm 표준체에 의한 수경성 시멘트 분말도의 시험 방법, KS L 5117은 90 μm 표준체에 의한 시멘트 분말도 시험 방법이다.

㉢ 유공 금속판: 금속판은 부식하지 않는 금속으로 되어 있고, 두께가 0.9±0.1 mm이며, 30~40개의 지름 1 mm의 구멍이 전면에 고르게 뚫려 있어야 한다. 금속판은 셀의 내부에 잘 맞아야 한다.

㉣ 플런저(Plunger): 플런저는 틈이 0.1 mm 이내가 되도록 셀 안에 잘 맞아야 한다. 플런저의 아래 끝과 주축에 대하여 직각이어야 한다. 배기구멍은 플런저의 중앙이나 측면에 마련되어 있어야 하며, 플런저의 윗부분에는 플런저를 셀 안에 넣었을 때 셀의 윗 끝과 꼭 맞고, 플런저의 아래 끝과 유공 금속판과의 거리가 15±1.0 mm가 되는 곳에 턱이 져 있어야 한다.

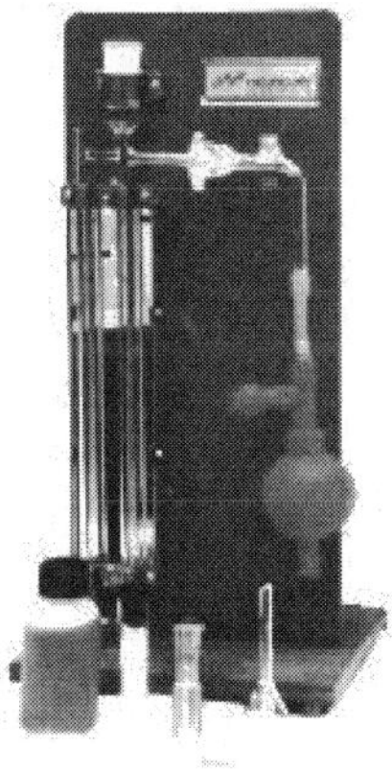

사진 2.1.1
블레인 공기 투과 장치

② 거름종이(Filter paper)

거름종이는 정량분석용으로 하고, 크기는 셀의 안지름에 꼭 맞도록 한다.

③ 블레인 공기 투과 장치

블레인 공기 투과 장치는 그림 2.1.3과 같다.

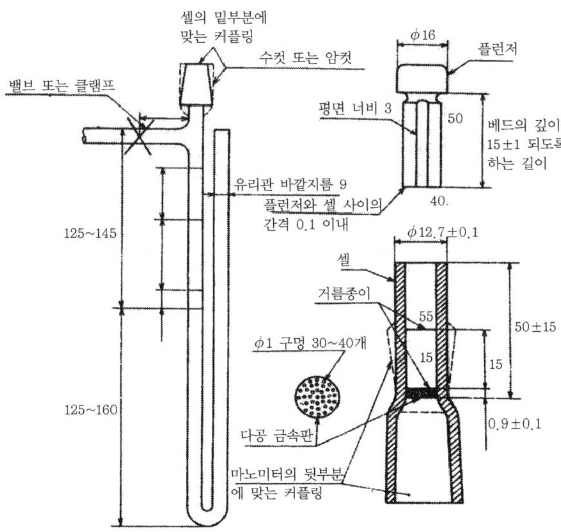

그림 2.1.3 블레인 공기 투과 장치

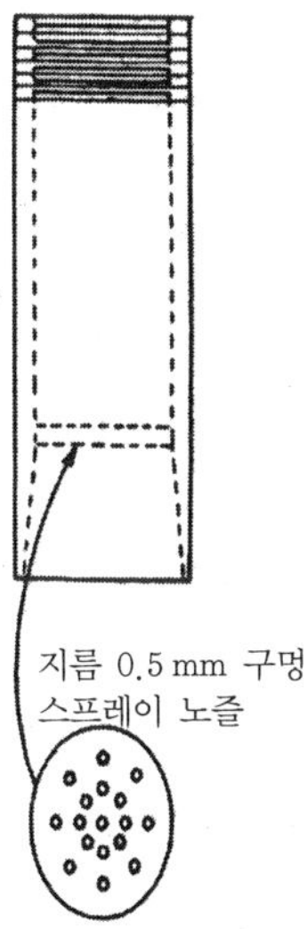

그림 2.1.4 스프레이 노즐

④ 마노미터액(Manometer liquid)

마노미터액으로는 디부틸프탈레이트나 경질광유와 같이 점도 및 비중이 낮고, 비휘발성, 비흡습성인 액체를 사용하며, 마노미터의 제4표선까지 채운다.

⑤ 스톱워치(Stop watch)

0.5초까지 정확히 읽을 수 있고, 60~300초 사이에는 1% 이상의 정밀도를 갖는 것으로 한다.

(2) 표준체 45 μm(90 μm)에 의한 방법

① 표준체

45 μm(90 μm)을 사용하고, 물에 침식되지 않는 것이어야 하며, 체틀은 지름 50±6 mm 및 높이 75±6 mm의 것이어야 한다.

② 스프레이 노즐(Spray nozzle)

스프레이 노즐은 물에 침식되지 않은 금속으로 그림 2.1.4와 같이 되어 있고, 안지름이 17.5 mm인 것이어야 한다. 스프레이 노즐은 중심구멍이 중심축 방향으로 뚫려 있고, 중간선에 8개의 구멍이 중심에서 6 mm되는 곳에 중심축과 5°의 각도로 뚫려 있고, 바깥선에 8개의 구멍이 중심에서 12 mm되는 곳에 중심축과 10°의 각도로 뚫려 있어야 한다. 모든 구멍의 지름은 0.5 mm이어야 한다.

③ 압력계

압력계는 지름이 75~100 mm의 것이어야 하며, 최대압력은 207 kPa의 것으로 7 kPa마다 눈금이 있어야 한다.

④ 저울

0.0005 g까지 측정할 수 있는 것.

⑤ 솔(Brush)

⑥ 스톱워치

⑦ 건조기

3. 시료 및 사용재료

(1) 비표면적 시험(Blaine방법)

① 미국 표준국 표준시료 No.114를 사용

② 측정하고자 하는 시멘트 시료: 실온으로 되어 있어야 하며, 약 10 g 정도

③ 마노미터(Manometer)액: 디부틸프탈레이트(Dibutyl pthalate)나 경질광유와 같은 정도나 비중이 낮고 비휘발성 및 비흡수인 액체를 사용한다(마노미터의 제 4표선까지 채우기 위함).

(2) 표준체 45 μm(90 μm)에 의한 방법

① 비표면적과 같은 표준 시료 1 g

② 측정하고자 하는 대표적인 시멘트 시료 1 g

③ 증류수 혹은 탈 이온수

④ 묽은염산(1: 10)

4. 시험 방법

(1) 비표면적 시험(Blaine방법)

■ 시멘트 베드의 부피측정

시료를 다져서 만든 베드의 부피측정은 수은대치법으로 결정한다. 두 장의 거름종이를 투과셀 안에 깐다. 셀보다 조금 가는 막대기로 거름종이를 내려 눌러 다공금속판 위에 고르게 펴놓는다. 다음에 수은을 셀 안에 채우며, 셀 벽의 공기는 전부 없애도록 하고, 셀은 집게로 다루어야 한다. 만약 셀이 수은과 아말감작용을 일으킬 우려가 있는 재질로 되어 있다면 수은을 넣기 바로 전에 기름을 아주 얇게 발라야 한다. 작은 유리판으로 셀의 윗부분을 수평이 되도록 한다.

셀 안의 수은을 쏟아내어 질량을 달아 기록한다. 셀 안에 있는 거름종이 한 장을 꺼낸다. 시험적으로 2.8 g의 시멘트를 셀 안에 넣고 거름종이 1장을 위에 깔고 플런저로 시멘트를 압축한다. 셀 위에 남아 있는 공간에 수은을 채우고, 공기를 제거하여 윗부분을 수평하게 한 다음 수은을 쏟아내어 질량을 달아 기록하고, 다음 식에 따라 0.005 cm^3까지 시멘트 베드가 차지한 부피를 계산한다.

$$V = \frac{W_a - W_b}{D}$$

여기에서 V : 시멘트 베드의 부피(cm^3)

W_a : 셀 안을 전부 채운 수은의 질량(g)

W_b : 셀 안에 시멘트 베드를 만들고 남은 공간을 채운 수은의 질량(g)

D : 시험할 때 온도에서 수은의 밀도(g/cm^3)

표 2.1.4 온도에 따른 공기의 점도(η), ($\sqrt{\eta}$)와 수은밀도

실 온(℃)	수은의 밀도(g/cm^2)	공기의 점도 η (poises)	$\sqrt{\eta}$
16	13.56	0.000 178 8	0.013 37
18	13.55	0.000 179 8	0.013 41
20	13.55	0.000 180 8	0.013 45
22	13.54	0.000 181 8	0.013 48
24	13.54	0.000 182 8	0.013 52
26	13.53	0.000 183 7	0.013 55
28	13.53	0.000 184 7	0.013 59
30	13.52	0.000 185 7	0.013 63
32	13.52	0.000 186 7	0.013 66
34	13.51	0.000 187 6	0.013 70

시멘트 베드의 부피측정 시험을 따로 두 번 이상해야 하며, 계산 결과 값이 ±0.005 cm^3 이내로 맞는 것의 평균값을 취한다. 셀 주위의 온도를 시험 전후에 기록해 둔다.

◢ 시료의 준비

표준시료 약 10 g의 시멘트를 50 mℓ 병 안에 넣고 밀봉하여 1분간 심하게 흔들어 덩어리를 잘 풀어 넣는다.

◢ 시료의 질량

보정 시험에 사용할 표준시료의 질량은 다음 식에 따라 계산하며, 만든 시멘트 베드의 기공률은 0.500±0.005가 되어야 한다.

$$W = Pa \cdot V(1-e)$$

여기에서, W : 무게를 잴 시료의 질량
Pa : 시료의 비중(포틀랜드 시멘트는 3.15를 사용한다.)
V : 3.1에 따라 측정한 시멘트 베드의 부피(cm^3)
e : 시멘트 베드의 기공률 0.500±0.005

◢ 시멘트 베드의 준비

유공 금속판을 투과셀 밑바닥에 놓고 그 위에 거름종이를 1장을 깔고 셀보다 조금 가는 막대기로 살짝 눌려내려 고르게 해놓는다. 시료의 질량에서 정한 양의 시멘트를 0.005 g까지 정확히 재서 셀 안에 넣고, 셀 벽을 살짝 두드려 시료를 고르게 한다. 거름종이 1장을 시료 위에 올려놓고 플런저의 턱이 셀의 위쪽에 닿을 때까지 플런저를 가볍게 누른 다음 천천히 뺀다.

◢ 투과 시험

투과셀을 마노미터관에 밀착시켜 기밀하게 하고, 준비한 시멘트 베드가 흩어지지 않도록 주의한다. 마노미터 U자관의 한 쪽에 있는 공기를 천천히 빼내어 마노미터액이 제1표선까지 오면 콕을 닫는다. 다음에 마노미터액을 내리기 시작하여 제2표선에서 제3표선까지 내려오는 시간을 0.5초 단위로 측정한다. 이 때의 실온을 기록한다. 장치의 보정 시험은 표준시료의 베드를 따로 3회 이상 만들어 시험하며, 분말도 시험은 담당자가 직접 해야 한다.

◢ 재시험

보정 시험은 다음과 같은 경우 다시 해야 한다. 시험에는 새로운 표준시료를 사용한다.

① 정기적으로 플런저나 투과셀의 파손에서 오는 오차를 시정하고자 할 때
② 마노미터액이 조금이라도 적어졌을 때
③ 거름종이의 크기 및 품질에 변화가 있을 때

(2) 표준체에 의한 방법(45 μm 및 90 μm)

① 표준체의 보정: 현재 통용되고 있는 표준시료 시멘트 1 g을, 깨끗하고 건조한 표준체 안에 넣고 다음 ②~⑥항의 시험 방법에 따라 시험한다. 표준체의 보정계수는 실측한 잔사량과 표준시료에 대하여 표시된 잔사량의 차이를 백분율로 나타낸 것이다.

표준체 보정계수(산출보기)
표준시료에 표시된 표준체 45 μm의 잔사=12.2 %
표준시료 1 g에 대한 잔사=0.122 g
보정 시험에서 실측한 잔사=0.093 g

차(差) = +0.029 g

$$보정계수 = \frac{-0.010}{0.091} \times 100 = +31.18 = +31.2\,\%$$

② 시멘트 시료 1 g을, 깨끗하고 건조한 표준체 45 μm 안에 넣는다. 시료를 골고루 물에 적신다.

③ 스프레이 노즐의 압력을 69±4 kPa로 조절하고, 표준체를 1초에 한 번씩 수평으로 저으면서 1분간 세척한다. 스프레이 노즐의 끝이 표준체의 윗면에서 12 mm 아래로 내려와야 한다. 스프레이에서 들어낸 다음 즉시 50 mℓ의 증류수나 탈이온수로 잔사가 튀어나오지 않도록 주의해서 한 번 헹구고, 깨끗하고 젖은 헝겊 위에 표준체 밑면의 수분을 주의해서 흡수시킨다.

④ 그 다음 105~100℃에서 항량이 될 때까지 건조시킨다. 표준체를 냉각한 다음 솔로 잔사를 주의해서 털어내고 0.0005 g까지 잴 수 있는 분석용 저울에서 질량을 단다.

⑤ 단, 10번 정도 측정한 다음에는 체구멍에 낀 알맹이를 제거하기 위하여 표준체를 묽은 염산(1: 10)용액에 담갔다가 즉시 증류수나 탈이온수로 헹군다. 100번 측정한 다음에는 표준체를 다시 보정해야 한다.

⑥ 시멘트의 분말도는 다음과 같이 계산한다.

$$R_c = R_s \times (100 + C)$$

$$F = 100 - R_c$$

여기에서, F : 표준체 45 μm을 통과한 보정된 시멘트의 분말도(%)

R_c : 보정된 잔사(%)

R_s : 표준체 45 μm에 걸린 시료의 잔사(%)

C : 표준체 보정계수

〈계산 예〉

표준체 보정계수 = +31.2 %

시험한 재료의 잔사 = 0.088 g

보정된 잔사 = 0.088 × (100 + 31.2) = 11.5 %

보정된 통과량 = 100 % − 11.5 % = 88.5 %

1-6 시멘트의 응결시간 시험 방법

(KS L ISO 9597, KS L 5103 ; Test Method for Setting Time of Hydraulic Cement)[3]

1. 실험목적

콘크리트 공사에서 시멘트 응결시간이 너무 길거나 너무 짧으면 실제 공사에 불편하므로 시멘트의 초결시간 및 종결시간을 측정할 필요가 있다. 혼화제를 혼입함에 따라 시멘트는 응결시간에 미치는 영향이 크고, 또한 시멘트의 분말도, 풍화 정도와 물 · 시멘트비, 온도에 따라서도 응결에 영향을 준다. 즉 분말도가 클수록, 풍화가 적게 될수록, 물 · 시멘트비가 작을수록, 온도가 높을수록 응결이 빠르다. 이와 같은 응결은 시멘트의 수화작용(Hydration)에 의한 화학반응의 한 현상이다.

2. 실험기구

(1) 비카트(Vicat)장치에 의한 방법

■ 시험기구

① 비카트 장치{표준 주도 시험 방법(KS L 5102)}
비카트 장치는 사진 2.1.2와 같으며, 각 부분의 치수는 다음과 같다.

- 플런저 질량: 300±1 g
- 표준 주도용 플런저 굵은 끝의 지름: 10±0.05 mm
- 초결 침의 지름: 1.13±0.05 mm
- 링 아랫부분의 안지름: 80±5 mm
- 링 윗부분의 안지름: 70±5 mm
- 링의 높이: 40±0.2 mm
- 눈금자: 눈금자는 모든 점에서 0.1 mm 이내의 정밀도를 가진 표준 자와 비교했을 때, 어떤 점에서나 0.25 mm보다 큰 편차를 나타내서는 안 된다.

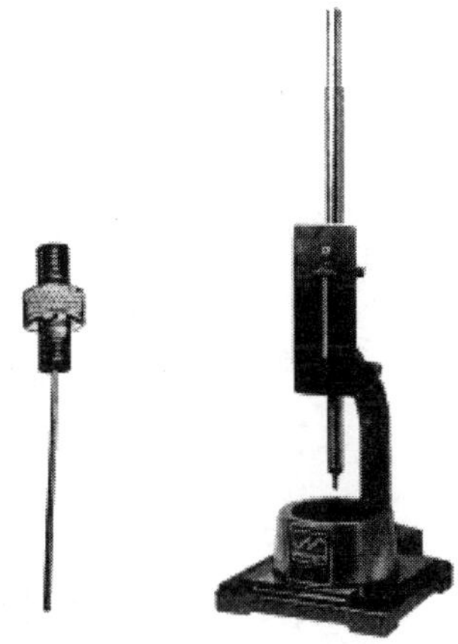

사진 2.1.2 비카트(Vicat)장치

---

3) KS L ISO 9597은 시멘트의 응결 및 안정성 시험 방법으로 비카트침을 이용한 방법이고, KS L 1503은 길모어 침에 의한 시멘트의 응결 시간 시험 방법이다.

② 저울: 1 g 단위까지 측정 가능

③ 메스실린더: 측정된 부피의 1 % 단위까지 측정 가능

④ 고무장갑

⑤ 흙손

■ 온도와 습도

반죽판, 건조 시멘트, 형틀 및 밑판 부근의 공기 온도는 20±2℃로 유지해야 한다. 따뜻한 지역에서는 25±2℃, 또는 27±2℃일 수 있으며, 이 경우 시험 결과에 그 온도를 명기하여야 한다.

(2) 길모어침(Gillmore needles)

■ 시험기구

① 길모어장치

각 부분의 규격은 다음과 같다.

- 길모어침: 사진 2.1.3과 같고 다음 조건에 맞아야 한다.

  초결침 ┌ 질량: 113.4±0.5 g
  　　　　└ 지름: 2.12±0.05 mm

  종결침 ┌ 질량: 453.6±0.5 g
  　　　　└ 지름: 1.06±0.05 mm

- 침 끝의 약 4.8 mm 길이는 원주형으로 되어 있고, 그 단면은 평면이며, 침 축에 대하여 직각이고 깨끗해야 한다.

사진 2.1.3 길모어장치와 시험체

② 저울: 0.1 g 단위까지 측정 가능

③ 메스실린더: 측정된 부피의 1 % 단위까지 측정 가능

■ 온도와 습도

시험실의 온도는 20±2℃, 상대습도는 50 % 이상이어야 하며, 시험편을 만들기 위해 사용하는 시멘트, 물 및 장치는 동일한 조건을 유지하여야 한다. 습기함이나 습기실의 온도는 20±1℃, 상대습도는 90 % 이상이어야 한다.

3. 시 료

① 시멘트: 500 g(1회용: 비카트장치, 길모어장치는 동일함)

4. 시멘트 페이스트의 혼합

수경성 시멘트 반죽의 기계적 혼합 방법(KS L 5109)은 다음과 같다.

① 혼합수 전량을 혼합용기 안에 붓는다.

② 시멘트를 물 안에 넣고 물이 흡수되도록 30초 동안 둔다.

③ 혼합기를 작동시켜 30초 동안 제 1속으로 혼합한다.

④ 혼합기를 정지하고, 15초 동안에 반죽 전부를 긁어내려 모아 놓는다.

⑤ 혼합기를 제 2속으로 변속하여 60초 동안 혼합한다.

5. 시험 방법

(1) 시험체 성형

① 시멘트 페이스트 제조 후 즉시 제조된 페이스트를 그리스를 칠한 판유리제 바닥 위에 놓인 틀로 옮긴다.

② 페이스트에 과도한 힘이나 변형을 주지 않고 틀에 넘치게 채운다.

③ 직선 자와 같은 도구로 넘친 페이스트를 긁어내어 페이스트가 틀에 가득 차게 한다.

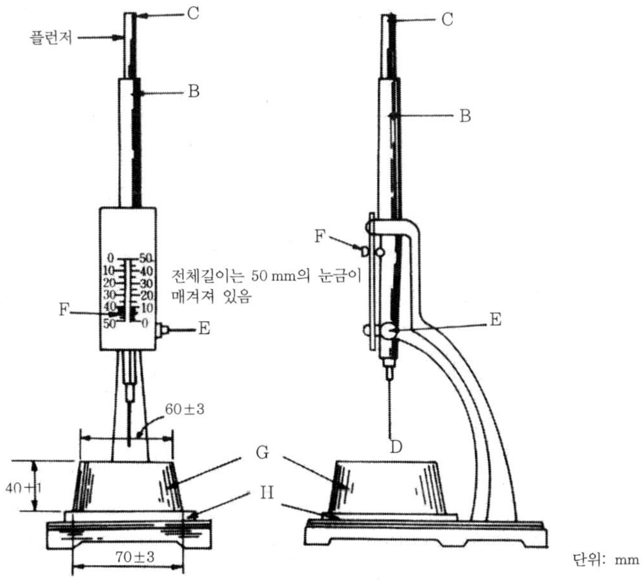

그림 2.1.5 비카트침 시험장치

(2) 표준 주도의 결정

① 플런저로 비카트 장치의 눈금을 교정한 후 플런저를 아래로 향하게 하고 바닥판에 올려 놓는다.
② 눈금이 0을 가리키게 지침을 조정하고 플런저를 시험 위치에 놓는다.
③ 페이스트를 넣은 틀과 바닥판을 비카트 장치로 옮겨 플러저 한가운데에 놓는다.
④ 플런저를 서서히 내려 페이스트와 접촉하게 하고 1초에서 2초간 그 위치에서 고정시킨다.
⑤ 고정시킨 플런저를 풀어서 플런저가 페이스트를 수직으로 침입하게 한다. 이때 플런저의 작동은 시험 시작부터 4분 후에 실시하여야 한다.
⑥ 플런저가 침입을 멈추었거나 작동하고 30초 후의 값 중 빠른 쪽의 눈금을 읽는다.
⑦ 측정기의 측정값을 기록한다. 이 측정값은 플런저의 바닥면과 바닥판의 거리이면서 시멘트의 질량에 대한 페이스트에 함유된 물의 함량(%)이다. 플러저를 씻고, 물의 함량을 달리한 페이스트에 대하여 반복하여 테스트한다.
⑧ 플러저와 바닥판의 거리가 6±1 mm가 될 때까지 반복하여 실시하고, 이때 물 함량을 0.5 % 단위까지 기록하여 표준 주도의 물 함량으로 삼는다.

(3) 비카트장치에 의한 응결시간 결정

① 시험체는 성형한 다음 습기함 속에 넣어 두어 응결할 시간을 준다. 이때 실험실이나 습기함의 온도는 20±1℃를 유지하고 상대 습도는 90 % 이상이어야 한다. 비카트 장비의 눈금을 초결 침에 조정한 후, 페이스트를 채운 틀과 바닥판을 바늘 밑에 놓는다. 침을 페이스트에 닿을 때까지 서서히 내리고 고정한다.
② 고정한 침을 작동시켜 수직으로 페이스트에 침입하게 하여 침입하는 것이 멈추었거나 바늘을 작동시키고 30초 후의 값 중 어느 쪽이든 빠른 쪽의 눈금을 읽는다.
③ 측정값을 기록하고 측정을 계속한다. 측정 시 페이스트의 가장자리나 서로 간의 거리가 10 mm 이상인 곳에서 통상적인 시간 간격, 즉 10분 간격으로 반복 측정한다. 바늘과 바닥판의 거리가 4±1 mm가 될 때를 초결로 삼는다. 초결에 가까워졌다고 판단될 때에 시험시간을 줄임으로써 요구되는 정확도를 확보할 수 있다.
④ 초결 후, 페이스트를 채운 틀을 바닥판에 뒤집어 놓고 바닥판과 접촉했던 면에서 종결시험을 한다. 이때 종결 침을 사용한다. 초결 측정 시와 동일한 방법으로 반복실험을 실시하여 15분 단위로 측정결과를 기록한다. 침이 시료를 0.5 mm 관통하였을 때를 종결시간으로 한다. 종결에 가까워졌다고 판단될 때에 시험시간을 줄임으로써 요구되는 정확도를 확보할 수 있다.

(4) 길모어침에 의한 응결시간 결정

① 시멘트 반죽은 시멘트 반죽 제조요령에 따라 제조한다.

② 약 100 mm 정사각형의 깨끗한 유리판 위에 밑면 지름이 약 75 mm, 윗면 지름이 약 50 mm, 중앙면의 두께가 약 13 mm인 원뿔대 형태의 작은 패드를 만든다. 패드를 만드는 데는 처음에 시멘트 반죽을 유리판 위에 편평하게 한다.

③ 패드는 습기함이나 습기실 안에 넣고 응결시간을 측정하는 시간 이외에는 정치해 둔다.

④ 응결시간을 측정하는 데는 침을 수직 위치로 놓고, 패드의 표면에 가볍게 댄다. 알아볼 만한 흔적을 내지 않고 패드가 길모어의 초결침을 받치고 있을 때를 시멘트의 초결로 하고, 길모어 종결침을 받치고 있을 때를 시멘트의 종결로 한다.

1-7 시멘트의 오토클레이브 팽창도 시험 방법

(KS L 5107 ; Test Method for Autoclave Explansion of Cement)

1. 시험목적

포틀랜드 시멘트 및 혼합 시멘트의 안정성을 검토하여 실제 공사에 적합 여부를 판정하기 위해 실험한다. 안정성이 불량한 시멘트는 사용 후 콘크리트 또는 모르타르에 균열이나 뒤틀림을 일으켜 구조물의 내구성을 해치게 된다. 안정성이란 시멘트가 경화될 때 용적이 팽창 혹은 수축하는 정도를 말한다.

2. 시험용 기구

① 저울: 0.1 g 단위까지 측정 가능

② 메스실린더: 측정된 부피의 1 % 단위까지 측정 가능

③ 틀: 단식 또는 복식으로서 단면 25.4×25.4 mm, 유효 표점거리 254 mm의 시료를 만들 수 있는 것.

④ 흙손: 길이 100~150 mm

⑤ 오토클레이브(Auto Clave: 고압솥): 2.4±0.12 MPa의 압력조작용으로 자동압력조절 및 안전밸브의 장치가 있는 것.

⑥ 길이측정용 콤퍼레이터: 부속으로 표준봉이 있는 것.

⑦ 칼

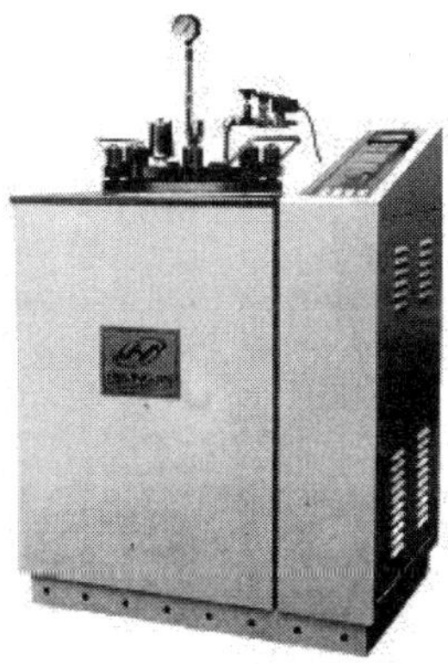

사진 2.1.4 오토클레이브 양생기

⑧ 광유
⑨ 걸레
⑩ 습기함 또는 습기실
⑪ 온도계(100℃까지 측정할 수 있는 것) 및 습도계
⑫ 혼합기, 혼합용기 및 패들(Paddle)

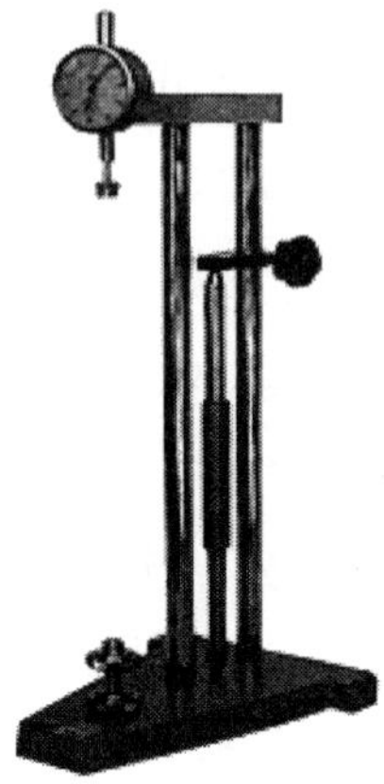

사진 2.1.5 콤퍼레이터

3. 시 료

① 시멘트: 500 g

4. 시험 방법

(1) 시험체의 제작

■ 시험체의 수

시험체는 하나만 만든다. 만약, 재시험을 해야 할 때에는 3개의 시험체를 만들어야 한다.

■ 틀의 준비

틀은 광유를 엷게 바른 다음에 표점을 끼워야 하며, 기름이 묻어 있지 않도록 깨끗이 해야 한다.

■ 시멘트 반죽의 제조

표준 배치는 시멘트 500 g에 표준 주도의 반죽을 만드는 데 알맞은 물을 가한 것으로 KS L 5102(수경성 시멘트의 표준 주도 시험 방법)에 따른다.

■ 시험편의 성형

혼합이 끝나는 즉시 시험체는 두 층으로 고르게 채워 만드는데, 각 층은 엄지손가락이나 집게손가락으로 틀의 구성이나 끼워놓은 표점 주위와 틀의 표면을 따라서 반죽을 다져 넣어 균일한 시험체가 되도록 성형한다. 상층이 단단하게 되면 흙손의 얇은 날로 반죽을 틀의 높이대로 깎아내고, 표면을 흙손으로 몇 번 문질러 매끈하게 한다.

■ 시험편의 저장

틀에 반죽을 채워 성형이 끝나면 즉시 습기함이나 습기실 안에 둔다. 시험체는 적어도 20시간을 틀에 채워 둔 채 습기함이나 습기실에 놓아 두어야 하며, 24시간 전에 탈형할 때에는 시험할 때까지 습기함이나 습기실(항온항습시설) 안에서 보관해야 한다.

(2) 시험

① 성형한 다음 24시간±30분에 시험체를 습기실에서 들어내어 즉시 길이를 측정하고, 각 시험체의 4면이 포화증기에 쏘이도록 시험체 걸이에 끼워 실온상태로 되어 있는 오토클레이브 안에 넣는다.

② 오토클레이브에는 시험하는 동안 항상 포화수증기로 차 있도록 물을 충분히 넣어 놓는다. 보통 오토클레이브 용적에 7~10 %의 물을 넣어야 한다.

③ 가열기간의 초기에는 오토클레이브로부터 공기가 빠져나가도록 통기밸브를 수증기가 나오기 시작할 때까지 열어 놓는다.

④ 통기밸브를 닫고 가열하기 시작해서부터 45~75분에 증기압이 2±0.07 MPa이 되도록 오토클레이브의 온도를 올리며, 2±0.07 MPa의 압력으로 3시간 유지한다.

⑤ 3시간 경과한 뒤에 가열을 중지하고, 다시 1시간 30분 뒤에는 압력이 0.07 MPa 이하가 되도록 오토클레이브를 냉각시킨다.

⑥ 통기밸브를 조금씩 열어 남아 있는 압력을 천천히 내리고, 완전히 대기압이 되면 오토클레이브를 열고 시험체를 즉시 90℃ 이상의 물속에 담근다. 시험체 주위의 물에 찬물을 골고루 가하여 15분 동안 23℃가 되도록 균일하게 냉각시킨다.

⑦ 시험체 주위의 물은 20℃로 15분간 다시 유지하고, 시험체를 꺼내어 표면이 건조하면 다시 길이를 측정한다.

⑧ 오토클레이브 시험 전후의 시험체 길이 차는 유효 표점길이의 0.01 %까지 계산해서 시멘트의 오토클레이브 팽창도로 보고한다. 길이가 수축했을 때는 백분율에 (−)부호를 붙인다.

⑨ 측정결과가 규격에 미달할 때에는 재시험을 해야 하며, 시멘트 반죽 제조요령에 따라 3개의 시험체를 만들어 시험한 결과를 평균해서 시료의 오토클레이브 팽창도로 한다.

1-8 시멘트 모르타르의 압축강도 시험 방법

(KS L 5105 ; Test Method for Compressive Strength of Hydraulic Cement Mortar)

1. 시험목적

이 시험을 행함으로써 시멘트의 품질검사와 아울러 이와 같은 시멘트를 사용한 콘크리트의 추정압축강도를 구할 수 있다. 시멘트 모르타르 제조에 표준사 {KS L ISO 679(시멘트의 강도 시험 방법)에 규정하는 표준사}를 쓰는 이유는 사용 모래알의 차이에서 오는 영향을 없애고, 시험조건을 동일하게 하기 위함이다. 모르타르 배합에 관한 수량 및 배합비는 규정되어 있으나 그 주도(Consistency)는 주로 시멘트에 따라 다르므로 항상 균일한 조직을 가진 공시체를 만들려면 플로 테스트에 의한 모르타르 주도를 구해야 한다.

2. 시험용 기구

① 혼합기, 혼합용기 및 패들: 혼합기는 전동혼합기로서 KS L ISO 679(시멘트의 강도 시험 방법)의 규정에 따른다.

② 저울 용량: 2 000 g

③ 표준체: 297 μm, 595 μm

④ 메스실린더 용량: 250 mℓ, 500 mℓ

⑤ 플로 테이블 및 플로 틀: 플로 테이블 및 플로 틀은 KS L 5111(시멘트 시험용 플로 테이블)의 규정에 따른다.

사진 2.1.6 모르타르 압축강도용 혼합기

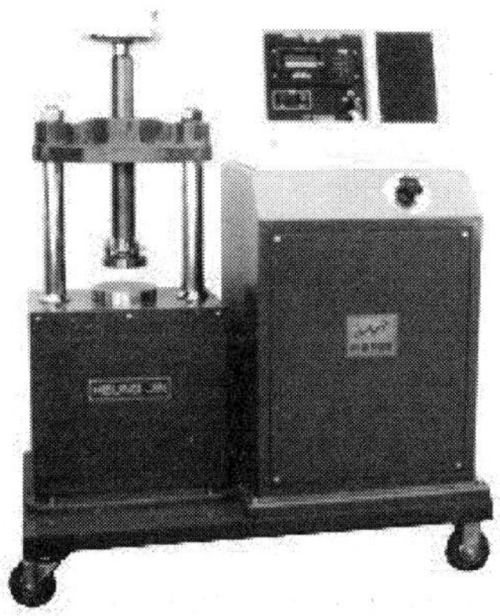

사진 2.1.7 모르타르 압축강도 시험용 기구

⑥ 탬 퍼: 탬퍼는 비흡수성, 내마모성, 비취성인 재료로서, 보기를 들면 쇼어 A 듀로미터 경도(Shore A durometer hardness) 80±10의 고무제품이나 잘 말린 참나무를 15분간 약 200℃의 파라핀에 담가 비흡수성으로 한 것 등으로 단면을 13×25 mm로 하여, 적당한 길이(120~150 mm)로 한다. 찧는 면은 편평해야 하며 길이에 대해서는 직각이어야 한다.

⑦ 흙 손: 길이 100~150 mm

3. 시 료

6개 혹은 9개의 시험체를 한 배치(batch)로 한 번에 반죽할 때 건조재료의 양 및 수량은 다음 표 2.1.5와 같다.

표 2.1.5 한 배치(batch)에 필요한 재료량

구 분	시멘트(g)	표준사	혼 합 수 량	비 고
6개	510	1 250	플로가 110±5가 될 만한 양(포틀랜드 시멘트의 경우는 사용 시멘트 질량의 48.5 % 정도)	배합비, 시멘트: 모래 =1: 2.45(질량비)
9개	760	1 862		

4. 시험 방법

(1) 배합 주도 및 모르타르의 혼합 반죽

① 표준 모르타르의 건조재료 배합은 시멘트와 표준사를 1: 2.45의 질량비로 섞는다. 6개의 시험체를 한 배치로 한 번에 반죽할 건조재료의 양은 시멘트 510 g에 표준사 1 250 g이고, 9개의 시험체를 한 배치로 한 번에 반죽할 건조재료의 양은 시멘트 760 g에 표준사 1 862 g이다.

② 혼합수의 양으로 포틀랜드 시멘트는 사용 시멘트 질량의 48.5 %로 한다. 기타 시멘트는 mℓ로 계량하고, 플로의 결정은 플로 값이 110±5가 될만한 양으로 하고, 시멘트 질량에 대한 백분율로서, 표시한다.

③ 혼합 반죽은 KS L 5109에 규정한 방법에 따라 기계적으로 하며, 반죽이 끝나면 혼합용 패들에 묻은 여분의 모르타르를 혼합 용기에 털어 넣는다.

(2) 플로 결정

① 플로 테이블의 윗면을 깨끗이 마르도록 주의해서 닦고, 플로 틀을 중앙에 놓는다.

② 모르타르를 약 25 mm 두께의 층으로 하여 틀 안에 넣고 탬퍼로 20번 찧는다. 찧는 압력은 틀에 균일하게 차는 데 충분하도록 한다. 다음에 모르타르로 틀을 채우고, 처음 층에서와 같이 찧는다.

③ 이어서 모르타르를 평면으로 잘라내고, 틀의 윗면에 맞추어 흙손은 곧은 날로 틀의 면에 거의 직각이 되게 세우고 틀의 윗면을 따라서 톱질운동으로 편평하게 한다.

④ 테이블 윗면을 깨끗이 마르도록 닦고, 특히 플로 틀의 변두리에서 물기를 완전히 없앤다.

⑤ 반죽을 끝마친 후 1분 뒤에 틀을 모르타르로부터 들어올린다.

⑥ 즉시 테이블을 15초 동안 25회, 127 mm의 높이로 낙하시킨다.

⑦ 플로는 모르타르 평균 밑지름 증가를 적어도 거의 같은 간격으로 4개의 지름을 측정하여 이것을 원지름의 백분율로 표시한다.
⑧ 규정된 플로를 얻을 때까지 물의 백분율을 변경해서 시험 모르타르를 만든다.
⑨ 각 시험 모르타르는 새로운 시료로 모르타르를 만들어야 한다.

(3) 시험체 성형

① 시험체 몰드의 준비: 시험체 틀 내면은 광유(Mineral oil)나 연한 컵 그리스(Cup grease)를 엷게 바른다. 각 틀의 반쪽 접촉면은 중광유(Heavy mineral oil)나 페트롤레이텀(Petrolatum)과 같은 연한 컵 그리스를 엷게 바른다. 틀을 조립한 뒤, 각 틀의 내면 및 아래 윗면에서 여분의 기름을 닦아낸다. 다음에 틀을 비흡수성인 광유 페트롤레이텀 또는 연한 컵 그리스를 바른 밑판 위에 놓는다. 파라핀과 로진을 3: 5의 질량비로 섞어 110~120℃로 가열하여 이를 틀과 밑판과의 접촉선 바깥쪽에 바르면 둘 사이의 수밀성을 갖게 된다.
② 플로 시험이 끝나는 즉시 모르타르를 플로 틀로부터 혼합용기에 쏟는다. 혼합용기의 벽에 붙은 모르타르를 빨리 긁어내어 용기 안에 넣고, 전 배치를 보통 속도로 15초간 반죽한다.
③ 모르타르를 배치의 처음 반죽이 끝난 뒤로부터 2분 15초 이내에 시험체의 성형을 시작한다.
④ 두께 25 mm 모르타르층을 모든 입방체 칸 안에 넣는다. 각 입방체 칸 안의 모르타르에 대하여 약 10초 동안에 4바퀴로 32회 찧는다. 한 바퀴마다 직각으로 방향을 바꾸고, 시험체 전면에 8회의 인접한 찧기를 한다. 찧는 압력은 모르타르 틀에 균일하게 차는 데 충분하도록 한다.
⑤ 네 바퀴의 모르타르 찧기(32회 찧기)는 하나의 입방체를 끝낸 후 다음 것으로 옮긴다.
⑥ 모든 입방체 칸에 대하여 제1층의 찧기를 끝내고, 모든 칸에 나머지의 모르타르를 채우고, 제1층에서 규정한 대로 찧는다. 제2층을 찧는 동안 한 바퀴마다 장갑을 낀 손가락과 탬퍼로 밀려나온 모르타르를 틀 위에 쌓아 올린다. 찧기가 끝났을 때는 각 입방체의 윗부분은 틀의 윗면보다 약간 나와 있어야 한다.
⑦ 틀 윗면에 밀려나온 모르타르는 흙손으로 밀어 넣고, 흙손의 평편한 면을 (진행방향의 날을 약간 올리고) 틀의 길이방향에 대하여 직각으로 각 입방체의 윗부분을 한 번 건너 당김으로써 입방체를 고르게 한다.
⑧ 이어서 흙손의 곧은 날을 (틀에 대하여 직각으로 대고) 틀의 길이에 따라서 톱질운동을 하면서 당김으로써 틀의 윗면과 같은 면으로 모르타르를 잘라 맞춘다.

(4) 시험체 저장

① 모든 시험체를 성형이 끝난 즉시 틀에 넣은 그대로 밑판에 얹어서 습기함이나 습기실에 20~24시간 보관한다. 이때, 윗부분 표면은 습기에 노출시키고, 물방울이 떨어지지 않도록 주의한다.

② 24시간 이전에 시험체를 틀에서 빼냈을 때는 24시간이 될 때까지 습기함이나 습기실 선반 위에 보관하고, 24시간 시험을 할 때만 제외하고는 시험체를 붙침식성 재료로 만든 저장용 수조의 깨끗한 물 안에 담궈 놓는다. 저장용 물은 자주 바꿔주어 깨끗이 해 놓아야 한다.

(5) 시험 방법

① 24시간 시험체에 대해서는 습기함에서 꺼내놓은 직후, 그 이외의 시험체는 저장수에서 꺼내는 직후에 시험을 한다. 모든 시험체는 주어진 시험기간 내(24시간±0.5시간, 3일 ±1시간, 7일±3시간, 28일±12시간)에 시험을 해야 한다.

② 24시간 시험을 하기 위해서는 습기함에서 1개 이상의 시험체를 꺼냈을 때 이것들을 시험할 때까지는 젖은 헝겊으로 덮어놓아야 한다. 만약, 시험을 하기 위해 저장수에서 1개 이상의 시험체를 꺼냈을 때는 이것들을 23±2℃ 온도의 물이 있는 용기에 넣어 완전히 잠기도록 해두어야 한다.

③ 각 시험체는 표면이 건조상태가 되도록 물기를 닦고, 시험기의 지지블록(Bearing block)과 접촉할 면에 붙어 있는 모래알이나 다른 부착물을 없앤다.

④ 이들 면은 곧은 자를 사용해서 검사한다. 만약 눈에 띌 만큼 굽어 있으면, 그 면을 평편하게 만들거나 그 시험체를 버린다.

⑤ 하중은 틀의 정확한 평면과 접촉하고 있는 시험체 면에 대하여 부하한다.

⑥ 시험체는 시험체의 윗부분 지지블록의 중심에 맞추도록 주의한다. 쿠션재나 받침재를 사용해서는 안 된다.

⑦ 예측하는 최대하중이 1 350 kg 이상인 시험체에 대해서는 그 예측하는 초기 부하의 1/2까지는 임의의 속도로 해도 좋다.

⑧ 예측하는 최대하중이 1 350 kg보다 작은 시험체에 대해서는 초기 부하를 가해서는 안 된다. 따라서 하중부하의 속도는 그 나머지 하중을 (예측하는 최대하중이 1 350 kg보나 작을 때는 선하중) 끊임없이 가하여 시험체가 파괴되도록 한다.

⑨ 이때, 최대하중이 20초 이상 80초 이내에 미치는 속도로 가한다. 시험체가 파괴되기 직전에 급속히 변형하고 있을 때는 시험기를 다루는데 있어서 조절을 할 필요는 없다.

(6) 계 산

시험기가 나타낸 최대 총 하중을 기록하고, 하중을 단면적으로 나누어 그 압축강도를 N/mm^{2}으로 계산한다.

(7) 불완전 시험체 및 재시험

압축강도를 결정하는 데 있어서 명백한 불완전 시험체 또는 같은 시료, 같은 시간에 시험한 전 시험체 중에서 평균값보다 10 % 이상의 강도차가 있는 시험체는 압축강도의 계산에 넣지 않는다.

1-9 시멘트 모르타르의 인장강도 시험 방법

(KS L 5104 ; Test Method for Tensile Strength of Hydraulic Cement Mortar)

1. 시험목적

시멘트의 인장강도 시험을 행함으로써 시멘트의 품질검사와 아울러 이와 같은 시멘트를 사용한 콘크리트의 추정강도를 구할 수 있다. 시멘트 모르타르에 표준사를 사용하는 이유는 사용할 모래알의 변화에서 오는 영향을 없애고, 시험조건을 동일하게 하기 위함이다.

2. 시험용 기구

① 저 울: 0.01 g 이상의 정밀도

② 표준체: 850 μm, 600 μm체

③ 메스실린더: 용량 150~200 mℓ

④ 틀: 시험체 제작용 틀은 시멘트 모르타르에 의해서 침식되지 않는 금속으로 만들어야 한다. 축변은 충분한 재료를 사용하여 시험체를 성형할 때, 틀이 벌어지는 경우가 없어야 한다. 시험체 틀은 사용할 때 사진 2.1.8과 같으며, 치수는 다음 조건에 맞는 것이어야 한다. 시험체 틀 양측의 가장 두꺼운 부분 사이의 넓이는 사용 중인 틀은 25.4±0.25 mm, 새 틀은 25.4±0.1 mm이어야 하며, 동부 양측 사이의 가장 두꺼운 점의 두께는 새 틀일 때는 25.4 mm$^{+100}_{-50}$ μm, 사용 중인 틀은 25.4 mm$^{+0}_{-50}$ μm이어야 한다.

⑤ 흙 손: 길이 100~150 mm

⑥ 시험기: 시험기는 하중을 연속적으로 2 700±1 N/min의 속도로 가할 수 있고, 재하속도를 조절하는 장치가 있어야 한다. 시험기의 정밀도에 대한 조건은 다음과 같다. 1.5 N

이상의 하중에 대한 오차는 새 기계에 있어서 ±1.0%이어야 한다. 시험기는 그 정밀도를 결정하기 위하여 정기적으로 검정을 해야 한다. 시험기 중 시험체 고정용 클립은 사진 2.1.9에 표시한 것과 같은 치수의 것이어야 한다.

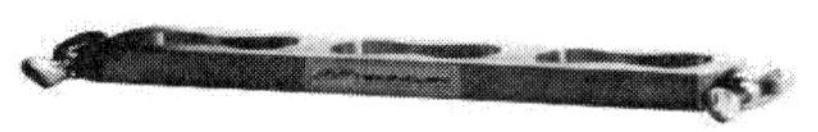

사진 2.1.8 시험체 제작용 틀

사진 2.1.9 시험체 고정용 크립

⑦ 온도와 습도: 반죽한 건조재료 틀 및 밑판 부근의 공기온도는 20±2℃로 유지해야 한다. 혼합수, 습기함 또는 습기실 및 시험체 저장용 수조의 물 온도는 20±1℃이어야 한다. 시험실의 상대습도는 50% 이상이어야 하며, 습기함이나 습기실은 90% 이상의 상대습도에 시험체가 저장되도록 제작해야 한다.

⑧ 표준사: 시험체 제작에 사용하는 표준모래는 KS L ISO 679(시멘트의 강도 시험 방법)의 5.1.3에 따른다.

⑨ 시험체: 시험체의 치수는 그림 2.1.5에 표시한 치수와 일치해야 한다. 재령에 있어서 시험체의 수는 3개 이상씩 만들어야 한다.

3. 시 료

① 표준사: 표준사로서 KS L ISO 679(시멘트의 강도 시험 방법)의 5.1.3에 따른다.

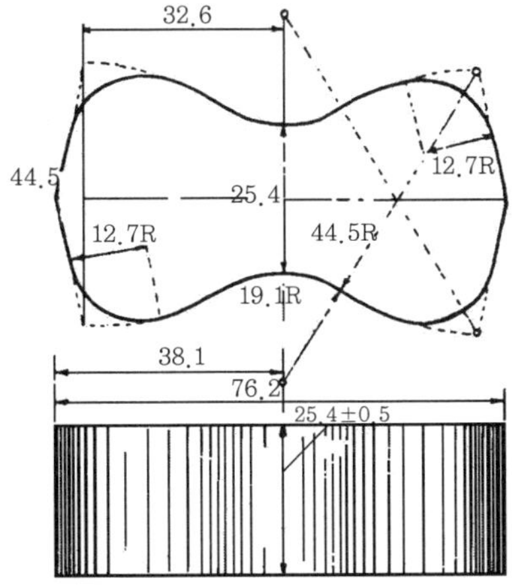

그림 2.1.5 시험체 크기

② 시멘트: 시멘트 1에 표준사 3의 질량비에 따른 시멘트 양

③ 물의 양: 같은 시멘트 시료를 사용하여 표준 주도를 나타낼 순 시멘트 반죽을 만드는 데 소요된 수량을 기준으로 정하며, 다음 식과 같다.

시멘트와 모래의 비율이 질량비로 1: 3이 아닐 때, 혼합수의 양은 다음 식에 따라 계산한다. 표 2.1.6은 이 식에 따른 것이다.

$$Y = \frac{2}{3} \times \frac{P}{n+1} + K$$

여기에서, Y : 모르타르에 필요한 물의 양(%)

P : 표준 주도의 순 시멘트에 필요한 물의 양(%)

n : 시멘트 1에 대한 모래의 양(질량비)

K : 표준사에 대한 상수로서 6.5

이 수치는 시멘트와 표준사를 합한 건조재료의 질량에 대한 백분율인 것이다.

표준 주도의 시멘트 반죽을 만드는 데 소요되는 양은 KS L 5102(시멘트의 표준 주도 시험 방법)에 따라 결정한다.

4. 시험 방법

(1) 모르타르 제조

① 상기 항의 시료 중 건조재료를 재서 매끈하고 비흡수성인 반죽판 위에 놓고 건조한 그대로 잘 혼합한 다음 중앙 홈을 만든다.

② 정확한 양의 깨끗한 물을 홈 안에 붓고 가장자리에 있는 재료를 흙손을 이용하여 30초 이내에 홈 안에 걷어 넣는다.

③ 증발로 인한 손실을 줄이고, 흡수를 촉진시키기 위하여 주위에 있는 마른 모르타르를 남은 모르타르 위에 가볍게 흙손질하여 30초간 흡수할 시간을 준 다음 계속 손으로 심하게 반죽하여 90초 안에 작업을 완료한다.

④ 반죽하여 작업을 하는 동안은 손에 맞는 깨끗한 고무장갑을 끼어야 한다.

표 2.1.6 표준 모르타르에 대한 물의 양

표준주도의 순 시멘트 반죽에 대한 물의 양(%)	시멘트 1, 표준사 2.7의 모르타르에 대한 물의 양 %)
15	9.2
16	9.4
17	9.6
18	9.7
19	9.9
20	10.1
21	10.3
22	10.5
23	10.6
24	10.8
25	11.0
26	11.2
27	11.4
28	11.5
29	11.7
30	11.9

(2) 시험체의 성형

① 틀은 모르타르를 채우기 전에 광유를 얇게 발라야 한다.

② 모르타르 반죽이 끝난 직후 틀은 기름을 바르지 않은 유리판 또는 금속판 위에 올려놓고, 모르타르를 다지지 말고 수북히 쌓아 놓는다.

③ 이어서 두 손의 엄지손가락으로 전면적에 걸쳐 힘이 미치도록 각 시험체마다 12회씩 모르타르를 힘껏 밀어 넣는다. 이 힘은 두 손의 엄지손가락을 동시에 작용할 때, 78.4~98 N의 힘이 되도록 한다. 엄지손가락으로 밀어넣는 시간은 규정된 힘을 주는데 충분한 시간에서 그친다.

④ 이어서 모르타르는 틀 위에 쌓아놓고, 흙손으로 고르게 한다. 흙손에는 19.6 N을 넘지 않는 힘을 작용시키는 정도로 틀 위를 누른다.

⑤ 다음 틀 위에 광유를 바른 유리판이나 금속판을 종종 두 손으로 틀과 판을 받쳐들고 틀이 그 종축의 주위에서 회전하도록 뒤집는다. 그리고 윗판을 떼고 다시 쌓아올리기, 누르기, 쌓아올리기, 흙손으로 고르기를 반복한다. 이때, 두드리거나 찧거나 해서는 안 된다.

⑥ 시험체의 치수는 그림 2.1.5 표시한 치수와 일치해야 하며, 재령에 있어서의 시험체 수는 3개 이상씩 만들어야 한다.

(3) 시험체의 양생

① 시험체 전부를 성형한 직후 몰드에 넣은 대로 밑판에 얹어서 습기함이나 습기실 내에 20~24시간 보관한다. 이때 윗면은 습기에 노출시키고 물방울이 떨어지지 않도록 주의한다.

② 24시간 전에 틀에서 떼어냈을 때에는 24시간이 될 때까지 습기함이나 습기실 내의 선반 위에 보관하고, 24시간 시험할 때를 제외하고 시험체는 불침식성 재료로 제작한 저장용 수조의 깨끗한 물 안에 담가 놓는다. 저장용 물은 자주 바꿔 넣어 깨끗이 해놓아야 한다.

(4) 시험 방법

① 시험체에 있어서 24시간 시험체는 습기함에서 꺼낸 직후, 그 이외의 시험체는 저장수에서 꺼낸 직후 시험한다.

② 24시간 시험을 하기 위하여 습기함으로부터 1개 이상의 시험체를 꺼냈을 때 이들 시험체는 시험할 때까지 20±1℃ 온도의 물이 있는 용기에 넣어 완전히 잠기도록 해 두어야 한다.

③ 각 시험체는 표면건조상태가 되도록 물기를 닦고, 시험기의 클립과 접촉하는 면에서 붙어 있는 모래알이나 다른 부착물이 없게 한다.

④ 클립의 지지면은 깨끗이 하여 모래가 없도록 하고 롤러 베어링은 기름을 쳐서 자유롭게 회전하도록 한다.

⑤ 클립을 달고 있는 철걸이는 부착물이 없고, 피벗(Pivots)은 정확히 조정하여 클립이 자유롭게 피벗 주위로 움직이고 철걸이에 교착되지 않도록 한다.

⑥ 시험체는 클립단의 중심에 오도록 주의깊게 넣고 하중은 계속해서 27±1 N/min의 속도로 재하한다.

(5) 계 산

시험기가 나타낸 총 최대하중을 기록하고, 하중을 단면적으로 나누어 그 인장강도를 N/mm^2로 계산한다.

(6) 불완전 시험체의 재시험

몰드에서 빼낸 시험체가 동부에서 두께와 넓이에 대한 조건이 맞지 않던지 혹은 불완전품이거나 또는 같은 시료, 같은 기간에 시험한 시험체 중에서 평균보다 15 % 이상의 강도차가 있는 시험체는 인장강도 계산에 넣지 않는다. 만일 이와 같은 시험값과 시험체가 2개 이상 있을 때는 재시험해야 한다.

1-10 시멘트 강도 시험용 표준사(ISO 기준 모래)

(KS L ISO 679, 5.1.2 ; Methods of Testing Cements–Determination of Strength)

1. ISO 기준 모래

ISO 기준 모래는 천연의 둥근 입자이고, 이산화규소 함량은 적어도 98 %를 함유해야 한다.

2. 입도분포

표 2.1.7 ISO 기준 모래의 입도

체 눈의 크기(mm)	체에 누적 잔류율(%)
2	0
1.6	7±5
1	33±5
0.5	67±5
0.16	87±5
0.08	99±1

3. 기존 표준사와의 관계

폐지된 기존의 KS L 5100(시멘트 강도 시험용 표준사(폐지))에서는 표준사에 대한 기준을 마련하고 있었으나 해당 기준은 2009년에 폐지되었으며 본 장의 ISO 기준 모래로 대체되었다. 그럼에도 불구하고 많은 규정에서 표준사에 대한 언급이 있다. 그러나 이 표준사는 기존의 규정과 달리 ISO 기준 모래와 비교하여 동등한 수준의 품질을 유지하고 있음을 증명해야 하며 이에 대한 시험을 모래의 적합성 시험이라 하고 이를 통과한 모래를 표준사라고 부른다.

1-11 시멘트의 기타 시험 방법

시멘트의 기타 시험 방법에는 다음과 같은 것이 있다.

수경성 시멘트 모르타르의 공기량 측정방법	KS L 3136
수경성 시멘트 반죽 및 모르타르의 기계적 혼합 방법	KS L 5109
수경서 시멘트 시험용 플로 테이블	KS L 5111
수경성 시멘트의 표준 질기 시험 방법	KS L 5102
포틀랜드 시멘트의 무수황산 최적값 시험 방법	KS L 5118
포틀랜드 시멘트 조기 경화 시험 방법(모르타르 방법)	KS L 5119
포틀랜드 시멘트의 화학분석 방법	KS L 5120
포틀랜드 시멘트의 수화열 시험 방법	KS L 5121
백색 포틀랜드 시멘트의 백색도 시험 방법	KS L 5113
백색 포틀랜드 시멘트	KS L 5204
내화물용 알루미나 시멘트	KS L 5205
내화물용 알루미나 시멘트의 화학분석 방법	KS L 5206
내화물용 알루미나 시멘트의 물리 시험 방법	KS L 5207
고로 슬래그 시멘트	KS L 5210
플라이 애시 시멘트	KS L 5211
플라이 애시	KS L 5405
박리 팽창 질석을 사용한 단열 시멘트	KS L 5216
팽창 수경성 시멘트	KS L 5217
팽창 시멘트 모르타르의 억제 팽창도 시험 방법	KS L 5218
메이슨리 시멘트	KS L 5219
건조 시멘트 모르타르	KS L 5220
시멘트용 천연 석고	KS L 5313
포졸란 시멘트	KS L 5401

제2장

골재

2-1 개 요

1. 정 의

골재란 콘크리트, 모르타르, 석회반죽, 역청질 혼합물 등과 같이 결합재에 의하여 뭉쳐서 한 덩어리로 이룰 수 있는 건설용 광물질 재료로서, 화학적으로 안정된 것을 말한다. 다만, 물, 혼합재 및 결합재는 제외한다.

2. 골재의 분류

콘크리트용 골재의 분류로는 채취장소 및 생산방식, 크기, 밀도, 용도 등에 따라 다양하게 분류되는 데 그 내용은 다음과 같다.

(1) 채취장소 및 생산방식에 의한 분류

① 천연 골재: 강(강모래, 강자갈), 바다(바닷모래, 바닷자갈), 육지(육지모래, 육지자갈), 산(산모래, 산자갈)에서 천연적으로 생성되는 골재

② 인공 골재: 쇄석(부순모래, 부순자갈), 팽창 골재(팽창점토, 펄라이트, 버미큘레이트) 등 인공적으로 가공 및 제조한 골재

③ 산업부산물 및 폐기물 이용 골재: 고로 슬래그 골재, 동 슬래그 골재 및 재생 골재 등

으로 부산물 및 폐기물을 가공하여 제조한 골재

(2) 크기에 의한 분류

① 굵은 골재

㉠ 5 mm체에 거의 모두 남아 있는 입상상태의 재료로서 암석이 자연적으로 붕괴 · 마모되어 생성된 것 또는 이것이 연약하게 얽혀져서 만들어진 역암을 인공처리한 것.

㉡ 5 mm체에서 질량비로 85 % 이상 남은 골재

② 잔 골재

㉠ 10 mm체를 전부 통과하고, 5 mm체도 거의 모두 통과하며, 0.08 mm체에 거의 다 남는 입상상태의 암석이 자연적으로 붕괴 · 마모되어 생성된 것 또는 파쇄 되기 쉬운 사암을 인공 처리한 것.

㉡ 10 mm체(호칭치수)를 전부 통과하고, 5 mm체를 질량비로 85 %이상 통과하며, 0.08 mm체에 거의 다 남는 골재

(3) 밀도에 의한 분류

밀도에 의한 분류는 표 2.2.1과 같다.

표 2.2.1 골재의 밀도 및 생산방식에 의한 분류

밀도에 의한 분류	생산방식에 의한 분류		
	천연 골재	인공 골재	부산물 골재
보통 골재	강모래 · 강자갈 산모래 · 산자갈 바닷모래 · 바닷자갈 육지모래 · 육지자갈	부 순 돌 부순모래	고로 슬래그 골재 동 슬래그 골재 폐콘크리트 순환 골재
경량 골재	화산암 및 그 가공품	팽창혈암 등	팽창슬래그 등
중량 골재	중정석 · 철광석 등	—	—

(4) 용도에 의한 분류

용도에 의한 분류는 표 2.2.2와 같다.

표 2.2.2 골재의 용도에 의한 분류

분류	종 류	설 명
용 도	구조용 콘크리트 골재 단열 · 흡음용 콘크리트 골재 치장용 콘크리트 골재	양질의 천연 골재 및 인공 골재 천연 또는 인공경량 골재 등 화강암 · 석회석 등

3. 각종 골재의 품질규정

KS 규격에 규정되어 있는 각종 골재의 품질 규정을 정리하면 다음과 같다.

품 질 항 목		천연 골재		부순 골재		순환 골재		구조용 경량 골재			비고
								인공 · 천연경량 골재		바텀애시 경량 골재	
		굵은 골재	잔골재	굵은 골재	잔골재	굵은 골재	잔 골재	굵은 골재	잔 골재		
절건밀도(g/cm^3)		2.50	2.50	2.50	2.50	2.50	2.2				이상
흡수율(%)		3.0	3.0	3.0	3.0	3.0	4.0				이하
안정성(%)		12	10	12	10	12	10			10	이하
마모율(%)		40	—	40	—	40	—				이하
입자모양판정 실적률(%)		—	—	55	53	55	53				이상
단위용적질량(kg/l)								1.12 1.04[3]	0.88	1.2	이하
점토덩어리(%)[1]		0.25	1.0			0.2	1.0	2.0		2.0	이하
연한 석편(%)[1]		5.0									이하
0.08 mm체 통과량(%)	마모 부위	1.0	3.0	1.0	7.0	1.0	7.0			5.0	이하
	그 외		5.0								이하
석탄 및 갈탄	중요 부위	0.5	0.5								이하
	그 외	1.0		—	—	—	—				이하
염화물(NaCl환산량 %)[2]			0.04							0.025	이하
이물질 함유량(%)	유기이물질					1.0 (용적)	1.0 (용적)				이하
	무기이물질					1.0 (용적)	1.0 (용적)				이하
화학 성분 (%)	산화칼슘(CaO)	—	—	—	—	—	—				이하
	황(S)										이하
	삼산화황(SO_3)									0.8	이하
	산화철(FeO)										이하

주 (1) 점토덩어리와 연한 석편의 합이 5 %를 넘으면 안 된다.
(2) 무근콘크리트에 사용할 경우에는 적용하지 않는다.
(3) 굵은 골재와 잔 골재를 혼합한 단위 용적 질량

<table>
<tr><th colspan="2" rowspan="3">품 질 항 목
(슬래그 골재 _ 제강부산물)</th><th colspan="3">고로 슬래그 골재</th><th colspan="4">전기로산화슬래그 골재</th><th rowspan="3">비고</th></tr>
<tr><th colspan="2">굵은 골재</th><th rowspan="2">잔 골재</th><th colspan="2">굵은 골재</th><th colspan="2">잔 골재</th></tr>
<tr><th>N</th><th>H</th><th>N</th><th>H</th><th>N</th><th>H</th></tr>
<tr><td colspan="2">절건밀도(g/cm^3)</td><td>2.2</td><td>2.4</td><td>2.5</td><td>3.1 이상
4.0 미만</td><td>4.0 이상
4.5 미만</td><td>3.1 이상
4.0 미만</td><td>4.0 이상
4.5 미만</td><td>이상</td></tr>
<tr><td colspan="2">흡수율(%)</td><td>6.0</td><td>4.0</td><td>3.5</td><td colspan="4">2.0</td><td>이하</td></tr>
<tr><td colspan="2">안정성(%)</td><td></td><td></td><td></td><td></td><td></td><td></td><td></td><td>이하</td></tr>
<tr><td colspan="2">마모율(%)</td><td></td><td></td><td></td><td></td><td></td><td></td><td></td><td>이하</td></tr>
<tr><td colspan="2">입형판정 실적률(%)</td><td></td><td></td><td></td><td></td><td></td><td></td><td></td><td>이상</td></tr>
<tr><td colspan="2">단위용적질량(kg/ℓ)</td><td>1.25</td><td>1.35</td><td>1.45</td><td>1.6</td><td>2.0</td><td>1.8</td><td>2.2</td><td>이상</td></tr>
<tr><td rowspan="7">화학
성분
(%)</td><td>산화칼슘(CaO)</td><td colspan="2">45.0</td><td>45.0</td><td colspan="4">40.0</td><td>이하</td></tr>
<tr><td>산화마그네슘(MgO)</td><td colspan="2"></td><td></td><td colspan="4">10.0</td><td>이하</td></tr>
<tr><td>황(S)</td><td colspan="2">2.0</td><td>2.0</td><td></td><td></td><td></td><td></td><td>이하</td></tr>
<tr><td>삼산화황(SO_3)</td><td colspan="2">0.5</td><td>0.5</td><td></td><td></td><td></td><td></td><td>이하</td></tr>
<tr><td>산화철(FeO)</td><td colspan="2">3.0</td><td>3.0</td><td colspan="4">50.0</td><td>이하</td></tr>
<tr><td>금속철(Fe)</td><td colspan="2"></td><td></td><td colspan="4"></td><td>이하</td></tr>
<tr><td>염기도(CaO/SiO_2)</td><td colspan="2"></td><td></td><td colspan="4">2.0</td><td>이하</td></tr>
</table>

주 ※ 고로 슬래그 굵은 골재의 경우 수중침지 시험에서 균열, 분해, 니상화, 분화 등의 현상이 없어야 하며, 자외선(360.0 Nm) 조사 시험에서 발광하지 않고, 균일한 자색을 띄고 있어야 한다.

품 질 항 목 (슬래그 골재 _ 기타)		동슬래그 골재	연슬래그 골재	페로니켈 슬래그 골재	용융슬래그 골재		비고
		잔 골재	잔 골재	잔 골재	굵은 골재	잔 골재	
절건밀도(g/cm^3)		3.2	3.2	2.7	2.5	2.5	이상
흡수율(%)		2.0	2.0	3.0	3.0	3.0	이하
안정성(%)		—			12	10	이하
마모율(%)		—					이하
입형판정 실적률(%)					55	53	이상
단위용적질량(kg/ℓ)		1.8	1.7	1.5			이상
점토덩어리(%)[(1)]		—					이하
연한 석편(%)[(1)]		—					이하
0.08 mm체 통과량(%)	마모 부위	—			1.0	7.0 (5.0)[(3)]	이하
	그 외	—					이하
석탄 및 갈탄	중요 부위	—					이하
	그 외	—					이하
염화물 (NaCl환산량 %)[(2)]		0.03	0.03		0.04	0.04	이하
화학 성분 (%)	산화칼슘(CaO)	12.0	20.0	5.0	45.0		이하
	산화마그네슘(MgO)			40.0			
	황(S)	2.0	2.0	0.5	2.0	2.0	이하
	삼산화황(SO_3)	0.5	0.5		0.5	0.5	이하
	산화철(FeO)	70.0	60.0	13.0			이하
	금속철(Fe)			1.0	1.0	1.0	
	염기도(CaO/SiO_2)						

주 (1) 점토덩어리와 석편의 합이 5 %를 넘으면 안 된다.
(2) 무근콘크리트에 사용할 경우에는 적용하지 않는다.
(3) 콘크리트 표면이 마모작용을 받는 경우

2-2 골재의 시료채취 방법

(KS F 2501 ; Standard Test Method for Sampling Aggregates)

1. 시험 목적

이 방법은 재료 산지의 예비조사와 적부 판정, 출하 시 재료의 검사 및 시공 중 재료의 검사를 목적으로 골재의 시료채취 방법을 규정한다.

2. 공사현장 주변에서 생산하는 모래 또는 자갈인 경우

① 산지의 각종 재료에 대하여 대표적인 시료를 채취하고, 그 재료의 수량을 추정해야 한다.

② 노천 채굴일 때는 윗면에서 밑면까지 수직구를 굴착하여 사용할 재료의 대표적인 시료를 채취하고, 표토와 다른 부분의 재료가 시료에 혼입되지 않도록 해야 한다. 또 시험구멍을 여러 개소에 파서 시료의 성질과 분포상태를 조사해야 한다. 시험구멍의 수 및 길이는 사용 가능한 재료의 수량, 품질, 지형, 생산제품의 가격 등에 의하여 결정한다. 시료는 위에 서술한 방법으로 수직구 및 시험구멍에서 각각 채취하며, 재료의 변화가 현저할 때는 각 암석층마다 대표적인 시료를 별도로 채취하고, 변화가 현저하지 않을 때는 각 시험개소별로 다량의 시료를 채취하여 혼합한 후 4분법 혹은 시료분취기(사진 2.2.1 참조)에 의하여 적당한 양의 시료를 얻는다. 자갈과 모래가 혼합되어 있는 경우에는 모래에 대해서는 15 kg 이상, 자갈에 대해서는 35 kg 이상을 얻을 수 있도록 시료를 채취한다. 노출되어 있지 않은 산지에서는 시험구멍에서만 시료를 위에서 서술한 방법으로 채취한다.

③ 쌓아 놓은 자갈 무더기에서 시료를 채취한 경우에는 무더기의 꼭대기, 중앙부 및 밑부에서 각각 내부에 구멍을 뚫고 대표적인 시료를 채취한다. 이 시료를 한 곳에 혼합한 후 4분법 혹은 시료분취기에 의하여 필요한 양의 시료를 얻는다. 그러나 재료의 분리상태를 조사할 필요가 있을 때는 각각의 시료를 별도로 시험해야 한다.

모래일 경우에는 표면의 건조한 모래를 제거하고 내부의 젖은 모래에서 대표적인 시료를 채취해야 한다.

④ 공사현장 주변에서 생산되는 시료는 5.(1)의 일반적인 사항 외에 다음 사항을 표시해야 한다.

㉠ 소유자 또는 판매자의 성명

㉡ 사용 가능한 재료의 수량

㉢ 표토의 두께 및 성질

㉣ 사용지까지의 최단 운반거리 및 운반조건

㉤ 재료의 소재지 및 분포상태(평면도 및 정면도 또는 단면도를 그리는 것이 좋다.)

3. 시장 판매품인 모래, 자갈, 석재 및 광재인 경우

품질 시험용 시료는 될 수 있는 한 완성품에서 채취하고, 그 외는 「2.②-④」 및 「3.(1)-(2)」에 따라 채취한다. 단, 마모 시험용 시료는 반드시 완성품을 원상태로 채취해야 한다.

(1) 생산공장에서의 시료채취

공장시설에 대한 조사를 해야 하며, 쌓아 놓은 무더기 또는 저장고에서 반출차량에 실을 때 적당한 위치에서 대표적인 시료를 채취해야 한다. 입도의 변화를 검사하기 위해서는 싣는 동안 수시로 별도의 시료를 채취한다. 저장차에서 시료를 채취할 때는 배출구에서 나오는 재료의 전단면에 걸쳐 채취하며, 방출이 시작될 때는 균일한 흐름이 있은 후에 채취해야 한다.

(2) 운반차량에서 시료채취

① 생산공장에 가는 것이 불가능한 경우에는 인수지에서 재료를 내려놓기 전에 시료를 채취하여 적부 판정을 위한 입도 시험을 한다. 관례적인 품질 시험인 경우에는 시험이 끝나기 전에 재료를 내려서 공사에 사용해도 좋지만 적부 판정을 위한 품질 시험일 경우에는 합격 판정이 나기 전에 사용해서는 안 된다. 차량에서 시료를 채취할 때는 실을 때 재료가 분리될 확률이 높으므로 여러 부분에서 각각 시료를 채취한다. (철도 화물차에 실은 굵은 골재인 경우: 골재의 표면에 3개 이상의 홈(trench)을 재료의 대표적인 지점에 파서 시료를 채취한다. 홈 밑면의 폭은 약 300 mm로 하고, 골재표면으로부터 300 mm 이상 깊이로 수평이 되도록 파야 한다. 홈 밑면의 7개 지점에 등 간격으로 삽을 밑으로 꽂아 같은 양의 시료를 채취한다.) 이 시료를 한 곳에 혼합한 후 4분법 혹은 시료분취기에 의하여 필요한 양의 시료를 얻는다. 그러나 재료의 분리 상태를 조사할 필요가 있을 때에는 각각의 시료를 별도로 시험해야 한다.

② 화물자동차, 화물선 또는 작은 배에서의 시료채취는 화물의 양에 따라 채취 개소만 다르고, 그 외는 위의 ①의 철도 화물차에서의 시료채취방법에 따른다.

③ 잔 골재의 경우에는 위의 ① 또는 ②에 따라 시료를 채취하거나 지름이 약 30 mm, 길이 1 800 mm의 시료 채취관을 사용하여 한 번에 약 1 kg의 시료를 채취한다.

④ 입도 시험만을 필요로 하는 경우에는 골재의 적부 판정을 지연시키지 않도록 현장에서 이 시험을 해야 한다. 시료를 실험실에 보내서 검사해야 한다.

(3) 시료의 개수 및 양

① 시료의 개수는 재료의 사용목적, 재료의 양, 골재의 성질 및 치수의 변화에 따라 결정된다. 재료의 모든 변화상태를 나타낼 수 있도록 충분한 개수의 시료를 취해야 하며, 부순돌, 자갈, 광재 또는 모래에 있어서는 약 50 t마다 별개의 시료를 채취해야 한다.
② 시료의 양은 시험 방법 및 치수에 따라 결정되며, 표 2.2.3은 입도 시험을 하는 데 필요한 시료의 양을 표시한 것이다.

표 2.2.3 시료의 채취량

통과하는 최대 입자 지름체의 호칭치수(mm)	현장에서 채취하는 시료의 최소 질량(kg)
잔 골 재	
2.5	10
5	10
굵 은 골 재	
10	10
13	15
19	25
25	50
40	75
50	100
65	125
75	150
90	175

4. 슬래그 모래(Slag sand), 부순모래인 경우

슬래그 모래, 부순모래, 부순 돌 슬러지, 광석 슬러지 등은 이와 비슷한 재료의 규정에 따라 시료를 채취한다.

5. 시료의 표시 및 운반

(1) 표 시

시료에는 다음 사항을 표시해야 한다.

① 시료 채취자의 성명
② 채취장소
③ 채취량
④ 채취시료의 양과 특성
⑤ 작업장에서의 거리

⑥ 운반특성(도로종류, 최대등급)

⑦ 시료에 대한 상세 특성

(2) 시료의 운반

① 굵은 골재의 시료는 튼튼한 용기나 포대에 넣어 운반해야 한다.

② 잔 골재나 잔입자의 시료는 손실되지 않도록 상자에 넣거나 포장하여 운반해야 한다.

2-3 골재의 체가름 시험 방법

(KS F 2502 ; Standard Test Method for Sieve Analysis of Aggregates)

1. 시험목석

본 시험은 골재의 입도상태를 조사하기 위하여 행한다. 즉 골재의 입도는 체통과율, 잔류율 등으로 표시하지만 일반적으로는 체통과율에 따라 골재의 크기를 알 수 있고, 골재의 입도분포 및 최대치수를 조사함으로써 콘크리트에 사용 골재로서 적당한지를 판정할 수 있으며, 골재의 입도분포 및 최대치수에 따라 콘크리트 배합설계를 실시할 때 자료로 이용할 수도 있다. 또한 골재의 입도가 연속입자분포로 적절하게 분포되면 공극률이 축소되어 단위용적질량이 크고, 시멘트량이 절약되며, 강도가 커지고, 수밀성, 내구, 내마모성 등을 지닌 경제적인 콘크리트를 얻을 수 있다.

2. 시험용 기구

① 저 울: 시료 질량의 0.1 % 이상의 정밀도가 있는 것. (현장에서 시험하는 경우 : 시료 질량의 0.5 % 이상의 정밀도)

② 시료분취기

③ 표준체[4]:
- 잔 골재용 －75 μm(0.08 mm), 150 μm(0.15 mm), 300 μm(0.3 mm), 600 μm(0.6 mm), 1.18 mm(1.2 mm), 2.36 mm(2.5 mm), 4.75 mm(5 mm), 9.5 mm(10 mm)체
- 굵은 골재용 －2.36 mm(2.5 mm), 4.75 mm(5 mm), 9.5 mm(10 mm), 13.2 mm(13 mm), 16 mm(15 mm), 19 mm(20 mm), 26.5 mm(25 mm), 31.5 mm(20 mm), 37.5 mm(40 mm),

4) KS A 5101-1, -2, -3 (KS F 2523)

53 mm(50 mm), 63 mm(65 mm), 75 mm(75 mm), 106 mm(100 mm)체

④ 건조기: 105±5℃의 온도를 유지할 수 있는 적당한 크기의 것.

⑤ 기 타: 체진동기, 삽

사진 2.2.1 시료분취기

사진 2.2.2 표준체 및 체진동기

3. 시 료

① 4분법 또는 시료분취기에 의하여 채취된 대표적인 시료를 105±5℃의 온도로 24시간, 일정 질량(항량)이 될 때까지 건조한다.

② 시료의 양은 건조 후에 있어서 다음과 같은 양을 표준으로 한다. 다만, 구조용 경량 골재에서는 원칙적으로 다음 질량의 1/2로 한다.

구분	조건	질량
잔 골재용	1.18 mm체를 95 %(질량비) 이상 통과한 것	100 g
	1.18 mm체에 5 %(질량비) 이상 남는 것	500 g
굵은 골재용	최대치수 9.5 mm 정도의 것	2 000 g
〃	13.2 mm 〃	2 600 g
〃	16 mm 〃	3 000 g
〃	19 mm 〃	4 000 g
〃	26.5 mm 〃	5 000 g
〃	31.5 mm 〃	6 000 g
〃	37.5 mm 〃	8 000 g
〃	53 mm 〃	10 000 g
〃	63 mm 〃	12 000 g
〃	75 mm 〃	16 000 g
〃	106 mm 〃	20 000 g

4. 시험 방법

① 시료는 용도에 따라 규정된 한 벌의 체로서(KS A 5101-1, KS A 5101-2, 및 KS A 5101-3 표준체에 규정한 1조의 체) 잔 골재, 굵은 골재로 분류하여 체가름한다(체눈이 가는 것을 밑에 놓는다.)

② 체질은 체를 상하 및 수평으로 흔들어(체진동기 이용) 시료가 연속적으로 체의 면 위에서 움직이도록 한다.

③ 체가름 작업은 1분 동안에 각 체를 통과한 시료량의 0.1 % 이하로 될 때까지 계속해야 한다.

④ 체가름이 끝난 후 각 체에 남는 시료의 질량을 0.1 %까지 정확히 측정한다.(체눈에 남아 있는 질량을 재고, 거기에 다른 체눈에 남아 있는 것을 가하여 누계질량을 잰다. 이렇게 순차적으로 각 질량의 차에서 각 체에 남아 있는 질량 및 누계질량을 계산하는 것이 편리하다.)

⑤ 결과 표시는 다음과 같다.

㉠ 각 체를 통과하는 시료의 전 질량에 대한 백분율(%)

㉡ 각 체에 잔류하는 시료의 전 질량에 대한 백분율(%)

㉢ 용도에 따라 규정된 한 벌의 체에 잔류하는 시료의 질량 백분율(%)

㉣ 최대치수 및 조립률을 구한다.

㉤ 결과를 도시(입도분포)하려면 가로(X)축에 체눈의 크기를 로그스케일(log-scale)로 하고, 세로(Y)축에 각 체를 통과하는 시료의 질량(%)누계(통과율)를 점으로 찍어 표시한다.

5. 주의사항

① 시료의 질량은 건조 시 감량된다는 것을 참고하여 완전 건조한 상태에서 시험한다.

② 체가름할 때는 어떤 경우든지 시료편을 손으로 눌러서 통과시켜서는 안 된다.

③ 체가름시 1분 간의 통과율이 그 체에 남아 있는 시료질량의 1 % 이하가 될 때까지를 규정하고 있지만 실제로는 곤란하므로 통과량이 없을 때까지 체가름한다.

④ 망눈의 크기가 4.75 mm보다 작은 체에서는 체작업이 끝난 시점에서 각 체에 남은 것이 다음의 값을 넘어서는 안 된다.

$$m_r = \frac{A\sqrt{d}}{300}$$

m_r : 각 체에 남는 것의 질량(g)

A : 체의 면적(mm^2)

d : 체의 호칭 치수(mm)

⑤ 시험은 2회 이상으로 하고, 그 평균치를 취한다.

⑥ 기계로 체가름했을 때는 다시 손으로 1분간 체가름하여 확인해야 한다.

⑦ 잔 골재에 있어서 0.08 mm체를 통과하는 양은 KS F 2511(골재의 씻기 시험 방법)에 의하여 정한다.

6. 참고사항

① 4분법이란 시료를 넓게 펴서 4등분하여 그 중 대각선으로 마주보는 2개는 버리고 2개만 채취하는 방법을 반복함으로써 실험에 필요한 양만큼 대표적인 시료를 얻는 방법이다.

② 굵은 골재의 최대치수는 질량으로 90 % 이상을 통과시키는 체 중에서 최소치수의 체 눈을 체의 호칭치수로 나타낸 굵은 골재의 치수를 말한다.

③ 조립률(Fineness modulus ; F.M.)이란 0.15, 0.3, 0.6, 1.2, 2.5, 5, 10, 20, 40, 80 mm 체의 누계잔유율의 합계를 100으로 나눈 것으로 골재입자가 큰 것이 많을수록 조립률(F.M)은 크다.

④ 공사에 사용하는 굵은 골재의 최대치수는 다음 표 2.2.4, 표 2.2.5와 같다.

표 2.2.4 굵은 골재의 최대치수(무근콘크리트의 경우)

구조물의 종류	굵은 골재의 최대치수(mm)
무근콘크리트	40 부재 최소 치수의 1/4을 초과해서는 안 됨

표 2.2.5 굵은 골재의 최대치수(철근콘크리트의 경우)

구조물의 종류	굵은 골재의 최대치수(mm)
일반적인 경우	25
단면이 큰 경우	40

⑤ 표 2.2.6과 같은 골재의 체가름 시험에 있어 조립률, 최대치수의 계산 예 및 체가름 곡선의 일례는 다음과 같다.

<조립률의 계산 예>

- 굵은 골재(F.M.) $= \dfrac{5+40+87+600}{100} = 7.32$ 　　최대치수는 40 mm

- 잔 골재(F.M.) $= \dfrac{5+15+29+49+89+100}{100} = 2.87$ 　　최대치수는 5 mm

표 2.2.6 조립률 및 최대치수 계산 예

체번호	굵은 골재				잔 골재			
	각 체에 남는 양의 누계		각 체에 남는 양		각 체에 남는 양의 누계		각 체에 남는 양	
	g	%	g	%	g	%	g	%
*80 mm	0	0	0	0				
50 mm	250	2	250	2				
*40 mm	750	5	500	3				
30 mm	1 500	10	750	5				
25 mm	3 500	23	2 000	13				
*19 mm	6 000	40	2 500	17				
16 mm	9 000	60	3 000	20				
*10 mm	13 000	87	4 000	27	0	0	0	0
*5 mm	15 000	100	2 000	13	25	5	25	5
*2.5 mm		100			75	15	50	10
*1.2 mm		100			145	29	70	14
*0.6 mm		100			245	49	100	20
*0.3 mm		100			445	89	200	40
*0.15 mm		100			500	100	55	11
접 시					500	100	0	0
합 계				100				100

주) 조립률은 "*" 표가 있는 곳에 한해서 계산한다.

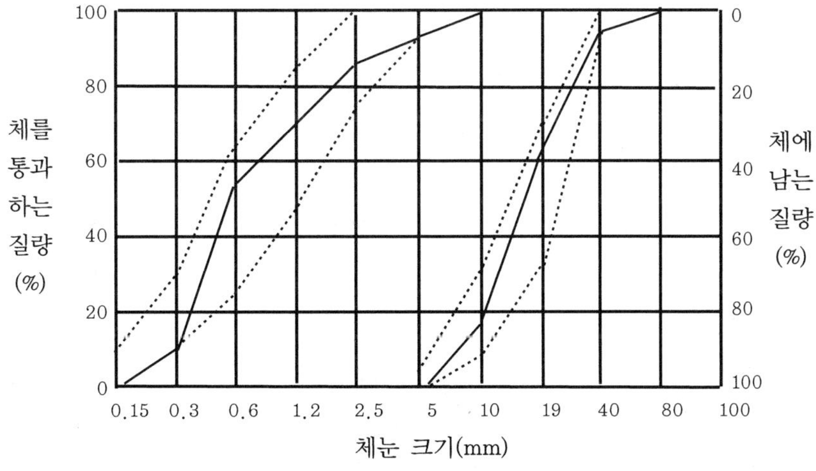

그림 2.2.1 체가름 곡선의 일례

2-4 잔 골재의 밀도 및 흡수량 시험 방법

(KS F 2504 ; Standard Test Method for Density and Water Absorption Rate of Fine Aggregate)

1. 시험목적

이 시험은 잔 골재(Fine aggregate)의 밀도 및 흡수율을 판단하기 위하여 행한다. 또한, 콘크리트배합 설계에 있어서 잔 골재의 절대용적을 알기 위해 행하며, 잔 골재입자의 공극 상태를 알고, 콘크리트배합 설계에서 사용 수량을 조절하기 위해서도 필요하다.

2. 시험용 기구

① 저 울: 시료질량의 0.1% 이내를 읽을 수 있는 것이어야 한다.

② 플라스크(Flask): 비흡수성의 플라스크 또는 다른 적절한 용기로 잔 골재를 쉽게 집어넣을 수 있고, 그 용량을 ±0.1% 이내에서 측정할 수 있는 것으로 한다.(용기의 용적은 시험에 소요되는 체적보다 1.5배 이상 3배 미만으로 하며, 500 g의 시료에 대해서는 500 mℓ의 메스플라스크가 적당하다.)

③ 원뿔형 몰드(Conical mold): 윗지름 40±3 mm, 아랫지름 90±3 mm, 높이 75±3 mm 크기의 원뿔형 몰드이어야 한다.(최소두께: 4 mm)

④ 다짐봉(Tamper): 질량 340±15 g, 지름 23±3 mm인 편평하고 원형인 다짐면을 가진 것.

⑤ 건조기: 105±5℃의 균일한 온도를 유지할 수 있는 적당한 크기의 건조기이어야 한다.

사진 2.2.3
원추형 몰드 및 다짐봉

⑥ 기타: 시료분취기, 수조, 데시케이터(Desicator), 팬(Pan) 또는 적당한 시료 용기

3. 시 료

시료는 4분법 또는 시료분취기에서 채취한 잔 골재로 약 1 000 g을 시료로 한다.

4. 시험 방법

① 시료를 적당한 팬이나 그릇에 넣어 건조로에서 105±5℃의 온도에서 일정질량(항량)이 될 때까지 건조시킨 다음 수온 20±5℃의 물속에 넣어서 24±4시간 침수시킨다.

② 침수가 끝난 다음 시료를 편평한 용기에 펴서 따뜻한 공기 속에서 서서히 건조시킨다.

시료를 자주 헤쳐서 건조가 균일하게 되도록 해야 한다.

③ 잔 골재에 물기가 거의 없게 될 때까지 이 작업을 계속 해야 한다.

④ 잔 골재를 원추형 몰드에 다지는 일이 없이 서서히 넣은 다음 표면을 다짐대의 질량으로만 25회 다진 후 몰드를 수직으로 빼 올린다. 만일 표면수가 있으면 잔 골재의 원추가 흘러내리지 않고, 그 형태를 유지할 것이다.

⑤ 몰드를 빼 올릴 때 잔 골재의 원추가 흘러내릴 때까지 계속해서 잔 골재를 헤쳐 말려야 하며, 또 이 시험을 자주 해보아야 한다. 원추가 흘러내린다는 것은 잔 골재가 표면건조 포화상태에 달했다는 것을 의미하는 것이다.

⑥ 표면건조포화상태의 잔 골재 500 g 이상을 0.1 g까지 정밀하게 측정하여 플라스크에 넣고, 20±5℃의 물을 플라스크의 90 %까지 채운다.

⑦ 다음에 플라스크를 편평한 면에 굴려서 모든 기포가 없어지도록 해야 한다.

⑧ 20±5℃의 항온조에 약 1시간 넣어 둔 다음 검정용량까지 물을 채우고 플라스크, 시료, 물의 질량을 0.1 g까지 측정한다.(C)

⑨ 플라스크 속에 있는 시료를 모두 금속제 용기에 옮기고, 플라스크 속에 물을 검정 용량까지 다시 채워 그 질량을 측정한다.(B) 이때 물의 온도는 첫 번째 시험시 온도와 그 차이가 1℃ 미만이어야 한다.

⑩ 플라스크에서 꺼낸 잔 골재와 물을 항량이 될 때까지 105±5℃에서 건조시키고, 데시케이터에 넣어서 실내 온도까지 식힌 후 그 질량을 0.1 g 단위로 측정한다.

5. 결과 계산

(1) 밀 도

① 절대건조상태의 밀도

$$\text{절대건조상태의 밀도} = \frac{A}{(B+M-C)} \times \rho_w$$

② 표면건조포화상태의 밀도

$$\text{표면건조포화상태의 밀도} = \frac{M}{(B+M-C)} \times \rho_w$$

(2) 흡수율

$$흡수율(\%) = \frac{(M-A)}{A} \times 100$$

여기에서, A : 건조기에서 건조시킨 시료의 공기중에서의 질량(g)
B : 검정용량까지 물을 채운 플라스크의 질량(g)
C : 시료와 물을 검정용량까지 채운 플라스크의 질량(g)
M: 표건상태의 시료 질량(g)
ρ_w: 시험 온도에서 물의 밀도5)(g/cm^3)

(3) 정밀도

위의 시험을 2번 실시하여 그 측정값의 차가 밀도 시험의 경우에는 그 값의 0.01 g/cm^3 이하, 흡수율 시험의 경우에는 0.05 % 이하이어야 한다.

6. 주의사항

① 산적된 골재에서 시험용 골재를 채취할 때에는 그 재료를 대표할 수 있는 여러 개소에서 채취해야 한다.

② 시료를 플라스크에 넣을 때 플라스크가 깨질 우려가 있을 때는 물을 조금 넣고 시료를 넣던가, 혹은 플라스크를 약간 기울여서 미끄러지듯 시료를 넣으면 된다.

③ 시험 방법 ⑤항의 경우에 골재가 처음부터 흘러내린다면 이것은 잔 골재가 표면건조포화상태의 한도를 넘어서 건조된 것을 의미하는 것이다. 이러한 경우에는 수 mℓ의 물을 시료에 다시 가하고, 잔 골재를 완전히 섞은 다음 약 30분간 뚜껑이 있는 용기 속에 넣어 두었다가 다시 시험을 해야 한다.

④ 시험 초기 105±5℃로 건조시키고, 24시간 침수시킨 것은 실험의 표준화를 유도하기 위한 조치이다.

---

5) 순수한 물의 밀도는 15℃에서 0.9991 g/cm^3, 20℃에서 0.9882 g/cm^3, 25℃에서 0.997 g/cm^{3}이다. 그 밖의 시험 온도에 대한 물의 밀도는 KS F 2308(흙입자 밀도 시험 방법)을 참고한다. 다만, 일반적인 실험실 조건에서는 1 g/cm^{3}로 적용하여도 무방하다.

2-5 굵은 골재의 밀도 및 흡수량 시험 방법

(KS F 2503 ; Standard Test Method for Density and Water Absorption of Coarse Aggregate)

1. 시험목적

이 시험은 굵은 골재(Coarse aggregate)의 밀도 및 흡수량을 판단하기 위하여 행한다. 또한 콘크리트의 배합설계에 있어서 굵은 골재의 절대용적을 알기 위해 행하며, 굵은 골재 입자의 공극상태를 알고 콘크리트배합 설계에서 사용 수량을 조절하기 위해서도 필요하다.

2. 시험용 기구

① 저 울: 시료질량의 0.1 % 이내를 읽을 수 있는 것이어야 한다. 또 저울에는 지름 3 mm 이하의 금속선으로 시료 용기를 달 수 있는 적절한 장치가 되어 있어야 한다.

② 시료용기: 시료 용기는 3 mm 또는 그 이하의 철선으로 만든 철망태로서, 너비와 높이가 같은 것이어야 하며, 골재의 최대치수가 40 mm 이하일 때 지름 약 200 mm, 높이 약 200 mm로 하고, 골재의 최대치수가 40 mm 이상일 때 시료 용기는 더 커야 한다. 또 시료 용기는 물에 잠겼을 때, 갇힌 공기를 방지할 수 있는 구조이어야 한다.

③ 물탱크: 저울에 매달린 시료 용기를 담을 수 있고 물이 새지 않는 탱크로 한다.

④ 체: 5 mm체 또는 KS A 5101-1, KS A 5101-2, 및 KS A 5101-3에 적합한 크기의 체로 한다.

⑤ 기타: 건조기, 시료분취기, 수조, 데시케이터(Desicator), 팬(Pan) 또는 적당한 시료 용기

3. 시 료

굵은 골재를 충분히 혼합한 다음, 시료분취기 또는 4분법으로 대략 소요되는 양을 채취한다. 5 mm체를 통과하는 시료는 모두 버려야 한다. 1회 시험에 사용되는 시료의 최소 질량은 굵은 골재 최대 치수(mm 표시)의 0.1배를 kg으로 나타낸 양으로 한다. 다만, 경량 굵은 골재에 대해서는 아래의 식에 따라 대략적인 시료 질량을 결정한다.

$$m_{\min} = \frac{d_{\max} \times D_e}{25}$$

여기에서, $m_{\min}$: 경량 굵은 골재 시료의 최소 질량(kg)

$d_{\max}$: 경량 굵은 골재의 최대 치수(mm)

D_e : 경량 굵은 골재의 추정 밀도(g/cm^3)

4. 시험 방법[6)]

① 굵은 골재를 완전히 씻어서 표면의 먼지, 기타 부착물을 제거한 후 일정한 질량이 될 때까지 105±5℃의 온도로 건조시키고, 1~3시간 동안 실내온도로 냉각시킨 다음, 24시간 동안 실내온도(20±5℃)의 물에 침수시킨다.

② 물속에서 시료를 꺼내어 눈에 보이는 수량이 없어질 때까지 흡수성이 큰 천(布)에 굴린다. 큰 낱알은 일일이 닦는다. 이렇게 만들어진 표면건조포화상태의 골재구멍에서 물이 증발되는 것을 막도록 해야 하며, 표면건조포화상태의 골재의 질량을 측정한다.(B)

③ 질량을 단 후 표면건조포화상태의 시료를 철망태에 넣어, 수중에서 질량을 재고(C), 그때의 수온을 측정한다. 침수 중 질량을 재기 전에는 용기를 흔들어 갇힌 공기를 조심스럽게 제거한다.

④ 시료를 105±5℃의 온도로 항량이 될 때까지 건조시킨 다음, 1~3시간 동안 데시케이터 속에서 실온이 될 때까지 냉각시켜 질량을 잰다.(A)

5. 결과 계산

(1) 밀 도

① 절대건조상태의 밀도

$$\text{절대건조상대의 밀도} = \frac{A}{(B-C)} \times \rho_w$$

② 표면건조포화상태의 밀도

$$\text{표면건조포화상태의 밀도} = \frac{B}{(B-C)} \times \rho_w$$

6) 해당방법은 KS F 2503(굵은 골재의 밀도 및 흡수율 시험 방법)에서 제시하는 시험순서와 다소 차이가 있으나 측정되는 질량값에는 차이가 없다. 해당시험순서는 ASTM C127(Standard Test Method for Apecific Gravity and Absorption of Coarse Aggregate)와 동일하다.

(2) 흡수율

$$흡수율(질량\ 백분율) = \frac{B-A}{A} \times 100$$

여기에서, A : 건조기에서 건조시킨 시료(절대건조상태)의 공기중 질량(g)

B : 대기 중 시료의 표면건조포화상태의 질량(g)

C : 물속에서 시료의 질량(g)

ρ_w: 시험 온도에서 물의 밀도[7](g/cm^3)

(3) 정밀도

위의 시험을 두 번 실시하며, 그 측정값의 차가 밀도 시험의 경우에는 그 값의 0.01 g/cm^3 이하, 흡수율 시험의 경우에는 0.03 % 이하이어야 한다.

6. 주의사항

① 수중질량 측정 시에는 항상 수조 속에 철망망태의 위치가 일정하도록 해야 한다.

② 시험 방법 ①항에서 흡수량 및 밀도 값을 보통 습윤상태의 골재를 사용하는 콘크리트 배합설계의 기준으로 이용할 때에는 굵은 골재를 항량이 될 때까지 건조시킬 필요는 없다.

2-6 골재의 단위용적질량 및 실적률 시험 방법

(KS F 2505 ; Standard Test Method for Bulk Density and Solid Contents in Aggregates)

1. 시험목적

이 시험은 콘크리트의 제조 및 배합설계에 따른 배합의 결정, 골재의 구입 · 검사, 골재 품질의 개략적인 평가 등의 필요에서 본 시험을 행한다.

---

7) 순수한 물의 밀도는 15℃에서 0.9991 g/cm^3, 20℃에서 0.9882 g/cm^3, 25℃에서 0.997 g/cm^{3}이다. 그 밖의 시험 온도에 대한 물의 밀도는 KS F 2308(흙입자 밀도 시험 방법)을 참고한다. 다만, 일반적인 실험실 조건에서는 1 g/cm^{3}로 적용하여도 무방하다.

2. 시험용 기구

① 저　울: 시료질량의 0.2%까지 측정할 수 있는 정밀도를 가진 것이라야 한다.

② 다짐봉: 지름 16 mm, 길이 500~600 mm의 크기를 가진 강제 직선봉으로 끝은 반구형으로 된 것.

③ 용　기: 금속제 원통으로 가급적이면 손잡이가 있는 것이 좋다. 용기의 위 테두리면은 편평도 0.25 mm로 하고 0.5° 이내에서 밑면과 평행한 것으로 한다. 용기 용량 및 다짐횟수는 굵은 골재의 최대치수에 따라 밑면이 편평하고 수밀해야 하며 그 안의 치수는 기계로 가공한 정밀한 것이라야 하며, 거친 사용에도 견딜 수 있는 경도를 가진 것이라야 한다.

표 2.2.7 골재의 단위용적질량 측정용 용기의 치수

굵은 골재 최대치수(mm)	용적 (L)	안높이/안지름	1층당 다짐 횟수
5(잔 골재) 이하	1~2	0.8~1.5	20
10 이하	2~3		20
10 초과 40 이하	10		30
40 초과 80 이하	30		50

사진 2.2.4 골재의 단위용적질량 시험기구

④ 소형삽 및 삽

3. 시　료

시료는 대표적인 것을 채취하여 4분법 또는 시료 분취기에 의해 소정량이 될 때까지 축분한다. 그 양은 사용하는 용기 용적의 2배 이상으로 한다. 시료는 105±5℃ 건조로에서 절대건조상태로 건조시킨 후 사용한다. 단, 굵은 골재의 경우는 기건상태이어도 좋다.

4. 시험 방법

(1) 다짐봉을 사용하는 시험 방법

이 방법은 골재의 최대치수 40 mm 이하인 것에 대하여 적용한다.

① 시료를 용기 용적의 1/3씩 넣고, 손가락으로 윗면을 고른 다음 다짐봉으로 25회 균등하게 다진다.

② 용기의 윗면으로 골재가 튀어나온 것을 용기의 윗부분과 대략 같게 손가락이나 곧은

날로 고른다.

③ 첫 층을 다질 때 다짐봉이 용기의 밑바닥을 타격하지 않도록 하고, 2번째 및 3번째 층을 다질 때는 다짐봉이 그 전층을 관통할 수 있는 힘을 가해야 한다.

④ 용기와 시료의 질량(G) 및 용기만의 질량(T)를 각각 0.01 %까지 잰다.

(2) 충격을 이용하는 시험 방법

이 방법은 골재의 최대치수 40 mm 이상, 100 mm 이하인 것에 대하여 적용한다.

① 용기의 시료를 3층으로 채우는데, 용기를 콘크리트 슬래브와 같은 견고한 기초 위에 놓고, 용기의 한 쪽이 50 mm 가량 올라가도록 기울인 후 슬래브에 닿아서 충격을 받을 수 있도록 용기를 떨어트려 각 층을 채워야 한다. 이 방법에 의하여 골재의 입자가 저절로 다져진 상태가 된다.

② 각 층에 대하여 용기를 위의 방법으로 한 쪽에 25회씩 50회 떨어뜨려 다져야 한다.

③ 용기의 윗면으로 골재가 튀어나온 것은 용기의 윗부분과 대략 같게 손가락이나 곧은 날로 고른다.

④ 용기와 시료의 질량 (G) 및 용기만의 질량 (T)을 각각 0.01 %까지 잰다.

(3) 시료 중의 함수율 측정방법

① 용기에 넣어서 질량을 측정한 시료로부터 4분법이나 시료분취기를 사용하여 함수량 측정을 위해 시료를 채취한다. 그 양은 대략 다음과 같다.

- 잔 골재 : 500 g
- 굵은 골재
  - 최대치수 25 mm 이하인 것 : 1 000 g
  - 최대치수 25 mm 이상인 것 : 2 500 g

② 채취한 시료의 질량을 정확히 재고, 105±5℃에서 항량이 될 때까지 건조시킨 후 다시 질량을 잰다.

③ 시료의 함수량이 1 % 이하라고 생각될 때는 함수량의 측정을 생략해도 좋다.

(4) 정밀도

동일 재료에 대하여 같은 방법에 의한 평균값의 차이는 0.01 kg/ℓ 이하라야 한다.

5. 결과 계산

(1) 단위용적질량의 계산방법

골재의 단위용적질량은 앞에서 구한 각각의 측정값을 이용하여 다음과 같이 구한다.

$$M = \frac{(G - T)}{V}$$

여기에서, M : 단위용적질량(kg/L)

G : 용기를 포함한 시료의 질량(kg)

T : 용기만의 질량(kg)

V : 용기의 용적(용기를 채운 물의 질량을 물의 단위용적질량으로 나눈 값)(m^3)

(2) 실적률 계산방법

골재의 실적률은 다음 식으로 한다.

$$\text{실적률}(\%) = \frac{M}{(S \times W)} \times 100$$

여기에서, M : 골재의 단위용적질량(kg/m^3)

S : 골재의 밀도(kg/m^3)

(3) 공극률의 계산방법

공극률은 실적률로부터 구한다.

$$\text{공극률}(\%) = 100 - \text{실적률}(\%)$$

6. 참고자료

표면건조상태의 단위용적질량은 다음의 식으로 구한다.

$$M_{SSD} = M[1 + (A/100)]$$

여기에서, M_{SSD} : 표면건조상태의 단위용적질량(kg/m^3)

M : 절대건조상태의 단위용적질량(kg/m^3)

A : 골재의 흡수율(%)

2-7 잔 골재의 표면수 측정방법

(KS F 2509 ; Standard Test Method for Surface Moisture in Fine Aggregate)

1. 시험목적

이 시험은 잔 골재의 표면수가 모르타르나 콘크리트의 혼합용수에 미치는 영향을 알기 위해 행하고, 또한 이 시험을 통하여 레미콘생산 실무 등에서는 시방배합(표준배합)을 현장배합으로 수정할 때 이용된다.

2. 시험용 기구

① 저 울: 저울은 최대 용량 2 kg 이상, 정밀도 0.1 g 이하일 것.

② 용 기: Chapman flask(그림 2.2.2) 또는 Pycnometer(그림 2.2.3) 용기로서 될 수 있는 한 유리나 녹슬지 않는 금속으로 용기의 용적은 다져지지 않은 시료용적의 2~3배가 되어야 한다. 용기는 일정한 용량을 표시하는 표시선이 있던가 또는 용량을 0.5 mℓ 이하까지 읽을 수 있는 눈금이 있는 것이어야 한다.

③ 기 타: 피펫(그림 2.2.4), 뷰렛(그림 2.2.5), 비이커, 시료팬 등

3. 시 료

표면수량을 측정할 잔 골재를 대표할 수 있도록 채취해야 한다. 시료의 질량은 400 g 이상이어야 한다. 보다 더 많은 시료에 대해서 시험한 결과는 보다 더 정확한 결과를 나타낸다.

4. 시험 방법

표면수량을 질량법이나 용적법으로 측정한다. 시험하는 동안 용기 및 그 내용물의 온도는 15~25℃의 범위 내에서 가능한 일정하게 유지한다.

그림 2.2.2 Chapman flask

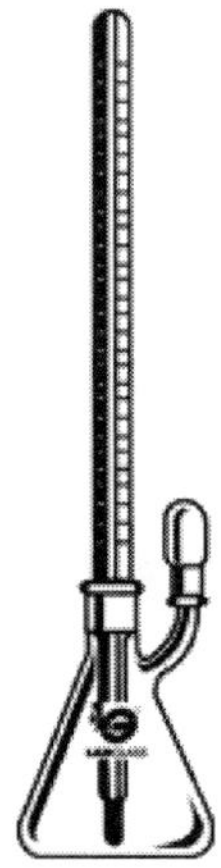
그림 2.2.3 Pycnometer

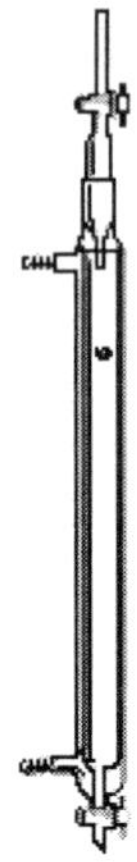
그림 2.2.4 피펫

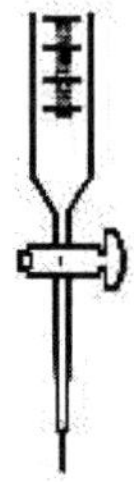
그림 2.2.5 뷰렛

(1) 질량법에 의한 측정

① 물을 용기의 표시선까지 채우고, 질량(g)을 측정한 다음에 용기를 비운다.

② 시료를 침수시킬 수 있는 충분한 물을 용기 속에 다시 넣는다.

③ 그 다음 0.1 g까지 측정한 잔 골재를 용기 속에 넣고 기포를 제거한다.

④ 다음 용기에 원표시선까지 물을 채우고, g단위로서 그 질량을 측정한다.

⑤ 시료에 의해 배제되는 물은 다음 식에 따라 계산한다.

$$V_S = W_C + W_S - W$$

여기에서, V_S : 시료에 의해 배제되는 물의 질량(g)

W_C : 표시선까지 물이 들어 있는 용기의 질량(g)

W_S : 시료의 질량(g)

W : 표시선까지 물을 채웠을 때의 시료가 들어 있는 용기의 질량(g)

(2) 용적법에 의한 측정

① 시료를 충분히 침수시킬 수 있는 물의 양(mℓ)을 측정하고, 이 물을 용기 속에 넣는다.

② 질량을 단, 잔 골재 시료를 용기 속에 넣은 다음, 함유되어 있는 기포를 제거한다.

③ 용량을 측정할 수 있는 플라스크를 사용했을 때의 시료와 물의 혼합된 용량은 플라스크의 눈금을 읽음으로써 측정할 수 있다.

④ 시료에 의해서 배제되는 물의 용량(V_S)은 다음과 같이 구한다.

$$V_S = V_2 - V_1$$

여기에서, V_S : 시료에 의해 배제되는 물의 질량(g)

V_2 : 시료와 물의 혼합 용량(mℓ)

V_1 : 시료를 완전히 침수시키는 데 소요되는 물의 용량

(mℓ: 시료를 넣지 않은 상태에서 최초의 물량)

5. 결과 계산

① 표면건조포화상태의 잔 골재를 기준으로 한 표면수

$$\text{표면수율}(\%) = \frac{V_s - V_d}{W_s - V_s} \times 100$$

② 습윤상태의 잔 골재 질량을 기준으로 한 표면수

$$\text{표면수율}(\%) = \frac{V_s - V_d}{W_s - V_d} \times 100$$

여기에서, W_S: 시료의 질량(g)

V_S : 배제된 물의 질량(g)

V_d : 시료의 질량을 KS F 2504에 의하여 측정한 표면건조포화상태 때의 밀도로 나눈 값

6. 정밀도

시험은 동일 시료에 대하여 계속 2회 시험했을 때의 차이가 0.3% 이하이어야 한다.

7. 주의사항

① 표면수량을 질량법이나 용적법 어느 경우든지 이 시험은 15~25℃의 온도범위 내에서 행해야 한다.

② 결과계산의 ②항에서 용량을 측정할 수 있는 플라스크를 사용했을 때의 시료와 물의 혼합된 용량은 플라스크의 눈금을 읽음으로써 측정할 수 있고, 일정한 용량의 피크노미터나 플라스크가 사용될 때의 시료와 물의 혼합된 용량 측정은 이들을 표시선까지 물을 채우고, 그 수량을 측정한다. 용기용적에서 이 수량을 빼면 이것이 구하는 용적이 된다.

8. 참고자료

① 골재 표면수량의 근사치는 다음과 같다.

표 2.2.9 골재의 표면수량

골재의 상태	표면수량(%)
젖은 자갈 또는 부순돌	1.5~2
아주 젖은 모래(쥐면 손바닥이 젖는다.)	5~8
보통 젖은 모래(쥐면 모양이 지어지고 손바닥에 약간 수분이 묻는다.)	2~4
젖은 모래(쥐어도 모양은 바로 무너지고 손바닥이 약간 젖은 것을 느낄 수 있다.)	0.5~2

② 용적법에 의한 측정은 Chapman flask를 이용하면 편리하다.

2-8 로스앤젤레스 시험기에 의한 굵은 골재의 마모 시험 방법

(KS F 2508 ; Standard Test Method for Resistance to Abrasion of Coarse Aggregate by Use of the Los Angeles Machine)

1. 시험목적

이 시험은 로스앤젤레스 시험기에 의하여 부순 골재, 슬래그 골재, 자갈 등의 마모에 대한 저항 정도를 알기 위해 시험한다. 도로용 콘크리트 및 댐용 콘크리트와 같이 마모저항이 큰 것을 필요로 하는 경우에는 강경한 골재가 유리하므로 골재의 마모 시험을 실시함으로써 콘크리트의 마모저항에 대한 우열을 정할 수 있다.

2. 시험용 기구

① 로스앤젤레스 시험기: 안지름 710±5 mm, 안쪽길이 510±5 mm의 양끝이 닫힌 강제 원통의 축을 수평회전축(원통의 내부까지 들어가지 않는다.)에 부착한 것으로 한다. 원통의 옆면에는 재료투입구를 설치하고, 틈새가 생기지 않도록 긴밀하게 연결할 수 있는 강제뚜껑을 부착한다. 이 뚜껑은 그 내면과 원통 내면이 같은 곡면이 되도록 부착된 것으로 한다.

② 원통 내부에는 떼고 붙일 수 있는 선반이 1개 있으며, 그 선반은 길이를 원통길이와 같게 하고 원통의 반지름 방향으로 89±2 mm만큼 돌출되어 부착된다. 선반에서 재료투입구까지의 거리는 회전방향으로 원통 바깥둘레를 따라 1 270 mm 이상 떨어져 있는 것으로 한다.

③ 철 구: 구는 강제이고, 그 수 및 전체 질량은 표 2.2.10에 나타나는 입도의 구분에 따라 표 2.2.10과 같이 한다.

지름이 약 46.8 mm, 질량 390~445 g의 주철 또는 강철로 된 것으로서, 시험에 사용

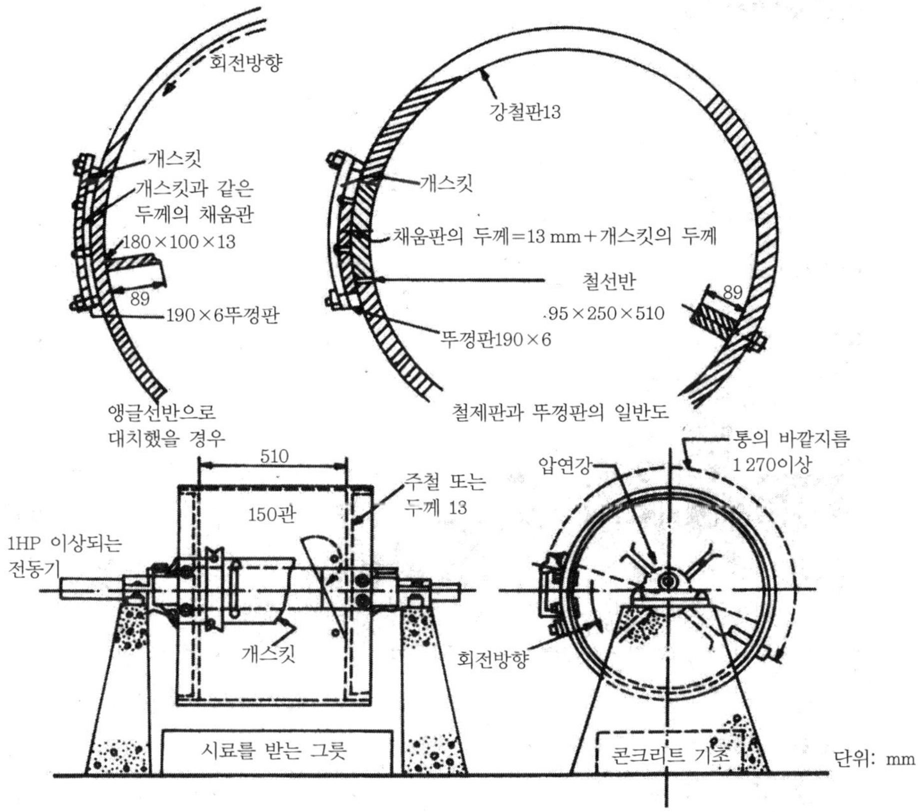

그림 2.2.6 로스앤젤레스 시험기

되는 철구의 수 및 허용 총질량은 규정된 시험용 시료의 입도에 따라 다음 표 2.2.10의 개수를 사용해야 한다.

④ 저 울: 저울은 10 kg 이상, 눈금량 1 g 이하를 갖는 것으로 한다.

⑤ 표준체: 체는 망체 1.7 mm, 2.5 mm, 5 mm, 10 mm, 15 mm, 20 mm, 25 mm, 40 mm, 50 mm, 65 mm 및 75 mm로 한다.

표 2.2.10 입도 구분에 따른 철구의 개수

입도 구분	구의 개수	구의 전체 질량(g)
A	12	5 000±25
B	11	4 580±25
C	8	3 330±20
D	6	2 500±15
E	12	5 000±25
F	12	5 000±25
G	12	5 000±25
H	10	4 160±25

3. 시 료

① 굵은 골재를 망체 2.5 mm, 5 mm, 10 mm, 15 mm, 20 mm, 25 mm, 40 mm, 50 mm, 65 mm 및 75 mm로 체가름한다.

② 표 2.2.10에 표시하는 입도구분 중 시험하는 골재의 입도에 가장 가까운 것을 선택한다.

③ 시험하는 골재는 물로 씻은 후, 105±5℃의 온도에서 항량이 될 때까지 건조하고, 선택한 입도에 맞도록 취하여 시료로 한다. 시료의 질량은 건조 후에 다음의 표 2.2.10에 표시한 값으로 한다.

4. 시험 방법

① 건조한 시료는 표 2.2.10에 나타낸 질량(m_1)을 측정한다.

② 시료의 입도분포에 따라 표 2.2.9에 나타내는 구의 수를 선정하고, 이것을 시료와 함께 원통에 넣고 뚜껑을 부착하여 분당 30~33회전(30~33rpm)으로, A~D 및 H 입도인 경우는 500회, E~G의 입도인 경우에는 1 000회 회전시킨다.

③ 시료를 시험기에서 꺼내어 망체 1.7 mm로 체질한다.

④ 체에 남은 시료를 물로 씻은 후, 105±5℃의 온도에서 일정 질량이 될 때까지 건조하여 질량(m_2)을 잰다.

⑤ 결과 계산: 시험 결과는 다음 식에 따라 산출하여 반올림하여 소수점 이하 첫째자리에서 끝맺음한다.

$$R = \frac{m_1 - m_2}{m_1} \times 100$$

여기에서, R : 마모감량(%)

m_1 : 시험 전의 시료 질량(g)

m_2 : 시험 후 망체 1.7 mm에 남은 시료의 질량(g)

5. 참고자료

KS F 2527(콘크리트용 골재)에는 천연, 부순, 및 순환 굵은 골재의 마모율이 40 % 이하로 규정하고 있다.

표 2.2.10 시료의 질량

입도 구분	망체의 호칭 치수로 구분한 입자 지름의 범위(mm)	시료의 질량(g)	시료의 전체 질량(g)
A	10~15	1 250±10	5 000±10
	15~20	1 250±10	
	20~25	1 250±25	
	25~40	1 250±25	
B	15~20	2 500±10	5 000±10
	20~25	2 500±10	
C	5~10	2 500±10	5 000±10
	10~15	2 500±10	
D	2.5~5	5 000±10	5 000±10
E	40~50	5 000±50	10 000±100
	50~65	2 500±50	
	65~80	2 500±50	
F	25~40	5 000±25	10 000±5
	40~50	5 000±50	
G	20~25	5 000±25	10 000±50
	25~40	5 000±25	
H	10~20	5 000±10	5 000±10

2-9 골재의 안정성 시험 방법

(KS F 2507 ; Testing Method for Soundness of Aggregate)

1. 시험목적

이 시험은 황산나트륨 또는 황산마그네슘 포화용액으로 인한 골재의 붕괴작용에 대한 저항성을 알기 위해 시험하고, 이 시험 방법에 따라 기상작용에 대한 골재의 안정성을 판단하는 자료를 얻을 수 있다. 특히 기상작용에 대한 적당한 실례를 조사할 수 없을 때는 중요한 참고자료가 된다.

2. 시험용 기구

① 표준체: 체는 다음 표 2.2.11의 것을 사용한다.

② 철망 바구니: 시험용 용액으로 상하지 않는 것이어야 하며, 골재 알이 빠지지 않을 정도의 망눈을 가진 것.

③ 온도조절장치: 용액 중에 담근 시료를 소정의 온도로 유지할 수 있는 적당한 장치가 있는 것.

④ 저 울: 저울은 잔 골재를 시험하는 경우 용량 500 g 이상, 정밀도 0.1 g 또는 그 이상인 것, 굵은 골재를 사용하는 경우 용량 5 kg 이상, 감도 1 g 또는 그 이상인 것.

⑤ 건조기: 건조기는 105±5℃의 온도를 유지할 수 있는 것.

⑥ 밀도계: 용액의 밀도를 ±0.001까지 측정할 수 있는 것.

표 2.2.11 KS F 5101-1, -2, -3에 규정한 표준체

골재 구분	표준체(mm)
잔 골재	150 μm, 300 μm, 600 μm, 1.2 mm, 2.5 mm, 5 mm, 10 mm
굵은 골재	5 mm, 10 mm, 15 mm, 20 mm, 25 mm, 30 mm, 40 mm, 50 mm, 65 mm, 75 mm

3. 시험용액 및 시료

(1) 시험용 용액

■ 황산나트륨 포화용액

① 25~30℃의 깨끗한 물 1ℓ 당 무수황산나트륨(Na_2SO_4)을 약 250 g 또는 황산나트륨($Na_2SO_4 \cdot 10H_2O$)을 약 750 g의 비율로 가하여 잘 휘저으면서 용해시킨 후 20℃의 온도로 냉각시킨다.

② 용액을 자주 휘저으면서 21±1℃의 온도로 48시간 이상 보존한 후 시험에 사용한다.

③ 시험에 사용할 때 용액의 밀도는 1.151~1.174 g/cm^{3}이어야 한다(시험에 사용할 때 용액의 밑바닥에는 결정이 생기지 않아야 한다.).

④ 더러워진 용액을 거른 후 밀도를 검사하여 그 밀도가 상기 범위 내에 있을 때에는 재사용하되 10회 이상 반복하여 시험에 사용해서는 안 된다.

(2) 시 료

■ 잔 골재를 시험하는 경우

① 시료는 대표적인 것 약 2 kg을 채취한다.

② 시료의 일부를 사용하여 체가름 시험을 하고 다음 표 2.2.12에 표시하는 입자지름에 따른 군으로 나누어 각 군의 백분율을 구하고 백분율이 5 % 이상의 군에 대해서만 안정성 시험을 한다.

표 2.2.12 체의 호칭치수로 구분한 입자지름 범위

체의 호칭치수로 구분한 각 군의 입자지름 범위
60 μm를 통과하고 300 μm에 남는다.
1.2 mm를 통과하고 600 μm에 남는다.
2.5 mm를 통과하고 1.2 mm에 걸린다.
5 mm를 통과하고 2.5 mm에 걸린다.
10 mm를 통과하고 5 mm에 걸린다.

③ 체가름 시험에 사용하는 시료를 취한 나머지 시료에 물을 끼얹어 잘 씻으면서 망체 0.3 mm에 걸리는 입자를 취하여 105±5℃의 온도에서 일정 질량이 될 때까지 건조한 후, 체가름하고 위의 표에서 규정하는 각 군마다 100 g을 재서 취하고, 각 군의 시료로 하여 각각 보존한다.

■ 굵은 골재를 시험하는 경우

① 시료는 대표적인 것을 채취하고, 그 질량은 골재의 최대치수에 따라 원칙적으로 표 2.2.13에 표시하는 질량으로 한다. 다만, 경량 골재에서는 원칙적으로 이 질량의 1/2로 한다.

표 2.2.13 골재의 최대치수에 대한 채취시료의 질량

골재의 최대치수(mm)	채취하는 시료의 질량(kg)
10	1
15	2.5
20	5
25	10
40	15
65	25
75	30

② 시료를 망체 5 mm로 체질하고, 체에 걸린 것에 대해서는 KS F 2502(굵은 골재 및 잔 골재의 체가름 시험 방법)에 따라 체가름 시험을 하여 표 2.2.14에 표시하는 입자지름에 따른 군으로 분리하여 각 군의 백분율이 5 % 이상이 된 군에 대해서만 안정성 시험을 한다.

③ 물을 뿌려 잘 씻은 굵은 골재를 105±5℃의 온도에서 일정 질량이 될 때까지 건조한 후, 각 군마다 표 2.2.14에 규정하는 양을 재서 각 군의 시료로 하고, 각각 보존한다. 20 mm 이상인 입자는 각 군마다 그 수를 센다.

④ 암석을 시험하는 경우는 될 수 있는 한 같은 모양, 같은 크기로 1개의 질량이 약 100 g이 되도록 분쇄한다. 분쇄한 입자를 씻고 105±5℃의 온도에서 항량이 될 때까지 건조한 후, 5 000±100 g을 채취하여 시료로 한다.

표 2.2.14 입자지름 범위에 대한 시험시료의 최소질량

체의 호칭치수로 구분한 각 군의 입자지름 범위(mm)	시료의 최소질량(g)
10을 통과하고 5에 걸린다.	300
15를 통과하고 10에 걸린다.	500
20을 통과하고 15에 걸린다.	750
25를 통과하고 20에 걸린다.	1 000
40을 통과하고 25에 걸린다.	1 500
65를 통과하고 40에 걸린다.	3 000
75를 통과하고 65에 걸린다.	3 000

4. 시험 방법

① 시료를 금속제 망태에 담아 시험용액에 16~18시간 담가둔다. 이때 용액의 표면이 시료의 상면보다 15 mm 이상 높게 올라오게 해야 한다. 용액의 증발 또는 이물질이 혼입하는 것을 방지하기 위하여 용액에 뚜껑을 덮어야 한다. 용액 중 시료의 온도를 20±1℃로 유지해야 한다.

② 시료를 용액에서 꺼내 액이 떨어지지 않게 된 후, 시료를 건조기에 넣고, 건조기 내의 온도를 1시간에 약 40℃의 비율로 올려 105±5℃의 온도에서 4~6시간 건조시킨다. 이때 시료를 건조시키기 위해 필요한 시간보다 오래 건조를 계속하지 않도록 주의한다.

③ 항량이 된 시료를 실내온도까지 냉각시킨다.

④ 상기 ①~③의 조작을 정해진 횟수만큼 반복한다.

⑤ 정해진 횟수의 조작이 끝난 시료를 깨끗한 물로 씻는다. 씻는 물에 소량의 염화바륨

($BaCl_2$)용액을 가해도 흰 앙금이 생기지 않을 때까지 계속 씻어야 한다. 완전히 씻은 시료를 105±5℃의 건조로에서 항량이 될 때까지 건조시킨다.

⑥ 잔 골재 또는 굵은 골재인 경우는 건조한 각 군의 시료를 시험하기 전에 시료가 걸린 체로 체질하고, 걸린 시료의 질량을 잰다. 20 mm 이상인 입자는 그 파괴상황(붕괴, 갈라짐, 벗겨짐, 잔금 등)을 주의 깊게 관찰한다.

⑦ 암석의 경우는 시료를 손가락으로 가볍게 눌러서 시료 몇 개가 3조각 이상으로 부셔졌는지를 센다. 또 입자의 파괴상황을 주의 깊게 관찰한다.

5. 결과 계산

① 각 군의 시료 손실 질량 백분율(P_1)은 다음 식으로 산출하고, KS Q 5002에 따라 소수점 이하 첫째자리로 끝맺음한다.

$$P_1 = \left(1 - \frac{m_2}{m_1}\right) \times 100$$

여기에서, P_1 : 각 군의 시료의 손실 질량 백분율(%)

m_1 : 시험 전의 시료의 질량(g)

m_2 : 시험 전에 시료가 걸린 체에 남은 시험 후의 시료 질량(g)

② 시험한 전체 골재의 손실 질량 백분율은 시험한 골재의 각 군에서 입자의 질량 백분율과 각 군에서의 손실 질량 백분율 곱의 총합이다. 이를 산출할 때는 입자의 질량 백분율이 5 % 미만인 군에서의 손실 질량 백분율은 그 앞 뒤 군에서 시험한 손실 질량 백분율의 평균값으로 한다. 앞 뒤 군에서 시험값의 어느 것이 빠져 있을 때는 빠져 있지 않은 쪽 군의 손실 질량 백분율로 한다. 또한 300 μm 망체를 통과하는 입자의 손실 질량은 0으로 가정하여 계산한다.

③ 암석의 경우는 손실 질량 백분율(P_2)은 다음 식으로 산출하고, KS Q 5002에 따라 소수점 이하 첫째자리로 끝맺음한다.

$$P_2 = \left(1 - \frac{m_4}{m_3}\right) \times 100$$

여기에서, P_2 : 암석의 손실 질량 백분율(%)

m_3 : 시험 전의 시료 질량(g)

m_4 : 3조각 이상으로 부서진 입자를 제외한 것의 질량(g)

6. 주의사항

① 골재를 담을 금속제 철망 대신에 측면 및 밑면에 구멍을 뚫어서 골재 중의 용액이 쉽게 접하도록 한 용기를 사용해도 좋다.

② 시료의 잔 골재는 개략의 체가름으로 110 g 정도 떠서 다시 정성껏 체가름하여 100 g의 시료를 취하는 것이 좋다.

③ 시료를 항량이 되도록 건조시킬 때 규정시간 이상으로 너무 오랫동안 건조시켜서는 안 된다.

7. 참고자료

① KS F 2527(콘크리트용 골재)에서 천연 골재, 부순 골재 및 순환 골재의 안정성에 대한 규정은 KS F 2507(골재의 안정성 시험 방법)에 의한 안정성 시험을 5번 반복했을 때 골재의 손실질량 백분율 한도를 굵은 골재는 12 %, 잔 골재는 10 % 이하로 규정하고 있다.

② KS F 2527(콘크리트용 골재)의 규정에서는 상기의 손실질량이 규정 한도를 넘는 골재일지라도 이것을 사용한 콘크리트가 예상되는 기상작용에 대하여 만족한 내구성을 나타낸 실례가 있을 때는 사용해도 좋다고 규정되어 있다.

표 2.2.15 시료의 손실질량 계산 예

걸리는 체 (mm)	통과하는 체 (mm)	각 군의 질량 백분율(%)	시험 전 각 군의 질량(g)	각 군의 손실질량 백분율(%)	골재의 손실질량 백분율(%)
잔 골재의 안정성 시험					
–	0.15	5.0	–	–(1)	–
0.15	0.3	11.4	–	–(1)	–
0.3	0.6	26.0	100	4.2	1.1(4)
0.6	1.3	25.2	100	4.8	1.2(4)
1.2	2.5	17.0	100	8.0	1.4(4)
2.5	10	10.8	100	11.2	1.2(4)
5		4.6	–	11.2(2)	0.5(4)
합 계		100.0	400		5.4
굵은 골재의 안정성 시험					
5	10	22.0	300(3)	11.2	2.5(4)
10	15	23.0	500(3)	9.6	2.2(4)
15	20	35.0	700(3)	8.0	2.8(4)
20	25	20.0	1 000(3)	4.8	1.0(4)
합 계		100.0	2 550		8.5

참고 (1) 0.3 mm보다 작은 입자에서는 손실 질량 백분율을 0으로 했다.
(2) 5 % 이하로 다음에 작은 입자 지름 군의 손실 질량 백분율을 취했다.
(3) 이 경우는 최소량을 취하고 있으나 이보다 많은 시료를 취해도 좋다.
(4) 각 군의 질량 백분율×각 군의 손실 질량 백분율/100

③ 또한 손실질량이 상기와 같이 규정한 허용값을 넘고, 사용한 실례가 없는 골재는 이것을 사용한 콘크리트의 동결융해 시험에서 만족한 결과를 얻었을 때 사용해도 좋다.

④ 시료의 손실질량 계산 예는 앞의 표 2.2.15와 같다.

2-10 콘크리트용 모래에 포함되어 있는 유기불순물 시험 방법

(KS F 2510 ; Standrad Test Method for Organic Impurities in Sands Aggregate for Concrete)

1. 시험목적

이 시험은 콘크리트에 사용하는 모래에 함유되어 있는 유기불순물의 유해량을 대략 결정하기 위해 행한다. 유기불순물은 콘크리트의 응결을 지연시키거나 강도를 크게 저하시킨다.

2. 시험용 기구

① 시험용 유리병: 병은 고무마개를 가지고 눈금이 있는 용량 400 mℓ의 무색 유리병이 2개 있어야 하고, 그 중 1개는 130 mℓ와 200 mℓ의 눈금을 가지고 있어야 한다.

② 시료분취기(Sample spliter)

③ 메스실린더(Graduated volumetric cylinder)

④ 저울: 잔 골재를 계량하는 경우는 최대 용량 2 kg 이상, 정밀도 0.1 g 이상이어야 하고, 타닌산을 계량하는 경우는 최대 용량 200 g 이상, 정밀도 0.01 g 이상이어야 한다.

⑤ 피펫(Pipette)

3. 시 료

4분법 또는 시료분취기를 사용하여 가장 대표적인 것 약 450 g을 채취한다.

4. 시약과 식별용 표준색 용액

① 수산화나트륨 용액(3 %): 물 97에 수산화나트륨 3의 질량비로 용해시킨 것이다.

② 식별용 표준색 용액: 식별용 표준색 용액은 10 %의 알코올 용액으로 2 %의 탄닌산 용액을 만들고, 그 2.5 mℓ를 3 %의 수산화나트륨 용액 97.5 mℓ에 가하여 용기에 넣어 마개를 닫고 잘 흔든다. 이것을 표준색 용액으로 한다.

5. 시험 방법

(1) 시 험

① 시료를 시험용 무색 유리병에 130 mℓ 눈금까지 채운다.

② 여기에 3 %의 수산화나트륨 용액을 가하여 모래와 용액의 전량이 200 mℓ가 되도록 한다.

③ 마개를 막고 잘 흔든 후 24시간 동안 정치한다.

(2) 색도의 측정

시료에 수산화나트륨 용액을 가한 유리용기와 표준색 용액을 넣은 유리용기를 24시간 정치한 후 잔 골재 상부의 용액색이 표준색 용액보다 연한지, 진한지 또는 같은지를 육안으로 비교한다.

6. 주의사항

① 3 % 수산화나트륨(NaOH) 용액 및 2 % 탄닌산 용액, 10 % 알코올 용액은 표준색 용액, 시험용 용액에 필요로 하는 양보다 조금 많게 만들어야 편리하다.

② 표준색 용액은 시간경과에 따라 색도가 변하므로 시험할 때마다 만들어야 한다.

7. 참고자료

유기불순물의 판정 표준 일례는 다음 표 2.2.16과 같다.

표 2.2.16 유기불순물의 판정 표준 일례

색	적 부	1: 3으로 비빈모르타르의 f_7 및 f_{28}의 저하율
무색 내지 담황색	좋은 콘크리트에 사용할 수 있다.	0
녹황색	사용해도 좋다.	10~20
적황색	콘크리트강도가 적을 때 사용할 수 있다.	15~30
담적갈색	사용할 수 없다.	25~50
암적갈색	사용할 수 없다.	50~100

2-11 골재에 포함된 잔입자(0.08 mm체를 통과하는) 시험 방법

(KS F 2511 ; Standard Test Method for Amount of Material Finer than 0.08 mm Sieve in Aggregate)

1. 시험목적

이 시험은 골재에 포함된 잔입자(0.08 mm체를 통과하는 입자)의 양을 정하기 위하여 행한다.

2. 시험용 기구

① 저 울: 저울은 시료질량의 0.1 % 이상의 정밀도를 가진 것이어야 한다.

② 용 기: 물에 침수된 시료를 심하게 휘저어도 시료 및 물의 손실이 일어나지 않을 정도의 크기를 가진 그릇이어야 한다.

③ 체: KS A 5101-1, KS A 5101-2 및 KS A 5101-3(표준체)의 0.08 mm체와 1.2 mm체에 가까운 크기의 체를 한 벌로 하여 사용한다.

④ 건조기: 105±5℃를 유지할 수 있는 적당한 크기의 건조기이어야 한다.

3. 시 료

시료는 잘 혼합되고 또한 재료분리가 일어나지 않을 정도의 충분한 수분을 가진 것이어야 한다. 이 시료는 그 재료를 대표할 수 있는 것이어야 하며, 건조되었을 때의 질량은 대략 표 2.2.17의 값 이상이어야 한다.

표 2.2.17 체의 최대치수에 대한 시료의 최소질량

체의 최대치수(mm)	시료의 최소질량의 근사값(kg)
2.5	0.1
5	0.5
10	1.0
20	2.5
40 및 그 이상	5.0

4. 시험 방법

① 시료를 105±5℃의 온도에서 항량이 될 때까지 건조시키고, 데시케이터에서 실온이 될 때까지 식힌 후 그 질량을 0.1 %의 정밀도로 정확히 계량한다.

② 건조 및 계량이 끝난 시료를 용기에 넣고 시료가 완전히 침수되도록 물을 가한다.

③ 용기 속을 충분히 휘저은 후 즉시 굵은눈을 가진 체를 위에 끼운 한 벌의 체에 세척수를 붓는다.

휘젓는 작업은 굵은입자와 잔입자를 완전히 분리시키고, 0.08 mm체를 통과하는 잔입자를 세척수에 뜨게 하여 세척수와 같이 유출되도록 충분히 휘저어야 한다.

④ 상기 작업을 세척수가 맑아질 때까지 반복한다.

⑤ 한 벌로 된 체에 남은 모든 재료는 세척된 시료 중에 다시 넣어야 한다.

⑥ 세척된 시료는 105±5℃의 온도에서 항량이 될 때까지 건조시킨 후 0.1 %의 정밀도로 정확히 계량해야 한다.

⑦ 결과 계산: 결과는 다음 식으로 계산한다.

$$A(\%) = \frac{B - C}{B} \times 100$$

여기에서, A : 0.08 mm체를 통과하는 잔입자 양의 백분율

B : 씻기 전의 건조질량

C : 씻기 후의 건조질량

⑧ 시험 결과에 대한 검산: 시험결과에 대한 검산이 필요할 때에는 씻은 물을 증발시키거나 거름종이로 거른 후, 잔재를 충분히 건조시켜 계량하고, 다음 식으로 그 백분율을 계산한다.

$$A(\%) = \frac{R}{B} \times 100$$

여기에서, R: 남는 양의 질량

5. 주의사항

시험 방법 ③항의 작업 중 가능한 한 시료 중의 굵은 골재가 세척수와 함께 유출되지 않도록 주의해야 한다.

2-12 골재 중에 함유되어 있는 점토덩어리 양의 시험 방법

(KS F 2512 ; Standard Test Method for Clay Contained in Aggregate)

1. 시험목적

이 시험은 천연 골재 중에 포함된 점토덩어리의 양을 정하기 위하여 행한다.

2. 시험용 기구

① 저 울: 계량하는 시료질량의 0.1 %까지 측정할 수 있는 정밀도를 가진 것.
② 용 기: 시료를 얇은 층으로 깔 수 있는 크기와 형태를 가진 것.
③ 체: 체는 망체 0.6 mm, 1.2 mm, 2.5 mm 및 5 mm로 한다.
④ 기 타: 시료분취기, 건조기, 데시케이터

3. 시 료

① 시험하고자 하는 로트를 대표할 수 있는 골재를 채취하고, 4분법 또는 시료분취기를 사용하여 채취한다. 이때 함유되어 있는 점토덩어리를 부수지 않도록 주의해야 한다.
② 분취한 골재를 상온에서 서서히 건조하여 기건상태로 한다.
③ 잔 골재는 망체 1.2 mm에 걸리는 것, 굵은 골재는 망체 5 mm에 걸리는 것을 시료로 한다. 잔 골재 시료는 1 000 g 이상으로 하고, 굵은 골재의 시료는 최대치수에 따라 각각 표 2.2.18에 표시한 양 이상으로 한다.
④ 위의 시료를 2등분하여 각각 1회의 시험 시료로 한다.

표 2.2.18 굵은 골재 최대치수에 따른 시료의 질량

굵은 골재의 최대치수(mm)	시료의 질량(kg)
10 또는 15	2
20 또는 25	6
30 또는 40	10
40을 초과하는 경우	20

4. 시험 방법

① 시료를 용기에 넣고, 105±5℃에서 항량이 될 때까지 건조한 후, 0.1%까지 정확히 잰다.

② 시료를 용기의 밑에 얇게 펼치고 이것을 덮을 때까지 물을 가한다.

③ 24시간 흡수시킨 후 여분의 물을 제거, 골재입자를 손가락으로 누르면서 점토덩어리를 조사한다.(굵은 골재 중의 점토덩어리를 부수려면 굵은 골재의 최대치수에 따라 몇 개의 입자군으로 체가름하면 작업하기 쉽다.) 손가락으로 눌러서 잘게 부서질 수 있는 것을 점토덩어리로 한다.

④ 모든 점토덩어리를 부수고 나서 잔 골재는 망체 0.6 mm, 굵은 골재는 망체 2.5 mm 위에서 수세한다.

⑤ 체에 걸린 입자를 105±5℃에서 항량이 될 때까지 건조하고, 그 질량을 0.1%까지 정확히 잰다.

5. 결과 계산

① 점토덩어리는 다음 식으로 계산하고, KS Q 5002에 따라 소수점 이하 첫째자리로 끝맺음한다.

② 시험은 2회 하여 그 평균값을 구한다.

$$C(\%) = \frac{(m_{v1} - m_{v2})}{m_{v1}} \times 100$$

여기에서, C : 점토덩어리량(%)

m_{v1}: 시험 전 시료의 건조질량(g)

m_{v2}: 시험 후 시료의 건조질량(g)

6. 정밀도

시험은 2회 실시하여 그 평균치로 하며, 평균치와의 차는 0.2% 이하이어야 한다.

7. 주의사항

시료채취 및 주입시 시료에 존재하는 점토덩어리가 파쇄되지 않도록 채취해야 한다.

2-13 기타 골재 시험

골재의 시험 방법 중 다음의 시험 방법에 대해서는 KS 규격을 참고한다.

골재에 포함된 경량편 시험 방법	KS F 2513
골재 중의 염화물 함유량 시험 방법	KS F 2515
긁기 경도에 의한 굵은 골재의 연석량 시험 방법	KS F 2516
비포장 도로용 흙 · 골재재료	KS F 2528
구조용 경량 잔 골재의 밀도 및 흡수율 시험 방법	KS F 2529
경량 굵은 골재의 부립률 시험 방법	KS F 2531
구조용 경량 굵은 골재의 밀도 및 흡수율 시험 방법	KS F 2533

제3장

콘크리트

3-1 개 요

1. 콘크리트의 정의 및 특징

콘크리트란 시멘트, 모래, 자갈 또는 다른 골재, 그리고 물을 사용하여 주의깊게 배합한 혼합물을 구조물이 요구하는 크기와 형상의 거푸집 속에 넣어 경화시켜 만든 돌과 같은 재료로 일종의 인조석을 말한다.

그런데 이와 같은 콘크리트는 고대 이집트의 피라미드 외장용 모르타르로부터 유래를 찾을 수 있으며, 특히 로마시대에 와서는 막대한 공사량을 대리석과 같은 석재만으로는 감당할 수 없었으므로 콘크리트를 개발하여 구조체를 콘크리트로 이루고, 표면에 대리석을 감싸는 방법을 이용하였고, 1823년 영국의 조셉 아스프딘(Joseph Aspdin)의 포틀랜드 시멘트 발명 이후 계속 콘크리트가 개발 · 개량되어 현재는 건축물 구조체의 거의 대부분을 이루고 있는 추세에 있다.

콘크리트의 장 · 단점으로, 먼저 장점은 압축강도가 크고, 내화 · 내수 · 내구적이며, 강과 접착이 잘 되고 방청력이 크다. 또한 콘크리트용 재료(시멘트, 골재, 물 등)의 유반이 용이하고, 재료의 시장성이 양호하며, 크기 · 모양을 자유롭게 만들 수 있다. 여기에 시공 시 특별한 숙련공을 필요로 하지 않으며, 유지관리비가 저렴하다.

단점으로는 자중이 크고, 인장강도가 작으며, 경화시 수축 · 균열이 발생함에 따른 보수 및 제거가 곤란하다. 균일시공이 곤란하고 설계조건과 일치하기 어려우며, 파괴 및 모양변경이 곤란하다. 또한 재료의 재사용이 곤란하고, 공사기간이 길며, 거푸집의 비용이 많이 드는 단점이 있다.

2. 레디믹스트 콘크리트(KS F 4009)

레디믹스트 콘크리트란 콘크리트 제조설비를 갖추고 있는 공장에서 제조한 굳지 않은 콘크리트(Fresh concrete)를 섞으면서 지정된 장소까지 운반하여 공급하는 굳지 않은 콘크리트를 말한다.

(1) 재 료

① 시멘트는 KS L 5201, KS L 5210, KS L 5211, KS L 5401 중 규격에 적합한 것 또는 이와 동등 이상의 것을 사용한다.

② 골재는 깨끗하고, 단단하며, 내구적인 것으로 적당한 입도를 가지며, 점토덩어리, 유기물, 가늘고 긴 돌조각 등의 해로운 것을 포함해서는 안 되며, KS F 2527에 적합한 것 또는 이와 동등 이상의 것을 사용한다. 천연 골재(잔 골재)는 염분(NaCl)의 한도가 KS F 2515에 따라 시험했을 때 0.04 % 이하이어야 한다. 0.04 %를 초과한 것에 대해서는 주문자의 승인을 얻어야 한다. 다만, 그 한도는 0.1 %를 초과할 수 없다. 2종 이상의 골재를 혼합해서 사용하는 경우는 KS F 2527의 품질 규정을 만족하여야 하며 혼합 입도는 KS F 2527 표8, 혼합 입형은 KS F 2527 표4에 적합하여야 한다.

③ 물은 KS F 4009 부속서 B에 적합한 것을 사용한다. 단, 고강도 콘크리트의 경우 회수수를 사용하여서는 안 된다.

④ 혼화재료는 콘크리트 및 강재에 해로운 영향을 주지 않는 것이어야 한다. 또한 화학 혼화제, 방청제, 팽창재 및 플라이 애시를 사용하는 경우에는 KS F 2560, KS F 2561, KS F 2562, KS F 2563, KS F 2567, KS L 5405 규격에 적합한 것을 사용한다.

(2) 종 류

레디믹스트 콘크리트의 종류는 보통 콘크리트, 경량 콘크리트, 포장 콘크리트, 고강도 콘크리트로 하고 굵은 골재의 최대치수, 슬럼프 및 호칭강도에 따라 표 2.3.1의 구분에 맞추어 선택한다.

표 2.3.1 레미콘 콘크리트의 종류(2003년 1월 1일부터 적용)

콘크리트 종류	굵은 골재 최대치수 (mm)	슬럼프 (mm)	호칭강도(MPa)(=N/mm^2)(1)												
			18	21	24	27	30	35	40	45	50	55	60	휨4.0 (40)	휨4.5 (45)
보통 콘크리트	20, 25	80, 120, 150, 180	○	○	○	○	○	○	–	–	–	–	–	–	–
		210	–	○	○	○	○	○	–	–	–	–	–	–	–
		500, 600	–	–	–	○	○	○	–	–	–	–	–	–	–
	40	50, 80, 120, 150	○	○	○	○	○	○	–	–	–	–	–	–	–
경량 콘크리트	15, 20	80, 120, 150,180, 210	○	○	○	○	○	○	○	–	–	–	–	–	–
포장 콘크리트	20.25.40	26, 65	–	–	–	–	–	–	–	–	–	–	–	○	○
고강도 콘크리트	15, 20, 25	120, 150 180, 210	–	–	–	–	–	–	○	○	○	–	–	–	–
		500,600, 700	–	–	–	–	–	–	○	○	○	○	○	–	–

a 종래 단위의 시험기를 사용하여 시험할 경우 국제단위계(SI)에 따른 수치의 환산은 1 kgf=9.8 N으로 환산한다. 즉 1 MPa=10.2 kgf/cm^2가 된다.
b 휨4.0, 휨4.5는 포장용 콘크리트에서 휨 호칭강도를 의미한다.
c 슬럼프 플로값을 의미한다.
주 (1) 호칭강도는 구조물의 목적과 기능, 기후조건, 현장조건에 따라 구입자가 주문시 지정하는 강도로서 설계도서에 나타낸 설계기준강도 이상의 강도를 의미한다. 호칭강도의 결정은 적용시키는 시방서의 종류에 따라 지정하면 된다.

(3) 강도, 슬럼프 및 공기량

강도는 한 번의 시험결과라 하더라도 호칭강도의 값을 대폭적으로 밑도는 것이 없도록 또 과도하게 높은 배합강도가 얻어지는 결과가 나타나지 않도록 하며, 종합적인 관점에서 최소 보증강도를 호칭강도 값의 85 %로 정한다. 레디믹스트 콘크리트의 평균 강도는 시험 횟수를 많이 할수록 높은 정밀도 판정을 할 수 있지만 경제성을 고려해서 3회로 하고 3회 시험평균값은 호칭강도 이상으로 한다.

슬럼프의 허용값은 건축용의 경우 ±25 mm이지만 지정된 슬럼프 값에 따라 차이가 있는데, 이것은 슬럼프의 각 범위에서 수량의 변화에 따른 슬럼프의 변화 및 시험 값의 변동이 다르기 때문이다.

공기량은 허용값을 ±1.5 %로 하고, 단, 호칭강도 40 N/mm²를 초과하는 콘크리트는 수요자와 별도로 협의하여 지정하도록 한다. 통상 호칭강도 40 N/mm²를 초과하는 콘크리트는 특수 목적의 시공이 이루어지고 여러 가지의 혼합재료 및 고성능 감수제 등을 사용하는 예가 많으므로 별도의 설계도 등에서 정한 공기량 및 그 허용 값을 적용하는 것이 좋다.

3-2 굳지 않은 콘크리트의 시료채취 방법

(KS F 2401 ; Standard Test Method for Sampling of Fresh Concrete)

1. 시험목적

본 시험은 믹서(Mixer), 호퍼(Hopper), 운반기구 또는 타설 장소로부터 아직 굳기 시작하지 않은 콘크리트의 시료를 채취하기 위한 방법을 정하는 것이다.

2. 시험용 기구

① 손수레
② 삽
③ 주걱
④ 흙손
⑤ 시료를 받을 용기
⑥ 온도계

3. 시료의 양

시료의 양은 20 ℓ 이상으로 하고, 시험에 필요한 양보다 5 ℓ 이상 많아야 한다. 다만, 분취시료를 그대로 사용하는 경우에는 20 ℓ 보다 적어도 좋다.

4. 시료채취 방법

(1) 고정식 배치(Batch)믹서로부터 시료를 채취하는 경우

시료는 믹서(Mixer)에서 배치의 대략 중간쯤에 배출되는 유출물에 용기를 갖다 대고, 채취하거나 유출물이 용기 안으로 유입되도록 흐름을 전환시켜 채취한다.

(2) 포장용 믹서로부터 시료를 채취하는 경우

포장용 믹서로부터 배출된 콘크리트 더미에서 적어도 5개소의 다른 부분으로부터 시료를 채취한다.

(3) 회전하는 드럼 트럭믹서(Drum truck mixer) 또는 애지테이터(Agitator)로부터 시료를 채취하는 경우

시료를 전체 배치의 배출을 통하여 3회 또는 그 이상의 규칙적인 간격으로 채취하며, 배출이 시작될 때나 끝날 때 채취해서는 안 된다. 시료채취는 전체 유출을 통하여 반복적으로 용기를 갖다 대어 채취하거나 용기 안으로 유입되도록 유출을 전환시켜 채취한다.

(4) 호퍼(Hopper) 또는 버켓(Bucket) 등에서 채취하는 경우

시료는 1배치분의 콘크리트에 대하여 호퍼 또는 버켓에서 유출되는 콘크리트 흐름 중간쯤의 여러 개소에서 채취한다.

(5) 덤프트럭(Dump truck) 등에서 채취하는 경우

시료는 트럭 짐판의 중앙부근 여러 개소에서 표면의 콘크리트를 제거하고, 길이가 중간 정도 되는 몇 곳에서 채취하든가 또는 배출된 콘크리트의 삼각형 무더기의 여러 개소에서 채취한다.

(6) 손수레 또는 트롤리(Trolley)에서 채취하는 경우

시료는 타설할 위치에 될 수 있는 한 가까운 곳에서 1배치 중간쯤의 콘크리트를 운반하는 손수레 또는 트롤리 중의 여러 개에서 채취한다.

(7) 타설한 콘크리트에서 채취하는 경우

시료는 콘크리트를 거푸집 속에 타설한 직후 다지기 전에 콘크리트의 여러 개소에서 삽을 사용하여 채취한다.

(8) 기타의 경우

시료는 상기의 방법 중 가장 적합한 것에 의하여 채취한다.

5. 시료의 거듭 비비기

시료는 공시체를 성형할 장소 또는 시험이 행해질 장소로 운반하여 균일하게 되도록 거듭 비벼야 한다. 시료를 채취하여 사용하는 기간 중에 시료가 햇볕이나 바람에 노출되지 않도록 보호해야 하며, 이 기간은 15분을 초과해서는 안 된다.

6. 보 고

보고에는 다음 사항 중 필요한 사항을 기록한다.

① 일시
② 일기
③ 기온
④ 채취방법(분취 시료의 수와 분포, 채취 간격)
⑤ 배치번호
⑥ 운반차번호
⑦ 구조물에 있어서의 채취 위치
⑧ 콘크리트의 배합
⑨ 콘크리트의 온도
⑩ 채취자의 성명
⑪ 기타

7. 주의사항

① 고정식 배치믹서에서 시료를 채취할 때는 믹서로부터 흐름을 제한하여 콘크리트의 재료분리가 일어나지 않도록 해야 한다.
② 채취한 시료는 즉시 비흡수성 재료로 만든 용기에 넣고 시험이 끝날 때까지는 일광, 바람 등의 영향을 받지 않도록 신속하게 다룬다. 또한 필요에 따라 물을 얻거나 잃거나 온도 변화가 과도해지지 않도록 시료를 유지하여야 한다.
③ 시험의 종류에 따라서는 콘크리트를 50 mm 또는 40 mm의 망체로 쳐서 체에 남는 굵은 골재 입자를 제거한 후에 사용할 수 있다.
④ 배치의 배출률은 드럼(Drum)의 회전속도로 조절해야 하며, 방출구의 크기로 조절해서는 안 된다.

3-3 콘크리트의 슬럼프 시험 방법

(KS F 2402 ; Standard Test Method for Concrete Slump)

1. 시험목적

본 시험은 굳지 않은 콘크리트의 반죽질기(Consistency)를 측정하기 위하여 행하며, 콘크리트의 운반 및 타설에 대한 작업성의 양부, 즉 워커빌리티(Workability)도 추정한다.

2. 시험용 기구

사진 2.3.1 슬럼프 시험기구

① 슬럼프 몰드(Slump mould): 공시체 성형용 몰드는 시멘트 페이스트(Cement paste)에 침식되지 않는 금속제로서 밑면의 안지름이 200 mm, 윗면의 안지름이 100 mm, 높이가 300 mm인 원추형으로 된 것이다. 밑면과 윗면은 뚫려 있고 서로 평행해야 하며, 원추의 축에 직각이어야 한다. 몰드에는 발판과 손잡이가 붙어 있어야 하며, 몰드의 안지름과 높이의 허용오차는 ±3 mm 이내로 한다.

② 다짐대(Tamper): 지름 16 mm, 길이 500~600 mm인 금속제 원형봉으로, 한쪽 끝은 지름 16 mm의 반구형으로 둥글게 되어야 한다.

③ 슬럼프 측정자

④ 수밀평판: 평평하고 비흡수성의 단단한 평판

⑤ 소형 삽(Hand scoop)

⑥ 흙손

⑦ 시료팬

⑧ 콘크리트 믹서(Mixer)

⑨ 헝겊

⑩ 온도계

3. 시 료

슬럼프를 측정할 콘크리트 시료는 그 배치를 대표할 수 있어야 하며, 채취방법은 KS F 2401(굳지 않은 콘크리트의 시료채취 방법)에 따른다.

4. 시험 방법

① 몰드는 젖은 걸레로 닦은 후 편평하고, 습한 비흡수성의 단단한 평판 위에 놓고, 콘크리트를 채워 넣을 동안, 두 개의 발판을 딛고 움직이지 않도록 그 자리에 단단히 고정시킨다.

② 시료를 몰드용적의 약 1/3(바닥에서 70 mm)만 넣고 다짐대로 단면 전체에 골고루 25회 다진다. 이때는 다짐대를 약간 기울여서 다짐횟수의 약 절반을 둘레에 따라 다지고, 그 다음에 다짐대를 수직으로 중심을 향해 나선상으로 다져 나간다.

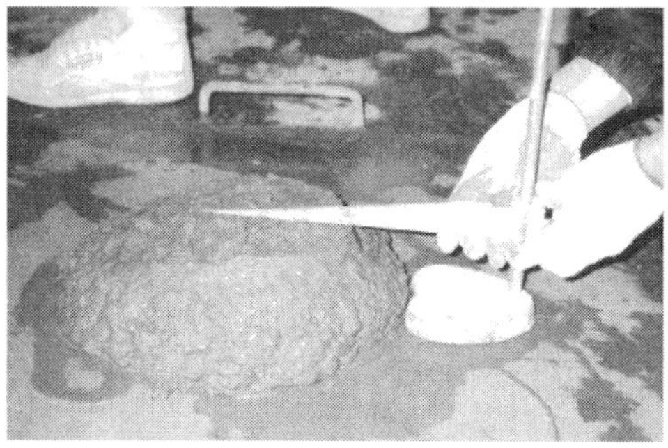

사진 2.3.2 슬럼프 측정

③ 몰드용적의 약 2/3(바닥에서 160 mm)까지만 시료를 넣고, 다짐대로 이 층의 깊이 및 아래층에 약간 관입하도록 동일 요령으로 25회 골고루 다진다.

④ 최상층을 채워서 다질 때는 슬럼프 몰드 위에 높이 쌓은 후 25회 다진다.

⑤ 최상층을 모두 다졌으면 흙칼을 이용하여 평면으로 고르고, 콘크리트로부터 몰드를 조심성 있게 수직방향으로 벗긴다.

⑥ "⑤"항의 작업이 끝나고 공시체가 충분히 주저앉은 다음, 몰드의 높이와 공시체 밑면의 원 중심으로부터 높이차를(정밀도 5 mm, 단위 mm) 구하여 슬럼프로 한다.

5. 주의사항

① 몰드를 벗기는 작업은 5초 정도로 끝내야 하며, 콘크리트에 가로방향 운동이나 비틀림 운동을 가하지 않도록 조심스럽게 윗 방향으로 들어 올려야 한다.

② 콘크리트를 몰드에 채우기 시작해서 벗길 때까지의 전 작업을 중단함이 없이 150초 이내에 끝마쳐야 한다.

③ 마지막 다진 후 몰드의 상단보다 다진 콘크리트의 높이가 아래에 있으면, 여분의 콘크리트를 추가하여 몰드 윗면에 있도록 한다.

④ 슬럼프 시험을 끝낸 즉시 다짐대를 이용하여 콘크리트의 측면을 가볍게 두들겨보거나 바닥판에 진동을 주어 변형하는 모양을 관찰하는 것은 콘크리트의 워커빌리티를 판단하는 참고자료가 된다.

⑤ 만일, 실시한 콘크리트 시료에 대한 연속 시험이 모두 무너져버리거나 또는 공시체 덩

어리로부터 콘크리트의 일부분이 전단되어 떨어지면 이 콘크리트는 슬럼프 시험을 하는데 필요한 소성과 점성이 결핍된 것으로 이 경우는 잔 골재율을 높여주는 등 콘크리트의 배합을 조정해주어야 한다.

3-4 굳지 않은 콘크리트의 단위용적질량 및 공기량 시험 방법(질량방법)

(KS F 2409 ; Standard Test Method for Unit Weight and Air Content (Gravimetric) of Fresh Concrete)

1. 시험목적

본 시험은 굳지 않은 곤크리트의 단위용적질량 및 공기량을 질량으로 구하는 시험으로서, 단위용적질량은 경량 및 중량 콘크리트에서 질량범위의 만족 여부와 관련하여 중요시되고, 공기량은 동결융해저항성과 관련한 내구성에 중요한 영향을 미치는 품질항목으로서 본 시험은 이들의 품질규정에 적합성 등을 평가하기 위해 실시한다.

2. 시험기구 및 장치

① 용기: 용기는 금속제의 원통 모양으로 하며, 수밀하고 견고한 것으로 한다. 용기의 치수는 굵은 골재의 최대치수에 따라 표 2.3.2를 표준으로 한다. 굵은 골재의 최대치수가 25 mm 이하이며, 공기량을 KS F 2421에 따라 구하는 경우는 그 시험에서 사용하는 용적 약 7 ℓ의 용기를 사용하여 단위용적질량을 구해도 된다.

② 저울: 표 2.3.2에 표시한 정밀도의 것이어야 한다.

③ 다짐대: 다짐봉은 그 끝을 반구 모양으로 한 지름 16 mm, 길이 500~600 mm의 강 또는 금속제 원형봉으로 한다.

④ 진동기: 진동기는 KS F 8004에서 규정하는 공칭 봉지름이 28 mm인 것으로 한다.

⑤ 고무망치

⑥ 금속제 자

⑦ 헝겊

표 2.3.2 용기의 치수 및 저울의 감도

굵은 골재의 최대치수(mm)	용기의 치수		용기의 용량 (l)	저울의 감량 (g)
	안지름(mm)	안높이(mm)		
10 이하	140	130	2	2
50 이하	240	220	10	10

3. 시 료

KS F 2401(굳지 않은 콘크리트의 시료채취 방법)에 따라 채취한다.

4. 시험 방법

(1) 다짐봉으로 다지는 경우

① 시료를 용기의 약 1/3까지 채우고 고른 후, 다짐봉으로 표 2.3.2의 횟수만큼 균등하게 다지며, 다짐구멍이 없어지고 콘크리트 표면에 큰 기포가 보이지 않을 때까지 용기의 바깥쪽을 10~15회 고무망치로 두들긴다. 다음에 용기의 2/3까지 시료를 넣고 같은 조작을 반복하고, 3층까지 반복한 다음, 금속제의 직선자로서 여분의 시료를 깎아내면서 고른다. 다짐봉의 다짐 깊이는 거의 그 앞 층에 이르는 정도로 한다.
② 용기의 바깥쪽에 붙은 콘크리트를 닦아내고, 용기 중의 시료질량을 잰다.

표 2.3.3 콘크리트 용기(다짐대로 다지는 경우)

용기의 내경(mm)	다짐대에 의한 각 층의 다짐수
140 240	10 25

(2) 진동기로 다질 경우

① 시료를 용기의 1/2까지 채우고 진동기로 진동다짐을 한다.
② 나머지 시료를 용기에 넘치도록 채우고, 전번과 같이 진동다짐을 한다.
③ 내부 진동기를 사용할 경우에는 윗층의 콘크리트에 닿을 정도로 하며, 진동시간은 콘크리트 표면에 큰 기포가 없어지는 최소한의 시간으로 한다.
④ 윗층에 진동이 끝나면 금속제의 자로서 여분의 시료를 깎아내고 고른다.
⑤ 용기의 외측에 붙은 콘크리트를 닦아내고, 용기 속 시료의 질량을 잰다.

(3) 결과의 계산

① 단위용적질량은 그릇 속 시료의 질량을 용기의 용적으로 나누어 구한다.

$$M(\%) = \frac{W}{V}$$

여기에서, M: 콘크리트의 단위 용적 질량(kg/m³)

② 공기량은 다음 식으로 구한다.

$$A(\%) = \frac{T - W}{T} \times 100$$

여기에서, A : 콘크리트 속의 공기량(%)

T : 공기가 전혀 없는 것으로 계산한 콘크리트의 단위용적질량(kg/m³)

W : ①에서 구한 콘크리트의 단위용적질량(kg/m³)

즉 $T = \frac{W_1}{V}$

여기에서, W_1 : 1 m³당 콘크리트의 각 재료의 질량 합계(kg)

V : 1 m³당 콘크리트 각 재료의 절대용적 합계(m³)

5. 주의사항

① 용기의 부피를 측정할 때는 용기에 물이 약간 넘쳐 흐르도록 넣은 후 용기 위에 판유리를 얹어서 여분의 물을 없앤다. 이 때에 판유리 뒷면에 기포가 생겨서는 안 된다. 용기의 용적은 용기를 채우기 위해 필요한 물의 무게를 밀도(예로 13~18℃일 때 0.999 kg/ℓ)로 나눠서 구한다.

② 내부 진동기를 사용할 경우 진동기의 크기가 용기의 용적에 비해 지나치게 커서는 안 된다. 일례로 내경 140 mm의 용기를 이용할 경우 공칭지름 27 mm의 진동기를 사용하는 것이 좋다.

③ 공기가 전혀 없는 것으로서, 계산에 의하여 구하는 콘크리트의 단위용적질량(T)은 시멘트 및 골재의 밀도에 의한 영향 또는 공기량에 오차가 생기는 원인이 되기 쉽기 때문에 이것들의 밀도는 시험에서 구한 값을 사용해야 한다.

④ 콘크리트 각 재료의 절대용적(m³)이란 각 재료의 질량(kg)을 각각의 밀도에 1 000배 한 값으로 나눈 것이다.

6. 보고

보고에는 다음 사항 중 필요한 사항을 기록한다.

① 단위용적질량

② 공기량

③ 콘크리트의 배합

④ 혼화제의 종류

⑤ 슬럼프
⑥ 콘크리트의 온도
⑦ 다지는 방법

3-5 압력법에 의한 굳지 않은 콘크리트의 공기량 시험 방법

(KS F 2421 : Standard Test Method for Air Content of Fresh Concrete by the Pressure Method(Air Receiver Method))

1. 시험목적

본 시험은 보통 골재를 사용한 굳지 않은 콘크리트의 경우 공기량이 많은 것에 비례하여 압력이 감소하는 원리를 이용해 공기량을 측정하는 것이다. 콘크리트에 있어서 공기량은 콘크리트의 동결융해작용에 따르는 내구성, 워커빌리티(Workability) 및 강도 등에도 큰 영향을 주므로 공기량의 측정은 중요한 시험이다. 이 시험 방법은 보통 골재를 사용한 콘크리트 또는 모르타르에 적당하지만 다공질의 골재를 사용한 콘크리트 또는 모르타르에 대해서는 적당하지 않다.

2. 시험용 기구

시험용 기구는 콘크리트와 뚜껑 사이의 공간에 물을 넣어서 시험하도록 만든 것 또는 물을 넣지 않고 시험하도록 만든 것 중 어느 것을 사용해도 좋다.

① 용기: 용기는 플랜지가 붙은 원통형의 것으로서 경질의 금속으로 제작한 것이어야 하며, 용기의 지름은 높이의 0.75~1.25배로 한다. 용기의 최소용량은 콘크리트 중의 굵은 골재 최대치수에 따라 표 2.3.4와 같다.

표 2.3.4 용기의 용량

굵은 골재의 최대치수(mm)	용기의 최소용량(ℓ)
40 이하	6
80 이하	12

② 뚜껑: 재질은 용기와 같은 것으로서, 용기의 윗부분과 접촉 부분에는 고무패킹(Packing)이 붙어 있어야 한다. 물을 넣어 시험하도록 만든 것은 뚜껑에 주수구와 배기구가 있어야 한다. 물을 넣지 않고 시험할 수 있도록 만든 것은 배기구에 스포이드

같은 것이 들어 갈 수 있도록 되어 있다.

③ 공기실: 뚜껑의 윗부분에는 용기의 약 5 %의 용량을 가진 공기실이 있어야 하고, 압력 조절 밸브(Pressure control valve)가 붙어 있어야 하며, 공기펌프(Air pump) 및 압력계에 연결되어 있어야 한다. 뚜껑과 용기를 조립했을 때는 100 kPa의 압력으로서, 누수가 되지 않는 구조이어야 한다.

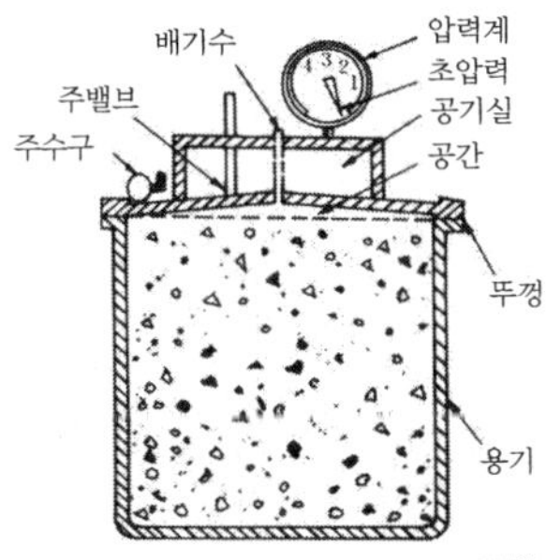

그림 2.3.1 시험장치

사진 2.3.3 시험용 기구

④ 압력계: 용량 약 100 kPa이며 1 kPa 정도의 감도인 것으로 한다.

⑤ 검정용 기구: 검정에 필요한 량의 물을 손쉽게 용기 밖으로 꺼낼 수 있는 기구일 것.

⑥ 목재 정규: 크기 45 mm×12 mm×300 mm

⑦ 다짐대: 지름 16 mm, 길이 약 600 mm인 곧은 원형강으로서 그 한쪽 끝의 지름이 16 mm의 반구형일 것.

⑧ 저울

⑨ 유리판(용기를 덮을 수 있는 크기)

⑩ 소형삽

⑪ 컵 그리스

⑫ 온 · 습도계

⑬ 고무망치

⑭ 헝겊

3. 시료채취

콘크리트의 시료채취 방법은 KS F 2401(굳지 않은 콘크리트의 시료채취 방법) 또는 KS F 2425 규정에 따라 만든다.

4. 장치의 검정

(1) 용기의 검정

용기에 물을 채우고, 채운 물의 질량을 잰다. 용기에 물을 채울 때는 용기의 플랜지에 컵그리스를 엷게 칠하고, 물을 약간 넘치도록 채운 후 용기 위에 유리판을 얹어 여분의 물을 제거한다. 이때 유리판 뒷면에 기포가 있어서는 안 된다. 질량은 용기와 물을 합한 질량의 0.1% 이하의 감도를 가진 저울로 잰다.

(2) 초기 압력의 검정

① 용기에 물을 채우고 뚜껑의 안팎을 공기가 통하도록 하여 가만히 뚜껑을 덮는다. 물을 넣을 경우에는 뚜껑을 덮은 후 뚜껑의 안쪽과 수면 사이의 공기가 모두 빠질 때까지 넣는다. 물을 넣지 않을 경우에는 용기 중의 수면은 용기의 윗면과 정확히 일치되어 있어야 한다. 검정용 기구를 뚜껑에 붙이도록 되어 있는 것은 뚜껑을 덮기 전에 붙여야 한다.

② 모든 밸브를 잠그고, 공기 핸드 펌프로 공기실의 압력을 초기 압력보다 약간 크게 한다. 약 5초 후에 조정밸브를 서서히 열어서 압력계의 바늘을 초기 압력의 눈금과 일치시킨다.

③ 공기실의 작동 밸브를 충분히 열어서 공기실의 기압과 용기 상부의 기압을 일치시키고, 압력계를 읽고, 그 값이 공기량 0%의 눈금과 일치하는지의 여부를 조사한다. 만일 일치하지 않을 경우에는 공기나 물이 새지 않는지 등을 점검한 후 검정을 반복한다. 2~3회 반복했을 때 압력계의 바늘이 같은 점을 가리키지만 0점과 일치하지 않을 경우에는 초기 압력 눈금의 위치를 바늘이 0점에 멈추도록 이동시킨다.
이 조작을 반복하여 초기 압력 눈금의 위치 이동이 적당했는지를 확인한다.

④ 공기량과 눈금판의 검정

㉠ 상기 ①과 같은 조작을 한다. 검정용 기구를 사용하여 적당한 물의 양을 용기 내에서 빼내어 메스실린더에 넣고, 용기의 용량에 대한 백분율로 표시한다. 용기 내의 기압을 대기압과 같이 해서 잠그고, 공기실 내의 기압을 초기 압력까지 높인다. 작동밸브를 열어서 고압의 공기를 용기 내에 도입시킨다. 압력계의 바늘이 안정되었을 때 공기량의 눈금을 읽는다.

㉡ 다시 상기 ①에 따라 용기 내의 물을 빼낸 물의 총량을 용기의 용적에 대한 백분율로 표시한다. 상기 ①과 같은 방법으로 공기량의 눈금을 읽는다.

㉢ 위와 같은 조작을 몇 번 반복하여 빼낸 물의 백분율로 공기량의 눈금을 비교한다.

이들의 값이 각각 일치되어 있을 때는 공기량의 눈금은 정확한 것이다. 만일 일치하지 않을 경우에는 그 관계를 그래프로 나타낸다. 이 그래프를 공기량의 검정에 사용한다.

5. 콘크리트의 공기량 측정

(1) 콘크리트의 겉보기 공기량 측정

① 대표적인 콘크리트 시료를 3층으로 나누어 채운다. 각 층의 용적은 비슷하게 한다. 콘크리트를 한 삽씩 넣을 때 콘크리트가 대칭으로 균일하게 채워지도록 용기의 윗끝 둘레를 따라 삽을 옮겨가면서 콘크리트를 넣어야 한다. 그 후 다짐대를 원형으로 돌리면서 콘크리트를 고르게 분포시켜야 하며, 각 층을 25회씩 다져야 한다. 콘크리트는 단면 전체를 균일하게 다져야 하며, 다짐대가 그 밑층의 표면에 도달할 정도로 다진다. 제 일층을 다질 때는 용기바닥을 찧지 않도록 해야 한다. 다짐대에 의해 생긴 빈틈은 용기의 측면을 두들겨서 없어지도록 한다. 최상층을 다진 후 목재 정규로 콘크리트의 표면을 긁어내고 용기의 상면과 일치시킨다. 진동기로 다진 콘크리트의 공기량을 측정하는 데는 진동기를 사용해도 좋다.

② 용기 플랜지(Flange)의 윗면과 뚜껑 플랜지의 밑면을 완전히 닦아낸 다음 뚜껑의 안팎을 공기가 통하도록 하고, 뚜껑을 용기에 얹어 공기가 새지 않도록 잘 잠근다. 이때 공기실의 주밸브는 잠그고 배기구의 밸브와 주수구의 밸브는 열어둔다. 물이 나올 때까지 주수구에 물을 넣고 배기구에서 기포가 나오지 않을 때까지 압력계를 가볍게 두들긴 다음에 배기구와 주수구의 밸브를 잠근다.

③ 초기 압력의 검정 ②항에 따라 공기실의 기압을 초압력에 일치시키며, 약 5초 후 주밸브를 연다. 다음에 콘크리트 각 부에 압력이 잘 전달되도록 측면을 망치로 두들기며, 다시 주밸브를 열어 바늘이 안정되었을 때 압력계의 눈금을 읽는다. 이 측정값을 콘크리트의 겉보기 공기량으로 한다.

(2) 골재 수정계수의 측정

① 사용하는 잔 골재의 질량(F_s) 및 굵은 골재의 질량(C_s)은 다음 식으로 계산한다.

$$F_s = \frac{S}{B} \times F_b$$

$$C_s = \frac{S}{B} \times C_b$$

① 사용

여기에서, F_s : 사용하는 잔 골재의 질량(kg)

C_s : 사용하는 굵은 골재의 질량(kg)

S : 콘크리트 시료의 용적(용기의 용적과 동일하다)(ℓ)

B : 1배치 콘크리트의 성형된 용적(ℓ)

F_b : 1배치에 사용하는 잔 골재의 질량(kg)

C_b : 1배치에 사용하는 굵은 골재의 질량(kg)

② 잔 골재 및 굵은 골재의 대표적 시료를 각각 F_s 및 C_s만큼 채취해서 별도로 5분간 물에 담겨둔 다음 거의 1/3까지 물을 채운 용기에 넣는다. 잔 골재와 굵은 골재는 혼합하여 조금씩 용기에 넣고 모든 골재가 물에 잠기도록 한다.
골재를 넣을 때는 될 수 있는 한 공기가 들어가지 않도록 해서 표면에 나온 거품은 빨리 제거해야 한다. 공기를 추출하기 위해 용기의 측면을 고무망치로 두들기고 또한 잔 골재를 넣을 때마다 약 25 mm의 깊이에 도달할 때까지 찌르고 다짐대로 약 10회 다진다.

③ 전체의 골재를 넣은 후 수면의 거품을 없애고, 뚜껑을 용기에 얹어 잠근다. 「5.(1) ② 및 ③」 콘크리트 겉보기 공기량측정 및 골재 수정계수의 측정과 같은 조작을 해서 압력계의 눈금을 읽고, 이것을 골재의 수정계수(G)로 한다.

6. 계 산

콘크리트의 공기량은 다음 식에 따라 계산한다.

$$A(\%) = A_1 - G$$

여기에서, A : 콘크리트의 공기량(콘크리트 용적에 대한 백분율)(%)

A_1 : 콘크리트의 겉보기 공기량(콘크리트의 용적에 대한 백분율)(%)

G : 골재의 수정계수(콘크리트의 용적에 대한 백분율)(%)

7. 주의사항

① 압력계를 읽을 경우 항상 압력계를 손가락으로 가볍게 두들긴 다음 읽어야 한다.

② 진동기 다짐을 할 경우에는 시료를 2층으로 넣어서 다지고 윗층을 다질 때에는 용기에 시료가 넘치도록 넣고 진동기가 밑층에 25 mm 이상 들어가지 않도록 한다. 진동시간은 콘크리트의 표면에 큰 기포가 일어나지 않을 때까지의 최소시간으로 한다.

3-6 콘크리트의 블리딩 시험 방법

(KS F 2414 ; Standard Test Method for Bleeding of Concrete)

1. 시험목적

블리딩이란 재료분리의 일종으로서, 거푸집에 부어넣은 콘크리트에서 내부의 잉여수가 상면으로 떠올라 보이는 현상을 말한다. 그런데 이러한 블리딩의 경우 어느 정도는 콘크리트 마감을 용이하게 하고, 소성수축 저감, 다짐효과에 의한 강도증진 등의 이점도 있지만 지나친 경우는 콘크리트의 용적 부족, 시공성 저하, 상부 콘크리트의 물·시멘트비 증가에 의한 강도 저하, 내부에 수로를 형성하여 수밀성 및 내구성 저하 등 결함의 원인이 되기도 한다. 따라서 본 시험은 굳지 않은 콘크리트에서 이와 같은 블리딩의 정도를 파악하기 위하여 행한다. KS F 2414 표준은 굵은 골재의 최대 치수가 40 mm 이하인 콘크리트의 블리딩 시험 방법에 대해 규정한다.

2. 시험용 기구

① 용기: 안지름 250 mm, 안높이 285 mm, 두께 2.9~3.5 mm의 금속제 원통형으로 두께 2.9~3.5 mm, 폭 40 mm의 금속띠로 용기의 상부를 보강한 것.

② 저울: 감도는 시험질량의 0.5 %까지 측정할 수 있고, 용량은 필요한 하중의 질량에 지장이 없으면 된다.

사진 2.3.4 블리딩 시험 기구

③ 피펫(Pipette) 및 메스실린더(Graduated cylinder): 용량 10 mℓ, 50 mℓ, 100 mℓ

④ 다짐대: 지름 16 mm, 길이 600 mm로서 한쪽 끝이 지름 16 mm의 반구형의 강제 직선봉

⑤ 나무받침대

⑥ 삽

3. 시 료

콘크리트는 KS F 2425에 따라서 만든다. 다만, 콘크리트의 온도는 20±2℃로 한다.

4. 시험 방법

① 혼합된 콘크리트를 용기에 3층으로 나누어 넣고, 각 층의 윗면을 고른 후 25회씩 다

져서 다진 구멍이 없게 하고, 또한 콘크리트의 표면에 큰 기포가 보이지 않을 때까지 용기바깥을 10~15회 두들긴다(KS F 2409 참조).

② 맨 아래면을 다질 때에는 용기의 밑까지 때려서는 안 되며, 제2층 및 맨 윗면을 다질 때에는 아래층까지 도달할 수 있는 힘을 주어서 다진다.

③ 시료의 표면이 용기에 250±3 mm의 높이가 되도록 흙손으로 고른다. 그때의 시간을 기록하고, 용기 바깥쪽의 콘크리트를 깨끗이 닦고 용기와 시료의 질량을 잰다.

④ 그리고 용기와 시료를 진동 없는 수평한 시료대 위에 놓고 뚜껑을 닫는다.

⑤ 기록한 최초의 시각부터 처음 60분 동안은 10분 간격으로, 그 후 블리딩이 정지할 때까지 30분 간격으로 표면에 생긴 블리딩 물을 피펫(Pipette)로 빨아낸다.

⑥ 블리딩 물을 쉽게 모으기 위해서 물을 빨아내기 2분 전에 약 50 mm 두께의 나무받침을 용기의 한쪽 밑에 고여서 용기를 조심스럽게 기울이고, 물을 빨아낸 후 용기가 흔들리지 않도록 조심스럽게 수평으로 되돌려 놓는다.

⑦ 각각 빨아낸 물을 메스실린더에 옮긴 후 물의 양을 기록한다.

⑧ 시험을 끝낸 후 곧 용기와 시료의 질량을 잰다. 빨아낸 블리딩에 의한 물의 양을 시료의 질량으로 가산해야 한다.

⑨ 단위표면적의 블리딩량은 다음 식으로 계산한다.

$$\text{블리딩량}(\text{m}\ell/\text{mm}^2) = \frac{V}{A}$$

여기에서, V : 규정된 측정시간에 생긴 블리딩 물의 양(mℓ)

A : 콘크리트의 노출된 면적(mm^2)

⑩ 시료에 사용된 물의 총질량에 대한 블리딩물의 비(블리딩률)는 다음 식으로 계산한다.

$$\text{블리딩률}(\%) = \frac{B}{C} \times 100$$

$$C = \frac{w}{W} \times \text{S}$$

여기서, C : 시료에 함유된 물의 총질량(kg)

W : 콘크리트 1 m^3에 사용된 재료의 총질량(kg)

w : 콘크리트 1 m^3에 사용된 물의 총질량(kg)

S : 시료의 질량(kg)

B : 시료의 블리딩 물의 총량(mℓ)

5. 주의사항

① 시험하는 동안 시료 콘크리트 및 실험실의 온도는 20±3℃로 유지해야 한다.

② 시료의 표면을 흙손으로 너무 많이 고르면 스며나오는 물의 양이 많게 되며 시험결과에도 오차가 크다.

③ 물을 빨아낼 때 이외에는 뚜껑을 열어 두면 안 된다.

④ 골재는 표면건조포화상태에 있는 것으로 하고 계산한다.

⑤ 필요시 시간과 그 때까지의 누계한 블리딩량과의 관계를 그래프로 표현한다.

⑥ 블리딩은 대체로 2~4시간 정도에 끝난다.

⑦ 블리딩은 콘크리트와 거푸집과의 접촉면에서도 일어난다.

⑧ 블리딩은 시멘트의 분말도가 높을수록 적고, 잔 골재의 0.15 mm보다 더 작은 세립 부분이 적을수록 크다. 블리딩이 크면 레이턴스(Laitance)도 많다.

⑨ 블리딩의 계속시간은 콘크리트의 높이나 온도에 따라 달라지며 높이가 적을 때나 온도가 높을 때는 빨리 끝난다.

⑩ 일반적으로 단위수량을 줄이고, AE제, 시멘트 분산제 및 증점제 등을 이용하면 블리딩은 감소된다.

⑪ 콘크리트의 반죽질기(Consistency)가 크면 콘크리트작업은 용이하지만 블리딩이 많아지고, 굵은 골재가 모르타르로부터 분리되는 경향이 커진다.

⑫ 블리딩에 의하여 굵은 골재의 밑면이나 수평인 철근의 하측에 물 시멘트비(W/C)가 큰 시멘트 페이스트(Cement paste)의 막이 생기고, 철근과의 부착강도가 약하게 되며, 콘크리트의 수밀성이 나빠진다. 또한 블리딩이 현저하면 상부의 콘크리트가 다공질이 되며 강도, 내구성 등도 감소하게 된다.

3-7 관입저항침에 의한 콘크리트의 응결시간 시험 방법

(KS F 2436 ; Standard Test Method for Setting Times of Concrete Mixtures by Penetration Resistance)

1. 시험목적

본 시험은 슬럼프가 0보다 큰 콘크리트를 체로 쳐서 얻은 모르타르로 응결시간을 측정하는 방법에 대하여 규정한 것이다. 응결시간은 시멘트와 물이 처음으로 접촉한 뒤 모르타르의 관입저항이 3.5 MPa가 될 때까지 소요되는 시간을 초결시간, 관입저항이 28 MPa가 될 때까지 소요되는 시간을 종결시간이라고 한다.

2. 시험용 기구

(1) 모르타르 시료 용기

용기는 강하고, 수밀하며, 비흡수성이고, 기름을 바르지 않은 금속제로서 그 단면은 원통형 또는 직사각형이어야 한다. 용기의 최소치수는 150 mm이고, 깊이는 적어도 150 mm까지 모르타르 시료를 넣을 수 있는 것이어야 한다.

사진 2.3.5 모르타르 관입 시험기

(2) 관입침

침은 재하 장치에 붙어 있는 것으로 지지면적이 645 mm^2, 323 mm^2, 161 mm^2, 65 mm^2, 32 mm^2, 16 mm^2 이어야 하고, 지지면에서 25 mm 위의 둘레에 표시가 있어야 한다. 16 mm^2의 침은 길이가 90 mm 이하이어야 한다.

(3) 재하장치

재하장치는 침의 관입을 일으킬 수 있을 만큼의 힘을 일으킬 수 있어야 하며, 정확도 10 N으로 관입력(Penetration force)을 잴 수 있고 최소 용량 600 N을 가진 것이어야 한다.

(4) 다짐막대

원형의 곧은 강봉으로서 지름 16 mm, 길이 약 600 mm로 한쪽 끝이 지름 16 mm의 반구형이어야 한다.

(5) 피펫

시료의 표면에서 블리딩 현상으로 생기는 물을 제거할 수 있어야 한다.

(6) 온도계

굳지 않은 콘크리트의 온도를 ±0.5℃까지 잴 수 있고, −20~50℃의 온도 범위를 가져야 한다.

3. 시료 및 사용재료

① 충분한 양의 콘크리트를 4.75 mm의 체로 체가름하여 시료용기에 깊이 140 mm가 되도록 채취한다.

② 모르타르를 손으로 되비벼서 모르타르의 온도를 측정하고 용기에 채운 후, 진동 또는 다짐대로 다진다. 다짐 막대로 다질 때에는 둥근쪽으로 모르타르에 관입하도록 다진다. 진동기로 다질 때에는 다진 뒤 표면이 거의 수평이 되도록 한다. 다짐대는 시료의 위 표면적 645 mm^2당 1회의 비율로 모르타르를 다지고, 시료 전체 단면에 균등히 분포시킨다. 진동 또는 다짐대로 다짐이 끝나면 시료 용기의 측면을 가볍게 두들겨서 진동이나 다짐대로 다짐할 때 생긴 공극을 채우고, 시료 표면을 다시 수평으로 고른다.

③ 시료는 시험온도로 저장하여 보관한다. 시험의 시작과 종료시 주변 공기온도를 측정하고 기록한다. 습도가 지나치게 증발되지 않도록 시료 위에 시험기간 중 젖은 천으로 덮는다. 떠오른 물을 제거하거나 관입 시험을 할 때에만 열어야 하며 공시체는 직사광선에 노출되어서는 안 된다.

4. 시험 방법

① 피펫 또는 기타 적당한 기구를 사용하여 관입 시험 직전에 블리딩 현상으로 생기는 물을 제거한다. 블리딩 현상으로 생기는 물을 모으기 위해서 블리딩 현상으로 생기는 물을 제거하기 2분 전에 시료의 한쪽에 블록을 두고 시료를 조심스럽게 수평면에 대해 약 10° 정도 기울인다.

② 모르타르의 경화상태에 따라 적당한 치수의 침을 관입저항기구에 붙여 침의 지지면을 모르타르 표면에 접촉시킨다. 천천히, 그리고 기구를 균등하게 아래쪽으로 연직력을 작용시켜 침을 모르타르 안으로 25±2 mm의 눈금 깊이까지 관입시킨다. 25 mm의 깊이까지 관입하는 데 소요되는 시간은 약 10±2초로 한다. 소요된 힘의 크기와 처음 시멘트와 물을 접촉시킨 후의 경과시간을 기록한다. 다음에 관입할 때에는 앞의 시험에서 흐트러진 면을 피해야 한다. 침관입의 순간격은 사용하는 침 지름의 최소 2배 이상이고, 최소한 15 mm 이상이어야 한다. 임의의 침관입 위치와 용기 가장자리의 순간격은 25 mm 이상이어야 한다.

③ 보통의 배합에 대해 20~25℃ 온도의 실험실에서 최초의 시험은 시멘트와 물이 처음 접촉한 이후로부터 경과 시간이 3~4시간일 때 하고, 이후의 시험은 30분~1시간 간격으로 실시한다. 응결 촉진제를 사용한 배합이나 실험실 조건보다 고온에서 시험할 때는 최초 시험은 경과 시간 1~2시간일 때 하고, 그 뒤의 시험은 30분마다 하는 것이

좋다. 응결 지연제를 사용한 배합이나 실험실 조건보다 저온에서 시험할 때는 최초 시험을 4~6시간 경과할 때까지 미룬다. 모든 경우 시험의 시간 간격은 응결속도에 따라 필요한 수의 관입 저항값을 얻을 수 있도록 필요에 따라 조절한다.

④ 만족할 만한 관입 저항-경과 시간 곡선을 얻을 수 있는 시간 간격으로 6회 이상 시험하며 관입 저항 측정값이 적어도 28.0 MPa 이상이 될 때까지 시험을 계속한다.

5. 결과의 계산

침의 관입깊이가 25 mm될 때까지 소요된 힘을 침의 지지면으로 나누어 MPa 단위로 관입저항을 계산한다. 이때 계산된 관입저항이 3.5 MPa이 될 때의 시간을 초결시간, 28 MPa에 도달하는 시간을 종결시간으로 하고, 개별 시간 결과의 평균치를 시간, 분까지 계산한다.

3-8 콘크리트의 강도 시험용 공시체 제작 방법

(KS F 2403 : Standard Test Method for Making Concrete Specimens)

1. 시험목적

본 시험은 시험실에서 재료의 정확한 관리와 소정의 조건 아래 콘크리트의 압축 및 휨강도 시험용 공시체를 제작하고 양생하기 위함이다.

2. 시험용 기구

(1) 몰드(일반)

정착용 또는 공시체 몰드(mould)는 강철, 주철, 기타 시멘트의 화학적 반응에 견디고 비흡수성인 재질이어야 하며, 성형하는 동안 몰드의 형상 및 치수를 유지할 수 있고, 수밀해야 한다. 또한 몰드의 밑판은 원통의 축에 직각이어야 하고, 견고히 붙어 있어야 한다.

(2) 압축강도 시험용 몰드

■ 반복 사용 몰드

반복 사용 몰드는 단단한 금속이나 기타 비흡수성 재질로 만들어져야 한다. 몰드의 밑면은 축에 수직이어야 하고, 치수의 허용값은 표준 지름에 대해 ±1.5 mm, 표준높이에 대하여 ±6 mm, 밑면의 평면은 ±0.02 mm 이하이어야 한다. 금속제의 몰드는 기계로 다듬은 금속제 밑판과 밑면을 몰드에 고정시키기 위한 연결용 철물을 구비해야 한다.

사진 2.3.6 압축강도 시험용 몰드

◢ 1회 사용 몰드

1회 사용 몰드는 KS F 2801(1회 사용 150×300 mm 콘크리트 압축강도 시험용 몰드)에 따른다.

◢ 크리프 시험용 수평 몰드

크리프 시험용(Creep test) 수평 몰드는 몰드규정에 적합해야 한다. 수평 몰드는 축에 스트레인 게이지(Strain gauge)를 붙이는 크리프 공시체에만 사용하되 공시체 길이에 평행하여 길게 뚫은 구멍에 수평으로 콘크리트를 채울 수 있어야 하고, 구멍의 폭은 공시체 지름의 1/2이어야 한다.

공시체를 캡핑(Capping)하지 않을 경우에는 25 mm 이상의 두께로 기계 마무리한 금속판 2개가 있어야 하며, 몰드 양쪽 끝에 고정되어 있어야 한다.

각 단면의 안쪽에는 3개 이상의 돌출부나 못이 250 mm 정도의 간격으로 있어야 한다. 밑판에는 모서리에 스트레인 게이지를 부착시킬 수 있도록 구멍이 있어야 하고, 측정에 지장을 주지 않도록 될 수 있는 한 적게 해야 한다.

(3) 휨강도 시험용 몰드

휨강도 시험용 몰드는 장방형이어야 하며, 규정된 공시체를 제작할 수 있는 치수이어야 한다. 몰드의 측면, 밑면 및 단부는 서로 직각이어야 하고, 곧고 뒤틀리지 않아야 한다. 치수의 허용값은 150×150 mm 이상의 단면을 가진 몰드에서 3 mm, 그 이하의 몰드에서 1.5 mm이고, 길이에 대해서는 ±1.5 mm이어야 한다.

(4) 다짐봉

다짐대는 다음 치수에 맞는 직선의 원형강이어야 한다.

① 지름 16 mm, 길이 600 mm로서 한쪽 끝은 지름 16 mm의 반구형으로 둥글게 한 것.

(5) 진동기

내부 진동기는 전기모터로 가동되며, 강성축이나 요성축으로 되어 있어야 한다. 진동수는 7 000 rpm 이상이어야 하고, 진동 봉의 바깥지름은 20~40 mm, 축의 길이는 600 mm 이상이어야 한다.

외부 진동기는 판형이나 탁자형이어야 하고, 진동수는 3 600 rpm 이상이어야 한다. 탁자형 또는 판형 진동기를 사용할 때에는 몰드를 단단히 고정시켜야 한다.

사진 2.3.7 봉형 진동기

(6) 공 구

삽, 물통, 흙삽, 목재 부표, 마그네슘 부표, 무딘 흙삽, 감도계, 자, 공시체 집게

(7) 슬럼프 측정기구

슬럼프 측정 기구는 KS F 2402 (포틀랜드 시멘트 콘크리트의 슬럼프 시험 방법)에 규정된 것이어야 한다.

(8) 시료채취 및 혼합용기

팬(Pan)은 편평한 금속편으로 수밀하며, 적당한 크기와 삽으로 혼합할 수 있는 용량을 가진 것이어야 하며, 기계로 혼합했을 경우 믹서에서 배출되는 배치를 받을 수 있고, 삽으로 재혼합할 수 있어야 한다.

(9) 공기량 측정기구

공기량 측정기구는 KS F 2421(굳지 않은 콘크리트의 압력법에 의한 공기함유량 시험 방법(공기실 압력 방법)) 및 기타 공기함유량 시험 방법에 규정된 치수이어야 한다.

(10) 저 울

0.3 % 이내의 정밀도를 가진 것.

(11) 콘크리트 믹서

규정된 크기의 배치 혼합을 할 수 있는 동력으로 가동되는 드럼믹서, 가경믹서 또는 팬믹서이어야 한다.

사진 2.3.8 믹서

3. 공시체

(1) 원주형 공시체

압축강도, 탄성계수, 크리프, 인장강도 시험용 공시체의 최소치는 지름이 50 mm이고, 길이가 100 mm이어야 한다. 현장에서 제작한 공시체에 대하여 수정 및 비교가 필요할 경우에는 150×300 mm로 하고, 기타는 다음의 공시체 규정에 준한다.

① 크리프 시험용 공시체를 제외한 공시체는 축에 수직으로 성형해야 한다.

② 크리프 시험용 공시체는 축에 수평 또는 수직으로 성형해야 한다.

(2) 장방형 공시체

휨강도 시험용 공시체, 압축강도 시험용 입방공시체, 동결융해, 접착, 길이변화, 체적변화 등 장방형 공시체는 다른 규정이 없는 한 수평방향에서 축에 평행하게 성형해야 하며, 규정된 치수에 적합해야 한다.

(3) 기타 공시체

특수 시험용 공시체의 형상과 치수는 이 규격에 규정한 일반방법에 따라 성형한다.

(4) 골재의 크기와 공시체의 치수

원주형 공시체의 지름이나 장방형 공시체의 최소 횡단면의 치수는 콘크리트에 사용될 골재 최대치수의 3배 이상이어야 한다. 특히, 큰 골재의 낱알이 들어 있을 경우에는 공시체를 제작하는 도중에 손으로 집어내야 한다.

(5) 공시체의 수

배합이 달라질 때마다 서로 다른 각 재령 또는 소정의 조건에 대하여 3개 이상의 공시체를 만들어야 한다.

4. 재료의 준비

① 시험을 시작하기 전에 재료의 온도를 20~25℃로 균일하게 유지해야 한다.

② 시멘트: 시멘트는 방습용기(금속제)에 넣어 건조한 장소에 저장하고, 시험 중 시멘트 시료가 균일하도록 충분히 혼합해야 한다. 또한, 시멘트는 1.3 1.2 mm를 통과해야 하며, 이 체에 남은 모든 시멘트 덩어리를 제거해야 한다.

③ 골재: 콘크리트의 각 배치에 사용되는 골재는 소요의 입도를 가진 것이어야 한다. 일반적으로 굵은 골재는 사용되는 골재의 최대치수에 따라 두 개 또는 그 이상의 입도

무더기로 분리한 후 각 배치에 소요되는 입도가 되도록 재혼합한다. 또한 잔 골재를 분리할 필요가 있을 경우에는 잔 골재를 사용하기 전에 다음 다섯 가지 방법으로 골재가 일정하고, 균일한 습도를 갖도록 처리해야 한다.

㉠ 골재를 표면건조포화상태로 보관해야 한다.

㉡ ㉠의 상태보다 약간의 자유수를 갖고 있는 골재는 사용하기 전까지 그대로 보관되어야 한다.

이 방법을 사용하는 경우에는 시험하기 전에 굵은 골재 및 잔 골재의 표면수를 측정해야 한다.

㉢ 포화상태의 골재는 수중에 담가 두었다가 수중에서 계량해야 한다. 이때의 소요수중 질량은 다음 식으로 계산한다.

$$W_w = \frac{W_a(G-1)}{G}$$

여기서, W_w : 수중질량(g)

W_a : 포화상태인 골재의 공기 중에서 질량(g)

G : 포화상태인 골재의 공기 중에서 밀도(g/cm^3)

골재를 수중에서 들어낸 직후의 골재 및 표면수의 공기 중에서 총질량은 골재의 표면수량을 측정하는 데 필요하다.

㉣ 건조상태의 잔 골재와 굵은 골재의 무게를 알고 있는 것을 2개의 용기 속에 각각 담아서 사용하기 전에 24시간 동안 침수시킨다. 침수 후에 여분의 물을 따르고, 골재에 흡수된 수량을 감안하여 혼합수량과 골재의 함수량을 측정한다.

㉤ 흡수량이 낮은(1 % 이하) 골재는 건조상태로 측량하여 혼합 중에 흡수하도록 해도 좋다.

④ 혼화재료: 용해되지 않는 분말혼화재 또는 포졸란(Pozzolan)과 같이 시멘트 질량의 10 % 이상을 사용하는 혼화재는 시멘트에 균일하게 혼합하여 사용해야 하며, 물에 용해되는 혼화제는 혼합용수에 용해시켜 사용하되, 이때의 혼합용수는 단위수량에 포함시켜야 한다.

5. 공시체의 성형

(1) 콘크리트의 혼합

① 콘크리트의 1배치량은 공시체를 제작했을 때 약 10 % 정도의 콘크리트가 남도록 혼합한다.

삽으로 혼합하는 방법은 AE콘크리트나 슬럼프를 측정할 수 없는 정도의 콘크리트에는 적용할 수 없으며, 기계로 혼합하는 방법은 드럼형 믹서이어야 하고, 혼합결과가 규정된 변동범위 내에 있어야 한다.

② 삽으로 혼합하는 경우: 끝을 자른 흙손이나 삽을 사용하여 깨끗하고, 물이 새지 않는 습한 철판 위에서 혼합해야 하며, 이때의 순서는 다음과 같다.

㉠ 시멘트와 잔 골재가 충분히 섞일 때까지 혼합한다.

㉡ 굵은 골재를 가하여 배치에 굵은 골재가 균일하게 분포될 때까지 혼합한다.

㉢ 굵은 골재를 충분히 혼합한 후 물을 가하여 콘크리트의 겉모양이 균일하게 보이고, 소요의 반죽질기를 가질 때까지 혼합한다. 수량을 증가함으로써 슬럼프를 조정할 필요가 생기므로 콘크리트의 혼합이 지연되는 경우에는 새로운 배치를 만들어 슬럼프 시험을 해야 한다.

③ 믹서로 혼합하는 경우: 사용믹서에 대한 특별한 혼합방법이 없는 경우에는 위에 언급한 혼합순서에 따라 혼합한다.

1배치의 혼합이 끝나고 믹서로부터 콘크리트를 받아낼 때 믹서에 모르타르가 묻어 있게 되므로 이 양만큼의 모르타르를 미리 보충해야 한다.

(2) 슬럼프, 공기량 및 성형량

① 콘크리트 각 배치의 슬럼프는 KS F 2402(포틀랜드 시멘트 콘크리트의 슬럼프 시험방법)에 따라 혼합한 직후에 시험해야 한다.

② 공기량 측정이 필요할 때에는 KS F 2421(굳지 않은 콘크리트의 압력법에 의한 공기함유량 시험 방법(공기실 압력방법))에 따라 측정한다. 공기량 시험에 사용한 콘크리트는 버려야 한다.

③ 콘크리트 각 배치의 성형량은 KS F 2409(콘크리트의 단위질량, 성형량 및 공기함유량 시험 방법)에 따라 측정해야 한다.

④ 슬럼프 또는 성형량 시험이 끝난 모든 콘크리트를 다시 혼합용 철판 위에 옮긴 후 전체배치가 균일하게 될 때까지 혼합한다.

(3) 공시체의 제작

① 성형 장소: 공시체의 성형 장소는 초기 24시간 동안 흔들리거나 진동을 받지 않는 편평하고 단단한 곳이어야 하며, 만약 적합하지 않은 장소라고 판단되었을 때에는 즉시 옮겨야 한다.

② 콘크리트넣기: 배치의 대표적인 시료가 되고, 재료분리가 일어나지 않도록 삽 또는 흙삽으로 혼합 팬에 받은 콘크리트를 재혼합하여 확인한 후 몰드 내에서 굵은 골재의 재료분리가 적게 일어나고 콘크리트가 좌우대칭으로 균일하게 채워지도록 몰드의 윗면 주위를 따라 삽을 옮겨가면서 콘크리트를 몰드에 미끄러뜨려서 채워 넣어야 한다. 다지기 전에 다짐대를 원형으로 돌리면서 콘크리트를 고르게 분포시킨다.

사진 2.3.9 압축강도 시험용 공시체 제작

마지막 층을 다진 후 몰드에 콘크리트를 채운다. 이때 몰드 주위에 떨어진 콘크리트를 채워서는 안 된다. 콘크리트를 몰드에 채우는 층의 수는 표 2.3.5에 따른다.

표 2.3.5 몰드를 채우는 층수 및 다짐횟수

공시체의 종류	공시체의 높이(mm)	다짐형식	층의 수	층의 대략깊이(mm)
압축강도 시험용	300 까지	다짐대 사용	3	100
	300 이상	다짐대 사용	필요에 따라	
	300~460	진동기 사용	2	
	460 이상	진동기 사용	3 또는 2 이상	200 정도
휨강도 시험용	200 까지	다짐대 사용	3	100
	200 이상	다짐대 사용	필요에 따라	
	200 까지	진동기 사용	2	
	200 이상	진동기 사용	3 또는 2 이상	200 정도

(4) 다 짐

다짐방법

공시체의 성형은 다짐방법의 선택에 따라 그 양부가 결정되며, 다짐방법에는 다짐대, 내부 및 외부 진동기를 사용하는 방법 등이 있으나 시방서에 특별한 규정이 없는 한 슬럼프에 따라 표 2.3.6과 같이 결정한다.

표 2.3.6 슬럼프에 따른 다짐방법

슬럼프(mm)	다짐방법
75 이상	다짐대
25~75	다짐대 또는 진동기
25 이하	진동기

다짐대를 사용하는 방법

규정된 층수의 깊이로 몰드에 콘크리트를 채운 후 표 2.3.7에 규정한 다짐횟수로 각 층을 다진다. 또한 콘크리트를 다질 때에는 몰드의 단면 전체를 균일하게 하고, 층의 깊이가 100 mm 미만일 때는 그 층 외에 12 mm 정도까지, 100 mm 이상일 때는 25 mm 정도가 관입되도록 한다. 최하층의 경우에는 그 깊이만 다지면 된다. 다짐대에 의한 빈틈이 남아 있는 경우에는 몰드의 측면을 가볍게 두드려 빈틈이 없어지도록 한다. 흙손이나 기타 공구로 몰드의 가장자리에 묻어 있는 콘크리트를 제거한다.

표 2.3.7 공시체의 윗면적 및 다짐대의 지름에 따른 다짐횟수

공시체의 종류	공시체의 지름 및 윗면적	다짐대의 지름(mm)	다짐횟수/층
압축강도 공시체	지름 50~150 mm 150 mm 200 mm 250 mm	10 16 16 16	25 25 50 75
휨강도 공시체	16 000 mm^2 이하 16 500~31 000 mm^2 32 000 mm^2 이상	10 10 10	25 윗면적 700 mm^2당 1회 윗면적 1 400 mm^2당 1회
크리프 시험체	지름 150 mm	16	축의 양쪽에 25 합계 50

진동기를 사용하는 방법

표준 진동시간은 콘크리트의 종류, 진동기 및 몰드의 특성에 따라 정하며, 진동은 콘크리트가 충분히 다져질 때까지 계속해야 한다.

몰드를 거의 같은 층으로 나누어 채워서 진동을 가하고, 각 층의 콘크리트에 진동을 가하기 전에 몰드에 넣어야 하며, 상층은 6 mm 이상 넘쳐서는 안 된다.

상층에 진동을 가한 후 콘크리트를 더 채워 흙손으로 몰드 위에 3 mm 정도가 되도록 깎아내어 콘크리트의 워커빌리티(Workability)와 진동기의 효율에 따라 소요 진동시간을 결정한다.

일반적으로 콘크리트 표면이 평활하게 되도록 가하면 충분하다.

① 내부 진동기의 진동을 받는 지름이나 두께는 휨강도 시험용 공시체의 경우 몰드폭의 1/3을 넘어서는 안 되며, 압축강도 시험용 공시체에서의 진동을 받은 지름에 대한 공시체지름의 비는 4 또는 그 이상이어야 한다.

② 원주형 공시체는 각 층의 각기 다른 3개의 위치에서 진동을 가해야 하며, 윗층을 다질 때에는 진동기가 밑층으로 약 25 mm 정도 관입되어야 한다.

③ 휨강도, 장방형 공시체의 경우 길이방향의 중심선에 따라 150 mm 이하의 간격으로 진동을 가하며, 폭이 150 mm 이상이 되는 공시체의 경우에는 두 줄로 진동을 가해야 하고, 밑층으로 약 25 mm 정도 관입해야 한다.

④ 외부 진동기를 사용할 때에는 몰드를 진동기에 단단히 고정시켜야 한다.

⑤ 마무리: 다진 후의 공시체는 그 표면을 마무리해야 한다. 마무리는 몰드의 둘레와 모서리가 수평이 되고, 3 mm 이상의 요철이 있어서는 안 된다.

㉠ 압축강도 시험용 공시체: 최상층을 다진 후 흙손 또는 다짐대로 콘크리트 표면을 고르고, 필요하면 시멘트 페이스트로 얇게 캡핑(Capping)한다.

㉡ 크리프 시험용 공시체: 다져진 개구부의 콘크리트를 정확한 모양으로 만들기 위해 흙손으로 공시체를 깎아내고, 지름보다 큰 스크리드(Screed)를 사용하여 마무리한다.

6. 양 생

(1) 마무리 후의 양생

마무리 직후의 공시체는 비흡수성 판이지만 단단하고, 내구적인 불투수 플라스틱 판으로서 수분이 증발하지 않도록 콘크리트 표면을 덮어야 한다. 젖은 천으로 덮어도 좋으나 몰드에서 공시체를 제거할 때까지 습윤 상태를 유지할 수 있어야 한다. 공시체를 성형한 후 처음 24시간 동안 종이 몰드의 경우는 외부면에 젖은 천이나 습기가 닿지 않도록 해야 한다.

(2) 몰드의 제거

공시체는 성형 후 20~48시간 내에 몰드에서 꺼내야 한다.

(3) 양생환경

공시체는 특별한 규정이 없는 한 성형 후 시험 전까지 20±3℃의 습윤상태로 저장하여 양생한다. 이때 공시체를 흐르는 물에 넣거나 진동을 주어서는 안 된다.

(4) 휨강도 시험용 공시체

휨강도 시험용 공시체는 시험 전까지 20시간 이상 20±3℃의 석회수 용액에 침수시키는 경우를 제외하고는 마무리 후의 양생 및 몰드의 제거 방법에 준해야 한다. 또한 양생이 끝났을 때까지 표면이 건조되지 않도록 다루어야 한다.

7. 주의사항

① 이 규격은 공사현장에서 콘크리트를 채취하여 콘크리트의 압축 및 휨강도 시험용 공시체를 제작하고, 양생하는 방법에 대해서는 적용하지 못한다.

② 몰드는 사용하기 전에 이형제를 발라 두어야 한다.

③ 두꺼운 종이 몰드를 사용할 경우 흡수 및 길이변화가 규정의 허용값을 초과하지 않아야 한다.

④ 실험실에서 콘크리트를 혼합할 경우 가경믹서의 회전비율, 경사도, 용량 등이 중요한 사항이 되므로 가경믹서의 사용 시 이점들을 유의해야 한다.

⑤ 지시된 배합에 의한 공시체 제작 시 필요한 콘크리트 전량을 3개 이상의 배치로 나누어 한 배치씩 혼합하고 각 배치로부터 각 재령에 의한 공시체를 1개씩 제작해야 한다.

⑥ 믹서로 혼합한 콘크리트의 재료분리 방지를 위해 깨끗하고 물이 새지 않는 습한 철판 위에 옮긴 후 삽이나 흙손으로 재혼합해야 한다.

⑦ 콘크리트다짐 시 진동기를 사용할 경우 진동기가 몰드의 밑면이나 측면에 닿거나 정지되어서는 안 되며, 진동기를 제거할 경우에도 공시체에 빈틈이 남지 않도록 해야 한다.

3-9 콘크리트의 압축강도 시험 방법

(KS F 2405 ; Standard Test Method for Compressive Strength of Concrete)

1. 시험목적

콘크리트의 압축강도(Compressive strength)는 콘크리트의 각종 시험 중에서도 가장 중요한 밀도를 차지하고 있다. 압축강도는 인장강도, 탄성계수, 내구성 등의 개략 값을 추정할 수 있고, 실제 구조물에 시공된 콘크리트의 품질로서, 설계에서 가정한 특성을 갖고 있는가를 조사하기 위해 행한다.

2. 시험용 기구

① 압축강도 시험기(사진 2.3.10 참조)

시험시의 최대하중이 칭량의 1/5에서 칭량까지의 범위에서 사용한다. 동일 시험기에서 칭량을 가할 수 있는 경우는 각각의 칭량을 별개의 칭량으로 간주한다.

② 상하의 가압판

상하의 가압판의 크기는 공시체의 지름 이상으로 하고 두께는 25 mm 이상으로 한다. 가압판의 압축면은 연마가공으로 하고 평면도는 100 mm 당 0.02 mm 이내이며, 쇼어경도는 70 HS 이상으로 한다.

③ 구면 시트

위 가압판은 구면 시트를 가진 것으로 한다. 구면 시트는 가압판 표면 위에 그 중심을 가지며 가압판의 회전각을 3° 이상 얻을 수 있는 것으로 한다.

사진 2.3.10 압축강도 시험기(U.T.M.)

3. 시 료

시료의 수는 3개 이상이어야 한다.

4. 시험 방법

① 구좌(球座)로 된 가압판 바로 밑에 있는 시험기의 대 및 가압판 위에 편평한 가압판을 놓으며, 위아래 부분의 가압판과 공시체의 지압면을 깨끗이 닦고, 공시체 아랫부분의 가압판 위에 시료를 올려 놓는다.

② 시료의 축이 윗부분 가압판의 구좌 중앙에 반듯하게 오도록 한다.

③ 구좌로 된 가압판을 시료 위에 접촉시킬 때는 손으로 가동부를 조용히 회전시켜 고르게 접촉되도록 해야 한다.

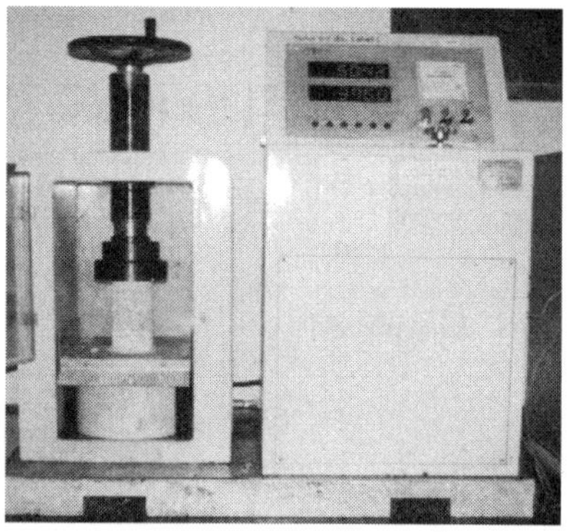

사진 2.3.11 콘크리트 전용 압축강도 시험기

④ 하중은 충격을 주지 않도록 계속적으로 가해야 하며, 압축 응력도의 증가율이 매초 0.6±0.4 MPa 이내의 속도로 한다. 공시체가 급격한 변형을 시작한 후에는 하중을 가하는 속도의 조정을 중지하고, 하중을 계속 유지시킨다.

⑤ 하중은 시료가 파괴될 때까지 가압하여 시료의 최대하중을 유효 숫자 3자리까지 읽고 콘크리트의 파괴형태를 기록해야 한다.

5. 시험결과의 계산

시료의 압축강도는 시험 중 시료가 받은 최대하중을 시료의 평균 단면적으로 나누어 계산한다.

$$\text{압축강도}(\text{N/mm}^2) = \frac{\text{최대하중}(\text{N})}{\text{공시체의 단면적}(\text{mm}^2)}$$

6. 주의사항

① 습윤 양생 시료의 압축 시험은 양생실에서 꺼낸 즉시 시험해야 한다.
② 습윤 양생실에서 시료를 꺼내어 시험할 때까지 젖은 마포나 모포로 덮어서 습기를 보호해야 하며, 시험은 반드시 습윤 상태에서 해야 한다.
③ 시험 전 시료의 지름을 0.1 mm, 높이 1 mm까지 측정하여야 하며, 시료의 높이 중앙에서 서로 직교하는 두 방향의 지름을 측정하고 평균한 것을 시료의 지름으로 한다.
④ 캡핑(Capping)을 포함한 시료의 높이를 최소 2.5 mm까지 측정해야 한다.
⑤ 공시체에 하중을 가할 경우 최대하중의 50 %까지는 비교적 빠른 속도로 가해도 좋다.
⑥ 압축강도의 계산 시에는 유효숫자 3자리까지 계산한다.

3-10 콘크리트의 휨강도 시험 방법(단순보의 3등분점 하중법)

(KS F 2408 ; Standard Test Method for Flexural Strength of Concrete)

1. 시험목적

본 시험은 보, 슬래브 등과 같이 휨을 받는 부재에 사용되는 콘크리트의 휨저항 능력을 평가하기 위해 행한다. KS F 2008 표준은 4점 재하법에 따른 경화 콘크리트 공시체의 휨강도 시험 방법에 대해 규정한다.

2. 시험용 기구

4점 하중을 재하하기 위한 장치는 4점 하중을 연직으로, 또한 중심이 치우치지 않도록 가할 수 있으며, 공시체를 설치했을 때 안정되고, 그 밖에도 충분한 강성을 가지는 것으로 한다.

그림 2.3.12는 시험장치 원리의 보기를 나타낸 것으로서, 2개의 지지롤러와 2개의 재하롤러로 이루어진다. 또 롤러는 모두 강제로 하며, 지름 20~40 mm의 원형 단면을 가지고, 공시체의 너비보다 적어도 10 mm 긴 것으로 한다. 그리고 1개를 제외한 모든 롤러는 그 축을 중심으로 회전할 수 있는 것으로 한다.

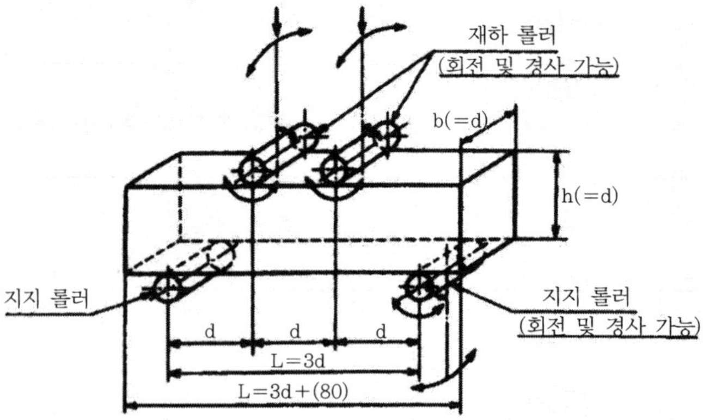

그림 2.3.2 4점 하중법에 의한 콘크리트의 휨강도 시험

3. 시 료

시료는 두께의 약 3배인 스팬(Span)을 가져야 하며, 시험할 때까지 습윤 상태이어야 한다.

4. 시험 방법

① 시험기는 시험시의 최대하중이 용량의 1/5에서 최대용량까지의 범위에서 사용한다. 같은 시험기에서 용량을 바꿀 수 있는 경우는 각각의 용량을 별개의 용량으로 간주한다.

② 지간은 공시체 높이의 3배로 한다.

③ 공시체는 콘크리트를 몰드에 채웠을 때의 옆면을 상하면으로 하며, 베어링 너비의 중앙에 놓고, 지간의 3등분점에 상부 재하 장치를 접촉시킨다. 이 경우 재하 장치의 접촉면과 공시체 면과의 사이 어디에도 틈새가 없도록 한다.

④ 공시체에 충격을 가하지 않도록 일정한 속도로 하중을 가한다. 하중을 가하는 속도는 가장자리 응력도의 증가율이 매초 0.06±0.04 MPa(=N/mm^2)이 되도록 조정하고, 최대하중이 될 때까지 그 증가율을 유지하도록 한다.

⑤ 공시체가 파괴될 때까지 시험기가 나타내는 최대하중을 유효숫자 3자리까지 읽는다.

⑥ 파괴단면의 너비는 3곳에서 0.1 mm까지 측정하고, 그 평균값을 KS Q 5002에 따라 소수점 이하 첫째자리에서 끝맺음한다.

⑦ 파괴단면의 높이는 2곳에서 0.1 mm까지 측정하고, 그 평균값을 KS Q 5002에 따라 소수점 이하 첫째자리에서 끝맺음한다.

사진 2.3.12 콘크리트의 휨강도 측정

5. 결과의 계산

① 공시체가 인장 쪽 표면 지간방향 중심선의 3등분점 사이에서 파괴되었을 때는 휨강도를 다음 식으로 산출하여 KS Q 5002에 따라 유효숫자 3자리에서 끝맺음한다.

$$f_b = \frac{M}{Z} = \frac{pl}{bh^2}$$

여기에서, f_b: 휨강도(MPa)(=N/mm^2)

p : 시험기가 나타내는 최대하중(N)

l : 지간(mm)

b : 파괴단면의 너비(mm)

h : 파괴단면의 높이(mm)

② 공시체가 인장쪽 표면의 지간방향 중심선의 3등분점의 바깥쪽에서 파괴된 경우는 그 시험 결과를 무효로 한다.

3-11 콘크리트의 쪼갬 인장강도 시험 방법

(KS F 2423: Standard Test Method for Tensile Splitting Strength of Concrete)

1. 시험목적

쪼갬 인장강도 시험은 콘크리트의 인장강도를 평가하기 위한 시험으로서, 압축강도 시험장치와 비교적 간단한 부가 장치만으로 실험의 수행이 가능하다. 압축강도 시험에 이용되는 것과 동일한 형상의 원주 공시체를 사용하여 압축 시험기의 상하 가압판 사이에 가압판과 공시체의 접촉선에 틈새가 없도록 옆으로 놓고 하중을 가해 가며 최대하중을 구한 후 인장강도를 산정한다.

2. 시험기구 및 장치

① 압축 시험기

② 가압판

3. 시료

공시체는 원주형 공시체, 장방형 공시체 등이 있는데, KS F 2403에 따라 제작한다. 또한 공시체는 소정의 양생이 끝난 직후의 상태에서 시험을 할 수 있도록 한다.

사진 2.3.13 공시체의 설치 방법

4. 시험 방법

① 공시체의 하중을 가하는 방향에서의 지름을 2개소 이상에서 0.1 mm까지 측정하고, 그 평균값을 공시체의 지름으로 하여 KS Q 5002에 따라 소수점 이하 첫째자리로 끝맺는다.

② 시험 시, 최대 하중은 시험기 최대용량의 20~80 % 범위여야 한다.

③ 공시체의 측면 및 상하 가압판의 압축면을 청소한다.

④ 공시체를 시험기의 가압판 위에 편심하지 않도록 사진 2.3.13과 같이 설치한다. 이 경우, 가압판과 공시체의 접촉선의 어디에서도 틈새가 없도록 한다. 상하의 가압판은 하중을 가하고 있는 동안 평행을 유지할 수 있도록 한다.

⑤ 공시체의 충격을 가하지 않도록 똑같은 속도로 하중을 가한다. 하중을 가하는 속도는 인장 응력의 증가율이 매초 0.06±0.04 MPa(=N/mm^2)이 되도록 조정하고, 최대하중에 도달할 때까지 그 증가율을 유지하도록 한다.

⑥ 공시체가 파괴될 때까지 시험기에 나타내는 최대하중을 유효 숫자 3자리까지 읽는다.

⑦ 공시체가 쪼개진 면에서의 길이를 2개소 이상에서 0.1 mm까지 측정하여 그 평균값을 공시체의 길이로 하고, KS Q 5002에 따라 유효 숫자 4자리로 끝맺는다.

5. 결과의 계산

쪼갬인장강도는 다음 식에 따라 계산하고 KS 5002에 따라 유효 숫자 3자리로 끝맺는다.

$$f_{SP} = \frac{2P}{\pi dl}$$

여기에서, f_{SP} : 쪼갬인장강도 MPa(=N/mm^2)

P : 4-⑥에서 구한 최대하중(N)

d : 4-①에서 구한 공시체의 지름(mm)

l : 4-⑦에서 구한 공시체의 길이(mm)

3-12 콘크리트 원주 공시체의 정탄성계수 및 포아송비 시험 방법

(KS F 2438: Standard Test Method for Static Modulus of Elasticity and Poission's Ratio in Compression of Cylindrical Concrete Specimens)

1. 시험목적

본 시험은 성형한 콘크리트 원주 공시체 및 다이아몬드로 뚫은 콘크리트 코어가 세로 압축응력을 받았을 때의 탄성계수 및 포아송비를 구하고자 함이다.

2. 시험용 기구 및 장치

(1) 콤프레소미터(Compressometer)

탄성계수를 구할 때 공시체에 압축하중을 가하여 길이 변형을 측정하는 기구로 지름 반대쪽에 2개의 게이지 선을 축과 평행하게 공시체 높이의 중간에 붙여서 10 mm에 대해 0.05 μm까지의 정밀도로 변형을 측정한다. 게이지 라인의 길이는 콘크리트에 사용한 굵은 골재 최대치수의 3배 이상, 공시체 높이의 2/3이하로 하되 추천 길이는 높이의 1/2이다. 게이지 포인트는 공시체 안에 묻거나 접착시켜 2개 게이지 라인의 변형은 따로 읽거나 이 장치를 사용하여 요크 중 1개는 공시체에 고정시키고, 다른 1개는 지름 반대쪽 2점에 붙여 회전할 수 있도록 한다. 회전하는 요크의 2개 지점 중간에 긴 중심대를 붙여 2개 요크 사이의 거리를 유지하고, 원주 반대쪽 점에서의 요크 간 거리의 변화가 지름 반대쪽 2개 게이지 라인의 변형[8]합과 같도록 한다.

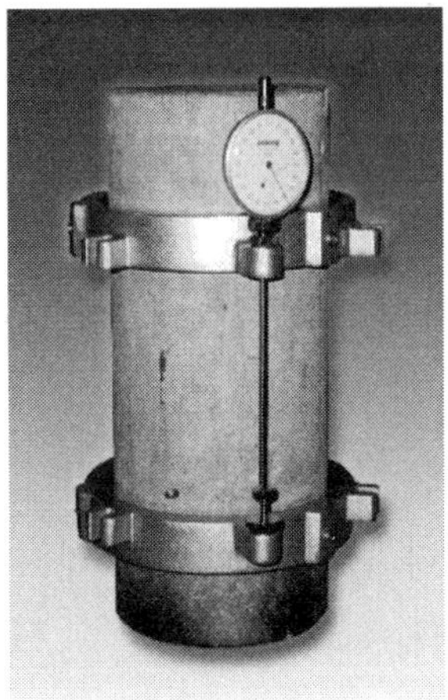

사진 2.3.14 콤프레소미터

---

8) 만일, 로트와 게이지의 편심이 같지 않을 때 변형은 다음 식으로 계산할 수 있다.

$$d = \frac{ge_r}{e_r + e_g}$$

d: 유효 게이지 길이에 대한 공시체의 전체 변형(μm)

g: 게이지의 읽음(μm)

e_r: 공시체 축에서 로드의 편심 0.254 mm까지 측정

변형은 다이얼 게이지로 직접 또는 레버 확대 방식으로 와이어 스트레인 게이지나 변차 트랜스포머로 측정한다.

(2) 엑스텐소미터(Extensometer)

포아송비를 구할 경우의 가로 변형을 측정하려면, 공시체 높이 중앙에서의 지름 변형을 접착시키지 않은 엑스텐소미터로 0.25 μm까지 읽는다.

2개의 접착한 스트레인 게이지를 공시체 높이 중간에 지름 반대쪽 점에 원주를 따라 붙이고, 원주 변형을 10 mm에 대해 0.05 μm까지 정확하게 읽는다.

사진 2.3.15 엑스텐소미터

(3) 포아송비 측정장치

사진 2.3.16 포아송비 측정장치

콤프레소미터와 엑스텐소미터를 조합한 것으로 이 기구에는 제3의 요크가 있고, 2개의 콤프레소미터 요크 중간에 공시체 지름 반대쪽 2점에 붙인다. 이 2점 중앙에 짧은 중심대를 긴 중심대에 이어 붙여서 아래쪽 요크와 중앙 요크 사이의 거리가 일정하게 되도록 유지한다. 중앙 요크는 피벗인 점에서 힌지를 만들고, 멍에 모양으로 끊은 2개의 세그먼트가 수평면에서 자유롭게 회전할 수 있도록 한다. 원주 반대쪽 점에서 2개의 세그먼트 다이얼 게이지나 다른 측정 장치를 사용하여 연결하고, 가로 변형을 0.5 μm까지 측정할 수 있도록 한다. 이 변형은 공시체 지름 가로 변형의 2배가 된다(만일 게이지의 편심이 힌지의 편심보다 클 경우). 만일 힌지와 게이지의 편심이 같지 않을 때에는 공시체 지름의 가로 변형은 (1)에 따라 계산할 수 있다.

(4) 저울

(5) 압축 시험기

(6) 캘리퍼스

(7) 다니얼 게이지

---

e_g: 공시체 축에서 게이지의 편심 0.254 mm까지 측정

(8) 흙손

(9) 비빔 용기

3. 공시체

(1) 성형한 원주 공시체

시험 원주 공시체는 KS F 2403에 따라 성형하고 캐핑하여야 한다. 공시체는 요구되는 탄성체의 역학적 성질을 만족하는 규정된 양생 상태를 유지하고 시험해야 한다. 공시체는 양생실 또는 저장실에서 꺼내어 1시간 이내에 시험해야 한다. 시험하기 위해 습윤실에서 꺼낸 공시체는 시험할 때까지 젖은 천으로 덮어서 습윤 상태를 유지하여야 한다.

(2) 드릴로 도려낸 코어 공시체

코어는 KS F 2422의 압축강도 공시체에 대한 드릴링 단면을 준비하여 함수 조건 및 캡핑에 맞아야 한다. 다만, 다이아몬드로 도려낸 것은 길이와 지름의 비가 1.50 이상인 코어에 한하여 적용한다. 저장 및 시험 직전의 상태에 대해서는 3-(1)과 같다.

(3) 시험 공시체

지름은 길이 중앙에서의 지름을 서로 직각인 두 방향에서 버니어 캘리퍼스로 0.1 mm까지 측정하여 평균을 구한다. 공시체의 단면적은 이 평균 지름을 사용하여 계산한다. 성형된 공시체는 캡핑된 부분을 포함하여 길이를 1.0 mm까지 측정한다. 도려낸 공시체는 KS F 2412에 따라 길이를 1.0 mm 정밀도로 측정한다.

만일 압축강도를 구하기 위한 같은 조의 공시체가 없을 경우 또는 공시체의 근사 단위 질량이 명확하지 않을 때에는 공시체를 시험 직전에 시험실에서 공기 중 질량을 50 g의 정밀도로 측량한다.

4. 시험 방법

① 시험 중의 온도와 습도는 가급적 일정하게 유지하며, 온도 및 습도에 변동이 생기면 기록해 둔다.

② 만일 같은 조 공시체를 이용할 수 있을 때에는 탄성계수의 시험에 앞서 KS F 2405에 의해 압축강도를 구한다.

③ 공시체는 변형 측정 장치를 붙여 시험기의 하판 또는 기기 블록 위에 둔다. 조심하여 공시체의 축을 바르게 구좌 상부 지지 블록의 압력 중심과 일치시킨다. 변형 지시계를

읽고 기록해 둔다. 구좌 블록을 조용히 공시체 위에 내려, 블록의 가동 부분을 손으로 회전시켜 균등한 가압이 되도록 한다.

④ 공시체에는 하중을 2회 이상 가한다. 제1회의 하중에 대해서는 어떠한 기록도 하지 않고, 계산은 그 이후 하중 결과의 평균으로 한다. 시험의 반복성을 얻기 위해 적어도 2회 이상의 하중을 가하는 것이 좋다. 제1회의 하중을 주로 게이지를 정착시키기 위해 가하고, 그 사이에 게이지의 동작을 관찰하여 제2회 하중을 가하기 전에 비정상적인 동작을 수정한다. 각 회의 읽음은 다음과 같이 구한다.

하중을 연속해서 충격이 가지 않도록 가한다. 스크루형 시험기는 그 가동 베드가 무하중인 경우에 약 0.125 mm/min의 속도로 움직이도록 조정한다. 유압 시험기는 하중을 1초당 0.25±0.035 MPa(=N/mm^2) 범위로 가한다. 하중은 계속하여 가하며, 그 하중의 크기와 세로 변형률은 다음과 같을 때 기록한다.

㉠ 세로 변형률이 50×10^{-6}일 때

㉡ 가해진 하중이 극한하중의 40 %와 같을 때

세로 변형률은 총 세로 변형을 유효 게이지 길이로 나눈 것으로 정의된다. 포아송비를 구하기 위해 같은 점에서 가로 변형을 기록한다.

⑤ 탄성계수 및 강도는 동일 하중에 대하여 구해지고, 게이지는 계속 사용하든지 제거하든지 또는 연속 하중에 견디도록 잘 보호되어 있어야 한다.

5. 결과의 계산

① 탄성계수를 350 MPa(=N/mm^2)까지 다음 식으로 계산한다.

$$E=\frac{S_2-S_1}{\varepsilon_2-0.000\,050}$$

여기에서, E : 탄성계수[MPa(=N/mm^2)]

S_1 : 세로 변형률 0.000 05에 대한 응력[MPa(=N/mm^2)]

S_2 : 가해진 최대하중의 40 %에 대한 응력[MPa(=N/mm^2)]

ε_2 : 응력 S_2로 생긴 세로 변형률

② 포아송비는 0.01까지 다음 식으로 계산한다.

$$\mu=\frac{\varepsilon_{t2}-\varepsilon_{t1}}{\varepsilon_2-0.000\,050}$$

여기에서, μ : 포아송비

ε_{t1}: 응력 S_1으로 공시체 높이의 중앙에 생긴 가로 변형률

ε_{t2}: 응력 S_2로 공시체 높이의 중앙에 생긴 가로 변형률

ε_2: 응력 S_2로 생긴 세로 변형률

3-13 모르타르 및 콘크리트의 길이변화 시험 방법

(KS F 2424 ; Standard Test Method for Length Change of Mortar and Concrete)

1. 시험목적

모르타르의 콘크리트에서 건조수축으로 인하여 건조하게 되면 수축이 일어난다. 건조수축은 시멘트, 골재의 성질, 콘크리트 배합 및 양생조건, 공시체의 크기 등에 따라 크게 변화하며, 콘크리트 부재에 있어서 균열발생의 원인이 되고 내구성에도 나쁜 영향을 미친다. 이와 같이 콘크리트의 건조수축은 역학적 특성 중에서도 중요한 성질로 본 시험은 이러한 모르타르 및 콘크리트의 특성을 평가하기 위하여 실시한다.

사진 2.3.17 콤퍼레이터 방법

2. 시험용 기구

(1) 콤퍼레이터 방법

① 표선용 젖빛 유리

② 각선기

③ 측정기

(2) 콘택트 게이지 방법

① 게이지 플러그

② 측정기

(3) 다이얼 게이지 방법

① 게이지 플러그

② 측정기

사진 2.3.18 다이얼 게이지 측정기

3. 공시체

(1) 공시체의 치수

공시체의 치수는 모르타르의 경우 40×40×160 mm, 콘크리트의 경우 너비와 높이는 동일하게 하되 굵은 골재 최대치수의 3배 이상 이어야 하며, 길이는 너비 또는 높이의 3.5배 이상으로 한다.

(단, 굵은 골재의 최대치수가 25 mm 이하인 경우에는 원칙적으로 100×100×400(500) mm로 한다)

사진 2.3.19 콘택트 게이지 측정기

(2) 공시체의 보존

① 보존시 공시체는 젖빛 유리 또는 게이지를 손상시키지 말 것

② 공시체의 주변 환경을 동일하게 하기 위해서 모르타르의 경우 10 mm 콘크리트의 경우 25 mm 이상 간격을 두고 보존해야 한다.

(3) 시료의 수

시료의 수는 3개 이상이어야 한다.

4. 시험 방법

(1) 콤퍼레이터 방법

① 공시체의 길이 측정에 앞서 각선기로 젖빛 유리에 선을 그린다.

② 공시체의 받침대에 표준자를 놓고, 표준자의 눈금 0을 B현미경의 심자선에 일치시킨다. A현미경의 마이크로미터의 십자선을 움직여 공시체의 기준 길이만큼 표준자의 눈금을 십자선과 일치시켜, 마이크로미터의 눈금을 읽어 x_1로 한다.

③ 공시체를 젖빛 유리면이 위로 오도록 하여 콤퍼레이터의 받침대를 조심스럽게 올려놓는다. 이때, 공시체에 표시하여 공시체의 방향이 매회 동일하도록 주의한다.

④ 공시체의 한쪽 표선을 B현미경의 십자선에 정확히 일치시킨다. 다음, A현미경의 마이크로미터의 십자선을 움직여서, 다른 한쪽의 표선과 십자선을 일치시킨 후, 마이크로미터의 눈금을 읽어 x_2로 한다.

(2) 콘택트 게이지 방법

① 표준자를 수평한 대 위에 놓고, 표준자의 게이지 플러그에 콘택트 게이지의 측점을 눌러대고, 다이얼 게이지의 눈금을 읽는다. 다음, 콘택트 게이지의 좌우를 반대로 해서 같은 조작을 하고 다이얼게이지 눈금을 읽는다. 이것을 2회 평균치를 구해서 x_1으로 한다.

② 공시체를 게이지 플러그가 붙어 있는 면을 위로 하여 수평한 대 위에 놓고, 공시체의 게이지 플러그에 콘택트 게이지를 눌러 대고, ①과 같은 조작을 되풀이해서 다이얼 게이지의 눈금 평균치를 구해 x_2로 한다.

(3) 다이얼 게이지 방법

① 길이 측정용 틀은 공시체를 측정할 때와 같은(연직 또는 연직에 대해 일정한 경사가 되는) 상태로 정치한다.

② 표준자 한쪽 플러그에 길이 측정용 틀의 접점을 접촉시켜 다이얼 게이지의 스핀들 끝이 표준자의 축에 일치되어 움직이도록 하고 스핀들을 서서히 표준자의 다른 한쪽에 접촉시켜 다이얼 게이지 눈금을 읽는다. 스핀들을 빼내어 다시 위 조작을 반복하고 2회째 이후의 눈금을 읽는 것을 평균하여 x_1로 한다.

③ 공시체에 대하여 ②와 같은 조작을 반복하여 다이얼 게이지 눈금을 읽는 것을 평균하여 x_2로 한다.

5. 시험결과의 계산

길이 변화율은 다음 식을 이용하여 구한다.

$$\text{길이 변화율}(\%) = \frac{(x_{01} - x_{02}) - (x_{i1} - x_{i2})}{L_0} \times 100$$

여기에서, L_0 : 기준길이

x_{01}, x_{02} : 각각 기준으로 한 시점에서의 측정값

x_{i1}, x_{i2} : 각각 시점 i번째에서의 측정값

6. 측정과 유의사항

① 공시체 탈영 후 즉시 제 1회 측정을 한다.

② 제1회 측정 후 공시체를 20±3℃의 수중에서 양생하고 재령이 7일이 되었을 때, 제2회 측정을 하고 이 시점을 기준으로 한다

③ 제2회째의 측정 후 주변 온도를 20±3℃, 습도를 60±5 %로 유지하고 온도 및 습도를 유지하는 항온항습 설비를 가진 실내 또는 수조에서 양생 조건을 유지한다.

④ 보존 기간이 1, 4, 8주 및 3, 6, 9, 12개월이 되었을 때, 각각 측정한다.

3-14 기타 콘크리트 시험

콘크리트의 시험 방법 중 아래의 시험 방법에 대해서는 KS규격을 참고한다.

콘크리트 양생용 재료의 보수능력 시험 방법	KS F 2406
휨강도 시험한 공시체로 콘크리트의 압축강도를 시험하는 방법	KS F 2413
콘크리트 중의 초음파 전달 속도 시험 방법	KS F 2418
콘크리트에서 절취한 코어 및 보의 강도 시험 방법	KS F 2422
시험실에서 콘크리트 시료를 만드는 방법	KS F 2425
주입 모르타르의 압축강도 시험 방법	KS F 2426
굳지 않은 콘크리트의 반죽질기 시험 방법(비빔방법)	KS F 2427
진동식 반죽질기 측정기에 의한 콘크리트의 유동성 시험 방법	KS F 2428
프리팩트 콘크리트의 압축강도 시험 방법	KS F 2431
시멘트 모르타르 및 콘크리트에서 도려낸 공시체의 길이변화 시험 방법	KS F 2435
공명진동에 의한 콘크리트의 동탄성계수, 동전단탄성계수 및 동푸아송비 측정방법	KS F 2437
굳지 않은 콘크리트의 용적에 의한 공기량 시험 방법	KS F 2449
굳지 않은 콘크리트의 반죽질기 시험 방법(다짐도 방법)	KS F 2452
콘크리트의 압축 크리프 시험 방법	KS F 2453
원심력으로 다져진 콘크리트의 압축강도 시험 방법	KS F 2454
굳지 않은 콘크리트 중의 모르타르와 굵은 골재량의 변화율(차) 시험 방법	KS F 2455
급속 동결융해에 대한 콘크리트의 저항 시험 방법	KS F 2456
기포 콘크리트의 겉보기 밀도 · 함수율 · 흡수율 및 압축강도 시험 방법	KS F 2459
기포 콘크리트의 길이변화 시험 방법	KS F 2460
구조용 경량 콘크리트의 단위질량 시험 방법	KS F 2462
레진콘크리트 시험 방법	KS F 2497
경량 기포 콘크리트 블록(ALC 블록)	KS F 2701
콘크리트 원주공시체를 성형하기 위한 몰드	KS F 2801
현장 타설용 기포 콘크리트	KS F 4039

제4장

시멘트 및 콘크리트제품

4-1 개 요

시멘트제품이란 시멘트를 모재(母材)로 하고, 모래 · 자갈 · 석면 · 목모 · 목편 등의 골재를 1종 또는 2종 이상 배합하여 소요의 형상으로 제조한 것을 말한다. 콘크리트 제품은 시멘트 제품의 일종이지만 특히 잔 · 굵은 골재를 이용한 것으로서, 두께와 구조적인 강도가 일반 시멘트 제품보다 비교적 큰 특성을 갖는다.

시멘트 · 콘크리트제품은 다른 재료 보다 값이 싸고 내화 · 내구성이 우수하다. 또한 부재 두께가 두꺼운 제품은 단열 및 차음에 우수한 주거용 재료로 적당하다. 반면에 장식성이 떨어지는 것이 많고, 금속재료 및 플라스틱 재료와 비교하여 구조적 강도가 낮은 결점이 있어 적용 시 주의가 요구된다. 따라서 일반적으로 고층건축과 같이 구조부재에 높은 내력이 요구되는 경우에는 보조부재로 사용하거나 커튼월로 사용하는 것이 좋다.

4-2 콘크리트 벽돌

(KS F 4004 ; Concrete Bricks)

1. 개 요

콘크리트 벽돌은 주로 진동 · 압축에 의하여 제조되는 것으로 콘크리트 블록과 같이 벽체 조적용으로서 주로 주택 등 소규모 건축에 이용된다. 콘크리트 벽돌은 벽체 조적 시 온장을 쓰는 것이 기본이지만 통줄눈이 생기지 않도록 일부 잘라(벽돌마름질) 쓰는데, 이때의 종류 및 명칭은 그림 2.4.1과 같다.

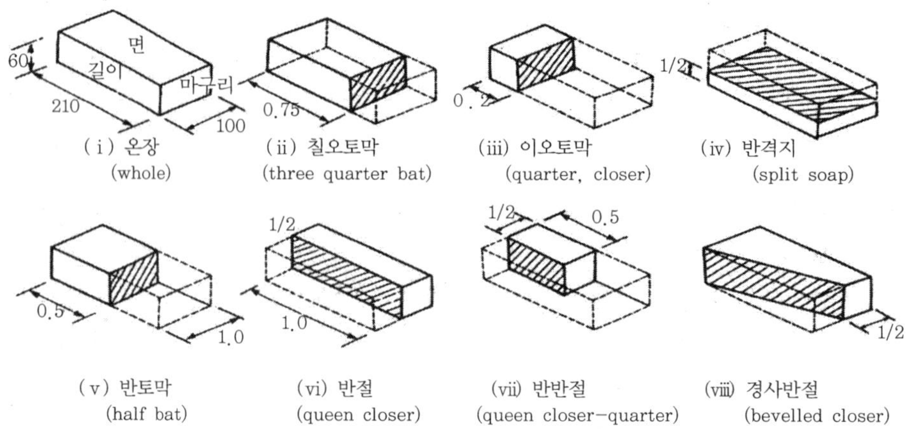

그림 2.4.1 벽돌의 종류

2. 종 류

모양에 따른 구분으로서 기본벽돌과 이형벽돌로 분류되고, 사용용도 및 품질에 따른 구분으로는 옥외 또는 내력구조에 주로 사용되는 1종 벽돌과 옥내의 비내력구조에 사용되는 2종 벽돌로 구분된다.

3. 품 질

벽돌의 품질은 각각의 시험항목에 따라 시험하고, 표 2.4.1의 규정에 적합해야 한다.

표 2.4.1. 벽돌의 품질

구 분	기건비중(1)	압축강도(N/mm²)	흡수율(%)
1종 벽돌	–	13 이상	7 이하
2종 벽돌	–	8 이상	13 이하

주(1) 기건비중은 필요 시 이해당사자 간의 합의에 의하여 측정

4. 모양 및 치수

① 벽돌은 겉모양이 균일하고 비틀림, 해로운 균열, 흠 등이 없어야 한다.

② 벽돌의 모양, 치수 및 허용값은 표 2.4.2와 같다.

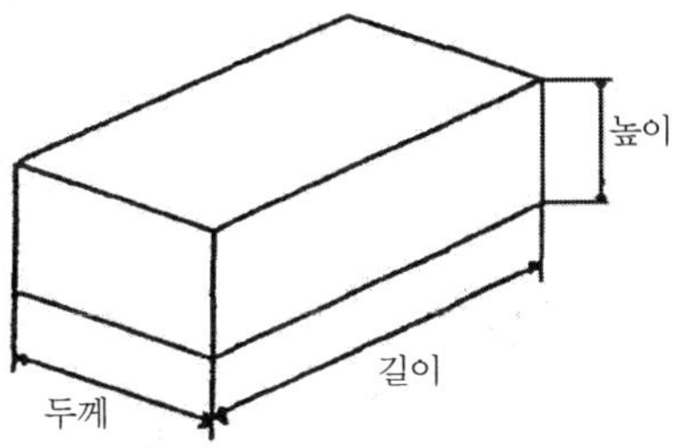

그림 2.4.2 벽돌의 길이, 높이 및 두께

표 2.4.2 벽돌의 모양, 치수 및 허용값 (단위: mm)

모 양	길 이	높 이	두 께	허 용 차
기본벽돌	190	57 90	90	±2
이형벽돌	홈 벽돌, 둥근 모접기 벽돌과 같이 기본벽돌과 동일한 크기인 것의 치수 및 허용값은 기본벽돌에 준한다. 다만, 그 이외의 경우는 당사자 간의 협의에 따른다.			

5. 재 료

① 시멘트는 KS L 5201(포틀랜드 시멘트), KS L 5204(백색 포틀랜드 시멘트), KS L 5210(고로 슬래그 시멘트), KS L 5211(플라이 애시 시멘트) 또는 KS L 5401(포틀랜드 포졸란 시멘트)에 규정하는 것으로 한다. 다만, 플라이 애시 시멘트는 A종 및 B종으로 한다.

② 골재는 보통 골재, 경량 골재, 그밖에 이와 유사한 불연성인 것으로 하며, KS F 2526(콘

크리트용 골재), KS F 2527(콘크리트용 부순 골재), KS F 2534(구조용 경량 골재), KS F 2544(콘크리트용 고로 슬래그 골재), KS F 2473(콘크리트용 순환 골재)에 따른다.

③ 물은 기름, 산, 염류, 유기물 등 제품에 영향을 미치는 유해 물질을 유해량 이상 함유하여서는 안 된다.

④ 혼화재료를 사용할 경우에는 제품의 질을 나쁘게 하지 않는 범위에서 적당한 혼화재료를 첨가해도 좋다.

6. 제조방법

① 콘크리트의 물/시멘트비는 35 % 이하[9])로 한다.

② 재료의 계량은 모두 질량으로 측정한다. 다만, 물 또는 액상의 혼화 재료는 부피 또는 그 밖의 확실한 방법으로 계량해도 좋다.

③ 벽돌의 성형은 진동 압축 또는 이와 동등 이상으로 콘크리트를 치밀하게 충전할 수 있는 방법으로 한다.

④ 벽돌의 양생은 제품 출하 시에 소요강도를 얻을 수 있도록 해야 한다. 다만, 1차 실내 양생은 500도시[10])를 표준으로 한다.

⑤ 초기의 실내 양생에 상압의 증기 양생을 하는 경우 다음 사항에 주의해야 한다.

㉠ 시멘트응결이 시작되는 시기에 급격한 온도변화를 주어서는 안 된다.

㉡ 양생실 온도를 올리거나 내릴 때는 급격한 온도변화(20℃/h 이내)가 생기지 않도록 하여야 한다.

㉢ 양생실의 최고온도는 65℃를 초과하지 않는 것이 바람직하다.

⑥ 양생 및 보존 기간 중 초기 동해를 입지 않아야 한다.

7. 시험 방법

(1) 시험체

① 시험체는 실내 양생이 끝난 후 7일간 보존한 전체 모양 그대로 또는 벽돌의 길이를 잘라낸 것으로 한다.

② 이형벽돌 중 구멍 및 속 빈 부분이 있는 벽돌의 경우, 절단한 시험체에 의한 시험 결과와의 상관관계가 명확한 경우에는 벽돌 전체 모양 또는 벽돌의 길이를 절단한 것을

---

9) 단, 실무에서 너무 낮은 물 시멘트비는 시공성 및 강도 저하의 요인이 되므로 주의가 요구된다. 한천구, "레미콘품질관리 4: 블록 및 벽돌의 품질규정 문제", 기문당(2014).

10) 도시란 양생온도(℃)와 양생시간(h)을 서로 곱한 값이다.

사용해도 된다.

(2) 압축강도 시험

① 시험체는 가압 양면을 시험체 벽돌의 세로축에 직각이 되도록 평활하게 마무리한다.[11] 그 후 2시간 이상 맑은 물속에 담가 흡수시켜 시험한다. 이 경우 압축방향은 실제로 하중을 받는 방향으로 하고, 전체 면에 고르게 가압한다.

② 가압은 원칙적으로 중앙에 구접면을 갖는 전압장치를 사용하여 가압 전 단면적당 매초 약 0.2 N/mm^{2}에서 0.3 N/mm^{2}의 속도로 한다.

③ 압축강도는 다음 식에 따라 산출한다.

$$\text{압축강도}\ (N/\text{mm}^2) = \frac{\text{최대하중(N)}}{\text{시험체 가압면의 가압 전 단면적}(\text{mm}^2)}$$

(3) 흡수율 시험

① 흡수율 시험에 사용하는 시험체는 전체 모양 그대로를 사용하여 실온 15℃에서 25℃의 맑은 물속에 24시간 침지시킨다.

② 이후 물속에서 꺼내어 곧바로 철망 위에 놓고 1분간 물기를 뺀 후, 젖은 헝겊으로 표면을 닦아 내고 시험체의 표건 질량(m_0)을 측정한다.

③ 다음에 100℃에서 110℃의 공기 건조기 안에서 24시간 건조시켜서 시험체의 절건 질량(m_1)을 측정한다.

④ 흡수율을 다음 식에 따라 계산한다.

$$\text{흡수율}(\%) = \frac{m_0 - m_1}{m_1} \times 100(\%)$$

여기에서, m_0 : 시험체의 표건 질량(g)

m_1 : 시험체의 절건 질량(g)

(4) 기건 비중 시험

기건 비중 시험에 사용하는 시험체는 벽돌 전체 모양 그대로를 사용하며, 시험체의 질량을 측정하여 기건 비중을 다음 식에 따라 계산한다.

11) 가압면을 평활하게 마무리하는 방법은 원칙적으로 연마로 하지만 연마 대신에 석고 등으로 캡핑해도 좋다.

$$\text{기건 비중} = \frac{\text{시험체의 질량(g)}}{\text{시험체의 순 체적(mL)}}$$

8. 검 사

① 겉모양, 치수 및 치수허용값 검사는 100 000개를 1로트로 하고, 1로트에서 무작위로 10개의 시료를 채취하여 모양 및 치수항의 규정에 적합하면 로트 모두를 합격으로 한다.

② 압축강도, 흡수율 및 기건 비중 검사는 100 000개를 1로트로 하고, 1로트에서 무작위로 각각 3개의 시료를 채취하여 시험 방법에 따라 시험을 해서 규정에 합격하면 그 로트를 합격으로 한다.

9. 제품의 호칭방법

제품의 호칭방법은 다음의 보기에 따른다. 다만, 필요 없는 부분은 제외해도 좋다.

보 기: 기본 1종, 기본 2종, 이형 1종, 이형 2종

4-3 속빈 콘크리트 블록

(KS F 4002 ; Hollow Concrete Blocks)

1. 개 요

속빈 콘크리트 블록은 콘크리트 벽돌과 같이 벽체 조적용에 이용되는 것으로 시멘트와 골재를 1: 5~1: 7의 비율로 혼합한(단위 시멘트량 220 kg/m³ 이상) 잔자갈의 콘크리트 또는 굵은 모래의 모르타르를 형틀에 채워 넣은 다음에 진동 · 가압하여 성형하고, 양생한 것으로 보통은 콘크리트 블록이라 한다.

2. 종 류

블록의 종류로는 표 2.4.3의 품질 구분에 따라 A종 블록, B종 블록, C종 블록의 3종이 있고, 표 2.4.4와 같이 모양, 치수에 따라 기본블록과 이형블록(반절블록, 모서리블록, 횡근용 블록, 기타 용도에 따라 모양이 다른 것의 총칭)이 있다.

3. 품 질

블록은 시험 방법에 따라 시험하여 표 2.4.3의 규정에 적합해야 한다. 또한 A종 블록과

B종 블록은 경량 골재를 사용한 경량블록이고, 보통 골재만을 사용한 블록은 표 2.4.3의 C종 블록에 적합해야 한다.

표 2.4.3 블록의 품질

구 분	기건 비중	전 단면적(4)에 대한 압축강도(N/mm²)	흡수율(%)
A종 블록	1.7 미만	4 이상	–
B종 블록	1.9 미만	6 이상	–
C종 블록	–	8 이상	10 이하

주(4): 전 단면적이란 가압면(길이×두께)으로서, 속 빈 부분 및 블록 양끝의 오목하게 들어간 부분의 면적도 포함한다.

4. 모양 및 치수

① 블록은 겉모양이 균일하고, 비틀림, 해로운 균열 또는 흠 등이 없어야 한다.

② 블록의 모양, 치수 및 허용값은 표 2.4.4와 같다.

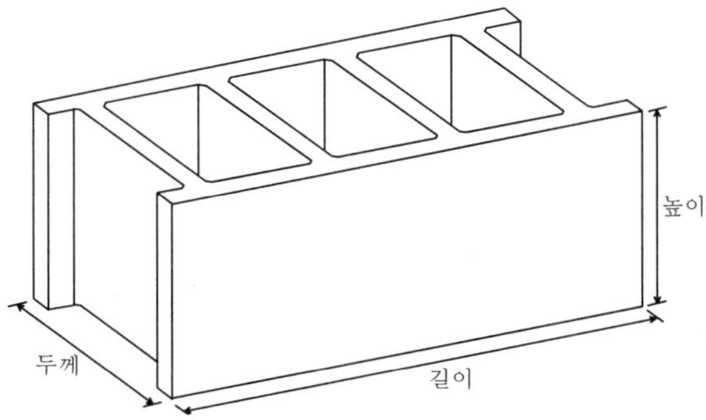

그림 2.4.3 블록의 길이, 높이 및 두께

표 2.4.4 블록의 모양, 치수 및 허용값 (단위: mm)

모 양	치 수			허용값
	길 이	높 이	두 께	
기본 블록	390	190	190 150 100	±2
이형 블록	가로근용 블록, 모서리용 블록과 같이 기본 블록과 동일한 크기인 것의 치수 및 허용값은 기본 블록에 준한다. 다만 그 외의 경우 당사자 간의 협의에 따른다.			

③ 블록의 철근을 삽입하는 속 빈 부분[4]은 콘크리트를 채우는데 지장이 없도록 충분히 크게 해야 한다. 속 빈 부분의 크기 및 최소 살 두께는 표 2.4.5와 같다.

표 2.4.5 속빈 부분의 크기 및 최소 살 두께

종류	속 빈 부 분[5]					최소 살 두께(mm)	
	세로근을 삽입하는 속빈 부분		가로근을 삽입하는 속빈 부분			표면살	중간살
	단면적[6] (cm^2)	최소너비[7] (cm)	최소지름[8] (cm)	최소깊이[8] (cm)	곡률반지름[8] (cm)		
두께 150 mm 이상인 블록	60 이상	7 이상	8.5 이상	7 이상	4.2 이상	25 이상	20 이상
두께 100 mm인 블록	30 이상	5 이상	5 이상	4 이상	–	20 이상	20 이상

주(5): 2개 블록의 조적에 의해 만들어지는 속빈 부분(줄눈도 포함)을 포함한다.
주(6): 그림 2.4.4 (a)의 빗금친 부분을 말한다.
주(7): 그림 2.4.4 (a)의 a 또는 b 중 작은 수치를 말한다.
주(8): 속빈 부분의 최소지름, 최소깊이 및 곡률반지름의 측정방법은 그림 2.4.4 (b)에 따른다.

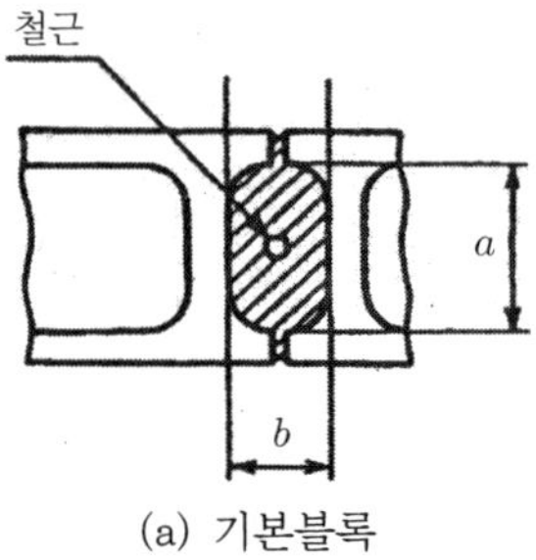

(a) 기본블록

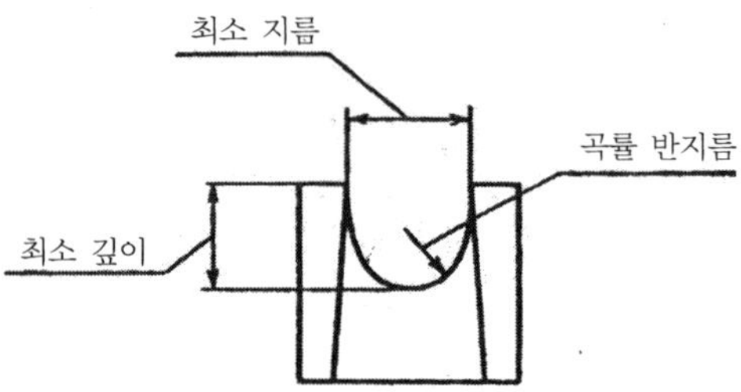

(b) 가로근용 블록

그림 2.4.4 속빈 부분의 치수 측정 위치

5. 재 료

① 시멘트는 KS L 5201(포틀랜드 시멘트), KS L 5204(백색 포틀랜드 시멘트), KS L 5210(고로 슬래그 시멘트), KS L 5211(플라이 애시 시멘트) 또는 KS L 5401(포틀랜드 포졸란 시멘트)에 규정하는 것으로 한다. 다만, 플라이 애시 시멘트는 A종 및 B종으로 한다.

② 골재는 보통 골재, 경량 골재, 그밖에 이와 유사한 불연성인 것으로 하며, KS F

2526(콘크리트용 골재), KS F 2527(콘크리트용 부순 골재), KS F 2534(구조용 경량 골재), KS F 2544(콘크리트용 고로 슬래그 골재), KS F 2573(콘크리트용 순환 골재)에 따른다.

③ 물은 기름, 산, 염류, 유기물, 그 밖의 유해물을 유해량 함유하지 않아야 한다.

④ 혼화재료를 사용할 경우에는 제품의 질을 나쁘게 하지 않는 범위에서 적당한 혼화재료를 첨가해도 좋다.

6. 제조방법

① 콘크리트의 물/시멘트 비는 30 % 이하로 한다.

② 시멘트 사용량은 블록의 압축강도, 내구성, 안정성 등을 고려하여 220 kg/㎥ 이상(블록순부피)으로 한다.

③ 재료의 계량은 모두 질량으로 한다. 다만, 물 또는 액상의 혼화제는 부피 또는 그 밖의 확실한 방법으로 한다.

④ 블록의 성형은 진동압축 또는 이와 동등 이상으로 콘크리트를 치밀하게 충전할 수 있는 방법으로 한다.

⑤ 블록의 양생은 제품 출하 시에 소요강도를 얻을 수 있도록 해야 한다. 다만, 1차 실내 양생은 500도시를 표준으로 한다.

⑥ 초기의 실내 양생에 상압의 증기양생을 하는 경우 다음 사항에 주의해야 한다.

㉠ 시멘트응결이 시작되는 시기에 급격한 온도변화를 주어서는 안 된다.

㉡ 양생실 온도를 올리거나 내릴 때는 급격한 온도변화(20℃/h 이내)가 생기지 않도록 해야 한다.

㉢ 양생실의 최고온도는 65℃를 초과하지 않는 것이 바람직하다.

⑥ 양생 및 보존기간 중에 초기 동해를 입지 않아야 한다.

7. 시험 방법

(1) 기건 비중 시험

제조방법의 ④항에 규정한 양생이 끝난 후 7일 이상 상온실에 방치하여 그 무게를 측정하고, 다음 식에 따라 기건 비중을 산출한다.

$$\text{기건 비중} = \frac{\text{시험체의 질량(g)}}{\text{시험체의 순 체적(mℓ)}}$$

(2) 전단면적에 대한 압축강도 시험

① 제조방법의 ④항에 규정한 양생이 끝난 후 7일 이상 보존한 것을 시험체로 한다.

② 시험체는 가압 양면을 시험체 블록의 세로축에 직각이 되도록 평활하게 마무리한다.

③ 그 후 2시간 이상 맑은 물속에 담가 흡수시켜서 시험한다. 이 경우 압축방향은 실제로 하중을 받는 방향으로 하고, 전체 면에 고르게 가압한다. 가압은 원칙적으로 중앙에 구접면을 갖는 전압장치를 사용하여 가압 전단면적당 매초 약 0.2~0.3 N/mm^{2}의 속도로 한다.

④ 압축강도는 다음 식에 따라 산출한다.

$$\text{전단면적에 대한 압축강도}(\text{N/mm}^2) = \frac{\text{최대 하중}(\text{N})}{\text{가압 전 단면적}(\text{mm}^2)}$$

(3) 흡수율 시험

① 흡수율 시험에 사용하는 시험체는 전체 모양 그대로를 사용하여 실온 15℃에서 25℃의 맑은 물속에 24시간 침지시킨다.

② 이후 물속에서 꺼내어 곧바로 철망 위에 놓고 1분간 물기를 뺀 후, 젖은 헝겊으로 표면을 닦아 내고 시험체의 표건 질량(m_0)을 측정한다.

③ 다음에 100℃에서 110℃의 공기 건조기 안에서 24시간 건조시켜서 시험체의 절건 질량(m_1)을 측정한다.

④ 흡수율을 다음 식에 따라 계산한다.

$$\text{흡수율}(\%) = \frac{m_0 - m_1}{m_1} \times 100(\%)$$

여기에서, m_0 : 시험체의 표건 질량(g)

m_1 : 시험체의 절건 질량(g)

8. 검사방법

① 겉모양, 치수 및 치수허용값 검사는 10 000개를 1로트로 하고, 1로트에서 무작위로 10개의 시료를 채취하여 모양 및 치수항의 규정에 적합하면 로트 모두를 합격으로 한다.

② 압축강도, 흡수율, 투수성 및 기건비중 검사는 10 000개를 1로트로 하고, 1로트에서 무작위로 각각 3개의 시료를 채취하여 시험 방법에 준한 시험을 하고 품질 규정에 합격하면 그 로트를 모두 합격으로 한다.

9. 제품의 호칭방법

블록의 호칭방법은 다음 보기에 따른다. 다만, 호칭방법은 필요 없는 부분을 제외해도 좋다.

보기: 기본 A종 100, 기본 C종 190, 가로근용 C종 150

4-4 인조석층 평판

(KS F 4001 ; Preast Concrete Paving Flags)

1. 종 류

① 인조석층 평판은 도로, 광장 등의 포장에 사용하는 콘크리트로 제조한 평판 중 표면석이 인조석으로 된 것을 의미한다.

② 평판의 종류는 표면층의 치수 및 가공방법에 따라 표 2.4.6과 같이 구분한다.

2. 재 료

① 시멘트는 KS L 5201(포틀랜드 시멘트), KS L 5204(백색 포틀랜드 시멘트), KS L 5210(고로 슬래그 시멘트), KS L 5211(플라이 애시 시멘트) 또는 KS L 5401(포틀랜드 포졸란 시멘트)에 규정하는 것으로 한다. 다만, 플라이 애시 시멘트는 A종 및 B종으로 한다.

② 골재는 보통 골재, 경량 골재, 재생 골재, 인조석, 기타 이와 유사한 불연성인 것으로 유해량의 진흙, 유해물질, 유기 불순물 등을 포함하지 않고 내구성이 있는 것으로 한다. 굵은 골재 최대치수는 15 mm 이내로 한다.

표 2.4.6 인조석층 평판의 종류

<table>
<tr><th rowspan="2">종 류</th><th rowspan="2">약 호</th><th rowspan="2">호칭 치수</th><th colspan="3">치수</th><th>가공방법</th></tr>
<tr><th>가로</th><th>세로</th><th>두께[(9)]</th><th></th></tr>
<tr><td rowspan="2">보통 평판</td><td rowspan="2">N</td><td>300
400</td><td>300
400</td><td>300
400</td><td>30,60,80</td><td rowspan="2">표면층을
가공하지 않는
것</td></tr>
<tr><td>450
500</td><td>450
500</td><td>450
500</td><td>60,80</td></tr>
</table>

(표 계속)

종 류	약 호	호칭 치수	치수			가공방법
			가로	세로	두께[9]	
칼라 평판	C	300 400	300 400	300 400	30,60,80	표면층을 착색 및 연마한 것
		450 500	450 500	450 500	60,80	
음각 평판	S	300 400	300 400	300 400	30,60,80	표면을 두드려 마무리한 것
		450 500	450 500	450 500	60,80	
노출 평판	W	300 400	300 400	300 400	30,60,80	표면을 물로 씻어내기한 것
		450 500	450 500	450 500	60,80	

주(9): 두께는 60 mm를 표준으로 한다. 시공할 때 60 mm의 두께를 확보할 수 없는 경우에는 두께를 30 mm로 하고, 두께 80 mm는 차 승강부 등에 설치한다.

③ 골재의 일반적 성질, 물리적 성질, 유해 물질, 입도, 시료 채취 및 시험 방법, 검사 등에 관해서는 KS F 2526(콘크리트용 골재), KS F 2527(콘크리트용 부순 골재), KS F 2534(구조용 경량 골재), KS F 2544(콘크리트용 고로 슬래그 골재), KS F 2573(콘크리트용 재생 골재)에 따른다.

④ 물은 기름, 산, 염류, 유기물, 그 밖의 유해물을 유해량 함유하지 않아야 한다.

⑤ 혼화재료를 사용할 경우에는 제품의 질을 나쁘게 하지 않는 범위에서 적당한 혼화재료를 첨가해도 좋다.

⑥ 착색재료는 내후성이 우수하고 제품의 품질 및 환경에 해로운 영향을 주지 않는 것으로 한다.

⑦ 철선은 보강용 철선을 사용할 경우 KS D 3352의 규격에 적합한 것 또는 품질이 이와 동등 이상인 것이어야 한다.

⑧ 박리제를 사용할 경우 제품의 품질에 해로운 영향을 주어서는 안 된다.

3. 제 조

① 콘크리트의 물 시멘트 비는 30 % 이하로 한다.

② 콘크리트 재료의 계량은 모두 질량으로 한다. 다만, 물 또는 액상의 혼화제는 부피 또는 기타 확실한 방법으로 계량해도 좋다.

③ 성형은 형틀에 믹서로 혼합한 콘크리트를 투입하고 진동 압축기 또는 이와 동등 이상의 품질을 얻을 수 있는 방법으로 한다.

④ 판의 양생은 소요강도를 얻을 수 있도록 양생해야 한다. 다만, 1차 실내 양생은 500성숙도를 표준으로 한다. 여기서 성숙도란 양생 온도(℃)와 양생 시간(h)을 서로 곱하여 누적한 값이다.

4. 모양, 치수 및 겉모양

① 평판의 모양 및 치수는 표 2.4.6에 따른다.

② 평판의 가로 및 세로 길이의 허용오차는 ±3 mm이고, 두께의 허용오차는 +2 mm, −3 mm이다.

5. 성 능

① 휨강도 하중은 종류에 상관없이 호칭치수와 두께에 따라 결정되며 표 2.4.7에 적합해야 한다.

표 2.4.7 인조석층 평판의 휨강도 하중 (단위: kN)

호칭 치수	휨강도 하중			지간 (mm)
	두께 30 mm	두께 60 mm	두께 80 mm	
300	3.0	12.0	21.4	240
400	4.0	16.0	28.5	
450	−	18.0	32.0	
500	−	20.0	35.6	

② 휨강도는 종류에 상관없이 호칭치수와 두께에 따라 결정되며 표 2.4.8에 적합해야 한다.

표 2.4.8 인조석층 평판의 휨강도 (단위: MPa)

호칭 치수	휨강도		
	두께 30 mm	두께 60 mm	두께 80 mm
300	4.0	4.0	4.0
400	4.0	4.0	4.0
450	−	4.0	4.0
500	−	4.0	4.0

③ 흡수율은 개개 시험결과는 7 % 이내, 평균값은 5 % 이내로 제작하여야 한다.

6. 시험

(1) 휨 시험

① 휨강도 시험은 시료를 24시간 물속에 침수시킨 후 꺼내 즉시 수행한다.

② 시료를 그림 2.4.5과 같이 표면을 아래로 놓고, 지간을 240 mm로 취하여 지간의 중앙에 하중을 가하여 시험한다.

③ 표 2.4.7에 규정하는 휨강도 하중에서 평판의 끝면에 너비 0.05 mm 이상의 갈라짐이 없어야 한다.

④ 가압속도는 파괴하중의 약 50 %까지는 빠른 속도로 작용시킨 다음, 최대 휨압축응력의 증가가 매분 9.8 N/mm^{2}을 초과하지 않을 정도로 하중을 가한다. 휨 시험을 할 때 시료의 가압면 및 지지면에는 고무판, 기타 이와 유사한 것을 끼워넣어 하중이 균등하게 분포되도록 해야 한다.

⑤ 시험기에 나타난 최대하중 P를 측정하여 다음 식에 따라 휨강도를 계산한다.

단위: mm

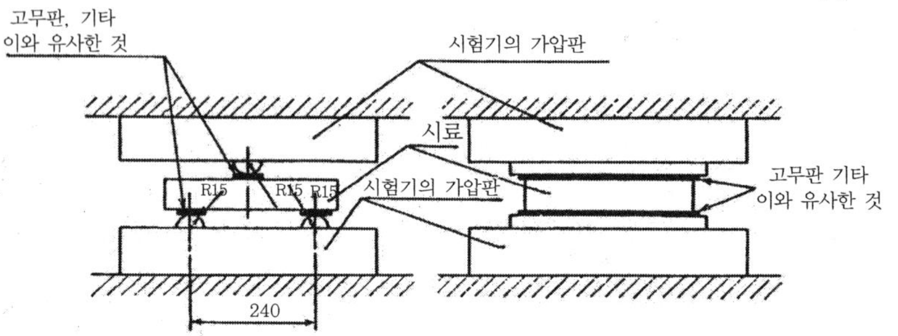

그림 2.4.5 판의 휨 시험

$$휨강도(N/mm^2) = \frac{3PL}{2bd^2}$$

여기에서, P : 시험기가 나타낸 최대 파괴 하중(N)

L : 지점 간 거리(mm)

b : 지점 간에 직각방향의 평균 너비(mm)

d : 평판의 평균 두께(mm)

b와 d는 1/20 mm까지 측정한다.

(2) 흡수율 시험

① 시료는 휨강도 시험이 끝난 후 1매 시료에서 2매의 시험편을 취하고, 그것을 건조기에 넣어서 온도를 약 110℃로 24시간 이상 건조시킨 후, 그 질량을 10 g까지 측정한다. 이것을 절건 질량(m_1)으로 한다.

② 그 시험편의 시료를 물속에 24시간 침지시킨 후 꺼내어 겉면의 물을 닦고, 질량을 10 g까지 잰다. 이때 질량을 표건 질량(m_0)으로 한다.

③ 흡수율[12]은 다음 식으로 계산한다.

$$\text{흡수율}(\%) = \frac{m_0 - m_1}{m_1} \times 100(\%)$$

여기에서, m_0 : 시험체의 표건 질량(g)

m_1 : 시험체의 절건 질량(g)

(3) 표면층의 두께

시료는 휨강도 시험이 끝난 후 2매 시료의 절편을 취하여 표면층의 최소두께를 측정한다. 이때 표면층의 두께는 2개의 시험편 각각의 값을 평균한 값으로 나타낸다.

7. 검 사

① 검사는 모양, 치수, 겉모양, 휨강도 하중, 휨강도, 흡수율 및 표면층의 두께에 대하여 실시한다.

② 겉모양 검사는 전수에 대하여 검사하고, 모양, 치수 및 겉모양의 규정에 적합하면 합격으로 한다.

③ 모양 및 치수, 휨강도 하중, 휨강도, 흡수율 및 표면층의 두께 검사는 호칭을 달리하는 것으로 1 000매 또는 그 나머지를 1로트로 하고, 1로트에서 무작위로 2매의 시료를 채취하여 검사를 하고, 2매 모두 모양, 치수 및 겉모양의 규정에 적합하면 그 시료를 대표하는 로트 전부를 합격으로 한다. 이 검사에서 1매라도 적합하지 않을 경우에는 그 로트에 대하여 전수검사를 실시하고, 모양, 치수 및 겉모양의 규정에 적합한 것을 합격으로 한다.

---

12) 흡수율은 2매 시험편 각각의 값을 평균값으로 나타낸다.

4-5 기 타

앞에서 알아 본 시멘트 및 콘크리트제품 이외의 KS 규격에 규정된 제품들은 다음과 같다.

폴리스티렌 강화 목모 시멘트판의 염소이온 함유량 시험 방법	KS F 2229
폴리스티렌 강화 목모 시멘트판의 시험조건	KS F 2230
폴리스티렌 강화 목모 시멘트판의 치수 및 직각도 측정방법	KS F 2231
폴리스티렌 강화 목모 시멘트판의 휨강도 시험 방법	KS F 2232
폴리스티렌 강화 목모 시멘트판의 가로인장강도 시험 방법	KS F 2233
폴리스티렌 강화 목모 시멘트판의 밀도 및 표면중량 측정방법	KS F 2234
폴리머 시멘트 모르타르의 슬럼프 시험 방법	KS F 2474
굳지 않은 폴리머 시멘트 모르타르의 단위용적무게 시험 방법	KS F 2475
시험실에서 폴리머 시멘트 모르타르를 만드는 방법	KS F 2476
폴리머 시멘트 모르타르의 강도 시험 방법	KS F 2477
폴리스티렌 강화 목모 시멘트판	KS F 3125
치장용 석면 시멘트판	KS F 3210
포장용 콘크리트 평판	KS F 4001
속빈 콘크리트 블록	KS F 4002
콘크리트 벽돌	KS F 4004
콘크리트 및 철근콘크리트 L형	KS F 4005
콘크리트 경계블록	KS F 4006
콘크리트 전선관	KS F 4008
철근콘크리트 플룸 및 벤치플룸	KS F 4010
철근콘크리트 케이블 트로프	KS F 4011
하수용 콘크리트 맨홀 블록	KS F 4012
철근콘크리트 조립담 구성재	KS F 4015
철근콘크리트 U형	KS F 4016
철근콘크리트 조립 흙막이	KS F 4019
철근콘크리트 조립식 암거 블록	KS F 4020
철근콘크리트 근가	KS F 4023
가압 시멘트판 기와	KS F 4029
펄프 시멘트판	KS F 4031

속빈 프리스트레스트 콘크리트 패널	KS F 4034
형틀 콘크리트 블록	KS F 4037
치장 콘크리트 블록	KS F 4038
시멘트계 자기수평 모르타르	KS F 4041
시멘트계 바닥용 인조석판	KS F 4060
프리스트레스트 콘크리트 슬래브(더블 T형)	KS F 4202
프리스트레스트 콘크리트 침목(PC)	KS F 4207
콘크리트 널말뚝	KS F 4208
원심력 철근콘크리트 말뚝	KS F 4301
프리텐션방식 원심력 PC 말뚝	KS F 4303
프리텐션방식 원심력 PC 전주	KS F 4304
프리텐션방식 원심력 고강도 콘크리트 말뚝	KS F 4306
프리텐션방식 진동 PC 말뚝	KS F 4307
무근콘크리트관 및 철근콘크리트관	KS F 4401
진동 및 전압 철근콘크리트관	KS F 4402
원심력 철근콘크리트관	KS F 4403
코어식 프리스트레스트 콘크리트관	KS F 4405
프리스트레스트 콘크리트 실린더관	KS F 4406
원심력 유공 철근콘크리트관	KS F 4409
철근콘크리트 L형 옹벽	KS F 4414
콘크리트 적층블록	KS F 4416
도로용 철근콘크리트 측구	KS F 4417
보차도용 콘크리트 인터로킹 블록	KS F 4419
철근콘크리트 유개 벤치 플룸	KS F 4422
철근콘크리트 L형 플룸	KS F 4423
시멘트계 바탕 바름재	KS F 4716
목모 시멘트판	KS F 4720
조립용 콘크리트 벽판	KS F 4722
조립용 콘크리트 바닥판	KS F 4726
조립용 콘크리트 지붕판	KS F 4729
강섬유 보강 콘크리트판	KS F 4733
발포 폴리스티렌 경량 콘크리트 복합 패널	KS F 4734
압출성형 콘크리트 패널	KS F 4735
압출성형 경량 콘크리트 패널	KS F 4736
경량 기포 콘크리드 패널(ALC 패널)	KS F 4914

제5장

석재 및 점토질 재료

5-1 개 요

1. 일반사항

석재란 지구표면에 자연적으로 노출된 암석을 건축재료로 쓰기 위해 떼어낸 것을 말하며, 건축사적으로 건축물의 의장재 및 구조재료로 다양하게 활용되었다. 하지만 현대에는 구조재료로 벽돌, 철근콘크리트 및 강재의 발달로 구조재로서 석재의 사용이 감소되었으며, 건축물의 벽면, 바닥면 등의 치장재, 도로포장재 용도로 주로 사용되고 있다.

점토는 함수(含水)규산알루미나, 즉 천연산의 규산 · 알루미나를 주성분으로 하는 극히 미세한 광물의 집합체이다. 그 미분말을 물로 반죽하면 가소성이 생기고 마르면 단단해지며, 고온으로 구우면 더욱 단단해지는 성질을 갖는다. 이러한 점토를 주원료로 하여 성형 · 소성한 제품을 점토제품이라 하고 벽돌, 기와, 타일, 토관, 도기 등이 있다.

2. 석 재

(1) 성인(成因)에 의한 분류

① 화성암

지구 내부에서 용융상태의 암장이 응결한 것으로 심성암, 화산암 등으로 분류되며, 화강암, 현무암, 안산암 등이 있다.

② 수성암

침전암 중에는 기존 암석의 알맹이가 있고, 또 수중에 용해된 염류의 화학침전물 및 동식물 유해의 침전에 따른 유기침전물이 있다. 성층암, 퇴적암 등으로 분류되며, 시임, 점판암, 석회암 등이 있다.

③ 변성암

암장이 장기간에 걸쳐 고열과 고압을 받아 가스, 기타의 작용에 의하여 물리적 또는 화학적으로 변질된 것으로 대리석, 사문석, 석면 등이 있다.

(2) 모양에 따른 분류

① 각 석

너비가 두께의 3배 미만이며, 일정한 길이를 가지고 있는 것.

② 판 석

두께가 150 mm 미만이며, 너비가 두께의 3배 이상인 것.

③ 견치석

면이 원칙적으로 거의 사각형에 가까운 것으로 길이는 면 최소변의 1.5배 이상일 것.

④ 사고석

면이 원칙적으로 거의 사각형에 가까운 것으로 길이는 면 최소변의 1.2배 이상일 것.

(3) 물리적 성질에 따른 분류

석재는 압축강도에 따라 표 2.5.1과 같이 경석, 준경석 및 연석으로 구분한다.

표 2.5.1 압축강도에 의한 구분

종 류	압축강도 (N/mm^2)	참 고 값	
		흡수율(%)	절건 비중
경 석	50 이상	5 미만	약 2.7~2.5
준경석	50 미만, 10 이상	5 이상, 15 미만	약 2.5~2
연 석	10 미만	15 이상	약 2 미만

3. 점토질 재료

점토제품은 다음과 같이 분류된다.

표 2.5.2 점토제품의 분류

분 류	소 지				유 약	용 도
토 기	흡수성	불투명	잘 깨짐	점토질 석회질	백색· 유색	벽돌·기와·토관·오지그릇
도 기	흡수성	불투명	단단함	점토질	백색· 유색	타일·기와·위생도기·도관
석 기	비흡수	불투명	단단함	규석질	유색	벽돌·타일·기와·토관·테라코타
자 기	비흡수	반투명	단단함	규석질	백색	타일·위생도기

5-2 석재의 시료채취 방법

(KS F 2501 ; Standard Test Method for Sampling Aggregates)

1. 채석장에서 채취한 석재인 경우

① 채석면의 색깔 및 조직상태를 면밀히 조사하여 각 층의 변화상태를 기록한다.

② 색깔 및 조직상태가 서로 다른 암층마다 각각 25 kg 이상의 시료를 채취해야 한다. 이 때, 풍화된 부분에서 시료를 채취해서는 안 된다. 암석의 인성 및 압축강도 시험을 할 필요가 있을 때는 너비 150 mm 이상, 두께 100 mm 이하의 크기로 채취하고, 암석의 결을 표시해 두어야 한다. 그리고 시험에는 절리 또는 파쇄된 흠이나 발파에 의해 손상된 것이 없어야 한다.

③ 신설 또는 이에 준하는 채석장에서 생산되는 재료의 시료에 대하여 일반적인 표시사항 외에 다음의 사항을 표시해야 한다.

㉠ 소유자 또는 판매자의 성명

㉡ 채석 가능한 재료의 수량

㉢ 표토의 두께 및 성질

㉣ 사용지까지의 최단 운반거리 및 운반조건

㉤ 재료의 소재지 및 분포상태

단, 암층의 두께 및 분포를 표시하기 위하여 평면도 및 정면도를 그리는 것이 좋다.

2. 노천에서 채취한 석재 또는 호박돌인 경우

① 산지의 전체 구역에 걸쳐 재료의 종류와 분포상태를 상세히 조사해야 한다.

② 구조용 재료로 이용할 수 있는 각종 석재에 대하여 각각 25 kg 이상의 시료를 채취해야 한다.

③ 시료에는 일반적인 표시사항 외에 다음 사항을 표시해야 한다.

㉠ 사용 가능한 재료의 수량

㉡ 각종 석재의 백분율 및 사용 불가능한 재료의 백분율

㉢ 사용지까지의 최단 운반거리 및 운반조건

㉣ 재료의 소재지 및 분포상태

단, 각종 퇴적층의 두께 및 분포를 표시하기 위하여 평면도 및 단면도를 그리는 것이 좋다.

3. 각석인 경우

① 각석의 시료는 구매자의 지시에 따라 채석장 또는 사용지에서 채취한다. 눈으로 보아 불합격품으로 인정되는 각석은 시료에 포함시켜서는 안 된다.

② 시료는 적어도 6개 이상의 각석을 채취해야 하며, 그 중 3개 이상에는 결을 표시해두어야 한다.

4. 시료의 표시 및 운반

① 시료에는 다음 사항을 표시해야 한다.

㉠ 시료채취자의 성명

㉡ 제출자

㉢ 채취장소

㉣ 일일 생산고(시장 판매품일 때)

㉤ 재료의 사용처

㉥ 지리적 위치 및 운반지침(철도, 하천운반 등으로 기재한다.)

② 석재 및 각석의 시료는 견고한 상자에 넣어 운반해야 한다.

5-3 석재의 밀도 및 흡수율 시험 방법

(KS F 2518 ; Standard Test Methods for Density and Water Absorption Rate of Natural Stone)

1. 시험목적

석재의 흡수량 및 비중 시험을 함으로써 석재의 강도, 내구성, 마모저항, 공극률 등의 품질을 추정할 수 있고, 석재의 종류 등도 추정할 수 있으며, 또한 조직을 이해할 수 있다.

석재의 시험에는 조직성분을 확인하는 화학분석, 조직구조를 이해할 수 있는 현미경 시험, 사용 강도에의 부합 여부를 판단하는 각종 강도 시험과 내구 및 마모저항과 같은 시험도 있다.

2. 시험용 기구

① 석재절단기(사진 2.5.1 참조)
② 버니어 캘리퍼스(Vernier calipers)
③ 연마분
④ 건조기
⑤ 데시케이터
⑥ 저울(0.1 g까지 측정할 수 있는 것)
⑦ 수조
⑧ 수중 중량측정을 위한 시험장치(그림 2.5.1 참조)
⑨ 헝겊
⑩ 온 · 습도계

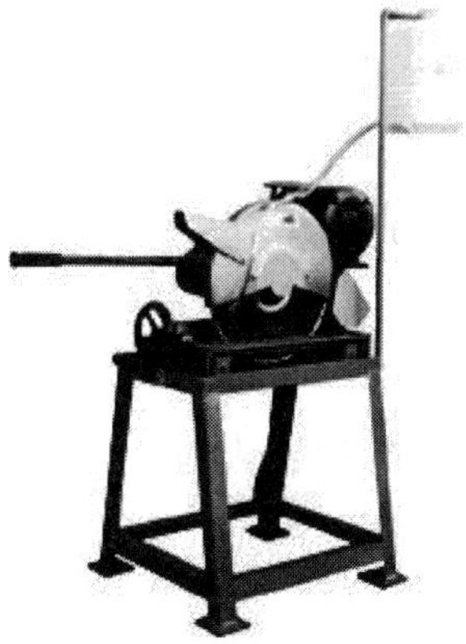

사진 2.5.1 석재절단기

3. 시 료

① 시료는 대표적인 것을 채취해야 하며, 3개 이상 공시체를 만들 수 있을 정도의 크기로 채취해야 한다. 석재의 성질상 변화가 있다고 인정될 경우에는 그 한계를 가릴 수 있을 정도의 시료를 채취해야 한다.
② 시험체는 치수 50~80 mm의 육면체, 프리즘, 원기둥 또는 다른 규칙적인 형태의 것이어야 하며, 표면적에 대한 부피의 비율이 0.8~1.4인 것이어야 한다.
③ 모든 표면은 톱질한 표면이나 코어로 채취한 표면 정도로 편평해야 하며, 이 보다 거친 표면은 연마분으로 손질해야 한다. 끌이나 이와 유사한 기구로 손질해서는 안 된다.
④ 시료마다 3개 이상의 시험체를 만들어야 한다.

4. 시험 방법

(1) 흡수량 시험

① 시험체를 통기장치가 된 건조기 속에서 105±5℃의 온도로 24시간 동안 건조시킨다.

② 건조 후 시험체를 실내에서 상온 온도가 될 때까지 식힌 다음 질량을 측정한다. 시험체를 식힌 후 즉시 측정할 수 없을 때는 데시케이터 속에 보관해야 한다. 무게는 0.1 g 정밀도로 측정하여야 한다.

③ 시험체를 온도(20±5)℃의 증류수나 여과수 속에 48시간을 완전히 침수시킨다.

④ 이 시간이 지난 후 공시체를 수조에서 동시에 꺼내어 표면을 젖은 헝겊으로 닦아내고 0.1 g의 정밀도로 측정하여야 한다.

⑤ 각 공시체의 질량법에 의한 흡수율은 다음 식에 따라 계산한다.

$$\text{질량법에 의한 흡수율(\%)} = \frac{B-A}{A} \times 100\,(\%)$$

여기에서, A : 건조 공시체의 질량(g)

B : 침수 후 공시체의 질량(g)

⑥ 시료의 흡수율은 한 벌의 공시체 평균치로 기록한다. 이때, 최고 및 최저치도 기록해 두어야 한다.

(2) 밀도 시험

① 흡수율 시험에 사용했던 시험체를 비중 시험에 사용할 경우에는 흡수율 시험을 끝낸 직후 포화된 공시체를 온도(20±5)℃의 여과수나 증류수 속에 매달고 0.1 g의 정밀도로 측정해야 한다.

② 수중에서 시험체를 측정해야 할 경우, 바스켓이나 그림 2.5.1과 같은 기구가 좋다. 바스켓의 질량은 공시체의 질량을 측정하였을 때 깊이로 넣어서 측정해야 한다. 이때 공시체나 바스켓에 붙은 기포는 측정하기 전에 제거해야 한다.

③ 시험체의 물속 질량은 공시체와 바스켓이 합쳐진 질량에서 바스켓의 질량을 빼서 구한다.

④ 표면 건조 포화 상태의 밀도는 다음 식에 따라 계산한다.

$$\text{표면 건조 포화상태의 밀도} = \frac{A}{B-C} \times \rho_w$$

여기에서, A : 시험체의 건조 질량(g)

B : 시험체의 침수 후 표면 건조 포화 상태의 공시체 질량(g)

C : 시험체의 물속 질량(g)

ρ_w : 물의 밀도(g/m^3)(KS F 2308 참조)

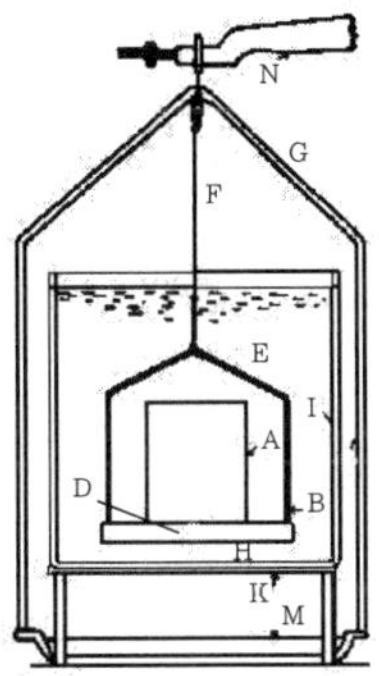

A: 공 시 체
B: 바 스 켓
C: 황 동 환
D: 황동선 바스켓 밑면(모든 조인트를 땜질한 것)
E: 황동선 손잡이
F: 황동선으로 된 매다는 줄
G: 저울걸이
H: 바스켓 앞 단면
I : 물병
J : 수면
K: 물병 지지대
L: 저울 접시 달기
M: 저울접시
N: 저울대

그림 2.5.1 비중 시험장치

5. 주의 사항

① 석재의 흡수율 계산 시 질량법 대신 용적법에 의한 흡수율이 필요하다면 비중을 측정하고, 질량법에 의한 흡수율에 대응하는 비중을 곱하면 된다.

② 비중 시험에 흡수량 공시체가 아닌 다른 공시체를 사용할 경우에는 건조질량은 시험방법에 따라 측정해야 한다. 공시체를 온도 20±5℃로 유지된 여과수나 증류수 속에 기포가 생기지 않을 때까지 1시간 이상 흡수시킨다. 공시체를 시험 방법에 따라 측정한 후 수조에 넣는다. 공시체의 물속 질량은 수중에서 5분 이내에 측정하여야 한다. 비중계산은 시험 방법의 방법과 동일하다.

5-4 석재의 압축 강도 시험 방법

(KS F 2519 ; Standard Test Method for Compressive Strength of Natural Building Stone)

1. 시험목적

석재의 압축강도는 비중에 대체로 정비례하여 비중이 클수록 강도가 크다고 알려져 있는데, 이 시험은 천연산 석재의 압축강도를 측정하기 위하여 수행한다.

2. 시험용 기구

① 압축강도 시험기: KS F 2405(콘크리트의 압축강도 시험 방법)에서 규정한 것(사진 2.5.2 참조).
② 석재 절단기: 톱 혹은 코어채취기(사진 2.5.3 참조)
③ 버니어 캘리퍼스(Vernier calipers)
④ 금강석
⑤ 건조기
⑥ 수 조
⑦ 헝겊
⑧ 온 · 습도계

사진 2.5.2 석재의 압축강도 시험기

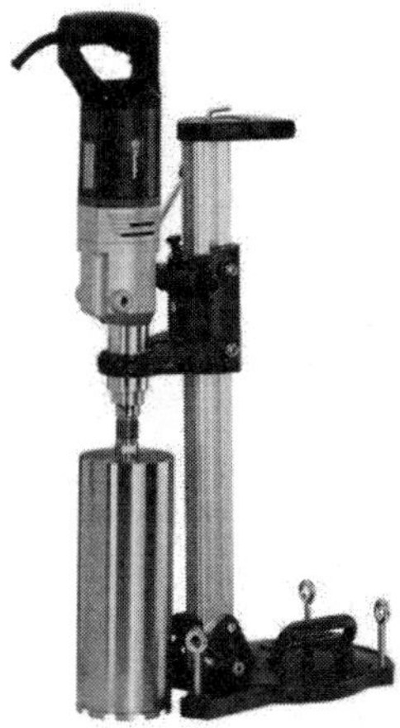

사진 2.5.3 코어채취기

3. 시험체

① 시료는 석재의 종류에 따라 대표적인 것을 채취해야 하며, 종류에 따라 3개 이상의 공시체를 만들 수 있을 정도의 크기로 채취해야 한다.
② 석재의 성질상 변화가 있다고 인정될 경우에는 그 한계를 가릴 수 있을 정도의 시료를 채취해야 한다.
③ 시험체는 톱이나 코어드릴을 사용하여 직육면체, 사각기둥형 또는 원주형으로 만들어야 하며, 하중지지면이 거의 평행한 것이어야 한다.
④ 시험체의 지름(ϕ) 또는 가로방향 치수(서로 맞대는 수직면 사이의 거리, H)는 50 mm

이상이 되어야 하며, 높이가 지름 또는 가로방향 치수보다 작아서는 안 된다.

⑤ 시험체는 각 종류마다 5개 이상이어야 한다. 만일, 시료를 습윤 및 건조상태에서 결에 대하여 수직방향으로만 시험할 경우에는 10개 이상의 공시체가 필요하며, 수직 및 평행의 두 방향으로 시험할 경우에는 20개 이상이 필요하다.

⑥ 지지면을 잘 연마한 후, 그 시험체의 하중지지면과 결의 방향을 표시해야 한다.

⑦ 공시체의 하중지지면적은 공시체 높이의 중앙부 단면적으로 하며, 정밀도는 길이 0.5 mm, 면적은 0.25 cm^2로 한다.

4. 시험 방법

① 건조상태에서 시험할 시험체는 60±2℃의 온도에서 48시간 건조시켜야 한다. 46시간, 47시간 및 48시간째에서 시험체의 부게는 동일한 무게를 유지해야 한다. 만약 무게가 변한다면 계속해서 3시간 동안 동일한 무게를 유지할 때까지 시험체를 건조시켜야 한다. 오븐에서 시험체를 꺼내어 시험 전까지 데시케이터 안에서 실내 온도로 식혀야 한다.

② 습윤상태에서 시험할 시험체는 20±5℃의 수중에 48시간 담가두었다가 수조에서 꺼낸 즉시 표면수를 닦고 시험해야 한다.

③ 구면좌로 된 가압판 바로 밑에 평평한 가압판을 놓는다.

④ 상·하부 가압판과 공시체의 가압면을 깨끗이 닦고 시험체를 하부 가압판 위에 올려놓는다. 이때 공시체의 축이 상부 가압판의 구면좌의 중심에 오도록 해야 한다.

⑤ 하중은 충격을 주지 않도록 전단면으로 가해야 한다. 나선식 시험기에 있어서는 기계를 천천히 돌려서 가압판이 약 1 mm/min의 속도로 움직이게 해야 한다. 유압식 시험기에 있어서는 하중을 매초 약 1 MPa(=N/mm^2)의 일정한 하중을 가해야 한다.

⑥ 최대하중의 절반까지는 하중을 빠른 속도로 가해도 무방하다.

⑦ 시험체는 파괴되기 직전에 갑자기 항복하므로 이때 시험기의 조종장치를 조절해서는 안 된다.

⑧ 하중을 공시체가 파괴될 때까지 가압하고, 시험중에 공시체가 받은 최대하중을 기록해야 하며 또 파괴상태도 기록해야 한다.

⑨ 시험체의 압축강도는 다음 식에 따라 계산하고, 시험치는 0.1 N/mm^2의 정밀도로 구한다.

$$C = \frac{W}{A}$$

여기에서, C : 시험체의 압축강도 MPa(=N/mm²)

W : 시험체의 파괴 하중(N)

A : 시험체의 하중 재하면(mm²)

⑩ 지름(또는 가로 방향 치수)에 대한 높이의 비율이 25 % 이상이 될 경우에는 그 시험치를 다음 식에 따라 환산한다.

$$C_c = \frac{C_P}{0.778 + 0.222(b \div h)}$$

여기에서, C_c : 등가 입방공시체로 환산한 압축강도 MPa(=N/mm²)

C_p : 지름 또는 가로 방향 치수보다 큰 높이를 갖는 시험체의 압축강도 MPa(=N/mm²)

b : 지름 또는 가로 방향 치수(mm)

h : 높이(mm)

⑪ 상기와 같이 시험하여 구한 결과에서 그림 2.5.2의 (a)와 같이 하중을 가한 공시체의 압축강도 평균치는 결에 직각인 방향의 압축강도로 기록하고, (b)와 같이 하중을 가한 공시체의 압축강도 평균치는 결에 평행한 방향의 압축강도로 기록한다.

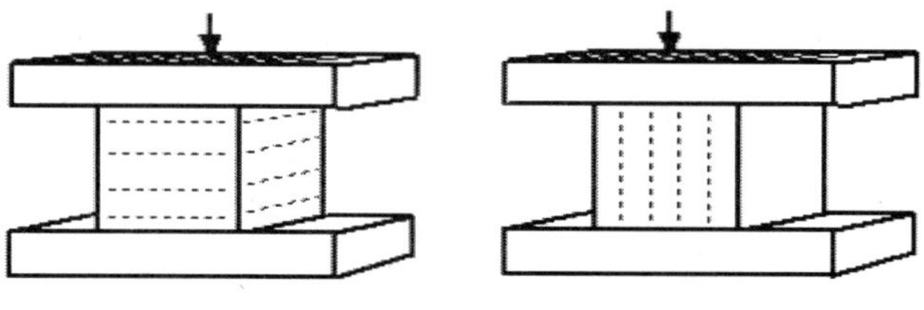

(a) 결에 직각되게 하중을 가할 때 (b) 결에 평행하게 하중을 가할 때
(접선은 결의방향, 화살표는 하중방향을 표시한다)

그림 2.5.2 결에 따라 하중을 가하는 방법

⑫ 시험결과에는 압축 강도 결과감소가 함께 다음과 같은 항목을 추가로 기록해야 한다.

㉠ 산지의 지명과 위치

㉡ 암석의 등급 및 상호명

㉢ 시료채취 위치

㉣ 시료채취 날짜

㉤ 시험에 사용된 공시체의 크기와 형태

㉥ 공시체를 준비한 방법에 대한 설명서

5-5 점토 벽돌

(KS L 4201 ; Clay Brick)

1. 개 요

진흙을 반죽하여 성형 · 건조 · 소성한 것을 보통벽돌 또는 군벽돌 · 붉은벽돌이라고도 한다. 붉은벽돌은 1800년대에 서구식 제법이 도입된 이후부터 생산되었고, 그 전에는 주로 검정벽돌로 생산되었다. 이것은 기와가마와 같은 소성법으로 한 것이며, 전벽 또는 전돌이라 속칭한다. 원료는 한 종류의 진흙으로 하지만 너무 차질 때에는 모래를 가하고, 또 색조를 가감하기 위해서는 석회를 혼입한다. 점토에는 철분이 3~5 %가 함유되어 있어서 완전연소로 소성하면 붉은색이 난다.

2. 종류 및 품질

① 벽돌은 품질에 따라 미장벽돌(1, 2, 3 종), 유약벽돌(1, 2, 3 종)로 구분하며, 모양에 따라 일반형 및 유공형으로 구분한다.

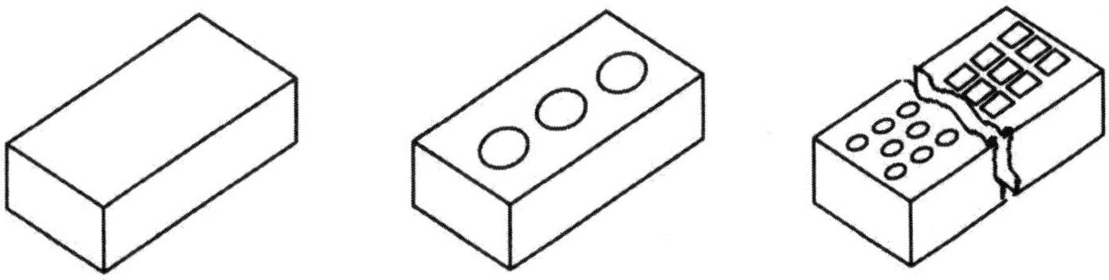

(a) 일반형 (b) 유공형 (c) 유공형

그림 2.5.3 모양에 따른 구분

② 벽돌은 겉모양이 균일하고 사용상 해로운 균열이나 결함 등이 없어야 하며, 벽돌의 품질은 표 2.5.3과 같다.

표 2.5.3 벽돌의 품질

품질 \ 종류	1종	2종
흡수율(%)	10.0 이하	15 이하
압축강도(N/mm^2)	24.50 이상	14.70 이상

③ 벽돌의 치수 및 치수 허용값은 표 2.5.4와 같으며, 이외의 규격은 당사자 간의 협의에 따르면 표 2.5.3의 품질기준을 적용한다.

표 2.5.4 벽돌의 치수 및 허용값 (단위: mm)

항목 \ 구분	길이	너비	두께
치수	190	90	57
	205	90	75
	230	90	57
허용값	±5.0	±3.0	±2.5

3. 시험 방법

(1) 시 료

시험에 사용하는 시료는 5개로서, 흡수율 및 압축강도의 시험에는 표 2.5.4에 규정된 치수의 벽돌을 사용하는데, 압축강도 시험은 190 mm×90 mm, 205 mm×90 mm, 230 mm×90 mm의 면을 각각 시험한다.

(2) 흡수율

① 시험에 사용할 시료는 (110±5)℃의 공기 중탕 속에서 24시간 건조시켜 실온까지 온도를 낮춘 후 무게를 측정하고, 이것을 건조 질량 m_1(g)로 한다.

② 이 시료를 즉시 20±5℃의 물속에 24시간 담가둔다. 이때 시료 상부와 수면까지의 거리는 (50~60) mm로 한다. 침수가 완료된 시료를 꺼내어 재빨리 헝겊으로 표면의 수분을 닦고, 즉시 무게를 달아 이것을 수분을 포함한 질량 m_2(g)로 한다.

③ 벽돌의 흡수율은 시료 5개의 시험 값을 다음 식에 따라 계산하고, 평균값을 보고하는데, 평균값은 KS A 0021에 따라 소수점 이하 첫째자리에서 끝맺음한다.

$$a = \frac{m_2 - m_1}{m_1} \times 100$$

여기에서, a : 흡수율(%)

m_1 : 건조 질량(g)

m_2 : 수분을 포함한 질량(g)

(3) 압축강도

① 시료는 미리 (110±5)℃의 공기 중탕 속에서 건조하고 24시간 후에 꺼내어 실온까지 냉각한다.

② 벽돌의 190 mm×90 mm, 205 mm×90 mm, 230 mm×90 mm의 면을 가압면으로 하고, 미리 시료마다 유공부를 포함하는 가압면적 $A\,(cm^2)$를 구한다. 가압면에는 필요에 따라 종이조각 등을 끼워 균일하게 가압한다.

③ 가압속도는 매초 49.0~98.0 N/cm^2로 하여, 시료가 파괴되었을 때의 최대하중 W(N)을 측정한다.

④ 압축강도는 시료 5개의 시험값을 다음 식에 따라 계산하고, 평균값을 보고하는데, 평균값은 KS A 0021에 따라 소수점 이하 첫째자리에서 끝맺음한다.

$$C = \frac{W}{A}$$

여기에서, C : 압축강도(N/mm^2)

A : 유공부를 포함하는 가압면적(mm^2)

W : 최대 하중(N)

4. 검 사

① 겉모양, 치수 및 치수 허용값, 압축강도 및 흡수율 검사는 50 000개를 1로트로 한다.

② 1로트에서 무작위로 5개의 시료벽돌을 채취하여 표 2.5.3 및 표 2.5.4의 품질 규정 및 치수, 허용오차 기준에 따라 합격 여부를 결정한다.

5. 표 시

벽돌은 매 포장마다 종류, 제조자명 또는 그 약호를 표시한다.

5-6 도자기질 타일

(KS L 1001 ; Ceramic Tiles)

1. 개 요

우리나라에서 타일이라 하면 주로 도자기질 타일을 말하지만, 서양에서는 작은 판형으로 된 것을 총칭하는 말로서 흡음판, 기와, 비닐타일 등을 포함한다. 도자기질 타일은 자기타일,

도기타일, 석기타일 등이 있다. 도자기질 타일은 표면 마무리법에 따라 시유타일과 무유타일로 구분하는데, 대부분 자기타일은 무유타일이 많이 쓰인다. 이것은 용도상으로 외장용 타일과 내장용 타일로 구분되고, 또 사용 장소에 따라 벽타일 또는 바닥타일로 구분한다.

2. 종 류

타일은 용도, 소지(타일 원재료)의 질 및 유약의 유무에 따라 각각 다음과 같이 구분한다.

① 호칭에 따라 외장 타일, 내장 타일, 바닥타일, 모자이크 타일로 구분한다.

② 소지(타일 원재료)의 질에 따라 자기질 타일, 석기질 타일, 도기질 타일로 구분한다.

③ 유약의 유무에 따라 시유타일 및 무유타일로 구분한다.

3. 치수 및 허용값

(1) 모듈 호칭 치수

① 타일의 모듈 호칭 치수는 표 2.5.5와 같다. 단, 수출품 및 모자이크 타일의 치수에 대해서는 제외한다.

표 2.5.5 타일의 모듈 호칭 치수 (단위: mm)

	내장 타일, 외장 타일 및 바닥 타일										구성타일	
A(너비)	50	100	150	200	250	300	400	450	500	600	300	450
B(길이)	50	100	150	200	250	300	400	450	500	600	300	450

② 모듈 호칭 치수와 제작 치수의 관계를 그림 2.5.4에 나타낸다.

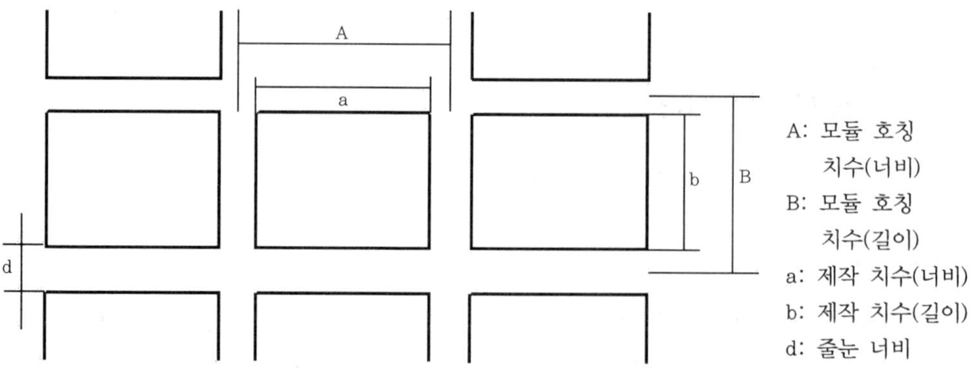

그림 2.5.4 모듈 호칭 치수 개념도

(2) 제작 치수

① 제작 치수란 타일을 제작할 때 기본이 되는 치수를 말한다.

② 길이 및 너비의 제작 치수는 모듈 호칭 치수에서 줄눈 및 공차를 고려한 치수로서 제조자가 정하는 것으로 한다.

(3) 길이 및 너비의 허용오차

① 타일의 길이 및 너비의 제작 치수에 대한 허용값은 표 2.5.6과 같다. 단, 구성타일의 허용값은 ±2.0 mm로 한다.

② 먼저 붙임공법에 사용하는 타일에 대해서는 당사자 사이에 별도의 허용값을 정할 수 있다.

(4) 두께의 허용값

타일의 두께 제작 치수에 대한 허용값은 표 2.5.7과 같다.

표 2.5.6 길이 및 너비의 허용값 (단위: mm)

타일의 제작 치수	내장 타일	모자이크 타일	외장 타일 및 바닥 타일
50 이하	−	±1.0	±1.5
50 초과, 105 이하	±0.6[1]	±1.5	±2.0
105 초과, 155 이하	±0.8[1]	±2.0	±2.5
155 초과, 355 이하	±1.5	−	±3.0
305 초과	±2.0	−	±3.5

주[1] 자기질 타일에 한하여 ±1.0 mm로 한다.

표 2.5.7 두께의 허용값 (단위: mm)

호칭명에 의한 구분	허용값
내장 타일	±0.7
외장 타일	±1.5
바닥 타일	±1.5
모자이크 타일	±0.8

4. 품 질

(1) 겉모양

① 타일의 겉모양은 표 2.5.8에 따라 조사하고, 표 2.5.9의 규정에 적합해야 하며, 구성 타일인 경우는 표 2.5.9 및 표 2.5.10의 규정에 적합해야 한다.

② 장식상 별도로 만든 색얼룩, 색조의 불균일, 유약얼룩, 금갈라짐 등은 결점으로 취급하지 않는다.

③ 자기질 타일에서 표면의 넓이가 15 cm^2 이상인 경우에는 충분히 접착될 수 있도록 뒷굽을 붙인다.

표 2.5.8 타일 상호 간의 결점조사에 필요한 시료 수

타일의 표면 면적(2)	평타일	부속타일
15 cm^2 미만	약 1.0 m^2	약 0.3 m
15 cm^2 이상, 60 cm^2 미만	약 0.3 m^2	약 1 m
60 cm^2 이상, 400 cm^2 미만	약 1 m^2	
400 cm^2 이상	약 2 m^2	약 2 m

주(2) 복수의 면을 갖는 부속타일의 경우는 큰 쪽 면의 면적을 적용한다.

표 2.5.9 타일의 결점 및 판정기준

결 점 의 분 류		판 정 기 준
한 개의 타일에서의 결점	금, 금 갈라짐, 박리층, 현저한 뒷면 흠집, 깨어짐	없어야 한다.
	소지 떨어짐, 핀홀, 오목, 표면 흠집, 이물질의 부착, 장식 얼룩, 색 얼룩, 광택 얼룩, 변형(3)	약 1 m 거리에서 바라보았을 때 눈에 띄지 않아야 한다.
타일 상호간의 결점	색조의 불균일, 광택의 불균일	위 표를 만족하는 데 필요한 개수의 타일을 펴놓고, 약 2 m 거리에서 바라보았을 때 눈에 띄지 않을 것.

주(3) 한 변이 50 mm를 초과하는 정사각형 또는 긴 변이 50 mm를 초과하는 직사각형 타일의 뒤틀림 및 치수의 불규칙도에 대해서는 뒤틀림과 치수의 불규칙도의 규정에 따른다.

표 2.5.10 구성타일의 결점 및 판정기준

결점의 종류		판정기준
한 개의 구성타일의 결점	첨지 나옴 첨지 찢어짐	없어야 한다. 다만, 겉붙임 첨지의 경우 시공에 지장이 없으면 관계 없다.
	줄눈의 불균일	약 1 m 거리에서 바라보았을 때 눈에 띄지 않을 것.
	두께의 불균일	경사 방향에서 바라보았을 때 눈에 띄지 않을 것.
구성타일 상호간의 결점	색조의 불균일 광택의 불균일	아홉매의 구성타일을 정사각형 모양으로 펴놓고, 약 2 m 거리에서 바라보았을 때 눈에 띄지 않을 것.
	줄눈 틀림	아홉매의 구성타일을 정사각형 모양으로 펴놓고, 약 1 m 거리에서 바라보았을 때 눈에 띄지 않을 것.

(2) 성 능

시험은 평타일에 대해서 실시하고 다만, 제작조건이 평타일과 동일한 부속타일에 대해서는 흡수율, 내균열성, 내마모성, 꺾임 강도, 내동해성, 내약품성의 시험은 생략할 수 있다.

① 뒤틀림과 치수의 불규칙도

타일의 뒤틀림과 치수의 불규칙도는 표 2.5.11의 기준 이하로 한다. 다만, 모자이크 타일과 부속타일은 현저하게 눈에 띄지 않으면 합격으로 한다.

표 2.5.11 뒤틀림과 치수의 불규칙도 (단위: mm)

타일의 치수[4]	볼록 뒤틀림[5]			오목 뒤틀림[5]			옆면 뒤틀림[6]			치수의 불규칙		
	자기	석기	도기	자기	석기	도기	자기	석기	도기	자기	석기	도기
50 이하	–			–			–			1.5	1.2	–
50 초과 105 이하	1.2		0.9	0.9		0.6	1.0			2.0	1.6	0.6
105 초과 155 이하	1.6		1.2	1.2		0.8	1.5			2.5	2.0	0.8
155 초과 355 이하	2.0		1.5	1.5		1.0	2.0			3.0	2.4	1.5
355 초과 605 이하	2.4		1.8	1.8		1.2	2.5			3.5	2.8	2.0

주(4) 타일의 치수란 뒤틀림의 경우는 타일이 긴 변을 말하며, 치수의 불규칙도는 대상이 되는 긴 변 또는 짧은 변을 말한다. 또한 타일이 정사각형인 경우에는 어느 한 변을 말한다.
주(5) 볼록 뒤틀림, 오목 뒤틀림은 인위적으로 표면에 볼록, 오목을 만든 것은 이를 적용하지 않는다.
주(6) 옆면 뒤틀림은 직사각형 타일의 긴 변 및 한 변이 155 mm를 초과하는 정사각형 타일의 각 변에 적용한다.

② 흡수율

㉠ 타일은 시험 방법에 규정하는 흡수 시험을 했을 때, 자기질 3.0 % 이하, 석기질 5.0 % 이하, 도기질 18.0 % 이하가 되어야 한다.

㉡ 단, 클링커 타일은 흡수율을 8.0 % 이하로 한다.

③ 내균열성

㉠ 시유타일은 시험 방법에 규정하는 오토클레이브 시험을 했을 때, 균열 및 금갈라짐이 생겨서는 안 된다.

㉡ 장식상 특별히 만든 균열 및 금갈라짐이 있는 타일에 대해서는 적용하지 않는다.

㉢ 흡수율 1 % 이하의 자기질 타일의 경우는 시험을 생략할 수 있다.

③ 내마모성

㉠ 바닥타일 및 바닥타일 이외의 옥내 · 외 바닥에 사용하는 타일은 마모 시험을 했을 때, 마모감량이 0.1 g 이하이어야 한다.

㉡ 흡수율 1 % 이하의 자기질 타일의 경우는 시험을 생략할 수 있다.

④ 꺾임강도

㉠ 타일은 규정한 꺾임강도 시험을 했을 때 너비 1 cm당 꺾임 파괴하중이 표 2.5.12의 규정에 합격해야 한다.

㉡ 각 변이 50 mm 이하인 모자이크 타일은 적용하지 않는다.

표 2.5.12 꺾임강도의 기준

호 칭 명		너비 1 cm당 꺾임 파괴하중(N/cm)
내장 타일		12 이상
외장 타일 바닥 타일	타일의 치수[7]가 155 mm 이하인 경우	80 이상
	타일의 치수가 155 mm 초과인 경우	100 이상
모자이크 타일		60 이상

주[7] 타일의 치수란 직사각형 타일의 긴변 또는 정사각형 타일의 한 변을 말한다.

⑤ 내동해성

외장 타일 및 바닥타일의 내동해성 시험은 필요에 따라서 규정하는 동결융해 시험을 했을 때 금갈라짐, 깨어짐 및 균열이 없어야 한다.

⑥ 내약품성

타일의 내약품성 시험은 필요에 따라서 규정하는 시험을 했을 때 소지 및 유약의 변색이 없어야 한다.

⑦ 구성타일의 성능

구성타일은 성능 규정에 만족하는 동시에 다음의 규정을 만족시켜야 한다.

㉠ 첨지의 접착성: 접착성 시험을 했을 때 타일이 첨지에서 떨어져서는 안 된다.

㉡ 첨지의 박리성: 겉붙임 구성타일의 경우 규정하는 박리성 시험을 했을 때 떼어낸 첨지에 타일이 붙어 있지 않아야 한다.

㉢ 첨지의 재질 및 개구율: 뒷붙임 첨지의 재질은 흡수에 따른 팽윤, 변질 및 줄눈 오염의 우려가 없는 것으로 하고, 개구율은 다음과 같이 한다.

1매의 구성타일에 대해서는	65 % 이상
1개의 타일에 대해서는	60 % 이상
줄눈 부분에 대해서는	65 % 이상

5. 시험 방법

(1) 치수의 끝맺음법

치수의 끝맺음법은 KS A ISO 2854(데이터의 통계적 해석방법-평균과 분산의 검정방법과 추정방법)에 따른다.

(2) 치수의 측정

타일 또는 도편의 치수는 0.05 mm의 정밀도로 측정한다.

(3) 두께의 측정

타일 또는 도편의 두께는 발을 포함한 가장 두꺼운 부분을 0.05 mm의 정밀도로 측정한다.

(4) 뒤틀림 측정

① 볼록 뒤틀림, 오목 뒤틀림

타일의 표면 뒤틀림은 타일 표면 대각선 중앙부의 뒤틀림 크기를 0.05 mm의 정밀도로서 2개의 대각선 방향으로 측정하여 큰쪽의 치수를 측정값으로 하며, 측정간격의 길이는 측정 대각선 길이의 4/5 이상으로 한다. 계산은 측정값을 측정길이로 나눈 백분율로 한다(그림 2.5.6 참조).

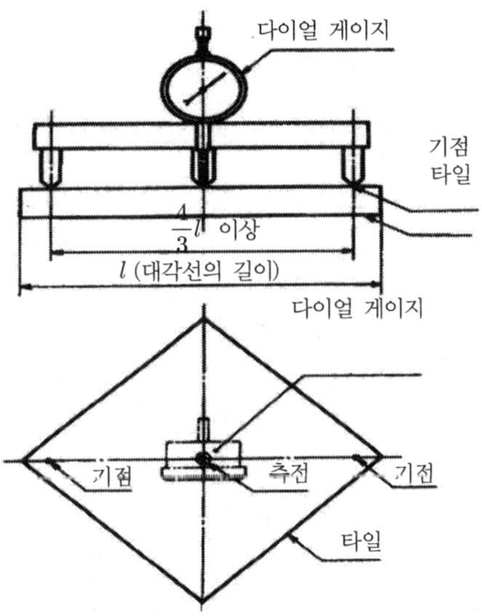

그림 2.5.6 볼록 뒤틀림, 오목 뒤틀림의 측정방법

② 옆면의 뒤틀림

측면 뒤틀림은 직사각형 타일의 긴 변의 측면 중앙부의 뒤틀림 크기를 0.05 mm의 정밀도로서, 두 긴 변에 대해서 측정하고 큰 쪽의 치수를 측정값으로 하며, 측정간격의 길이는 측정변 길이의 4/5 이상으로 한다. 계산은 측정값을 측정길이로 나눈 백분율로 한다(그림 2.5.7참조).

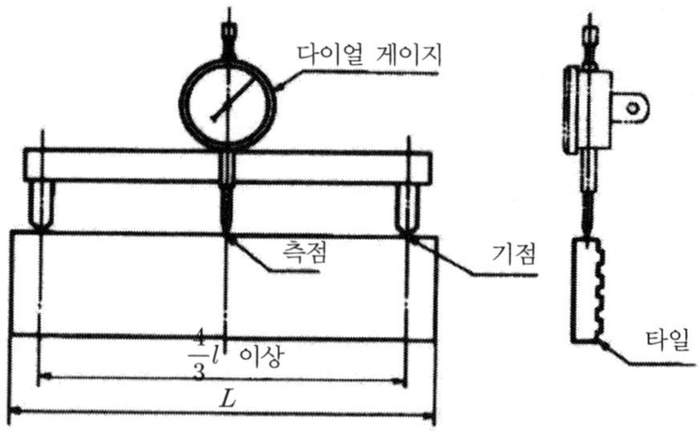

그림 2.5.7 옆면 뒤틀림 측정방법의 보기

(5) 치수의 불규칙도 측정

① 타일 치수의 불규칙도는 최소 눈금 0.05 mm 이하의 측정기를 사용하며, 타일의 네 변의 치수를 측정한다.

② 타일이 정사각형인 경우는 네 변 치수의 최댓값과 최솟값의 차로 나타낸다.

(6) 흡수 시험

① 시험체를 (15~25)℃의 깨끗한 물속에 담그고, 24시간 경과 후 꺼내어 곧바로 각 표면을 젖은 수건으로 닦은 직후 질량을 측정하여 흡수 질량(m_2)으로 한다.

② 이 시험편을 (105±5)℃로 유지된 공기건조기에 넣어 3시간 동안 건조한 후 꺼내어 무수염화칼슘 또는 실리카겔로 조습된 데시케이트에 넣어 상온까지 냉각시킨 후 질량을 측정하여 건조 질량(m_1)로 한다.

③ 흡수율(W)은 다음 식에 의하여 구한다.

$$W(\%) = \frac{m_2 - m_1}{m_1} \times 100$$

여기에서, W : 흡수율(%)

m_1 : 건조 질량(g)

m_2 : 흡수 질량(g)

(7) 오토클레이브 시험(내균열성 시험)

① 오토클레이브 시험은 오토클레이브 시험기를 사용하며, 타일 전형대로 시험한다.

② 시험중에 소비될 물의 양을 고려하여 보다 많은 물을 시험기 내에 넣은 다음 시험체를 오토클레이브 내에서 물에 잠기지 않도록 유지한다. 이때 오토클레이브의 내벽 및 시험체와 다른 시험체 사이의 거리를 10 mm 이상 떼어 놓는다.

③ 오토클레이브 뚜껑을 밀폐한 다음 1시간에 1 N/mm^{2}의 압력이 되도록 온도를 높인 후, 이 가압상태를 1시간 동안 유지한다.

④ 가열을 중지하고, 증기를 배출시켜 상온까지 냉각시킨 다음 뚜껑을 열고 시험체를 꺼내어 부착된 이물질 등을 헝겊으로 닦고, 소지의 균열 및 금갈라짐의 유무를 조사한다.

(8) 마모 시험

① 타일의 마모 시험에는 그림 2.5.8에 규정한 낙하 마모 시험 장치를 사용한다.

② 40~50 mm 정사각형으로 절단하여 무게 100 g 이내로 조정된 시험체를 준비한다.

③ 무게를 측정한 후 수평면과 45°의 각도로 경사지게 장치하고, 1 100 mm의 높이에서 KS L 6508에 규정한 탄화규소 연삭재 C의 입도 20번을 무게로 10 kg 낙하시킨 다음, 시험체의 부착된 가루를 잘 털어내고 타일의 무게를 측정하여 그 무게 감량을 마모감량으로 한다. 무게는 0.01 g까지 측정한다. 또한, 이때 낙하시간이 8분 이상이 되도록 조정한다.

단위: mm

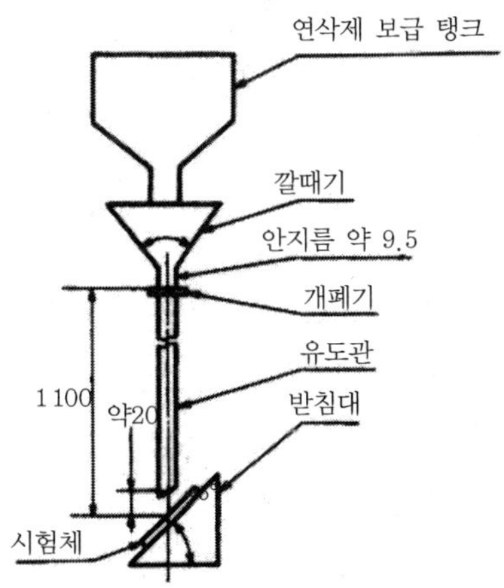

그림 2.5.8 낙하식 마모 시험장치

(9) 꺾임강도 시험

① 시험체의 표면을 아래로 해서 직사각형의 경우는 그림 2.5.9와 같이 긴 변 방향을 지지봉 간 거리 l mm로 설치한 지름 10 mm의 지지봉 위에 놓고, 지지봉 간 거리 중앙 위에 위와 같은 모양의 가압봉으로 하중을 가한다.

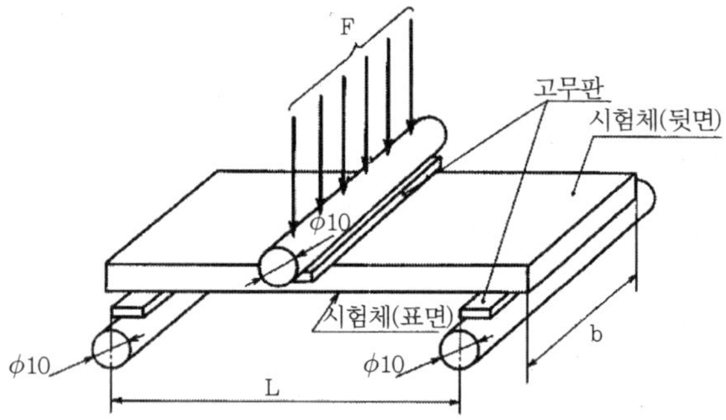

그림 2.5.9 꺾임강도 시험 방법

② 미끄러짐 등의 방지를 위하여 돌출 · 성형 · 가공한 타일의 경우는 돌출된 부분에 시험 하중을 가하고, 지지봉에 지지되는 부분도 돌출부분이 지지되도록 조정하여 시험한다.

③ 또 타일이 정사각형이고, 꺾임강도가 약한 방향이 명백한 경우에는 그 방향에 대하여 시험한다. 이때 가압봉 및 지지봉과 시험체에는 KS M 6518에 규정한 스프링식 경도 시험기 A형에 경도가 60~70°이고, 두께 약 3 mm인 고무판을 놓는다.

④ 너비 1 cm당 꺾임파괴하중(P)은 다음 식에 따라 구한다.

$$P = \frac{F}{b} \times \frac{l}{90}$$

여기에서, P : 너비 1 cm당 꺾임 파괴하중(N/cm)
F : 파괴하중(N)
b : 타일 너비(cm)
l : 지지봉 간의 거리(mm)

⑤ 하중속도는 30초 이상, $F_0 = \frac{90bP_L}{l}$(N)이 되도록 한다. 여기에서, P_L은 표 2.5.12에 나타낸 꺾임 파괴하중의 하한값이다.

⑥ 또한 l 은 표 2.5.13에 따른다. 단, 타일의 긴 변 또는 각 변이 300 mm를 초과하는 경우는 그 변의 길이가 약 300 mm가 되도록 절단하여 사용한다. 또 복수의 면을 가진 부속타일의 경우는 절단하여 넓은 면에 대해 시험하는 것으로 한다.

표 2.5.13 지지봉 간 거리 (단위 mm)

타일의 제작 치수	l (지지봉 간 거리)
50 초과 95 이하	45
95 초과 185 이하	90
185 초과 305 이하	180
305 초과 605 이하	270

비고: 돌출 · 성형 · 가공한 타일의 경우 누르는 하중이 돌출 부분에 위치하고, 지지되는 부분이 돌출부분에 조정하기 위해서는 l을 규정한 거리보다 최소한 작게 할 수 있다.

(10) 접착성 시험

① 겉붙임 구성타일의 경우는 첨지의 한쪽 변의 양 끝을 타일과 함께 집어서 아래로 늘어뜨리고, 첨지에서 타일이 떨어지는지 조사한다.

② 뒷붙임 구성타일의 경우에는 첨지의 한쪽 변의 양끝을 타일과 함께 끼워서 상온의 깨끗한 물속에 약 3시간 동안 수직으로 늘어뜨린 후, 천천히 끌어올려서 첨지에서 타일이 벗겨져 떨어지는지 조사한다.

(11) 박리성 시험

① 겉붙임 구성타일을 지첨판 위를 첨지를 위로 향하여 놓는다.

② 첨지에 물을 충분히 함침시켜 3분간 방치한 후 첨지의 한 모서리 끝을 손가락으로 잡아 180°로 접어서 대각선 방향으로 첨지를 따라 잡아뗀다.

③ 모든 타일로부터 첨지가 벗겨지는지를 조사한다.

(12) 동결융해 시험

① 시험체를 상온의 깨끗한 물속에 24시간 이상 담가 물을 흡수시킨다.

② 이후 물에서 꺼내어 곧바로 (−20±3)℃의 냉동조 안에 8시간 이상 넣어 놓는다.

③ 냉동조에서 꺼낸 후 상온의 깨끗한 물속에 6시간 이상 담근 후 꺼내어 젖은 헝겊으로 닦는다.

④ 시험체의 금갈라짐 및 소지 또는 유약 일부의 벗겨짐 유무를 관찰한다.

⑤ 이 동결융해 및 관찰조작을 1회로 해서 10회 반복한다. 단, 24시간 담그는 것(①번 절차)은 최초의 1회만으로 한다.

⑥ 냉동조 안에 시험체를 놓는 방법은 냉동조벽 및 시험체와 다른 시험체 사이의 거리를 10 mm 이상 떼어 놓는다.

(13) 내약품성 시험

① 시험체는 필요하면 중성세제 등을 사용하여 충분히 씻은 후, 105℃ 이상의 공기건조기 내에서 약 3시간 건조하고, 데시케이터 안에서 '(6)흡수 시험'과 동일한 방법으로 상온까지 냉각한다.

② 시험체는 타일을 길이 60 mm 이상, 너비 20 mm 이상으로 절단해도 좋다.

③ 시험체를 상온의 약 3 % 염산용액[13] 및 상온의 수산화나트륨 용액[14] 약 8시간 담그고 물로 씻은 후 표면의 이상 유무를 조사한다. 이 경우 비커를 사용하고 시험체를 측벽에 기대어 세우고 반쯤 액 중에 있도록 한다.

(14) 검 사

① 검사는 형상, 치수, 겉모양 및 품질을 검사하여 합격 또는 불합격을 결정한다.

② 각 검사는 KS A 3101(샘플링 검사 통칙)의 규정에 따라 로트의 크기를 결정한다.

③ 샘플링 검사인 경우의 샘플링 개수 및 합격판정 개수는 표 2.5.14와 같다.

표 2.5.14 샘플링 및 판정 개수

항 목				샘플링 개수(n)	합격판정 개수(c)
겉모양	1개의 타일에서의 결점	내 · 외장타일, 바닥타일		25	2
		모자이크 타일	시유	100	4
			무유	100	6
	타일 상호간의 결점			2(회)	0(회)
	1매의 구성타일의 결점			5(매)	0(매)
	구성타일 상호 간의 결점			2(회)	0(회)
치수(길이, 너비 및 두께)				10	0
뒤틀림(오목 · 볼록 뒤틀림 및 옆면 뒤틀림)				10	0
치수의 불규칙도				10	0
흡수율, 내균열성, 내마모성, 꺾임강도				3	0
내동해성, 내약품성(내산성 및 내알칼리성)				3	–
침지 박리성				3(매)	0(매)
침지의 접합성				5(매)	0(매)

비고: 공장에서 품질보증을 위한 샘플링검사는 상기 이외에 한국산업규격에 규정된 방법을 사용해도 좋다.

13) KS M 8102의 특급 1 g에 대해 물 10 g을 가한 것.
14) KS M 8116의 특급 약 3 g에 물 약 100 g의 비율로 용해한 것

(15) 표 시

제품은 그 뒷면에 적당한 장소에 제조자명 또는 그 약호를 표시하며, 각 포제용기에는 그 겉면에 종류, 치수, 등급 및 제조자명을 표시한다.

5-7 기 타

위에서 언급한 사항 이외에 석재 및 점토질 재료와 관련된 기타 KS규격을 살펴보면 다음과 같다.

석재와 관련한 규격

암석의 인성 시험 방법	KS F 2517
석재	KS F 2530
콘크리트용 골재의 암석분류 시험 방법	KS F 2548

점토질 재료와 관련한 규격

도자기질 타일	KS F 1001
시유타일의 열충격저항성 측정방법	KS F 1205
시멘트에 대한 타일의 부착강도 측정방법	KS F 1206
위생도기	KS F 1551
비수세식 도기제 변기	KS F 1563
도자기질 타일 시멘트	KS F 1592
내화점토질 벽돌	KS F 3201
도관	KS F 3208
점토의 화학 분석방법	KS F 4007
점토벽돌	KS F 4201
레이들용 내화점토질 벽돌	KS F 4203
규회벽돌	KS L 4204
고알루미나질 및 점토질 플라스틱 내화물의 함수율 시험 방법	KS F 5502
점토질 플라스틱 내화물의 내화도 시험 방법	KS F 5503
고알루미나질 및 점토질 플라스틱 내화물의 강도 시험 방법	KS F 5504
고알루미나질 및 점토질 플라스틱 내화물의 선변화율 시험 방법	KS F 5505
점토 성형체의 꺾임강도 시험 방법	KS F 5506

제6장

금속재료

6-1 개 요

1. 금속재료

금속재료란 공업용재로 사용되는 금속(Metals)과 합금(Alloys)의 총칭이다.

공업에 사용되는 금속재료는 전성, 연성, 강도, 경도 등의 기계적 성질이 우수하고, 또 내구성이 커야 한다. 그런데 이와 같은 금속은 그 수가 매우 많은데 그 중에서도 주로 사용되는 원소는 Fe, Cu, Al, Pb, Sn, Sb, Zn, Ni, Mg 등이고, 그밖에 합금용으로 Mn, Cr, W, Co, V 등이 있다.

금속원소는 단독으로 사용되기 보다는 다른 원소와 같이 합금하여 사용하며, 합금은 열처리 및 기타의 가공 정도에 따라 성질이 다양하게 변한다.

2. 철금속재료

철금속은 탄소함유량과 제조방법에 따라 다음과 같이 분류한다.

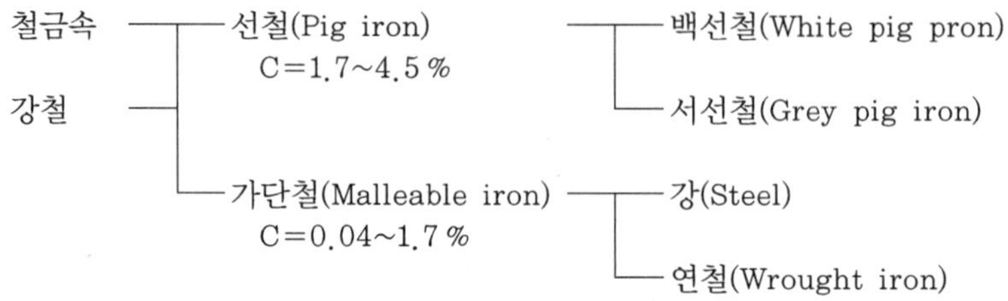

강철은 그 제법, 화학성분, 용도, 형성법 등에 따라 다음과 같이 분류된다.

① 제법에 따라: 평로강, 베세머강, 전로강, 도가니강 등

② 화학성분에 따라: 탄소강, 합금강 등

③ 용도에 따라: 일반구조용 압연강재(KS D 3503), 용접구조용 압연강재(KS D 3515), 보일러용, 리벳용, 공구용강 등

④ 형성법에 따라: 압연강철재, 주강철재 등

참고로 KS D 3504(철근콘크리트용 봉강)의 품질규정은 다음 표 2.6.1과 같다.

표 2.6.1 철근콘크리트 봉강의 품질 규정(기계적 성질)

종류 · 기호	항복점 또는 항복강도 (N/mm^2)	인장강도[a] (N/mm^2)	인장 시험편	연신율[b] (%)	굽힘성	
					굽힘 각도	안쪽 반지름
SD300	300 ~ 420	항복 강도의 1.15배 이상	2호에 준한 것	16 이상	180°	D 16 미만 : 공칭 지름의 2배 D 16 이상 D22 미만 : 공칭 지름의 2.5배 D 22 이상 D 29 미만 : 공칭 지름의 3배 D 29 이상 D 38 미만 : 공칭 지름의 4배 D 38 이상 : 공칭 지름의 5배
			3호에 준한 것	18 이상		
SD400	400 ~ 520	항복 강도의 1.15배 이상	2호에 준한 것	16 이상	180°	
			3호에 준한 것	18 이상		
SD500	500 ~ 650	항복 강도의 1.08배 이상	2호에 준한 것	12 이상	135°	
			3호에 준한 것	14 이상		
SD600	600 ~ 780	항복 강도의 1.08배 이상	2호에 준한 것	10 이상	90°	
			3호에 준한 것			
SD700	700 ~ 910	항복 강도의 1.08배 이상	2호에 준한 것	10 이상	90°	
			3호에 준한 것			
SD400W	400 ~ 520	항복 강도의 1.15배 이상	2호에 준한 것	16 이상	180°	
			3호에 준한 것	18 이상		

(표 계속)

종류 · 기호	항복점 또는 항복강도 (N/mm²)	인장강도[a] (N/mm²)	인장 시험편	연신율[b] (%)	굽힘성	
					굽힘 각도	안쪽 반지름
SD500W	500 ~ 650	항복 강도의 1.15배 이상	2호에 준한 것	12 이상	180°	D 16 미만 : 공칭 지름의 2배
			3호에 준한 것	14 이상		
SD400S	400 ~ 520	항복 강도의 1.15배 이상	2호에 준한 것	16 이상	180°	D 16 이상 D22 미만 : 공칭 지름의 2.5배
			3호에 준한 것	18 이상		
SD500S	500 ~ 620	항복 강도의 1.15배 이상	2호에 준한 것	12 이상	180°	D 22 이상 D 29 미만 : 공칭 지름의 3배
			3호에 준한 것	14 이상		
SD600S	600 ~ 720	항복 강도의 1.15배 이상	2호에 준한 것	10 이상	90°	D 29 이상 D 38 미만 : 공칭 지름의 4배
			3호에 준한 것			
SD700S	700 ~ 820	항복 강도의 1.15배 이상	2호에 준한 것	10 이상	90°	D 38 이상 : 공칭 지름의 5배
			3호에 준한 것			

a. 인장 강도는 실측한 항복 강도의 비율로서 규정된 비율 이상이어야 한다.
b. 이형 봉강에서 치수가 호칭명 D32를 초고하는 것에 대해서는 호칭명 3을 증가할 때마다 표 2.6.1의 연신율의 값에서 각각 2를 감한다. 다만 감하는 한도는 4로 한다.

3. 비철금속재료

일반적으로 건축에 이용되는 비철금속재료에는 다음과 같은 것이 있다.

(1) 동 및 동합금(Cu ; Copper)

① 동(Copper): 휘동강(CuS), 황동광(CuO · FeS)을 용광로 또는 전로에서 조동(Blister Copper)을 만들며 반사로에서 정련 또는 전기분해로 정제한다. 송전선 또는 전신, 전화, 모터 등의 재료로 이용된다.

② 황동(Brass): 일명 놋쇠로 동과 아연(Zn)의 합금이다.

③ 청동(Bronze): 동과 주석(Sn)의 합금이며, 아연(Zn), 납(Pb), 철(Fe) 등도 소량 함유한다.

④ 인청동(Phospher bronze): 청동에 인(P)을 가한 것이다.

(2) 주석(Sn ; Tin)

순수 주석은 박판 및 피복재로도 사용되지만 주로 합금재로 사용된다.

(3) 납(Pb ; Lead)

송수관, 산류의 용기, 그밖의 유사 용도로 사용되며 합금재료로서의 용도도 매우 넓다.

(4) 아연(Zn ; Zinc)

철강의 방식용 피복재, 인쇄용지, 각종 뒷받침 등의 얇은 판 및 합금재로 이용된다.

(5) 알루미늄과 그 합금(Al ; Aluminum)

알루미늄은 보크사이트(Bauxite: $Al_2O_3 \cdot 2H_2O$) 원광에서 얻어지는 것으로 강도가 높으나 영계수가 적고, 팽창계수가 크며, 내식성이 나쁘다. 이러한 단점을 보강하기 위한 합금인 두랄루민(Duralumin: Al+Cu+Mn+Mg+Si)으로 항공기, 자동차, 기계부속품 등에 이용된다. 기타 창호재료나 치장재료 및 알루미늄박을 이용한 단열재, 흡음판 등으로 이용된다.

4. 금속제품

금속제품에는 다음과 같은 것이 있으며, 앞으로도 다양한 제품 개발이 예상된다.

(1) 구조용 강재

① 일반구조용 강재: 형상에 따라 봉강, 평강, 형강, 강판으로 분류된다.
② 이형강: 이형철근처럼 원형봉강의 표면에 마디와 돌기를 만들어 부착강도가 2배 이상 확보할 수 있는 강재이다.
③ 경량철골: 경량형강, 엑스팬드(Expand)형강 등이 있다.
④ PC강재: PC강선, PC Strand(7가닥 꼬임선 PC강), PC봉강 등
⑤ 철선, 경인강선, Wire rope
⑥ 용접봉
⑦ 스테인리스 강판 및 봉류

(2) 가설용 강재

① 강재거푸집
② 강재지주
③ 강재비계

(3) 긴결철물

① 볼트(Bolt), 너트(Nut), 와셔(Washer)

② 고강도 볼트, 핀(Pin)
③ 훅 볼트(Hook bolt)
④ 리벳(Rivet)
⑤ 목조 이음철물, 듀벨, 꺾쇠, 클램프, 못 등

(4) 박판 및 가공품, 기타

① 박철판제품
② 표면가공철판
③ 메탈 라스(Metal lath)
④ 와이어 라스(Wire lath)
⑤ 철봉
⑥ 논 슬립(Non slip)
⑦ 셔터(Shutter)
⑧ 스틸새시
⑨ 알루미늄 새시
⑩ 경첩 및 창호 철물 등 기타 금속제품

6-2 금속재료 인장 시험편

(KS B 0801 ; Test Pieces for Tensile Test for Metallic Materials)

1. 용어의 정의

금속재료 인장 시험편에서 사용하는 주된 용어의 정의는 다음과 같다.

① 평행부: 시험편의 중앙부에서 동일 단면을 갖는 부분
② 표점거리: 평행부에 찍어놓은 2개의 표점 사이의 거리로서, 연신율 측정에 기준이 되는 길이
③ 물림부: 시험편의 끝부분으로서 시험기의 물림장치에 물려지는 부분
④ 어깨부의 반지름: 평행부의 응력을 균일하게 분산시키기 위하여 평행부와 물림부 사이에 만든 원호 부분의 반지름
⑤ 물림 간격: 시험편을 시험기에 설치했을 때 시험기 물림장치 사이의 시험편 길이
⑥ 비례 시험편: 시험편의 평행부 단면적에 비례하여 주요 각 부분의 모양, 치수가 닮은꼴로 정해지는 시험편

⑦ 정형 시험편: 시험편의 평행부 단면적에 관계 없이 각 부분의 모양, 치수가 일정하게 정해진 시험편

2. 시험편의 종류

① 시험편은 그 모양 및 치수에 따라 1호~14호 시험편으로 구분한다. 이들 시험편은 표 2.6.2에 표시하는 비례 시험편 및 정형 시험편으로 분류한다.

표 2.6.2 시험편의 분류

시험편의 모양	판모양	봉모양	관모양	원호모양	선모양
비례 시험편	14B호	2호, 14A호	14C호	14B호	–
정형 시험편	1A호, 1B호 5호, 6호, 7호 13A호, 13B호	3호, 4호, 10호 8A호, 8B호 8C호, 8D호	11호	12A호 12B호 12C호	9A호 9B호

② 1호~14호 시험편 중 어느 시험편을 사용할 것인지는 각각의 재료규격 지정에 따르되, 재료의 종류 및 치수에 따라 표 2.6.3의 사용 구분에 따르는 것이 좋다.

표 2.6.3 시험편의 사용 구분

<table>
<tr><th colspan="2">재 료</th><th colspan="2">시 험 편</th><th rowspan="2">비 고</th></tr>
<tr><th>구 분</th><th>치 수</th><th>비 례</th><th>정 형</th></tr>
<tr><td rowspan="7">판재</td><td rowspan="2">판 두께 40 mm 초과</td><td>14A호</td><td>4호, 10호</td><td>봉모양 시험편을 채취하는 경우</td></tr>
<tr><td>14B호</td><td>–</td><td>판모양 시험편을 채취하는 경우</td></tr>
<tr><td rowspan="2">40 mm≥판두께>20 mm</td><td>14A호</td><td>4호, 10호</td><td>봉모양 시험편을 채취하는 경우</td></tr>
<tr><td>14B호</td><td>1A호</td><td rowspan="4">판모양 시험편을 채취하는 경우</td></tr>
<tr><td>20 mm≥판두께>6 mm</td><td rowspan="2">14B호</td><td>1A호, 5호</td></tr>
<tr><td>6 mm≥판두께>3 mm</td><td rowspan="2">5호
13A호, 13B호</td></tr>
<tr><td>판 두께가 3 mm 이하</td><td>–</td></tr>
<tr><td>봉재</td><td>–</td><td>2호, 14A호</td><td>4호, 10호</td><td>–</td></tr>
<tr><td>선재</td><td>–</td><td>–</td><td>9A호, 9B호</td><td>–</td></tr>
<tr><td rowspan="6">관재</td><td>관 바깥지름이 작은 것</td><td>14C호</td><td>11호</td><td>관모양 시험편을 채취하는 경우</td></tr>
<tr><td>바깥지름 50 mm 이하</td><td rowspan="3">14B호</td><td>12A호</td><td rowspan="3">원호 모양 시험편을 채취하는 경우</td></tr>
<tr><td>170 mm≥바깥지름>50 mm</td><td>12B호</td></tr>
<tr><td>바깥지름>170 mm</td><td>12C호</td></tr>
<tr><td>관 지름≥200 mm</td><td>14B호</td><td>5호</td><td>관모양 시험편을 채취하는 경우</td></tr>
<tr><td>살두께가 두꺼운 것</td><td>14A호</td><td>4호</td><td>봉모양 시험편을 채취하는 경우</td></tr>
</table>

3. 시험편 평행부의 치수에 대한 허용값

① 기계가공을 한 평행부의 지름, 두께 및 너비의 다듬질 치수의 호칭치수에 대한 허용값은 표 2.6.4와 같다.

표 2.6.4 호칭치수에 대한 허용값 (단위: mm)

호칭치수의 범위	허용값
4 초과 16 이하	±0.5
16 초과 63 이하	±0.7

② 기계다듬질을 한 평행부의 지름, 두께 및 너비는 1개 시험편 평행부의 전체 길이에 걸쳐서 균일하고, 표 2.6.5(원형 단면의 경우) 또는 표 2.6.6(직사각형 단면의 경우)의 허용값을 초과하는 치수변화(최댓값−최솟값)가 없어야 한다.

표 2.6.5 평형부의 치수변화 허용값(원형 단면의 경우) (단위: mm)

기계 다듬질을 한 지름	허용값
3 초과, 6 이하	0.03
6 초과, 16 이하	0.04
16 초과	0.05

표 2.6.6 평행부의 치수변화 허용값(직사각형 단면의 경우) (단위: mm)

기계 다듬질을 한 지름	허용값
3 초과, 6 이하	0.06
6 초과, 16 이하	0.08
16 초과	0.10

비고: 예를 들면 어떤 하나의 4호 시험편 평행부의 최소지름이 14.30 mm일 때, 그 평행부의 최대지름은 14.34 mm를 초과하지 않도록 다듬질해야 한다.
또한, 호칭지름 14 mm의 4호 시험편은 평행부 전체에 걸쳐서 그 최대지름 및 최소지름이 13.5~14.5 mm의 범위를 초과하지 않아야 한다.

③ 필요에 따라 시험편의 평행부에는 ②항의 허용값 범위 내에서 중앙으로 향해 테이퍼(Taper)를 두어도 된다.

6-3 금속재료 인장 시험 방법

(KS B 0802 ; Method of Tensile Test for Metallic Materials)

1. 시험목적

금속재료의 인장 시험은 금속재료가 KS에 규정한 인장강도 및 항복점 등의 품질을 가지는지의 여부를 판정하고, KS에 규정되어 있지 않은 금속재료인 경우에는 인장 시험을 실시하여 적합한 허용응력을 정하기 위해 실시한다. 인장 시험과 관련한 용어의 정의는 다음과 같다.

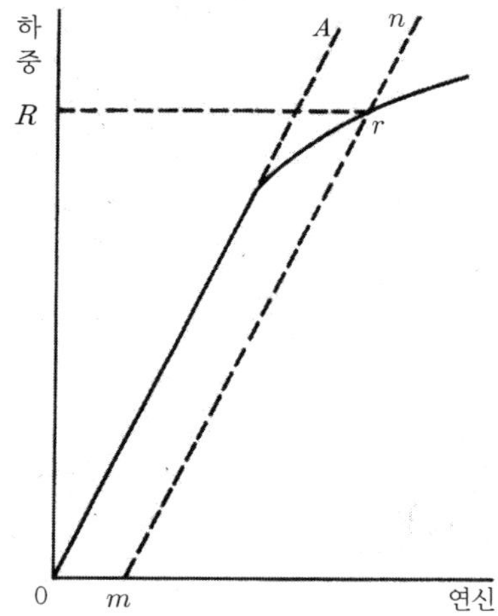

그림 2.6.1 항복강도 추정

① 인장 시험: 시험기를 사용하여 시험편을 서서히 인장시켜 기계적 성질을 측정하는 기기를 말하며, 항복점, 항복강도, 인장강도, 연신율, 단면수축률의 전부 또는 일부를 측정하는 것을 말한다.

② 항복점: 인장 시험 진행 중 시험편 평행부가 하중의 증가로 늘어남이 시작되기 전의 최대하중(N)을 평행부의 원단면적(mm^2)으로 나눈 값(N/mm^2)을 말한다.

③ 항복강도: 인장 시험에 있어서 항복점이 명확하게 나타나지 않을 때에는 그림 2.6.1과 같이 연신축상에 표점거리의 0.2 %의 영구 연신율을 가진 점으로부터 시험 초기의 직선부분에 평행선을 긋고, 이의 선도와 교차되는 하중(N)을 원단면적(mm^2)으로 나눈 값(N/mm^2)을 말한다. 단, 동합금에 대해서는 0.35 %로 한다.

④ 인장하중: 인장 시험 진행 중 시험편이 견디는 최대하중(N)을 말한다.

⑤ 인장강도: 시험편에 가해진 최대하중(N)을 원단면적(mm^2)으로 나눈 값(N/mm^2)을 말한다.

⑥ 연신율: 인장 시험에 있어서 시험편 절단면을 접속하여 측정한 표점간의 거리와 원표점 거리의 차를 원표점거리로 나눈 값의 백분율을 말한다.

⑦ 단면수축률: 인장 시험에 있어서 원단면적(mm^2)과 파단하여 축소된 단면적(mm^2)의 차를 원단면적(mm^2)으로 나눈 값의 백분율을 말한다.

⑧ 시험편의 표점거리: 평행부에 있는 두 표점 간의 거리로서 연신율 측정의 기준이 되는 길이를 말하고, 평행부는 시험편이 동일한 단면을 가진 부분을 말한다.

2. 시험용 기구

① 금속가공용 선반(시편을 가공할 경우)

② 인장 시험기

③ 펀치(Punch)

④ 자(Scale)

⑤ 해머(Hammer)

⑥ 마이크로미터(Micrometer)

⑦ 줄(File)

⑧ 절단 쇠톱

⑨ 금긋기 바늘

⑩ 버니어 캘리퍼스

⑪ 연마 숫돌

⑫ 페인트

3. 시험편

① 시험편은 KS B 0801(금속재료 인장 시험편)에 따르며 별도로 규정되어 있는 경우에는 그에 따른다.

② 시험편의 채취 · 제작은 각각의 한국산업규격에 따르고, 시험편이 되는 부분의 재질에 변화를 일으키는 변형 또는 가열은 피한다. 상항복점, 하항복점 또는 내력을 측정하는 경우에는 특히 이 점에 주의한다.
전단, 펀칭 등에 의한 가공을 한 시험편에서 시험 결과에 그 가공의 영향이 인정되는 경우에는 가공의 영향을 받은 영역을 절삭, 제거하여 평행부를 다듬질 한다.

③ 시험편의 교정은 가급적 피하는 것이 좋고, 교정을 필요로 하는 경우에는 가급적 재질에 영향을 미치지 않는 방법을 사용하도록 한다.

④ 표점은 원칙적으로 펀치 또는 스크라이버(Scriber)로 표시한다. 단, 시험편의 재질이 표면 홈에 대해서 민감하거나 아주 딱딱한 경우에는 도포한 도료 위에 스크라이버로 표시한다.

4. 시험기

① 인장 시험에 사용하는 시험기는 KS B 5521(인장 시험기)에 따른다.

② 시험기는 견고한 기초대에 고정시키고, 손잡이장치 부착부를 연결하는 직선을 바르게

수직 또는 수평으로 놓고 사용한다.

전단, 펀칭 등에 의한 가공을 한 시험편에서 시험 결과에 그 가공의 영향이 인정되는 경우에는 가공의 영향을 받은 영역을 절삭, 제거하여 평행부를 다듬질 한다.

③ 시험기는 그 주요 부분의 분해 재조립, 모양 변경이나 설치 교체를 한 경우에는 다시 검사하여 KS B 5521에 적합함을 확인한 후에 사용한다.

5. 시험

① 시험편의 모양에 적합한 손잡이장치를 사용하여 시험 진행 동안 시험편에는 축방향의 하중만 가해지도록 한다.

② 하중을 가하는 속도는 균일한 것이 바람직하며, 그 지정은 응력증가율, 변형증가율, 경과시간 중 한 가지 방법에 따른다.

㉠ 하중을 가하는 속도가 측정결과에 현저한 영향을 미칠 우려가 있는 재료에 대해서는 그 재료규격이 정한 바에 따른다. 또한, 특별한 지정이 없는 경우에는 아래의 ㉡ 및 ㉢에 따라 하중과 변형의 측정을 정확히 실시할 수 있도록 주의한다.

㉡ 상항복점, 하항복점 또는 내력을 측정하는 경우는 재료의 규격에서 규정값에 대응하는 하중의 1/2하중까지 적절한 속도로 하중을 가해도 되지만 1/2하중을 초과한 후에는 상항복점, 하항복점 또는 내력까지의 평균응력증가율은 강에서는 3~30 $N/mm^2 \cdot s$, 알루미늄 및 그 합금에서는 30 $N/mm^2 \cdot s$ 이하로 한다.

㉢ 인장강도를 측정하는 경우에 상항복점, 하항복점 또는 내력의 측정을 필요로 하지 않는 경우에는 한국산업규격의 재료 규격에서의 인장강도 규정값에 해당하는 하중의 1/2 하중까지는 적절한 속도로 하중을 가해도 되지만 1/2 하중을 넘은 후의 시험편 평행부의 변형증가율은 강에서는 20~80%/min, 알루미늄 및 그 합금에서는 80%/min 이하가 되는 속도로 당기도록 한다. 상항복점, 하항복점 또는 내력의 측정을 끝낸 후에는 이 변형증가율로 당기도록 한다.

③ 시험온도는 10~35℃의 범위 내로 하고, 필요하다면 시험온도를 기록한다. 특히 온도관리가 필요할 때에는 23±5℃로 한다. 다만, 온도변화에 민감한 재료에 대해서는 그 재료의 규격에 따른다.

6. 인장 시험 방법

시험편 평행부의 원단면적, 표점거리, 항복점, 내력, 인장강도, 항복연신, 파단연신 및 단면수축률을 구하는 방법은 다음과 같다.

① 시험편 평형부의 원단면적을 구하는 방법은 다음에 따른다.

㉠ 시험편(관모양 시험편은 제외한다.)의 평행부 원단면적은 표점간의 양 끝부 및 중앙부 3곳 단면적의 평균값으로 한다. 다만, 필요에 따라 테이퍼를 붙인 시험편은 최소 단면에서의 단면적을 측정하여 원단면적으로 한다. 관모양 시험편에서는 시험편 끝부에서 구한 단면적을 원단면적으로 한다.

㉡ 원형 단면의 시험편 및 관모양 시험편의 원단면적을 구하기 위한 지름은 서로 직교하는 2방향에 대하여 측정한 값의 평균값으로 한다.

㉢ 각각의 원단면적을 구하기 위한 지름 또는 너비, 두께는 적당한 측정기를 사용해서 적어도 규정치수의 0.5 %까지 측정한다. 다만, 2 mm 이하의 치수에 대해서는 0.01 mm로 끝맺음해도 좋다.

㉣ 원형 또는 직사각형 단면의 시험편에서 평행부의 지름 또는 두께 및 너비의 다듬질치수가 평행부의 전체 길이에 걸쳐 균일하고, 그 치수변화(최댓값－최솟값)가 표 2.6.4의 허용값을 넘지 않도록 한다. 단, 시험편의 가공 등의 정밀도가 충분히 관리되고 있는 경우에는 ㉠에서의 3곳의 단면적 평균값을 대신해서 1곳 단면적의 측정값을 원단면적으로 할 수 있다.

② 표점거리는 적절한 측정기를 사용하여 적어도 규정치수의 0.4 % 정밀도로 측정한다. 일정한 표점거리의 표점을 표시하는 장치 및 표점거리가 정해져 있는 연신율계를 사용하는 경우에는 이러한 장치의 표점거리에 대해서 앞에 서술한 측정을 실시하여 교정한다.

③ 상항복점 및 하항복점은 다음 식에 따라 산출한다.

$$\text{상항복점 } \sigma_{SU} = \frac{F_{SU}}{A_0}$$

$$\text{하항복점 } \sigma_{SL} = \frac{F_{SL}}{A_0}$$

여기에서, σ_{SU} : 상항복점(N/mm^2)

σ_{SL} : 하항복점(N/mm^2)

F_{SU} : 하기의 ㉠ 참조

F_{SL} : 하기의 ㉡ 참조

A_0 : 원단면적(mm^2)

㉠ 상항복점을 구하려면 시험편을 서서히 잡아당겼을 때, 시험편 평행부가 항복하기 시작하기 이전의 최대하중(보기를 들면 하중지침을 가진 시험기에서는 지침이 일

시 정지 또는 역행하기 이전의 최대하중) $F_{SU}(N)$을 구한다

㉡ 하항복점을 구하려면 시험편을 서서히 잡아당겼을 때, 시험편 평행부가 항복하기 시작한 후의 거의 일정한 하중상태에서의 최소하중 $F_{SL}(N)$을 구한다.

④ 내력은 다음 중 한 가지 방법에 따라 산출한다.

㉠ 오프셋법

오프셋법은 다음에 따른다.

$$\sigma_{\varepsilon} = \frac{F_{\varepsilon}}{A_0}$$

여기에서, σ_{ϵ} : 오프셋법으로 산출한 내력(N/mm²)

F_{ϵ} : 연신율계를 사용하여 하중과 늘어난 양의 관계선도를 구하여 규정된 영구 연신율(ε%)에 상당하는 연신축 위의 점에서 시험 초기의 직선부분에 평행선을 그어 이것이 선도와 만나는 점이 나타내는 하중(N)

A_0 : 원단면적(mm²)

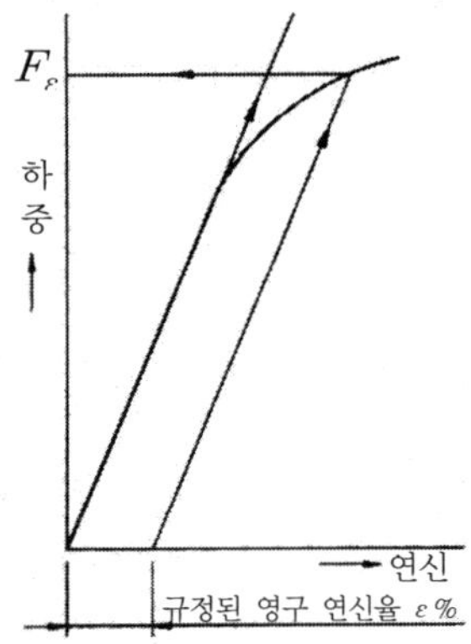

그림 2.6.2 오프셋법

또한, 여기에 쓰이는 연신율계의 기록용지는 등분눈금으로 된 것을 사용하고 연신율계는 KS B 5518(금속재료 인장시험용 연신율계)에 따른 등급이 2급 이상 또는 측정해야 하는 전체 연신율(λ %)의 ±2% 또는 10μm 중 큰 쪽 값을 측정할 수 있는 정밀도의 것을 사용한다.

오프셋법으로 산출한 내력의 식에 대해서는 예를 들면 규정된 영구 연신율 ε=0.2% 경우에는 다음과 같이 나타낼 수 있다.

$$\sigma_{0.2} = \frac{F_{0.2}}{A_0}$$

㉡ 영구 연신율법

내력이 규격에 합격하는지를 결정하는 것만으로 좋은 경우에는 한국산업규격의 규정값에 원단면적을 곱해서 얻은 하중을 15초간 가하여 이것을 빼

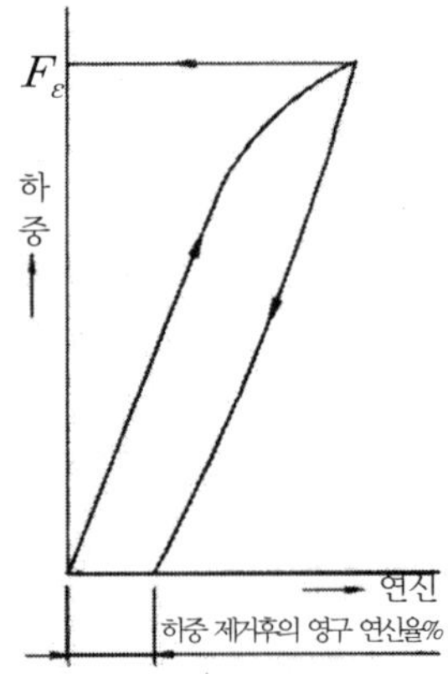

그림 2.6.3 영구 연신율법

고 측정한 표점 사이의 영구 연신율이 규정값 이하인지의 여부에 따라 판정해도 된다.

㉢ 전체 연신율법

규정된 영구 연신율 ε%를 얻을 수 있는 하중(F_λ) 하의 전체 연신율 λ%가 분명한 경우에는 내력을 다음 방법으로 산출해도 된다.

$$\sigma_\varepsilon(\lambda) = \frac{F_\lambda}{A_0}$$

여기에서, $\sigma_\varepsilon(\lambda)$: 전체 연신율법으로 산출한 내력(N/mm^2)

F_λ : 연신율계를 사용하여 측정한 하중 아래의 전체 연신율이 λ%가 되었을 때의 하중(N)

A_0 : 원단면적(mm^2)

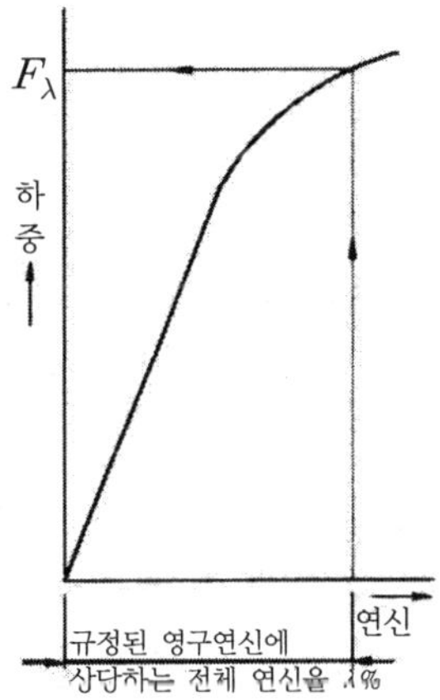

그림 2.6.4 전체 연신율법

또한, 여기에 이용하는 연신율계는 KS B 5518에 따른 등급이 2급 이상 또는 측정해야 하는 전체 연신율(λ%)의 ±2 % 또는 ±10 μm 중 큰 값을 측정할 수 있는 정밀도의 것을 사용한다.

⑤ 인장강도는 다음 식에 따라 산출한다.

$$\sigma_B = \frac{F_{max}}{A_0}$$

여기에서, σ_B : 인장강도(N/mm^2)

F_{max} : 인장하중(N)

A_0 : (1)의 원단면적(mm^2)

⑥ 상항복점, 하항복점, 내력 또는 인장강도를 산출하기 위한 하중은 그 크기의 0.5 %까지 읽는다. 항복점, 내력, 인장강도의 수치(N/mm^2)는 KS A 3251-1의 수치 맺음 방법에 따라 정수로 끝맺음한다.

⑦ 항복연신율은 다음 식에 의해 산출한다.

$$\lambda_\gamma = \lambda_{SL} - \lambda_{SU}$$

여기에서, λ_{γ} : 항복 연신율(%)

λ_{SU} : 연신율계를 사용하여 구한 하중과 늘어난 양의 관계곡선에서의 상항복점이 나타내는 전체 연신율(%)

λ_{SL} : 상항복점을 지나서 다시 연속적으로 하중증가를 나타내기 시작하는 점에서의 전체 연신율(%)

또한, 이에 사용하는 연신율계는 KS B 5518에 따른 등급이 2급 이상 또는 측정해야 할 전체 연신율(λ%)의 ±2 % 또는 ±10 μm 중 큰 쪽 값을 측정할 수 있는 정밀도의 것을 사용한다.

⑧ 파단 연신율은 다음 식에 따라 산출한다.

$$\delta = \frac{l - l_0}{l_0} \times 100$$

여기에서, δ : 파단 연신율(%)

l : 시험편의 양 파단편의 중심선이 일직선 위에 있도록 주의하여 파단면을 맞대고 측정한 표점 사이의 길이(mm)

l_0 : 표점거리(mm)

다만, 연신율계를 사용하여 파단 연신율을 측정하는 경우 특별한 지정이 없으면 l은 시험편 파단시의 전체 연신율로 하면 된다.

또한, 이것에 사용하는 연신율계는 그 표점거리가 시험편의 표점거리와 같고, 또한 표점거리의 ±0.5 %에 상당하는 정밀도로 연신율을 측정할 수 있는 것을 사용하며, 판모양 시험편에서 파단면을 맞댄 경우, 너비의 중앙부에 틈새(CP)가 있는 경우(그림 2.6.5)에도 이 CP의 치수를 빼지 않고, 표점 O_1, O_2간의 길이를 파단 연신율을 산출한다.

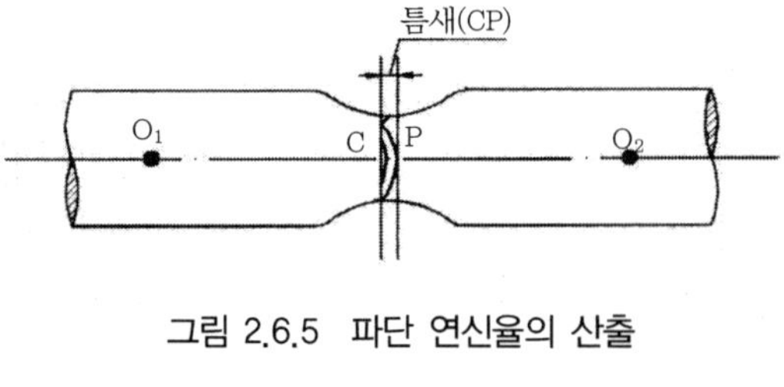

그림 2.6.5 파단 연신율의 산출

⑨ 항복 연신율의 수치는 KS A 3251-1의 수치 맺음 방법에 따라 소수점 이하 1자리로 끝맺음한다.

⑩ 단면수축률의 측정에는 원형 단면의 시험편을 사용한다.

⑪ 단면수축률은 다음 식에 따라 산출한다.

$$\phi = \frac{A_0 - A}{A_0} \times 100$$

여기에서, ϕ : 단면수축률(%)

A : 시험편의 파단면을 주의하여 맞대고 측정한 최소 단면적(mm^2)

A_0 : 원단면적(mm^2)

⑫ 단면수축률의 수치는 KS A 3251-1의 수치 맺음 방법에 따라 정수로 끝맺음한다.

⑬ 인장 시험의 성적에는 필요한 경우 시험편의 파단 위치에 따라 다음의 기호를 기록해서 구별한다.

A : 표점 간의 중심에서 표점거리의 1/4 이내(그림 2.6.6의 A부)에서 파단된 경우

B : 표점 간의 중심에서 표점거리의 1/4을 넘어서 표점 이내(그림 2.6.6의 B부)에서 파단된 경우

C : 표점 바깥(그림 2.6.6의 C부)에서 파단된 경우

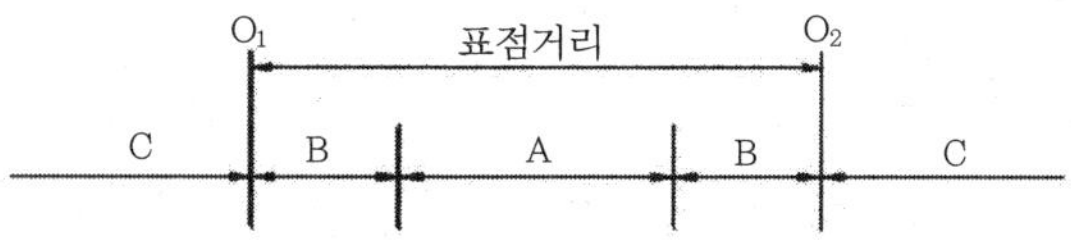

그림 2.6.6 파단 위치의 구분

⑭ 이 시험의 성적에는 원칙적으로 시험편의 종류를 기록한다.

⑮ 파단 연신율의 추정

시험편의 위치가 ⑬항의 B처럼 표점 사이의 중앙에서 절단된 경우의 파단 연신율의 값을 추정값으로 하려면 다음 방법에 따른다(그림 2.6.7).

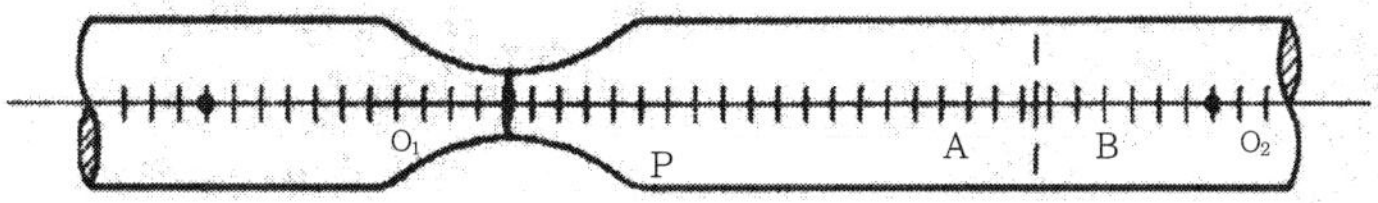

그림 2.6.7 파단 연신율의 추정

㉠ 미리 표점 사이를 적당한 길이로 등분하여 눈금을 매긴다.

㉡ 시험 후, 파단면을 서로 맞대서 짧은 쪽의 파단면 위의 표점(O_1)의 파단위치(P)에

대한 대칭점에 가장 가까운 눈금(A)을 구하여 O_1A 사이의 길이를 측정한다.

㉢ 긴 쪽의 파단편 위의 표점(O_2)과 A 사이의 등수분을 n으로 하고 n이 짝수일 때는 A에서 O_2의 방향으로 n/2번째의 눈금, n이 홀수일 때는 (n−1)/2번째의 눈금과 (n+1)/2번째의 눈금의 중심을 B로 하고, AB 사이의 길이를 추정한다.

㉣ 추정값은 다음 식에 따라 산출하여 기록한다.

$$\text{추정값}(\%) = \frac{\overline{O_1A} + 2AB - \text{표점거리}}{\text{표점거리}} \times 100$$

6-4 금속재료 굽힘 시험

(KS B 0804 ; Metallic Materials−Bend Test)

1. 시험목적

이 시험은 금속재료를 굴곡시켰을 때 외측에 균열을 일으키는지의 여부를 검사하기 위해 실시하며, 시험에 사용되는 용어의 정의는 다음과 같다.

① 굽힘 시험: 시험편을 규정의 안쪽 반지름으로 굽힌 각도가 규정의 수치로 될 때까지구부릴 때 굴곡부의 바깥쪽에 파열 및 기타 결점의 유무를 조사하는 것을 말한다.

② 안쪽 반지름: 굴곡된 시험편의 양쪽이 굴곡모멘트를 받고 있는 상태에서 구부러진 곡면의 곡률 반지름을 말하지만 시험에 사용된 누르개 축 또는 받침대 끝의 곡률반지름을 안쪽 반지름이라 한다.

③ 굽힘각도: 시험편의 안쪽이 굴곡모멘트를 받고 있는 상태에서 끝의 직선 부분이 이루는 각이 180°에 대하여 변화한 크기를 말한다.

④ 밀착: 안쪽 반지름이 0이고, 굽힘각도가 180°인 때를 말한다.

2. 시험용 기구

① 누르개

② 받침부

③ 굴곡 시험기

④ 버니어 캘리퍼스

3. 시험의 원리

굽힘 시험은 원형, 정사각형, 직사각형 또는 다각형 단면의 시험편을 하중방향의 변화없이 규정된 각도까지 굽히는 시험이다. 시험편 양끝의 축은 굽힘축에 수직이어야 한다. 180° 굽힘의 경우에는 재료 규격의 요구사항에 따라 두 면이 서로 편평하게 놓이거나 거리를 조정하는 삽입물을 사용하여 규정된 거리를 두고 평행하게 한다.

4. 기호 및 명칭

굽힘 시험에 사용되는 기호 및 명칭은 그림 2.6.8, 2.6.9 및 표 2.6.7에 따른다.

표 2.6.7 기호 및 명칭

기 호	명 칭	단 위
a	시험편 두께 또는 지름 (다각형 단면 시험편의 경우 내접원 지름)	mm
b	시험편 너비	mm
L	시험편 길이	mm
l	받침 사이의 거리	mm
D	심봉의 지름	mm
α	굽힘각도	도
γ	굽힘 후 시험편 굽힘부의 내부 반지름	mm

5. 시험장치

굽힘 시험은 전용 시험기 또는 다음의 장치가 부착된 프레스에서 실시해야 한다.

① 두 개의 받침과 한 개의 심봉으로 구성된 굽힘장치(그림 2.6.8)

② V블록과 한 개의 심봉으로 구성된 굽힘장치(그림 2.6.9)

③ 한 개의 체결구로 구성된 굽힘장치(그림 2.6.10)

(1) 받침과 심봉으로 구성된 굽힘장치

① 받침의 길이와 심봉의 너비는 시험편의 너비 또는 지름보다 커야 한다. 심봉의 지름은 재료 규격에 따른다. 시험편 받침과 심봉은 충분한 경도를 가져야 한다.

② 다른 특별한 규정이 없다면 받침 사이의 거리 l은 다음과 같으며, 굽힘 시험 도중 변동이 없어야 한다.

$$l = (D + 3a) \pm a/2$$

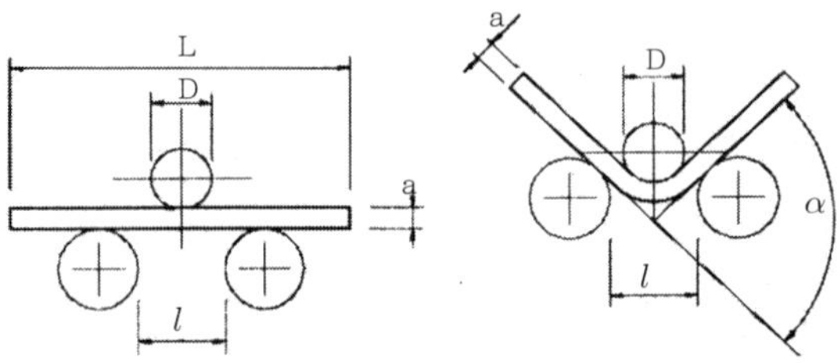

그림 2.6.8 받침과 심봉으로 구성된 굽힘장치

(2) V블록과 심봉으로 구성된 굽힘장치

V블록의 테이퍼진 면들은 $(180-\alpha)°$ 각도를 이루어야 한다. 이 각도는 관련 규격에 규정되어 있다.

V블록의 모서리는 시험편 두께의 1~10배 사이의 반지름을 가지며, 충분한 경도를 가져야 한다.

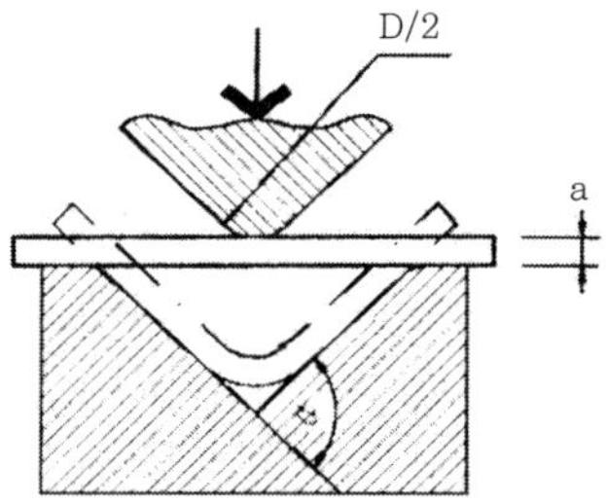

그림 2.6.9 V블록 굽힘장치

(3) 체결구로 구성된 굽힘장치

이 장치는 충분한 경도를 가지는 체결구와 심봉으로 이루어진다. 또한 시험편에 하중을 가하는 레버를 장치할 수 있다.

6. 시험편

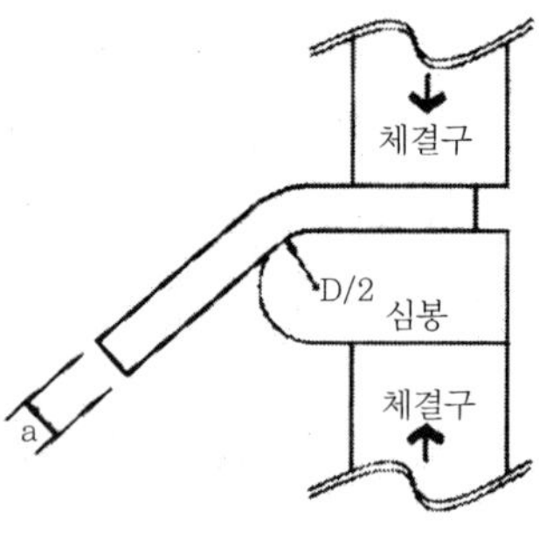

그림 2.6.10 체결구 굽힘장치

① 원형, 정사각형, 직사각형, 다각형 등의 단면을 가진 시험편을 사용해야 한다. 시험편을 채취할 때 전단, 화염, 절단 등의 가공작업에 의해 영향을 받은 부분은 제거해야 한다.

② 직사각형 시험편의 모서리 부분은 반지름이 시험편 두께의 1/10을 넘지 않도록 라운딩해야 한다. 시험결과에 나쁜 영향을 줄 수 있는 가로방향의 쇳밥, 자른 흔적의 스크래치 및 마크가 생기지 않도록 라운딩해야 한다.

③ 관련 규격에서 따로 규정하지 않는 한 시험편의 너비는 다음과 같아야 한다.

㉠ 제품의 너비가 20 mm 이하일 때는 제품의 너비와 같아야 한다.

㉡ 제품의 너비가 20 mm 초과일 때는 다음과 같아야 한다.

• 제품두께 3 mm 미만: 20±5 mm
• 제품두께 3 mm 이상: 20~50 mm

④ 시험편 두께
㉠ 판, 띠 및 단면으로부터 만든 시험편의 두께는 시험할 제품의 두께와 같아야 한다.
㉡ 원형 또는 다각형 단면 시험편은 지름(원형 단면인 경우) 또는 내접원 지름(다각형 단면인 경우)이 50 mm 이하인 경우 제품의 지름과 동일한 단면을 가져야 한다.(그림 2.6.10 참조)

⑤ 단조, 주조 및 반다듬질된 제품의 경우, 일반적인 운반 요구사항이나 협의에 의해 시험편 치수 및 샘플링을 규정해야 한다.

⑥ 이견이 없는 경우는 협의에 의해 ③ 및 ④에 규정한 시험편보다 두께 및 너비가 큰 굽힘 시험편을 사용해도 좋다.

⑦ 시험편의 길이는 시험편의 두께와 사용 시험장비에 따라 결정한다.

7. 절 차

① 일반적으로 시험은 10~35℃ 사이의 대기온도에서 수행하며, 조절된 조건에서 시험할 때는 (23±5)℃의 온도에서 시험해야 한다.

② 굽힘 시험은 관련 규격에서 규정한 다음의 한 가지 방법을 이용하여 수행해야 한다.
㉠ 주어진 조건과 하중에서 규정된 굽힘각도가 되어야 한다.
㉡ 하중을 가하는 동안 시험편의 끝부분이 규정된 거리만큼 떨어져서 서로 평행이 되어야 한다(그림 2.6.11 참조).
㉢ 하중을 가하는 동안 시험편의 끝부분이 직접 밀착되어야 한다.

③ 규정된 굽힘각도로 굽히는 시험에서는 시험편을 받침(그림 2.6.8 참조)이나 V블록(그림 2.6.9 참조)에 올려놓고 연속적으로 하중을 증가시키면서 받침 사이의 중간 부분에서 굽혀지도록 한다.
그림 2.6.8~10의 3가지 방법의 경우 재료가 자유롭게 소성 · 유동할 수 있도록 천천히 굽힘하중을 가해야 한다.

④ 끝부분을 평행하게 구부리는 시험에서는 ③항에 나타낸 것과 같이 시험편을 먼저 구부리고 나서, 프레스의 평행판 사이에 놓은 후(그림 2.6.11 참조) 연속적으로 하중을 증가시켜서 시험편의 끝부분을 평행하게 해도 좋다. 시험은 삽입물을 이용하거나 이용하지 않아도 좋다. 삽입물의 두께는 관련 규정이나 협의에 따라 규정해야 한다.

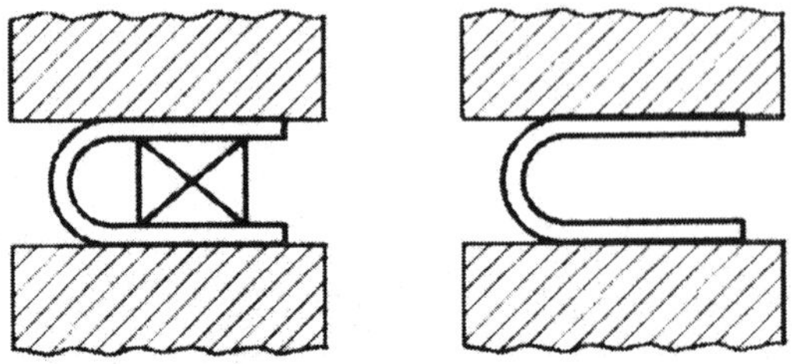

그림 2.6.11 끝 부분을 편평하게 구부리는 시험

8. 결과의 해석

① 굽힘 시험의 해석은 재료 규격의 요구사항에 따라 행해야 한다. 이러한 요구사항이 규정되어 있지 않을 때는 육안으로 균열이 보이지 않을 경우 이상이 없는 것으로 간주한다.

② 굽힘각도는 재료 규격에서 규정한 값을 항상 최솟값으로 간주한다. 만약 굽힘의 안쪽 반지름이 규정되어 있다면, 규정 반지름을 최댓값으로 간주한다.

9. 시험 보고서

시험 보고서에서는 다음의 사항을 포함해야 한다.

① 관련 규격

② 시험편에 관한 정보(재료의 형태, 주조번호, 제품에 대한 시험편의 채취 방향 등)

③ 시험편의 형상 및 치수

④ 시험 방법

⑤ 시험결과

6-5 금속재료의 브리넬경도 시험 방법

(KS B 0805 ; Metallic Materials-Test Method for Brinell Hardness)

1. 시험목적

이 시험은 금속재료의 표면에 자국 또는 흠집을 내어 변형저항을 측정함으로써 금속재료의 굳기 정도를 알기 위한 시험이다. 즉 이 시험은 스틸 볼(Hardened Steel Ball)에 하중을 가하여 시험편에 구형 오목부를 만들었을 때의 하중을 영구변형된 오목부의 지름으로부터 구해진 표면적으로 나눈 값을 브리넬경도라 한다. 브리넬경도는 간편하고, 취급이 용이하여 널리 사용되고 있다. 이외의 경도 시험 방법으로는 로크웰경도 시험 방법과 쇼어경도 시험 방법 등이 있다.

2. 시험기구

① 브리넬경도 시험기

② 다이얼 게이지(0.01 mm까지 측정할 수 있는 것)

③ 현미경(배율이 20배인 것) 구부리는 시험

그림 2.6.12 브리넬경도 시험기

3. 원 리

지름이 D인 초경 합금구 누르개로 시험편의 표면에 하중(F)을 가하여 생긴 누르개 자국의 지름(d)을 측정한다. 브리넬경도는 시험하중을 누르개 자국의 표면적으로 나눈 값에 비례한다. 이때 누르개 자국은 초경 합금구 지름의 절반을 반지름으로 하는 구면으로 가정한다.

4. 기호 및 표시

이 규격에 사용하는 기호 및 표시는 그림 2.6.12 및 표 2.6.8에 따른다.

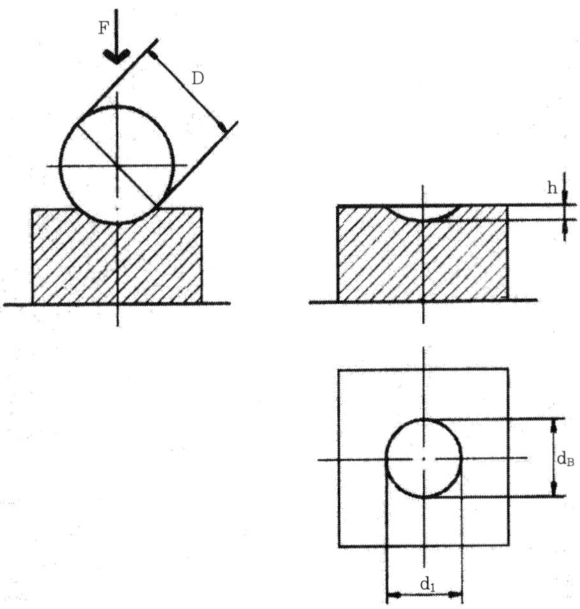

그림 2.6.13 브리넬경도 시험원리

① 브리넬경도는 HBW로 표시한다.
이전 규격에서는 강구를 사용하는 경우 HB 또는 HBS로 표시했으나, 신 규격에서는 초경 합금구만을 사용하면서 변경되었다.

② 브리넬경도는 경도값, HBW 기호순으로 나타내고, 다음의 시험조건을 의미하는 표시를 순차적으로 덧붙인다.

㉠ 누르개의 지름(단위: mm)

㉡ 시험하중(단위: N)

㉢ 시험하중을 가하는 시간이 규정된 시간과 다를 경우, 시험하중을 가한 시간(단위: 초)을 사용한다.

보기 1. 350HBW 5/750 : 5 mm 지름의 누르개로 7 355 kN(750 kgf)의 시험 하중을 10초 내지 15초 동안 가했을 때의 브리넬 경도 350

2. 600HBW 1/30/20 : 1 mm 지름의 누르개로 294.2 kN(30 kgf)의 시험 하중을 20초 동안 가했을 때의 브리넬 경도 600

표 2.6.8 기호 및 구분

기 호	구 분	단 위
D	누르개의 지름	mm
F	시험하중	N
d	누르개 자국의 평균지름$(d=\dfrac{d_1+d_2}{2})$	mm
d_1, d_2	90°각도로 측정된 누르개 자국의 지름	mm
h	누르개 자국 깊이$=\dfrac{D-\sqrt{D^2-d^2}}{2}$	mm
HBW	브리넬경도 $=$상수 $\times \dfrac{\text{시험 하중}}{\text{누르개 자국의 표면적}}$ $=0.102\times\dfrac{2F}{\pi D(D-\sqrt{D^2-d^2})}$	
$0.102\times F/D^2$	시험하중과 누르개 지름의 비	N/mm^2

비고: 상수$=1/g_n=1/9.80\,665=0.102$(g_n=중력 가속도)

5. 시험편

① 시험면은 표면이 편평하고, 산화물이나 이물질, 특히 윤활제가 제거되어야 한다. 또한 누르개 자국의 지름을 정확하게 측정할 수 있도록 표면다듬질을 해야 한다.

② 시험편은 준비과정의 열이나 냉간가공으로 인한 변화가 시험면에 생기지 않도록 잘 준비해야 한다.

③ 시험편의 두께는 적어도 누르개 자국 깊이의 8배 이상이어야 한다. 단, 누르개 자국의 평균 지름에 따른 시험편의 최소두께는 KS B 0805의 부속서 B에 따른다.

6. 시험 절차

① 시험은 일반적으로 10~35℃ 범위에서 한다. 온도를 관리하는 시험조건에서는 (23±5)℃의 온도에서 시험해야 한다.

② 시험하중은 표 2.6.9에 따른다.

③ 시험하중은 누르개 자국의 지름(d)이 0.24~0.6D 사이가 되도록 선택해야 한다. 시험하중과 누르개 지름의 조합($0.102 \times F/D^2$)은 표 2.6.9와 같이 재료와 경도조건에 따라 선택해야 한다. 다만, 시험편의 대표적인 특성이 드러날 수 있도록 누르개의 지름은 가능한 한 큰 것이 좋으며, 시험편의 두께가 허용된다면 10 mm 지름의 누르개를 선택하는 것이 좋다.

④ 시험편은 시험도중에 움직이지 않도록 단단한 시료받침대 위에 잘 놓아야 하며, 받침대에 접촉하는 면은 이물질이 없도록 깨끗해야 한다.

⑤ 누르개를 시험면에 접촉시킨 다음, 누르개에 충격이나 진동이 가해지지 않도록 하면서 시험면에 수직방향으로 규정된 값의 시험하중을 가한다. 이때 하중은 2~8초 사이에 시험하중까지 증가시키고, 10~15초 동안 시험하중을 유지하도록 한다. 어떤 재료에 대해서는 더 긴 시간 동안 시험하중을 유지할 필요가 있다면 ±2초의 범위 내에서 허용할 수 있다.

⑥ 시험기는 시험도중 시험결과에 영향을 미칠 수 있는 충격이나 진동으로부터 보호되어야 한다.

⑦ 2개의 이웃하는 누르개 자국의 중심 사이의 거리는 적어도 누르개 자국 평균 지름의 3배 이상이 되어야 하며, 누르개 자국의 중심에서 시료의 가장자리까지 거리는 최소한 누르개 자국 평균 지름의 2.5배 이상이어야 한다.

⑧ 서로 수직한 두 방향의 누르개 자국 지름을 측정한 다음, 이들의 산술평균값으로부터 브리넬경도값을 산출한다. 단, 어떤 측정장비에 대해서는 대칭적으로 여러 방향에서

측정하여 얻어진 누르개 자국들의 평균값이나 재료 표면에 투영된 누르개 자국의 면적을 측정하여 브리넬경도값을 산출할 수도 있다.

표 2.6.9 경도 기호와 그 내용

경도 기호	누르개의 지름 (mm)	시험하중-누르개 지름비 ($0.102 \times F/D^2$) N/mm²	공칭시험 하중(F) (N)
HBW 10/3 000	10	30	29 420
HBW 10/1 500	10	15	14 710
HBW 10/1 000	10	10	9 807
HBW 10/500	10	5	4 903
HBW 10/250	10	2.5	2 452
HBW 10/100	10	1	980.7
HBW 5/750	5	30	7 355
HBW 5/250	5	10	2 452
HBW 5/125	5	5	1 226
HBW 5/62.5	5	2.5	612.9
HBW 5/25	5	1	245.2
HBW 2.5/187.5	2.5	30	1 839
HBW 2.5/62.5	2.5	10	612.9
HBW 2.5/31.25	2.5	5	306.5
HBW 2.5/15.625	2.5	2.5	153.2
HBW 2.5/6.25	2.5	1	61.29
HBW 1/30	1	30	294.2
HBW 1/10	1	10	98.07
HBW 1/5	1	5	49.03
HBW 1/2.5	1	2.5	24.52
HBW 1/1	1	1	9.807

표 2.6.10 각종 재료에 대한 시험하중-누르개 지름비

재 료	브리넬경도(HBW)	시험하중-누르개 지름비 $(0.102 \times F/D^2)$N/mm^2
강-니켈 합금 티탄늄 합금		30
주철[(1)]	<140	10
	≥ 140	30
동 및 동합금	>35	5
	35~200	10
	>200	30
경금속 및 그 합금	<35	2.5
	35~80	5 10 15
	>80	10 15
납, 주석 소결 금속		1
	ISO 4498-1 참조	

주[(1)] 주철 재료에 사용하는 누르개 지름은 2.5 mm, 5 mm 또는 10 mm이어야 한다.

7. 결과의 불확도

시험결과의 불확도는 다음의 2가지 영역으로 분류되는 여러 인자들에 의해 좌우된다.

① 브리넬경도 시험기와 관련된 인자(보기: 시험기 검증 및 경도 기준편 교정의 불확도)

② 시험 방법과 관련된 인자(보기: 측정 조건의 변동)

8. 보 고

보고에는 다음의 사항이 포함되어야 한다.

① 관련 규격

② 시험편의 상세 명세

③ 시험온도[(23±5)℃ 범위를 벗어났을 경우]

④ 시험결과

⑤ 이 규격에 규정되지 않은 추가 요구 사항

⑥ 결과에 영향을 주었을 세부 사항

9. 부속서(내용은 생략함)

① 부속서 A. 시험기의 주기적 점검절차
② 부속서 B. 누르개 자국의 평균 지름과 관련한 시험편의 최소 두께
③ 부속서 C. 편평한 시험면에서의 브리넬경도값 결정

6-6 금속재료 기타 시험 방법

금속재료의 시험 방법으로 앞에서 언급하지 않은 기타 시험 방법으로는 다음과 같은 것이 있다.

고온 비커스경도 시험 방법	KS B 0800
금속재료의 로크웰경도 시험 방법	KS B 0806
쇼어경도 시험 방법	KS B 0807
금속재료 충격 시험편	KS B 0809
금속재료 충격 시험 방법	KS B 0810
금속재료의 비커스 경도 시험 방법	KS B 0811
초경바이트 절삭 방법	KS B 0813
금속재료의 인장크리프 시험 방법	KS B 0814
용착금속의 인장 및 충격시험	KS B 0821
용착금속의 경도 시험 방법	KS B 0826
초음파 탐상 시험용 표준 시험편	KS B 0831
철근콘크리트용 이형봉강 가스압접부에 대한 초음파탐상 시험 방법 및 허용기준	KS B 0839
측면 필릿 용접 이음의 전단 시험 방법	KS B 0842
강 용접 이음부의 방사선투과검사	KS B 0845
강재의 검사 통칙	KS D 0001
강재의 제품 분석방법 및 허용값	KS D 0228
금속재료의 인장 릴엑세이션(응력완화) 시험 방법	KS D 0301
철 및 강 – 분석방법 통칙	KS D 1801
열간 압연 봉강 및 코일 봉강의 모양 · 치수 및 무게와 허용값	KS D 3051
열간 압연 평강의 모양 · 치수 및 무게와 그 허용값	KS D 3052
강판재 골판의 모양 및 치수	KS D 3053

열간 압연 강판 및 강대의 모양, 치수, 무게 및 그 허용값	KS D 3500
열간 압연 연강판 및 강대	KS D 3501
열간 압연 형강의 모양 · 치수 · 무게 및 그 허용값	KS D 3502
일반 구조용 압연 강재	KS D 3503
철근콘크리트용 봉강	KS D 3504
PC 강봉	KS D 3505
배관용 탄소강관	KS D 3507
냉간 압연 강판 및 강대	KS D 3512
와이어 로프	KS D 3514
용접구조용 압연 강재	KS D 3515
철근콘크리트용 재생 봉강	KS D 3527
일반구조용 경량 형강	KS D 3530
보일러 및 압력 용기용 탄소강 및 몰리브데넘강 강판	KS D 3560
일반구조용 각형 강관	KS D 3568
건축용 강재 받침재(벽 · 천장)	KS D 3609
용접구조용 고항복점 강판	KS D 3611
철근콘크리트용 아연도금 봉강	KS D 3613
건축구조용 탄소강관	KS D 3632
철탑용 고장력강 강재	KS D 3781
건축구조용 압연 봉강	KS D 3857
건축구조용 압연 강재	KS D 3861
건축구조용 내화 강재	KS D 3865
PC강선 및 PC강연선	KS D 7002
PC경강선	KS D 7009
아연도금 철선	KS D 7011
직조철망	KS D 7016
용접철망 및 철근격자	KS D 7017
콘크리트용 철못	KS D 7034
건축용 작색금속 전장재	KS D 7081

제7장

목 재

7-1 개 요

1. 일반사항

목재는 동 · 서양을 막론하고 예부터 가장 많이 사용하고, 중요시되었던 재료로서 철강 · 콘트리트 등을 주체로 하는 현대건축에서도 치장 · 창호 · 가구 등 실내장식재로 많이 사용하고 있다. 목재는 다른 건축재료에 비하여 비중이 작고, 강도가 크며, 열전도율이 작고, 가공성이 풍부한 장점은 있으나 화재시 연소되고, 썩거나 충해에 약하고, 함수에 따른 팽창 · 수축 · 반곡 · 변형 등의 큰 단점이 있다. 목재로 사용되는 수목의 종류에는 소나무, 잣나무, 전나무, 삼나무, 낙엽송 등의 침엽수와 느티나무, 떡갈나무 등의 활엽수가 있다. 최근 강화된 목재법의 시행으로 산업용 보드류 및 목제품도 KS 시험 성능 기준에 적합한 제품을 사용하여야 한다.

2. 목재의 구성

목재의 성질은 그 조직의 구성 상태에 따라 결정된다. 즉 목재의 화학적 조성은 수종과 무관하게 거의 유사성을 지니며, 오직 세포 내의 내용물에 있어서 근소한 차이를 보일 뿐인데, 탄소(Carbon) · 수소(Hydrogen) · 산소(Oxygen)의 3요소로 구성되고, 일정한 비례를 이루고 있다. 그러나 조직구성의 상태는 수종에 따라 변화하며, 목재에 여러 가지 특질을 나타나게 한다.

따라서 그 조직구조를 이해하는 것은 목재의 성질 파악과 재종을 식별하는 데 유리하다. 목재는 세포(Cell), 섬유(Fiber), 도관(Vessel), 수선(Medullary rays), 수지홈으로 구성된다.

7-2 평균 나이테 간격, 함수율 및 밀도 측정방법

(KS F 2202 ; Determination Average Width of Annual Rings for Wood)
(KS F 2199 ; Determination of moisture content of wood)
(KS F 2198 ; Determination of density and specific gravity of wood)

1. 목 적

연륜폭(나이테 간격)은 침엽수와 활엽수의 강도 등 제반 품질과 밀접한 관계가 있으므로 이를 시험하여 생육환경 등 목재의 제 요소를 평가할 수 있고, 함수율을 측정하여 건조 정도와 질량, 강도, 내구성, 가공성, 열 또는 전기의 전도율 등을 판정한다. 또한, 목재의 전건, 기건, 생재의 밀도를 측정하여 함수율과의 관계 및 역학적 성질과의 비교 조사도 실시할 수 있다.

2. 시험기구

이 시험에 사용되는 기기 및 기구는 다음과 같다.

① 연륜폭: 정밀도 1/20 mm를 가진 자(버니어 캘리퍼스)
② 함수율: 건조기, 천평(칭량 200 g, 정밀도 0.01 g), 데시케이터
③ 밀도: 정밀도 1/20 mm의 마이크로미터, 천평(200 g, 정밀도 0.01 g)용기, 습도계, 파라핀
④ 공시체 제작용: 톱, 대패, 먹통 및 먹줄

3. 시 료

① 연륜폭: 연륜이 확실하고, 측정하고자 하는 대표적인 시료
② 함수율 및 밀도: 임의의 크기로 하며, 큰 시료의 함수율 측정용 공시체는 시료 표면에서 300 mm 이상, 마구리로부터 500 mm 이상 되고, 흠이 없는 부분에서 채취한다.

4. 시험 방법

(1) 평균연륜폭

① 공시체의 평균연륜폭은 양 횡단면(마구리)상의 평균치로 표시한다. 단, 경우에 따라서

는 한 횡단면상의 평균연륜폭으로 표시해도 좋다.

② 공시체의 평균연륜폭은 연륜에 거의 직각방향인 동일직선상에서 연륜폭이 완전한 것 모두를 취하여 평균치로 표시한다.

③ 평균연륜폭은 mm단위로 표시하고, 소수점 이하 1자리까지 취한다.

(2) 함수율

① 함수율을 측정할 시험체(강도 시험체는 강도 시험 종료 후)의 건조 전질량(W_1)을 측정한다.

② 환기가 양호하고, 온도 100~105℃로 조절한 전기 건조기 속에서 항량에 달할 때까지 건조시킨 다음 데시케이터 속으로 옮겨 실온이 될 때까지 냉각시켜 전건질량(W_2)을 측정한다.

③ 함수율은 다음 식에 따라 계산하고, 0.5 %까지 정확히 구해야 한다.

$$\text{함수율}(\%) = \frac{W_1 - W_2}{W_2} \times 100(\%)$$

(3) 밀 도

① 밀도는 다음 식에 따라 계산하고 소수점 이하 2자리까지 정확히 구해야 한다.

$$\text{밀도} = \frac{W}{V}$$

여기에서, W : 공시체의 질량(g)

V : 질량 측정시의 공시체의 부피(cm^3)

② 함수율의 대소에 따라 질량, 용량이 모두 다르므로 밀도측정의 경우는 반드시 표기한다.

③ 통상 밀도 시험만을 할 경우에는 기건상태의 공시체를 가지고 시험한다.

7-3 목재의 수축률 시험 방법

(KS F 2203 ; Test Method for Shrinkage of Wood)

1. 목 적

목재의 균열과 비틀림의 원인이 되는 섬유방향, 연륜 접선방향 및 연륜 반경방향(방사방향)의 길이변화율을 정확히 측정하고자 하는 데 목적이 있다.

2. 시험기구

① 콤퍼레이터(Comparator): 1/100 mm의 정밀도를 가진 것.

② 건조기

③ 공시체 제작: 톱, 대패, 먹통과 먹줄, 버니어 캘리퍼스(1/20 mm의 정밀도)

3. 시 료

① 접선과 반경방향에 대하여 실시할 경우: 두 면이 정확한 지름 단면으로 된 각 변의 길이가 30 mm, 두께 5 mm인 정사각형의 판

② 섬유방향에 대하여 실시할 경우: 길이 60 mm, 폭 30 mm, 두께가 5 mm인 정사각형의 판

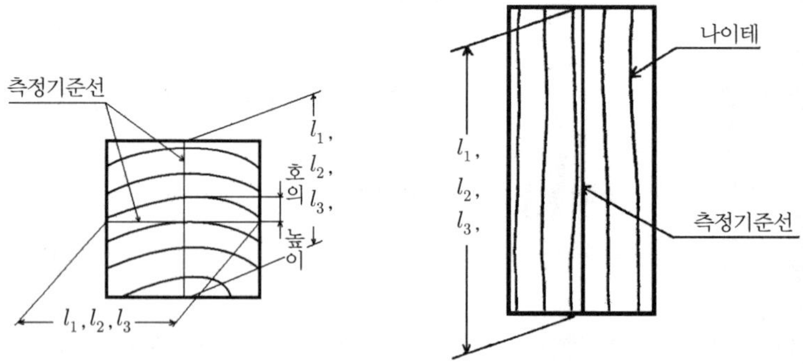

그림 2.7.1 수축률 시험 시료

4. 시험 방법

① 수축률 측정은 연륜의 방사방향(l_{rg}), 접선방향(l_{tg})의 부피에 대하여 실시한다.

② 그림에서와 같이 반지름 및 접선방향의 수축률 공시체에 대해서는 횡단면의 두 중심선 부근에서 연륜의 직각 및 평행하게, 섬유방향의 수축공시체에 대해서는 그림에서와 같이 세로 중심선 부근에 섬유와 나란히 측정기준선을 그린다.

③ 측정기준선의 길이를 생재일 때(l_g), 시험편을 온도 20±2℃ 및 상대습도 65±5 %의 조건에서 6시간 건조 후, 이후 2시간마다 측정하여 치수의 차이가 0.02 mm 이내로 나타낼 때(l_a), 시험편을 온도 103±2℃의 건조기 내에서 6시간 건조 후, 2시간마다 측정하여 치수의 차이가 0.02 mm 이내로 나타낼 때 (l_o) 각각 측정한다.

④ 측정기준선의 길이 측정 정밀도는 1/100 mm 이내로 한다.

⑤ 이 시료에서 다음의 것을 구한다.

㉠ 함수율 1 %에 대한 방사방향 평균수축률(S_r), 접선방향 평균수축률(S_t), 부피 평균

수축률(S_v)

$$S_r(\%) = \frac{l_{ra} - l_{ro}}{(M_a) l_{ra}} \times 100(\%)$$

$$S_t(\%) = \frac{l_{ta} - l_t}{(M_a) l_{ta}} \times 100(\%)$$

$$S_v(\%) = (l_{ra} - l_{ta}) - \frac{(l_{ro} - l_t\ )}{(M_a)(l_{ra} \times l_{ta})} \times 100(\%)$$

여기에서, M_a: 기건재의 함수율(%)

㉡ 기건상태까지의 방사방향 기건 수축률(S_{ru}), 접선방향 기건 수축률(S_{tu}), 부피 기건 수축률(S_{va})

$$S_{ra}(\%) = \frac{l_{rg} - l_{ra}}{l_{rg}} \times 100(\%)$$

$$S_{ta}(\%) = \frac{l_{tg} - l_{ta}}{l_{tg}} \times 100(\%)$$

$$S_{va}(\%) = \frac{(l_{rg} - l_{tg}) - (l_{ra} - l_{ta})}{(l_{rg} \times l_{tg})} \times 100(\%)$$

㉢ 방사 전건 수축률(S_{ro}), 접선방향 전건수축률(S_{to}), 부피 전건수축률(S_{vo})×100

$$S_{ro}(\%) = \frac{l_{rg} - l_{ro}}{l_{rg}} \times 100(\%)$$

$$S_t\ (\%) = \frac{l_{tg} - l_t}{l_{tg}} \times 100(\%)$$

$$S_{vo}(\%) = \frac{(l_{rg} - l_{t_o}) - (l_{ro} - l_t\ )}{(l_{rg} \times l_{tg})} \times 100(\%)$$

⑥ l_2를 측정했을 때의 함수율 및 비중을 측정해야 하며, 그림 2.7.1의 공시체에 대해서는 중앙연륜호의 높이를 반드시 측정해야 한다.

7-4 목재의 흡수량 시험 방법

(KS F 2204 ; Method of Test for Water Absorption of Wood)

1. 목 적

목재는 유기재료인 다공질 재료로서 흡수량이 크고, 흡수에 따라 물리적 성질이 크게 변화한다. 따라서 본 시험은 이와 같은 목재의 종류별 흡수율 특성을 평가하는 것에 목적이 있다.

2. 시험기구

① 천평: (칭량 200 g, 정밀도 0.01 g)
② 콤퍼레이터(Comparator: 정밀도 1/50 mm)
③ 데시케이터
④ 밀폐용기
⑤ 수 조
⑥ 공시체제작용: 톱, 대패, 먹통 및 먹줄, 버니어 캘리퍼스(정밀도 1/20 mm)

3. 시 료

① 30×30×100 mm의 2면이 지름단면인 직육면체로 장축이 섬유방향과 나란하게 취한다.
② 측정 반대면에 도포용·방수용 재료: 경화성 석탄산계 합성수지 또는 파라핀과 바셀린을 같은 양으로 배합한 것, 기타 내수성이 충분한 도료를 사용한다.

4. 시험 방법

① 공시체는 실내에서 건조시켜 함수율이 평형한 것을 사용하여 측정하려는 면과 상대되는 면(횡단면의 경우에는 1면만)을 방수용 재료를 여러 번 도포하여 완전히 방수한다.
② 공시체를 25±1℃의 맑은 물에 공시체 전체를 흡수면이 수면에 수직하게 세워서 윗면이 수면에서 50 mm의 길이가 되고, 섬유방향이 수면과 평행하도록 놓고, 24시간 침수시킨다.
③ 흡수량은 다음 식에 의하여 소수점 이하 2자리까지 정확히 계산한다.

$$\text{흡수량} = \frac{W_2 - W_1}{A} \ (\text{g/cm}^2)$$

여기에서, W_1 : 방수 후의 공시체 질량(g)

W_2 : 침수 완료 직후의 공시체 질량(g)

A : 흡수면의 총면적(cm^2)

④ 시험 전 공시체의 함수율은 다음 식에 따라 측정된다.

$$\text{함수율}(\%) = \frac{W_1 - W_4}{W_3 - (W_1 - W_4)} \times 100$$

여기에서, W_3 : 방수 전 공시체의 질량(g)

W_4 : 침수 완료 후 공시체의 전건질량(g)

7-5 목재의 압축 시험 방법

(KS F 2206 ; Test Method for Compression of Wood)

1. 목 적

목재의 압축강도는 구조물의 구조설계에 필요한 것으로서 목재의 강도 및 물리적 성질(비중, 함수율)과 목재의 흠을 평가하기 위해 압축강도 시험을 행한다. 압축 시험과 병행하여 변형을 측정함으로써 구조설계에 필요한 탄성계수를 구할 수 있다. 또한, 목재는 등방성 재료가 아니므로 다음과 같은 압축 시험이 필요하다.

① 종압축 시험(섬유방향)

② 횡압축 시험(섬유직각방향)

③ 부분압축 시험(섬유직각방향에 1부분만 평면압축)

2. 시험기구

① U.T.M 등 압축강도 시험기

② 마이크로미터 또는 콤퍼레이터

③ 변형측정기

④ 공시체 제작용: 톱, 대패, 먹통 및 먹줄, 버니어 캘리퍼스(정밀도 1/20 mm)

3. 시 료

① 압축 시험에 사용된 시료는 KS F 2202의 평균연륜, 함수율 및 비중 측정이 끝난 것

을 사용한다.

② 종압축 시험은 횡단면이 정사각형인 직육면체로 하고, 그 치수는 변의 길이 a=30 mm, 높이 h=2a로 한다. 경우에 따라서 a=20~40 mm, h=2~4a로 할 수 있다.

③ 횡압축 시험은 섬유방향에 평행인 단면이 정사각형인 직육면체로 하고, 그 치수는 변의 길이 a=30 mm, 높이 h=2a로 하며, 경우에 따라서는 a=20~40 mm로 할 수도 있다.

④ 부분압축 시험은 횡단면이 정사각형인 각주로 하고, 그 치수는 a=20~40 mm로 할 수도 있다.

4. 시험 방법

(1) 종압축 시험

① 이 시험은 하중방향과 섬유방향이 평행한 경우에 실시한다.

② 공시체를 강재판 사이에 놓고 하중을 구하여 최대강도를 구한다.

③ 시험중 줄음측정을 할 경우에는 공시체의 양끝에서 a/2 이상 떨어진 곳에 표점거리를 정한 후에 실시한다.

④ 평균 하중속도는 매분 약 1 000 N/cm^2 이하의 속도로 한다.

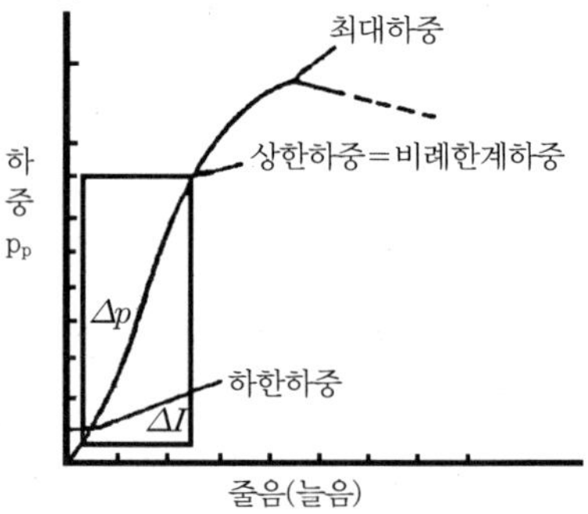

그림 2.7.2 응력과 변형과의 관계

⑤ 이 시험에서는 다음 사항을 결정한다.

$$종압축강도 = \frac{P}{A}\,(\mathrm{N/cm^2})$$

$$종압축\ 비례한도 = \frac{P_p}{A}\,(\mathrm{N/cm^2})$$

$$종압축\ 영계수 = \frac{\Delta Pl}{\Delta lA}\,(\mathrm{N/cm^2})$$

여기에서, P : 최대하중(N)

A : 단면적(cm^2)

P_p : 비례한도 하중(N)

ΔP : 비례구성 안에서의 상한 하중과 하한 하중의 차(N)

l : 표점거리(cm)

Δl : ΔP에 대한 수축량(cm)

※ 비례한도 하중은 그림 2.7.2에 도시한 바와 같이 하중(응력도)-줄음 혹은 늘음(변형도) 곡선을 그려 응력과 변형이 대부분 비례한 직선부분의 상한하중으로 한다.

(2) 횡압축 시험

① 이 시험은 하중방향과 섬유방향이 직각인 경우에 대하여 실시한다.

② 시험 방법은 종압축 시험 방법과 동일하다.

③ 하중면은 공시체의 반경방향, 접선방향, 연륜에 45°방향 등이 있는데, 이의 채용은 이용면이나 시험의 목적 및 성질 등을 고려하여 교체 · 결정하고 일반적으로 반경방향, 접선방향이 표준이다.

④ 평균하중속도로 연질목은 매분 약 50 N/cm^2 이하, 경질목은 매분 약 150 N/cm^2 이하로 한다.

⑤ 이 시험에서 결정하는 사항은 횡압축 비례한도(응력도), 횡압축 영계수로서 종압축의 방식과 동일하다.

(3) 부분압축 시험

① 이 시험은 하중방향과 섬유방향이 수직인 경우에 대하여 실시한다.

② 시험체는 가로 단면이 정사각형인 각주로 하고, 그 치수는 a=20~40 mm, 목재길이 L=3a 이상으로 한다.

③ 이 시험에서는 그림 2.7.3에 표시한 바와 같이 시험체 중앙부에 가압강판을 놓고, 평균하중속도로 연질목은 매분 약 100 N/cm^2 이하, 경질목은 매분 300 N/cm^2 이하로 한다.

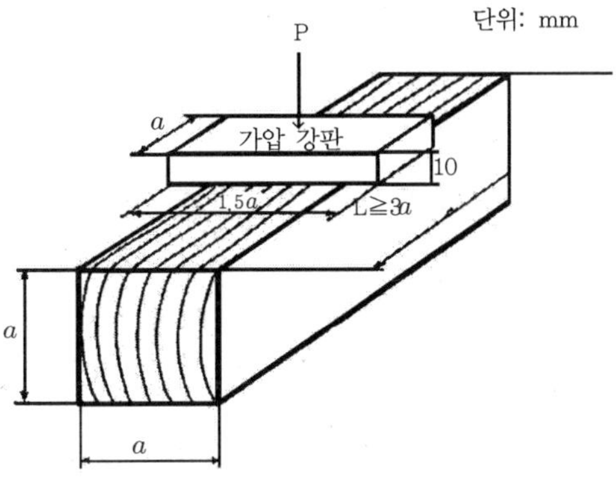

그림 2.7.3 부분압축 시험

④ 하중면을 나이테에 대하여 방사방향, 접선방향 및 이와 45°를 이루는 방향으로 하고, 나무 거죽면으로부터 하중을 가한다.

⑤ 이 시험에서는 다음 사항을 결정한다.

• 부분압축비례한도(응력도) $= \dfrac{P_p}{A}$ (N/cm^2)

- 변길이의 5 %에 대한 부분압축강도 $= \dfrac{P_5}{A}$ (N/cm²)

여기에서, P_p : 비례한도하중(N)

P_5 : 줄음이 변길이의 5 %일 때의 하중(N)

A : 하중면적(cm²)

7-6 목재의 인장 시험 방법

(KS F 2207 ; Test Method for Tension of Wood)

1. 목 적

목재의 인장강도와 인장 영계수는 구조물의 구조설계에 필요하고, 목재의 물리적 성질의 판정에도 이용될 수 있다. 또한 목재는 등방성 재료가 아니므로 인장방향에 따라 강도 차이가 있으므로 목재를 사용하기 전에 종인장, 횡인장 및 경사인장 등으로 필요한 시험을 행한다.

2. 시험기구

① 인장 시험기

② 변형측정기

③ 공시체 제작용: 톱, 실톱, 대패, 둥근날 대패, 먹통 및 목줄, 버니어 캘리퍼스(정밀도 1/20 mm)

3. 시 료

① 이 시험에 사용하는 시료는 KS F 2202(목재의 평균연륜폭, 함수율 및 비중측정방법)에 따라 평균연륜폭, 함수율 및 비중을 측정한 것으로 한다.

② 섬유방향 인장 시험

공시체의 모양은 그림 2.7.4에 표시한 것으로 하고, 목재의 섬유방향이 시험편의 표점부 길이방향에 평행해야 한다. 표점부는 직사각형의 단면을 가지고 있어야 하며, 중앙부의 방사 단면과 접선 단면의 치수는 각각 10~20 mm 및 5~10 mm가 되어야 한다. 시험편의 중앙부에서 표점거리는 50~100 mm가 되어야 한다.

③ 섬유 직각방향 인장 시험

공시체의 모양은 그림 2.7.5에 표시한 것으로 하고, 목재의 섬유방향이 시험편의 표점부 길이방향에 수직이어야 한다. 표점부는 직사각형 또는 정사각형 단면을 가지고 있어야 하며, 중앙부에서 한 면의 치수는 10~25 mm, 다른 면은 20~50 mm가 되어야 한다. 시험편의 중앙 표점부가 사각기둥의 형태를 가지고 있는 경우에는 그 길이가 5 mm 이상 되어야 하며, 그렇지 않은 경우에는 표점부 양끝 사이의 곡률반지름이 12 mm 이상 되어야 한다.

④ 시험편의 파괴가 표점거리 내에서 발생하고, 시험편의 특정부위 또는 하중 전달부에 응력집중이 발생하지 않도록 시험편을 제작해야 한다. 필요한 경우에는 시험편의 양끝 물림 부위에 덧댐목을 사용할 수 있다.

⑤ 시험편의 수는 시험의 목적을 만족할 수 있는 숫자로 하되 최소 10개 이상으로 한다.

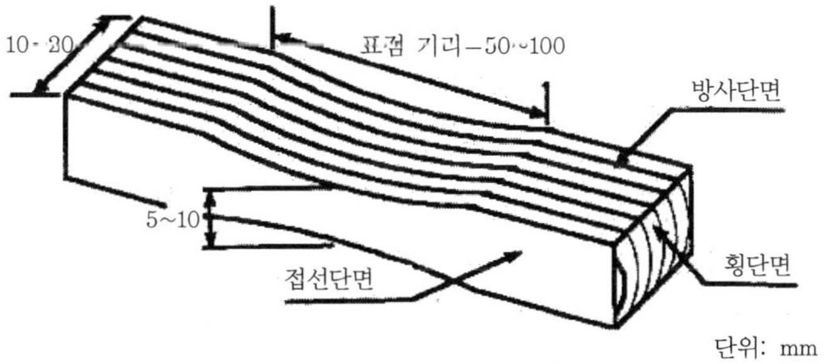

그림 2.7.4 세로 인장 시험체

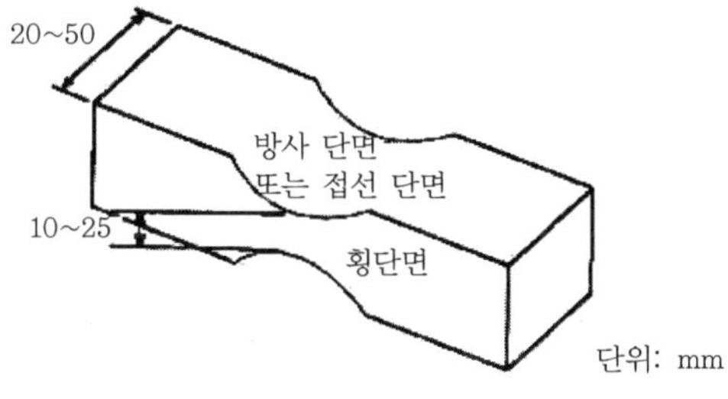

그림 2.7.5 가로 인장 시험체

4. 시험 방법

(1) 세로인장 시험

① 이 시험은 하중방향과 섬유방향이 평행한 경우에 대해서 행한다.

② 평균 하중속도는 약 2 000 N/cm^2 이하로 한다.

③ 측정은 최대하중과 일정한 하중마다 변형을 각각 측정하고, 응력－변형도 곡선을 그린다.

④ 이 시험에서는 다음 사항을 결정한다.

- 세로인장강도 $= \dfrac{P}{A}$ (N/cm²)

- 세로인장비례 한도(응력도) $= \dfrac{P_p}{A}$ (N/cm²)

- 세로인장 영계수 $= \dfrac{\Delta Pl}{\Delta l_A}$ (N/cm²)

여기에서, P : 최대하중(kg)

A : 중앙부단면적(cm²)

P_p : 비례한도 하중(kg) – 결정법은 KS F 2206(목재의 압축 시험 방법)과 같다.

l : 표점거리(cm)

Δl : P_p일 때의 변형량(cm)

(2) 가로인장 시험

① 하중방향은 나이테에 대하여 방사방향, 접선방향 및 이와 45°를 이루는 방향으로 한다.

② 평균하중속도로 연질목은 매분 약 50 N/cm², 경질목은 매분 약 150 N/cm²를 표준으로 한다.

③ 이 시험에서 인장강도, 가로인장 비례한도(응력도), 가로인장 영계수에 대하여 결정하며, 결정방법은 세로인장의 경우와 동일하다.

7-7 목재의 휨 시험 방법

(KS F 2208 ; Test Method for Bending of Wood)

1. 목 적

목조구조물의 경우는 휨응력을 받는 부재(보, 도리류, 장선, 기타)가 많으므로 휨 시험을 행하여 구조설계에 이용하고, 또한 목재의 휨 시험을 통하여 목재의 품질과 재질을 평가하는 것을 목적으로 한다.

2. 시험기구

① 만능 시험기

② 콤퍼레이터(일반적으로 다이얼게이지 이용: 정밀도 1/50 mm)

③ 공시체제작용: 톱, 대패, 먹통 및 먹줄, 버니어 캘리퍼스(정밀도 1/20 mm)

3. 시 료

① 이 시험에 사용하는 시료는 KS F 2202(목재의 평균연륜폭, 함수율 및 비중측정방법)에 따라 평균연륜폭, 함수율 및 비중을 측정하는 것으로 한다.

② 공시체는 횡단면 정사각형의 각주로 하고, 그 치수는 변의 길이 a=20~40 mm, 재의 길이 l=스팬(Span)+2a로 한다.

③ 스팬은 보의 춤(Dcpth ; a)의 14배로 한다.

4. 시험 방법

① 이 시험은 재축이 섬유방향과 평행이고, 하중방향과 직각인 경우에 대하여 행한다. 단, 널결 또는 이와 45°를 이루는 경우에는 나무 거죽면으로부터 하중을 가한다.

② 하중점 및 지점은 그림 2.7.6에 표시한 것과 같고, 하중의 위치는 스팬 중앙에 집중하중을 가한다.

③ 평균하중속도는 매분 약 1 500 N/cm^{2}를 표준으로 한다.

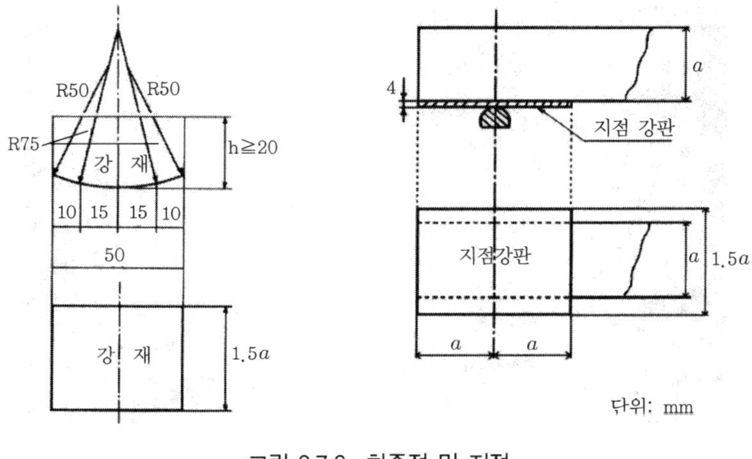

그림 2.7.6 하중점 및 지점

④ 이 시험에서는 다음 사항을 결정한다.

- 휨강도 $= \dfrac{P \cdot L}{4Z}$ (N/cm²)
- 휨비례한도(응력도) $= \dfrac{P_p \cdot l}{4Z}$ (N/cm²)
- 휨영계수 $= \dfrac{\Delta P l^3}{48 I \Delta y}$ (N/cm²)

여기에서, P : 최대하중(N)

l : 스팬(cm)

Z : 단면계수(cm³)

P_p : 비례한도 하중(N) – 결정법은 KS F 2206(목재의 압축 시험 방법)의 세로압축 시험에서 P_p의 결정법과 같으나 줄음 대신 보 중앙부의 처짐을 사용한다.

Δy : ΔP일 때 Span 중앙의 처짐(cm)

I : 단면2차모멘트(cm⁴)

ΔP: 비례한도 내에서의 상한하중과 하한하중과의 차(N)

7-8 보통합판

(KS F 3101 ; Ordinary Plywood)

1. 개 요

(1) 종 류

합판의 종류에는 제조방법에 따라 일반, 무취, 방충, 난연 합판으로 분류되고, 접착성에 따라 내수, 준내수, 비내수 합판으로 나누어지며 판면의 품질 및 겉모양에 따라 1급과 2급의 2종류가 있고, 합판의 구성 수종에 따라 침엽수 합판, 활엽수 합판, 침 · 활엽수 혼용 합판이 있다.

(2) 모양 및 치수

두께는 2.7, 3.0, 3.6, 4.8, 7.5, 8.0, 9.0, 12.0, 15.0, 18.0, 21.0, 24.0, 28.0 mm 등 13개로 나누어지며, 너비는 900, 1 200 mm이고, 길이는 1 800, 2 400 mm의 두 종류로 나누어진다. 또한 허용오차의 경우 두께는 ±4.0 %이고, 너비와 길이는 ±2.0 mm이며, 대각

선의 길이 허용치는 3.0 mm 이내이다.

(3) 품 질

보통 합판의 접착성, 함수율, 포름알데히드 방산량, 클로르데인 함유율, 붕산의 흡수량, 폭심(Phoxim)의 흡수량, 페니트로티온의 흡수량, 흡습성, 난연성의 품질기준은 KS F 3101 (보통합판)의 품질 기준에 따른다.

2. 시험

(1) 치수 측정

측정기구는 두께는 지름 16±1 mm의 원형으로 편평한 접촉 표면을 기지며, 접촉 면적이 대략 200 mm^{2}인 적절한 측정기구를 사용하여 0.01 mm의 정밀도를 읽어야 하고, 길이 및 너비 1 mm의 정밀도를 읽을 수 있어야 한다.

측정방법에서 두께는 각 면의 중앙에서 25~200 mm 사이의 4곳을 0.01 mm의 정밀도로 측정한다. 이때 측정압력은 200±5 mmbar로 한다. 길이와 너비는 길이 L 및 너비 l은 모서리에서 100 mm 떨어진 위치에 면과 평행하게 1 mm의 정밀도로 2군데씩 측정한다(그림 2.7.7).

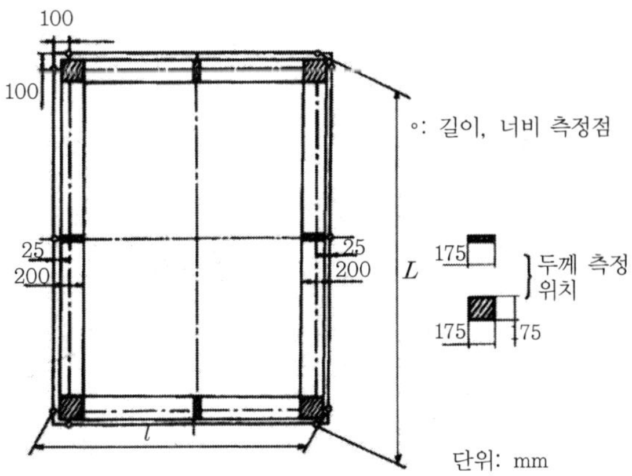

그림 2.7.7 합판의 치수측정 위치

(2) 접착력 시험

■ 인장 전단 접착력 시험

① 시험편

시험편(그림 2.7.8)은 각 시료합판에서 접착력에 영향을 줄만한 결점이 없는 부분에서 구성단판의 켜 수가 3인 합판과 5 이상인 합판을 채취하여 시험한다.

㉠ 구성단판이 켜 수가 3인 합판

㉡ 구성단판의 켜 수가 5 이상인 합판

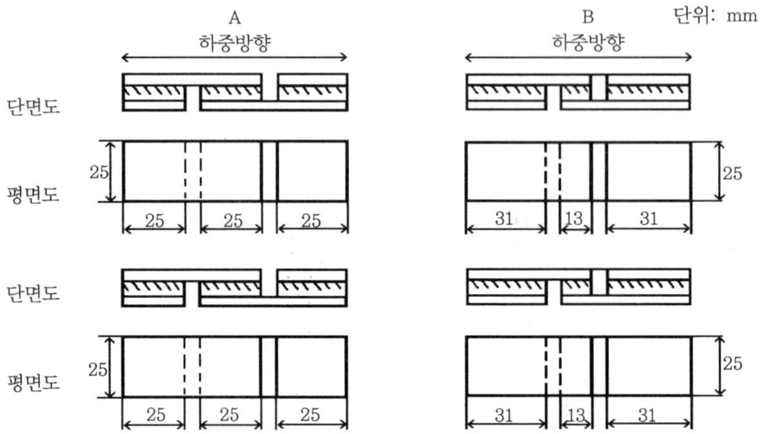

그림 2.7.8 인장 전단 접착력 시험체

② 시험 방법

㉠ 내수 인장 전단 접착력 시험

시험편을 끓는 물에서 4시간 삶은 다음, 60±3℃의 온도에서 20시간 건조시키고, 다시 끓는 물에서 4시간 삶은 다음 상온의 물속에 담가 식힌 후 젖은 채로 접착력 시험(시험편의 양끝을 물리고 양끝의 방향으로 2 mm/min 하중속도로 잡아당겨 파괴시의 최대하중을 측정하는 시험을 말한다.)을 하고, 다음 식에 따라 산출한다.

$$접착력(\mathrm{N/cm^2}) = \frac{P_s}{b \times h}$$

여기에서, P_s : 최대하중(N)

h : 시험편의 너비(cm)

b : 접착 단면의 길이(cm)

㉡ 준내수 인장 전단 접착력 시험

시험편을 60±3℃의 온수에 3시간 담근 다음, 상온의 물속에 담가 식힌 후 젖은 채로 접착력 시험을 하고, ㉠의 내수 전단 접착력 시험 방법과 같이 접착력을 산출한다.

㉢ 비내수 인장 전단 접착력 시험

시험편을 상태 그대로 접착력 시험을 하고, ㉠의 내수 인장 전단 접착력 시험 방법과 같이 접착력을 산출한다.

③ 시험편의 적합 기준

시험편의 인장 전단 접착력 및 평균 접착력 및 평균 목파율은 표 2.7.1의 기준값 이상이어야 한다.

표 2.7.1 인장 전단 접착력 및 목파율 기준

단판의 수종	평균 목파율(%)	인장 전단 접착력(N/cm²)
활엽수		70
침엽수		70
	50	60
	65	50
	80	40

비고: 활엽수 합판과 침·활엽수 혼용 합판은 접착력만을 적용하며, 침엽수 합판은 접착력과 목파율을 함께 적용하는 것을 원칙으로 한다.

침지 박리 접착력 시험

시험편은 각 시료 합판에서 한 변이 75 mm인 정사각형 4개를 채취하여 시험편으로 하고, 시험 방법은 내수 침지 박리 접착력 시험, 준내수 침지 박리 접착력 시험, 비내수 침지 박리 접착력 시험 등이 있다.

(3) 밀 도

시험편은 각 시료 합판에서 100×100 mm 크기로 2개를 채취하여 시험편으로 하고, 시험 방법은 시험편의 길이, 너비, 두께 측정값으로부터 시험편의 부피를 산출한다. 다음에 무게를 0.1 g까지 칭량하고, 다음 식에 따라 밀도를 산출하여 평균값을 밀도로 한다. 시험편의 측정은 두께의 경우 0.01 mm, 길이 및 너비는 0.1 mm의 정밀도로 측정한다.

$$\text{밀도}(g/cm^3) = \frac{W}{V}$$

여기에서, W : 기건무게(g)

V : 기건부피(cm^3)

(4) 함수율 시험

시험편은 각 시료 합판에서 적당한 크기로 2개를 채취하여 시험편으로 하고, 시험 방법은 절건무게법으로 함수율을 시험한다. 다만 절건 무게법 이외의 방법으로 시험할 때는 함수율의 적합 기준을 만족시킬 수 있는지를 확실히 판정할 수 있는 경우에 한하여 인정한다.

절건 무게법의 절건 무게는 시험편을 100~105℃의 건조기에서 건조시켜 항량에 도달하였다고 인정되었을 때의 무게로 하며, 다음 식에 따라 함수율을 산출한다.

$$\text{함수율}(\%) = \frac{W - W_o}{W_o} \times 100$$

여기에서, W : 건조 전의 무게(g)

W_o : 절건무게(g)

(5) 포름알데히드 방산량 시험

시험편은 각 시료 합판의 가장자리 부분을 피해 너비 50 mm, 길이 150 mm의 시험편 10개를 채취하여 시험편으로 하고, 시험 방법은 300 mℓ의 증류수를 넣은 안지름 120 mm, 높이 60 mm인 원형 유리그릇을 설치한 안지름 240 mm 데시케이터에 시험편 10개를 꽂는 꽂이를 설치하여 20℃의 실내에서 24시간 방치한 다음, 원형 유리그릇의 증류수에 흡수된 방산 포름알데히드량을 아세틸아세톤법으로 비색 정량한다. 비색 정량 방법은 삼각플라스크(100 mℓ)에 시료 용액 25 mℓ를 넣고 계속 아세틸아세톤 · 아세트산암모늄 용액 25 mℓ를 가해 잘 흔들어 섞은 다음 마개로 닫고 60~65℃로 10분 동안 가열한 다음 냉각하여 1 cm^2의 셀로 옮겨 분광온도계를 사용하여 415 mm의 흡광도(또는 투광도)를 측정하여 검량선에 의해 방산 포름알데히드량을 정량한다.

(6) 클로르데인 함유율 시험

시험편은 각 시료 합판으로부터 무게 2~3 kg이 되도록 일정 용적의 시료를 대각선 위의 3곳에서 3개를 채취하고, 시험 방법은 첫째, 채취된 시료를 정체 분쇄기 등으로 세분 · 분쇄하여 화학 천칭으로 칭량한 후, 속슬렛 추출용 원통 거름종이(동양 여과지 No. 84/28× 100 mm)에 넣어 벤젠 100 mℓ 로 끓는 물중탕에서 3시간 동안 환류 · 추출하여 건조되기 전까지 상압에서 농축시키고, 둘째, 농축 잔액에 디에틸알코올아민 시약(수산화칼륨 7 g에 물 4 mℓ 를 넣고 다시 메틸알코올을 넣어 전량이 100 mℓ 가 되도록 한 후 여기에 디에틸알코올아민 50 mℓ 를 넣은 것.) 5 mℓ 를 넣어 끓는 물중탕에서 30분 동안 가열한다. 셋째, 가열 종료 후 바로 물속에서 5분 동안 냉각시켜 메틸알코올로 적당한 용량의 메스플라스크(20~100 mℓ)에 채운 다음, 희석액을 30분 이내에 일정시간 경과 후 파장 521 Nm에 걸리는 흡광도를 바탕시험액(시험편 없이 용매를 같은 방법으로 조작한 것)을 대조 용액으로 측정한다. 넷째, 얻어진 흡광도를 검량선과 대비시켜 클로르데인 함유율(건조 목재 중의 클로르데인량)을 구한다.

(7) 기타 시험

그 외에 기타 시험으로는 붕소화합물 흡수량 시험, 폭심 및 페니트로티온 흡수량 시험, 흡습성 시험, 난연성 시험 등이 있다.

7-9 파티클 보드

(KS F 3104 ; Particle Boards)

1. 개 요

목재의 작은 조각[15]을 주원료로 하고, 접착제를 사용하여 성형 · 열압한 밀도 0.5 g/cm³ 이상, 0.8 g/cm³ 이하의 판(이하 파티클 보드라 한다.)으로 파티클 보드의 종류는 표면 · 이면의 상태, 휨강도, 접착제, 포름알데히드 방산량 및 난연성에 따라 구분하고, 겉모양은 파티클 보드의 표면에 현저한 요철, 오염, 박리, 얼룩 등이 없고, 절단면이 양호해야 하며, 또 사용상 해로운 비틀림, 휨 등이 없어야 하는데, 상세한 품질은 KS F 3104(파티클 보드)의 규정에 따라야 한다.

2. 시험 방법

시험편은 표 2.7.2에 나타낸 치수 및 개수를 원판의 중앙 부분에서 각 시험항목에 따라 채취한다. 시험편은 기건상태[16]의 것 또는 온도 20±2℃, 습도 65±5 %에서 항량[17]에 이른 것으로 한다.

(1) 밀도 시험

그림 2.7.9에 나타낸 측정 위치에서 너비, 길이 및 두께를 측정하고, 각각에 대한 평균값을 구하여 시험편의 너비, 길이 및 두께로 해서 부피(V)를 구한다. 무게(W)를 측정하고, 다음 식에 따라 밀도를 산출한다. 이 경우 두께는 0.05 mm, 너비 및

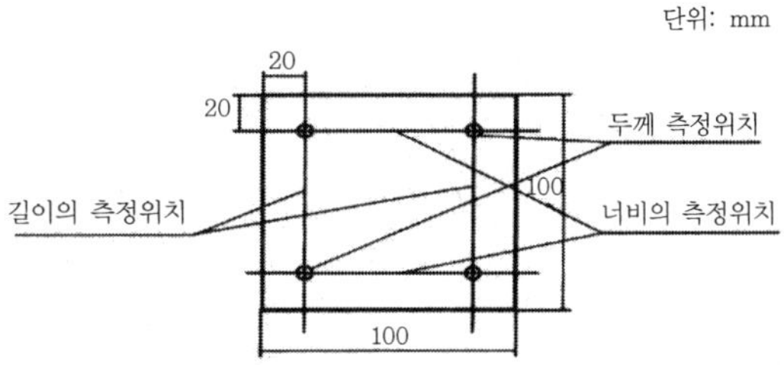

그림 2.7.9 너비, 길이 및 두께의 측정 위치

15) 작은 조각에는 칩(chip), 플레이크(plate), 웨이퍼(wafer), 스트랜드(strand) 등이 있다.
16) 기건상태란 시험편을 통풍이 잘 되는 실내에 7일 이상 방치한 것을 말한다.
17) 항량이란 24시간마다 무게를 측정하고, 그 변화율이 0.1 % 이하인 것을 말한다.

길이는 0.1 mm, 무게는 0.1 g의 정밀도까지 측정하고 밀도는 0.01 g/cm^3 단위까지 산출한다.

$$밀\ 도(g/cm^3) = W_1 / V$$

여기에서, W_1 : 무게(g)

V : 체적(cm^3)

표 2.7.2 시험편의 치수 및 개수

시험 항목	시험편의 치수(mm)	1매의 판에서 채취한 시험편의 개수
밀 도	100×100	1
함 수 율	밀도를 측정한 시험편	1
휨 강 도	너비 50×길이(스팬(4)+50)	세로방향 1, 가로방향 1
습윤시 휨강도	너비 50×길이(스팬(4)+50)	세로방향 1, 가로방향 1
흡수 두께 팽창률	50×50	1
박리강도	50×50	1
나사못 유지력	50×100	평면 1, 측면 1
포름알데히드 방산량	50×150	단면을 포함한 시험편의 전 표면적이 1 800 cm^{2}에 있는 매수를 사용
평면 인장강도	50×50	1
내충격성	300×300	1
내 산 성	100×100	1
내알칼리성	100×100	1
내오염성	100×100	1
내변퇴색성	150×150	1(5)
내긁힘성	50×50	1
단 열 성	900×900	1
난 연 성	220×220	1

주(4) 스팬은 공칭두께의 15배로 하고, 또 150 mm 이상으로 한다.
(5) 무늬가 있는 것에 대해서는 3개로 한다.

(2) 함수율 시험

함수율은 시험편의 무게(W_1)를 측정한 후, 103±2℃의 공기 건조기에 넣어 항량에 도달했을 때의 무게(W_0)를 측정하고, 다음 식에 따라 소수점 첫째 자리까지 산출해서 구한다.

$$\text{함수율}(\%) = \frac{W_1 - W_0}{W_0} \times 100$$

여기에서, W_0 : 건조 후의 무게(g)

W_1 : 건조 전의 무게(g)

(3) 휨강도 시험

휨강도 시험은 그림 2.7.10에 나타낸 시험장치를 사용하여 시험편의 표면에 평균 변형속도 약 10 mm/min의 하중을 가하여 최대 하중(P)를 측정하고, 다음 식에 따라 구한다.

또한, 18.0형, 15.0형, 13.0형 8.0형의 파티클 보드는 세로방향과 가로방향의 시험결과 중 작은 값으로 하고 24.0~10.0형, 17.5~10.5형 및 30.0~15.0형에 대해서는 양 방향 휨강도의 평균값을 그 판의 휨강도로 한다.

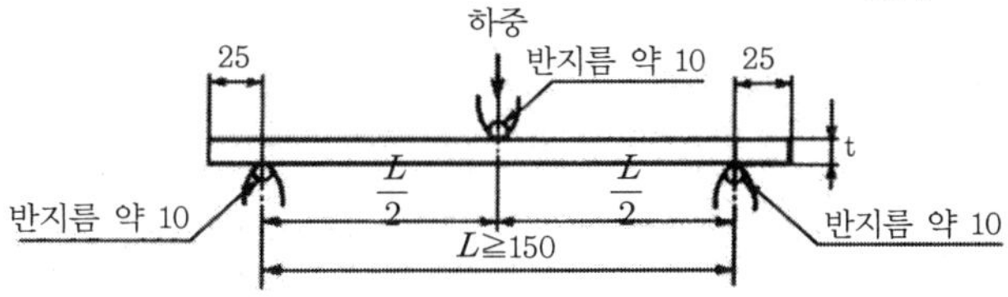

그림 2.7.10 휨강도 시험장치

$$\text{휨강도}(N/mm^2)\ [kgf/cm^2] = \frac{3}{2} \times \frac{PL}{bt^2}$$

여기에서, P : 최대하중(N)

L : 스팬(mm)

b : 시험편의 너비(mm)

t : 시험편의 두께(mm)

(4) 습윤시 휨강도 A시험

시험편을 70±3℃의 온수 속에 2시간 담그고 다시 상온수에 1시간 담근 후 젖은 상태에서 휨강도 시험을 해서 시험편마다 휨강도를 구한다. 또한 18.0형, 15.0형, 13.0형의 파티클 보드는 길이방향과 너비방향의 시험 결과 중 작은 값으로 하고, 24.0~10.0형, 10.7~10.5형 및 30.0~15.0형에 대해서는 양방향 휨강도의 평균값을 그 판의 휨강도로 한다. 또 습윤시 휨강도로 산출할 때의 시험편 치수는 담그기 전의 시험편 치수를 사용한다.

(5) 습윤시 휨강도 B시험

시험편을 끓는 물에 2시간 담그고 다시 상온수에 1시간 담근 후 젖은상태에서 3)의 휨강도 시험을 하고, 시험편마다 휨강도를 구한다. 또한 18.0형 15.0형 및 13.0형의 파티클 보드는 길이방향과 너비방향의 시험결과 중 작은 값으로 한다. 또 습윤시 휨강도를 산출할 때의 시험편 치수는 담그기 전의 시험편 치수를 사용한다.

(6) 흡수두께 팽창률 시험

흡수두께 팽창률 시험은 미리 시험체의 중앙부 두께를 0.05 mm 정밀도의 다이얼 게이지 또는 마이크로미터로 측정하고, 이것을 20±1℃의 수중에 수면 아래 3 cm에 수평으로 놓고, 24시간 담근 후 꺼내어 수분을 제거하고 두께를 측정하여 다음 식에 따라 산출한다.

$$\text{흡수두께 팽창률(\%)} = \frac{t_2 - t_1}{t_1} \times 100$$

여기에서, t_1 : 흡수 전의 두께(mm)

t_2 : 흡수 후의 두께(mm)

(7) 박리강도 시험

그림 2.7.11에 나타낸 강 또는 알루미늄 블록에 시험편을 접착하고, 시험편의 표면에 수직으로 인장하중을 가하여 박리 파괴시의 하중(P')을 측정하여 다음 식에 따라 산출한다. 이 경우 인장하중속도는 2 mm/min로 한다.

$$\text{박리강도(N/mm}^2) = \frac{P'}{b \times L}$$

여기에서, P' : 박리 파괴시의 최대하중(N)

b : 시료의 너비(mm)

L : 시료의 길이(mm)

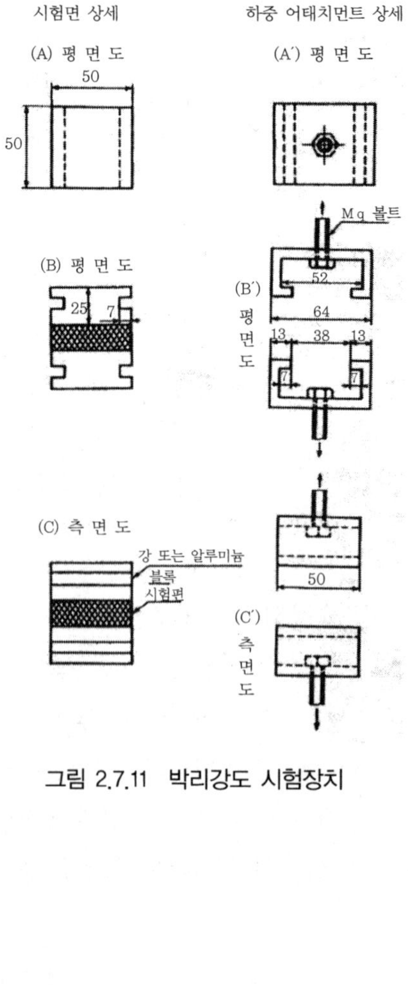

그림 2.7.11 박리강도 시험장치

(8) 나사못 유지력 시험

호칭 지름 3.5 mm, 길이 38 mm의 나사못을 그림 2.7.12에 나타낸 자리(표면 및 측면)에 수직으로 나사부 15 mm를 박아넣고[18] 시험편을 고정하여 나사못을 수직으로 잡아당긴다. 이때 최대하중을 각각 측정하여 2곳의 평균값을 나사못의 유지력으로 한다. 다만, 하중속도는 2 mm/min로 한다.

(9) 포름알데히드 방산량 시험

포름알데히드 포집은 KS L 2303(이화학용 유리기구)에 규정하는 크기 240 mm(부피 9~11l)의 데시케이터 밑 부분에 300 mℓ의 증류수를 넣은 지름 120 mm, 높이 60 mm의 결정 접시를 놓고 그 위에 표 2.7.2에 나타낸 정해진 매수의 시험편을 그림 2.7.13과 같은 지지쇠로 고정시켜 끼우고, 20±1℃에서 24시간 방치하여 방출되는 포름알데히드를 증류수에 흡수시켜 시료용액으로 한다.

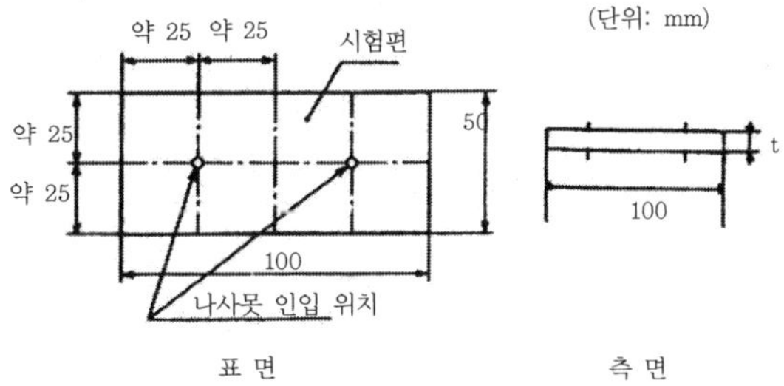

그림 2.7.12 나사못 유지력 시험

시험용액 중의 포름알데히드 농도는 아세틸아세톤법에 의해 광전분광광도계 또는 파장 415 Nm 부근의 측정이 가능한 광전비색계를 사용하여 비색 정량한다.

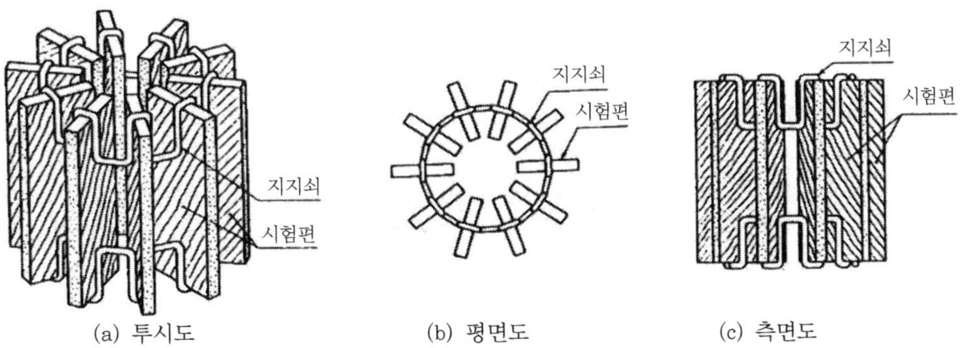

그림 2.7.13 포름알데히드 방산량 시험 지지철물

18) 나사박음에는 지름 약 3 mm의 드릴로 깊이 약 5 mm의 인입 구멍을 미리 뚫어놓고 실시하는 것이 좋다.

(10) 평면 인장강도 시험

시험편의 표면 중앙에 한 변이 20 mm인 정사각형 모양의 접착면을 갖는 어태치먼트를 접착제를 사용하여 접착하고, 접착제 경화 후 어태치먼트의 주변에 치장면의 원판에 미치는 깊이로 홈을 낸 다음 시험편 및 어태치먼트를 그림 2.7.14와 같이 고정하여 접착면을 직각방향으로 2 mm/min의 하중속도로 잡아당겨 박리시 또는 파괴시의 최대하중($P^{'}$)을 측정하여 다음 식에 따라 산출한다.

$$\text{평면 인장강도}(\text{N/mm}^2) = \frac{P^{'}}{400}$$

여기에서, $P^{'}$: 박리 파괴시에 의한 최대하중(N)

400 : 접착 어태치먼트의 면적(mm^2)

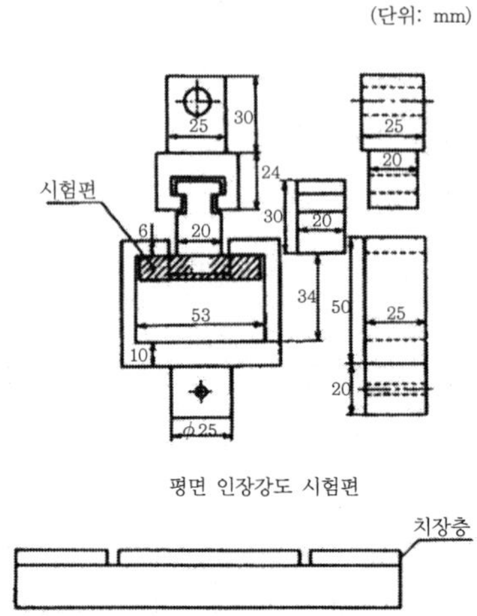

그림 2.7.14 평면 인장강도 시험편 및 어태치먼트

(11) 내충격성 시험

KS F 2221(건축용 보드류의 충격 시험 방법)의 3.1에 규정한 모래 위 전면 지지에 따라 시험편의 표면을 위로 해놓고, 그 표면 중앙부에 표 2.7.3에 규정한 강제의 구형 추를 일정한 높이에서 떨어뜨려 육안으로 표면의 균열, 파괴 유무를 관찰함과 동시에 움푹 패인 홈의 지름을 측정한다.

표 2.7.3 내충격성 시험에 사용하는 추

시험편의 두께(mm)	사 용 추				추의 낙하높이(cm)
	기 호	질 량(g)	호 칭	지 름(mm)	
15 미만	W_2-300	약 286	$1\frac{5}{8}$	약 41	50
15 이상	W_2-500	약 530	2	약 51	100

(12) 기타 시험 방법

그 외의 시험 방법으로는 내산성 시험, 내알칼리성 시험, 내오염성 시험, 내변 · 퇴색성 시험, 내긁힘성 시험, 단열성 시험(KS F 2277), 난연성 시험(KS F 2271) 등이 있다.

7-10 플로어링 보드

(KS F 3103 ; Flooring Board)

1. 개 요

나무판재를 가공한 플로어링 보드의 종류에는 표면가공, 홈 · 혀쪽매이음 및 그 밖에 필요한 가공을 하고, 마루귀틀 위에 단독으로 시공해도 마루널로서 필요한 강도를 가지는 보통 플로어링 보드와 목재 내부에 방부효력이 있는 성분의 방부제를 주입하고 건조하여 건조된 목재 재면을 대패질하며 양 옆을 홈 · 혀쪽매 가공한 후 방부처리한 마루널인 방부처리 플로어링 보드로 구분한다.

모양 및 치수는 그림 2.7.15에 나타낸 것을 표준으로 하는데, 치수는 길이 300 mm 이상, 너비는 50, 60, 75 mm로 두께는 15, 17, 18, 20, 22, 24, 27 mm 등이 있고, 허용오차는 두께 ±0.3 mm, 너비 ±0.5 mm이다. 관련 규격은 KS A 0021(수치의 맺음법), KS M 0016(원자흡광분석방법 통칙), KS M 1701(페놀류 무기 플루오르화물계 목재 방부제), KS M 1703(크롬 · 구리 · 비소 화합물계 목재 방부제) 등을 참조한다.

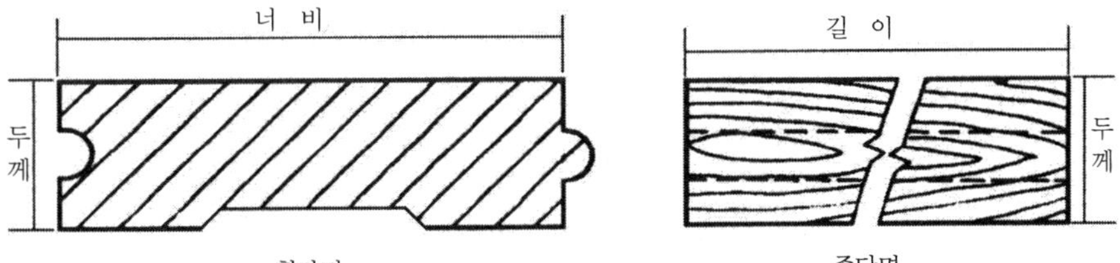

그림 2.7.15 플로어링 보드의 모양

2. 시험 방법

플로어링 보드의 적용 시험항목은 보통 플로어링 보드의 경우에는 함수율 시험, 휨강도 시험을 하고, 방부처리 플로어링 보드의 경우에는 함수율 시험, 휨강도 시험, 침윤도 시험, 흡수량 시험 등을 행한다.

(1) 함수율 시험

시험편은 각 시료 플로어링에서 적당한 크기의 것으로 2개를 준비하고, 시험 방법은 전건무게법으로 함수율을 구한다. 전건무게는 시험편을 건조기 안에서 105±5℃ 로 건조시켜 항량에 도달했다고 인정될 때의 무게로 하고, 함수율은 다음 식에 따라 산출한다.

$$함\ 수\ 율(\%) = \frac{W_1 - W_2}{W_2} \times 100$$

여기에서, W_1 : 건조 전의 무게(g)

W_2 : 전건무게(g)

(2) 휨강도 시험

시험편은 각 시료 플로어링 보드에서 그림 2.7.16과 같이 1개씩 채취하고, 시험 방법은 시험체의 앞면(표면)은 위쪽으로 하여 그림 2.7.17에 나타낸 방법으로 플로어링 보드의 두께에 따라 표 2.7.4의 적정하중을 가하여 접합 부분의 휨강도를 측정한다.

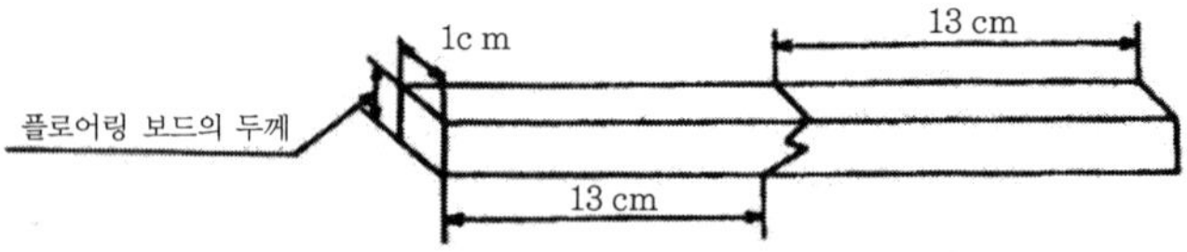

그림 2.7.16 플로어링 보드의 휨강도 시험체

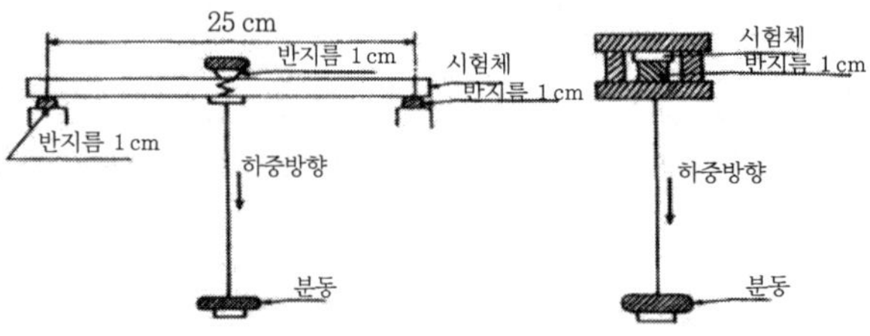

그림 2.7.17 두께별 휨강도 시험 방법

표 2.7.4 두께별 휨강도 하중

플로어링 보드의 두께	하 중
~16 mm 미만	20 kg
16 mm 이상~18 mm 이하	30 kg
19 mm 이상~20 mm 이하	40 kg
21 mm 이상 ~	50 kg

(3) 기타 시험 방법

그 외의 시험 방법으로는 방부처리 시험(침윤도 시험, 흡수량 시험)이 있다.

7-11 기타 시험 방법

그 외의 목재 시험 방법으로는 다음과 같은 것이 있다.

목재의 제재치수	KS F 1519
목재 표준용어-목재의 성질 및 결점	KS F 1551
목재 표준용어-목조건축	KS F 1552
목재 표준용어-원목과 제재목	KS F 1553
목재 표준용어-목구조용 철물	KS F 1554
침엽수 구조용재의 육안 등급 구분방법	KS F 2151
침엽수 구조용재의 허용 성질 결정방법	KS F 2152
목구조 철물 접합부의 전단 시험 방법	KS F 2153
경골 목조 전단벽의 전단 시험 방법	KS F 2154
방부처리 목재의 약제 흡수량 측정방법	KS F 2155
목재의 밀도 및 비중 시험 방법	KS F 2198
목재의 함수율 측정방법	KS F 2199
목질 판재의 밀도 측정방법	KS F 2200
목재의 시험 방법 통칙	KS F 2201
목재의 흡습성 시험 방법	KS F 2205
목재의 전단 시험 방법	KS F 2209
목재의 갈라짐 시험 방법	KS F 2210
목재의 충격휨 시험 방법	KS F 2211
목재의 경도 시험 방법	KS F 2212
목재의 내후성 시험 방법	KS F 2213
목재의 못뽑기 저항 시험 방법	KS F 2214
목재의 마모 시험 방법	KS F 2215
목재의 크리프 시험 방법	KS F 2227
목재의 착염성 시험 방법	KS F 2228
건축물 목조 부뷰의 방화 시험 방법	KS F 2258
건축용 방화 목재	KS F 3002
가압식 크레오소트유 방부처리 침목	KS F 3005
침엽수 구조용재	KS F 3020
구조용 집성재	KS F 3021

목재 집성판	KS F 3022
핑거조인트 목재	KS F 3023
중밀도 섬유판 문틀재	KS F 3024
토대용 가압식 방부처리 목재	KS F 3025
특수가공 치장합판	KS F 3106
천연무늬 치장 합판	KS F 3107
창문의 목제 틀재	KS F 3108
콘크리트 거푸집용 합판	KS F 3110
무늬목 치장 합판 플로어링 보드	KS F 3111
구조용 합판	KS F 3113
마루판용 합판	KS F 3114
수장용 집성재	KS F 3118
목재 단판 적층재	KS F 3119
가압식 방부처리 마루틀재	KS F 3122
플로어링 블록	KS F 3123
난연 목재	KS F 3124
치장 목질 마루판	KS F 3126
섬유판	KS F 3200

제8장

마감 재료

8-1 개 요

건축 마감재료는 건축물의 공간을 구성하는 구조체의 내 · 외부면에 대한 마무리와 장식을 겸한 재료를 의미한다.

이와 같이 건축 마감재료에는 외장재료와 내장재료로 구분되며, 건축 외장재료에는 과도한 기상작용 및 열화요인으로부터 구조체를 보호하기 위한 성능이 요구되고 있으며, 내장재료에는 건축자재에서 방출되는 유해화학물질로부터 실내환경을 쾌적하게 유지하기 위한 기능성, 친환경성 등이 요구되고 있다. 특히, 최근에는 사회환경의 변화에 따라 건축 마감재료에 요구되는 성능이 더욱 다양화, 고급화되면서 이에 요구되는 시험평가 항목 또한 다양해 지고 있다.

앞서 언급한 바와 같이 건축 마감재료란 구조체 이외에 사용되는 내 · 외장의 모든 재료를 지칭하며, 이것을 전부 망라하기에는 재료의 종류가 너무 다양하고, 요구성능 또한 매우 다양하기 때문에 본 장에서는 방수재, 보수재, 미장재, 도장재를 중심으로 재료의 성능을 평가하기 위한 시험 방법에 대하여 언급하고자 한다.

8-2 방수재료

1. 개 요

방수층이란 연속적인 막재료를 이용하여 물의 이동을 방지하는 건축 구성 요소이며, 표 2.8.1에 열거한 각종 재료를 이용하여 물로부터 구조체를 보호하는 것을 방수재료라고 한다.

표 2.8.1 방수재료의 분류

<table>
<tr><td rowspan="13">멤브레인 방수재</td><td colspan="3">아스팔트계 방수재(열, 상온, 토치공법)</td></tr>
<tr><td rowspan="4">합성고분자 시트계 방수재</td><td rowspan="2">합성고무</td><td>가황고무계</td></tr>
<tr><td>비가황고무계</td></tr>
<tr><td rowspan="2">합성수지</td><td>염화비닐수지계</td></tr>
<tr><td>에틸렌수지계</td></tr>
<tr><td rowspan="7">도막계 방수재</td><td colspan="2">우레탄 고무계</td></tr>
<tr><td colspan="2">아크릴 고무계</td></tr>
<tr><td colspan="2">고무 아스팔트</td></tr>
<tr><td colspan="2">클로로프렌계</td></tr>
<tr><td colspan="2">아크릴수지계</td></tr>
<tr><td colspan="2">폴리머계</td></tr>
<tr><td colspan="2">무기질탄성계</td></tr>
<tr><td colspan="3">자착식형 고무화 아스팔트 시트계 방수재</td></tr>
<tr><td rowspan="8">시멘트계</td><td rowspan="3">시멘트액체형 방수재</td><td colspan="2">무기질계(염화칼슘, 규소소다, 실리케이트계)</td></tr>
<tr><td colspan="2">유기질 지방산계(지방산, 파라핀계)</td></tr>
<tr><td colspan="2">유기질 폴리머계(합성고무 라텍스,
에틸렌비닐아세테이트 에멀전, 아크릴에멀젼계)</td></tr>
<tr><td rowspan="2">규산질계 분말형 도포 방수재</td><td colspan="2">무기질 단체형</td></tr>
<tr><td colspan="2">무기유기질 혼합형</td></tr>
<tr><td rowspan="3">시멘트 혼입 폴리머계 방수재</td><td colspan="2">수지에멀젼계</td></tr>
<tr><td colspan="2">고무라텍스계</td></tr>
<tr><td colspan="2">재유화형 분말수지계</td></tr>
<tr><td rowspan="6">기타 방수재료</td><td rowspan="2">콘크리트 표면 도포용 액상형 흡수방지재</td><td colspan="2">유기질계(실리콘계, 아크릴계, 우레탄 화합물계)</td></tr>
<tr><td colspan="2">무기질계(실란계, 규산질계)</td></tr>
<tr><td rowspan="2">금속판 방수재</td><td colspan="2">스테인리스 시트</td></tr>
<tr><td colspan="2">동판</td></tr>
<tr><td>실링 방수재</td><td colspan="2">실리콘계, 변성 실리콘계, 폴리설파이드계,
아크릴우레탄계, 폴리우레탄계, 아크릴계</td></tr>
<tr><td colspan="3">수팽창성 벤토나이트 방수재</td></tr>
</table>

이러한 방수재료의 경우, 그 적용기준을 엄격히 규정하지 않으면 시공 중 또는 시공 후의 누수하자 문제로 보수 · 보강에 따른 생활의 불편은 물론, 개인적 · 국가적 경제 손실을 크게 초래하고 있기 때문에 방수 관련 자재에 대한 품질 규격을 시대적 배경에 맞게 지속적으로 제 · 개정하고 있다.

2. 방수 공사용 아스팔트

(KS F 4052 ; Waterproofing Asphalts for Building Construction)

(1) 개요

방수 공사용 아스팔트는 주로 철근 콘크리트 구조물, 철골 철근 콘크리트 구조물 및 이에 준하는 구조물의 방수 공사용 아스팔트로서 블론 아스팔트, 즉 아스팔트 컴파운드를 지칭한다.

(2) 방수 공사용 아스팔트의 종류

방수 공사용 아스팔트의 종류는 그 품질 및 용도에 따라 다음의 표 2.8.2와 같이 구분한다.

표 2.8.2 방수 공사용 아스팔트의 종류

종 류	용 도
1종	보통의 감온성을 갖고 있으며, 비교적 연질로서 공사기간 중이나 그 후에도 알맞은 온도 조건에서 실내 및 지하구조 부분에 사용한다.
2종	비교적 낮은 감온성을 갖고 있으며, 일반 지역의 경사가 느린 보행용 지붕에 사용한다.
3종	감온성이 낮은 것으로서 일반 지역의 노출 지붕 또는 기온이 비교적 높은 지역의 지붕에 사용한다.
4종	감온성이 아주 낮으며 비교적 연질의 것으로, 일반 지역 외에 주로 한랭 지역의 지붕, 그 밖의 부분에 사용한다.

(3) 품질

방수 공사용 아스팔트는 균질하고 거의 수분을 함유하지 않으며, 180℃까지 가열하여도 거품이 몹시 나지 않는 것으로서 다음 표 2.8.3의 규정에 적합하여야 한다.

표 2.8.3 방수 공사용 아스팔트의 품질

종 류	1종	2종	3종	4종
연화점(℃)	85 이상	90 이상	100 이상	95 이상
침입도(25℃, 100 g, 5s)	25～45	20～40	20～40	30～50
침입도 지수	3.0 이상	4.0 이상	5.0 이상	6.0 이상
증발 질량 변화율, 질량(%)	1 이하	1 이하	1 이하	1 이하
인화점(℃)	250 이상	270 이상	280 이상	280 이상
톨루엔 가용분(%)	98 이상	98 이상	95 이상	92 이상
취화점(℃)	−5 이하	−10 이하	−15 이하	−20 이하
흘러내린 길이(mm)	−	−	8 이하	8 이하
가열 안정성(℃)	5 이하			

(4) 시험 방법

① 시료 채취 방법

방수 공사용 아스팔트는 KS M 2001에 따라 채취한다.

② 시험기기 일반

시험기의 절연성능은 전기회로가 폐쇄된 상태에서 전원단자와 외부 케이스의 절연 저항을 측정하였을 때 5 MΩ 이상이어야 한다. 단, 전열회로를 포함할 경우에는 0.5 MΩ 이상이어도 좋다.

③ 연화점 시험(KS M 2250)

연화점(Softening point)이란 시료를 규정 조건에서 가열했을 때 시료가 연화되기 시작하여 규정거리(25.4 mm)에서 떨어져 있을 때의 온도를 말한다. 이 시험은 역청재료가 고온에 접했을 때 연화하기 시작하는 온도를 확인하기 위하여 실시한다.

㉠ 시험장치

- 환, 강구, 용기, 온도계로 구성된 시험장치

㉡ 시료의 준비

- 시료는 부분적인 과열을 피해 예상되는 연화점보다 90℃ 이상 가열하면 안 되고, 가능한 낮은 온도에서 거품이 들어가지 않도록 섞으면서 녹인다. 이때 가열시간은 15분간 유지한다.
- 2개의 환을 시료와 같은 온도로 가열하여 박리제를 도포한 황동판 위에 놓는다.

- 시료를 실온으로 약 1시간 동안 냉각시킨 후 환 위에 남은 시료는 약간 가열한 칼로 깨끗이 깎아 없앤다.

㉢ 시험 방법

- 연화점이 80℃ 미만인 경우 비커에 5℃로 새로 냉각한 증류한 증류수 부어 넣고, 연화점이 80℃ 이상인 경우 32℃의 글리세린을 가열중탕에 102~108 mm 높이까지 채운 뒤 15분간 처음 온도를 유지한 다음 집게로 강구를 시료의 상부 중앙에 올려놓고 조립을 완료한다.
- 가열시작 후의 3분간을 제외하고는 매분 5±0.5℃의 비율로 온도가 상승하도록 가열한다.
- 시료가 늘어나기 시작하여 비커의 밑바닥에 닿는 순간의 온도를 기록한다. 온도계의 노출부에 대한 보정은 하지 않는다.
- 연화점은 0.5℃에 가까운 숫자로 보고한다.

④ 침입도 시험(KS M 2252)

침입도(Penetration)란 역청재료의 굳기를 말하는 것으로 규정된 온도, 하중 및 시간의 조건하에서 표준침이 시료중에 수직으로 침입한 길이로서 나타내는데, 그 단위는 1/10 mm를 침입도 1로 한다. 이 시험은 역청재료가 혼합 또는 산포되었을 때 그 사용 목적에 적합한 굳기의 유무를 평가하기 위하여 실시한다.

㉠ 시험장치

- 침입도 시험기 세트, 수조, 수조용 온도계, 스톱워치, 시료를 녹일 가열기 및 용기, 사염화 탄소(CC_{14}), 헝겊

㉡ 시료의 준비

- 시료를 부분적으로 과열되지 않도록 액상이 될 때까지 가열하여 시료가 충분히 유동성을 가지고 균질하게 되면 시료 용기에 넣는다.
- 시료량은 표준침이 침입하는 예상 깊이보다 10 mm 이상 깊은 양으로 한다.
- 시료용기에 먼지가 들어가지 않도록 뚜껑을 덮고, 21~29.5℃의 온도로 대기 중에서 1~1.5시간 방치하고, 깊은 용기를 사용했을 경우에는 1.5~2시간 방치한다.
- 시료를 이동용 접시와 함께 규정 온도로 유지한 항온수조에 넣고, 1~1.5시간 두며, 깊은 시료 용기를 사용한 경우 1.5~2시간 둔다.

㉢ 시험 방법

- 침입도계를 수평으로 두고 이동용 접시 중앙의 삼각형 금속대에 시료용기를 얹는다.

- 시료용기에 항온수조 중의 물을 충분히 채운 후 시험대에 올려놓는다.
- 규정된 하중이 부하된 표준침을 시료 표면에 접촉되도록 조정한다.
- 시험 전 시험기의 표시판은 0으로 맞추고, 침의 관입량을 1/10 mm 단위로 나타낸 값을 침입도 1로 한다.
- 측정은 동일 시료에 대하여 적어도 3회 이상 실시하고, 측정점은 시료용기의 주변에서 항상 10 mm 이상, 전에 침입한 관입 위치에서 10 mm 이상 떨어진 점을 선택한다.
- 매 측정 후 시료와 이동용 접시를 항온수조 속에 옮기고, 침에 부착된 시료는 사염화탄소로 없앤 다음에 마르고 깨끗한 헝겊으로 닦는다.
- 동일 시료에 대하여 세 번의 시험결과 평균치를 정수로서 보고한다.

⑤ **증발 질량 변화율 시험**(KS M 2255)

이 시험은 시료를 163℃의 항온 공기 중탕 속에 5시간 유지한 후 시료의 무게 변화량을 측정하고, 가열 전 시료의 무게에 대한 백분율을 증발 무게 변화율로서 계산한다.

㉠ 시험장치

- 시료용기, 항온 공기 중탕, 회전판, 온도계

㉡ 시료의 준비

- 시료는 부분적인 과열을 피해 예상되는 연화점보다 90℃ 이상 높지 않고, 가능한 저온에서 시료 속에 거품이 들어가지 않도록 서서히 교반하면서 용융한다.
- 시료는 30분 이상 가열을 하지 않는다.

㉢ 시험 방법

- 시료 용기용 온도계를 지지대에 걸고, 회전판의 바깥쪽 가장자리에서 약 20 mm 안쪽으로, 수은구 하단이 회전판 윗면에서 6 mm 위에 위치하도록 수직으로 부착한 후, 항온 공기 중탕 내의 온도를 163℃로 유지한다.
- 2개의 건조한 시료 용기를 0.01 g까지 정확하게 단 다음 시료 용기에 용융 시료 (50±0.5)g을 채취하고, 실온까지 내놓아 식힌 후 0.01 g까지 정확하게 단다.
- 시료를 달아 놓은 시료용기를 항온 공기 중탕 내의 회전판 위에 놓은 후 문을 닫고, 매분 5~6회의 속도로 회전시켜 온도가 162℃에 달하면 163±1℃에서 5시간 유지한다(시료를 항온 공기 중탕 내에 놓은 전체 시간은 5시간 15분을 초과하면 안 된다).
- 가열이 끝나면 시료 용기를 꺼내어 실온까지 내놓아 식힌 후 0.01 g까지 정확히 단다.

㉣ 증발 무게 변화율은 다음 식을 이용하여 계산하고, 증발 후의 무게가 증가된 경우에는 수치 앞에 (+), 감소한 경우에는 (-)부호를 나타낸다.

$$V = \frac{W - W_s}{W_s} \times 100$$

여기에서, V : 증발 무게 변화율(%)

W_s : 시료 채취량(g)

W : 증발 후의 시료의 무게(g)

⑥ 인화점(KS M 2010)

인화점(Flash point)이란 규정된 조건에서 시료를 가열하여 작은 불꽃을 유면에 가까이 대었을 때, 시료에서 발생되는 유증기와 공기의 혼합 기체가 섬광을 발하며 순간적으로 연소하는 최저의 온도를 말한다.

㉠ 시험장치

- 태그 밀폐식 인화점 시험기, 시료컵, 시료컵의 뚜껑, 가열기, 온도계, 시험용 온도계 유지구

㉡ 시료의 준비

- 시료는 충분히 주의하며 불필요하게 시료 용기를 개봉해서는 안 된다.
- 시료 용기의 개봉, 이동이 필요한 경우는 예상 인화점보다 적어도 11℃ 낮은 온도에서 하며 새는 용기에 들어 있는 시료를 시험에 사용해서는 안 된다.
- 시험에서 사용하는 시료 및 메스실린더는 27±5℃ 또는 예상 인화점도다 11℃ 낮은 온도 중에서 낮은 온도로 미리 냉각시켜 둔다.

㉢ 시험순서

- 중탕조에 깨끗이 건조한 시료컵을 넣고 온도계를 시료의 예상 인화점에 따라 선정하여 온 도계 유지구를 부착한다.
- 시료 50±0.5 mℓ를 메스 실린더에 채취하여 전량을 시료컵에 넣고 시료 표면의 기포를 제거하고 뚜껑을 덮는다.
- 시료 불꽃 노즐에 점화하고, 불꽃의 크기를 표준구에 맞춘다.
- 개폐기를 작동하여 시험 불꽃을 시료컵에 살짝 댄 후, 원위치로 되돌리며 약 1초 동안 원활하게 한다.
- 시료의 예상 인화점에 따라 시료의 예상 인화점이 60℃ 미만일 경우 시료의 온도가 60±6초 동안에 1℃의 비율로 상승하도록 중탕의 가열을 조정한다. 시료의 온도가 예상 인화점보다 5℃ 낮은 온도에 달하면 개폐기를 조작하고 그 이후에는

온도계의 눈금값이 0.5℃ 상승할 때마다 시험 불꽃을 갖다 댄다.

- 시료의 예상 인화점이 60℃ 이상 93℃ 이하일 경우 시료의 온도가 60±6초 동안에 3℃의 비율로 상승하도록 중탕의 가열을 조정한다. 시료의 온도가 예상 인화점보다 5℃ 낮은 온도에 달하면 개폐기를 조작하고, 그 이후에는 온도계의 눈금값이 1℃ 상승할 때마다 시험 불꽃을 갖다 댄다.
- 시료컵 내부의 분명한 인화가 확인되면 그 온도를 인화점에 기록하고, 즉시 가열을 멈춘다.
- 시험 불꽃을 접촉하기 시작하여 인화되기까지 사이에 시료의 온도상승 속도가 규정된 범위를 넘었을 때에는 시료를 바꾸어 다시 시험한다.
- 측정인화점과 예상 인화점의 차가 2℃ 이상일 때는 시료를 바꾸고 예상 인화점을 바꾸어 다시 시험한다.
- 시험 장소의 기압을 측정한다.

⑦ 톨루엔 가용분(KS M 2203)

시료를 톨루엔에 녹여 유리 섬유제 필터로 거르고 불용분을 톨루엔으로 깨끗이 씻은 후 건조하여 계량한다.

㉠ 시험장치

- 필터, 여과 장치, 톨루엔 시약

㉡ 시료의 준비

- 시료는 부분적인 과열을 피해 시료 속에 기포가 들어가지 않도록 천천히 저으면서 160℃까지 가열한다.
- 깨끗한 페트리 접시에 필터를 넣고 뚜껑을 약간 열어 105~110℃의 건조기 안에서 30분간 건조한 뒤 꺼내어 화학 저울 근처에서 페트리 접시의 뚜껑을 조금 열고 데시케이트 중에서 약 30분간 내놓아 식힌 후 계량한다.
- 필터가 함량 ±0.3 mg이 될 때까지 건조, 방랭, 계량을 반복하여 목표 함량이 되면 여과 장치를 부착한다.

㉢ 시험 방법

- 시료 약 2 g을 삼각 플라스크(200 mℓ)에 취해 0.001 g까지 단다.
- 실온에서 삼각플라스크에 톨루엔 100 mℓ을 소량씩 첨가하여 흔들어 시료를 녹인 후 마개를 하여 15분 이상 방치한다.
- 톨루엔 용액을 경사법에 의해 여과 장치의 상부 깔때기 안에 흘려 넣고, 용액이 필터를 통하여 적하가 끝날 때까지 흡인 강도를 감소시켜 흡인한다.

- 소량의 톨루엔으로 삼각 플라스크(200 ㎖)를 씻으면서 유리체 혼합봉 등을 이용하여 불용분을 상부 깔때기 중앙에 옮긴다.
- 상부 깔때기 내벽 및 필터를 톨루엔을 소량씩 사용하여 거른 액이 무색이 될 때까지 세척한다.
- 충분히 흡인하여 톨루엔을 제거한 후 필터를 제거하여 페트리 접시에 옮기고 불용분을 함유하는 필터의 함량을 구한다.

㉣ 톨루엔 가용분은 다음 식에 의해 산출하고 가용분이 99.00 질량 % 이상인 경우에는 0.01 질량 %까지, 99.00 질량 % 미만인 경우에는 0.1 질량 % 까지 구한다.

$$A = 100 - \left(\frac{B}{C} \times 100\right)$$

여기에서, A : 톨루엔 가용분(질량 %)
B : 불용분의 실량(g)
C : 시료의 질량(g)

⑧ 취하점

취하점이란 강판 위에 놓은 아스팔트의 얇은 막이 규정된 조건에서 냉각되고 휘어졌을 때 아스팔트의 얇은 막이 취하하여 균열이 발생하는 최초의 온도를 말한다.

㉠ 시험장치

- 굽힘 장치, 강판, 냉각장치, 온도계, 가열대 가대

㉡ 시료의 준비

- 시료에 수분을 함유하고 있을 경우 다시 채취하거나 130℃ 이하의 온도로 가열하여 적당히 휘저으면서 수분을 제거한다.

㉢ 시험 방법

- 시료를 규정의 강판 전면에 두께가 고르게 되도록 도포한 다음 시험기를 설치한다.
- 시험기 중의 온도를 매분 1℃의 비율로 내리면서 예상되는 취화점보다 적어도 10℃ 높은 온도가 되었을 때 굽힘을 시작하여 강판을 1℃마다 반복하여 구부림을 되풀이한다.
- 시료의 피막에 최초로 균열이 생겼을 때의 온도를 취하점으로 기록한다.

⑨ 흘러내린 길이

시료를 강판 위에 규정된 형상으로 흘려부어, 70℃의 항온 공기조 안에 5시간 수직으로 걸어 놓았을 때의 시료의 흘러내린 길이를 측정한다.

㉠ 시험장치

• 흘러내린 길이 시험기, 시료대, 형틀, 항온 공기조

㉡ 시료 준비

• 시료는 부분적인 가열을 피하고, 예상되는 연화점보다 90℃ 이상 높아지지 않도록 가능한 저온에서 용융 시키며 30분 이상 가열하지 않는다.

• 시험대를 수평으로 놓고 형틀을 시험대 아래로 부터 100 mm 띄워 올려놓는다.

• 형틀 안에 시료를 넘치도록 부어 넣고 실온에 약 30분간 냉각시킨다.

• 넘쳐 난 시료를 형틀의 윗면에 맞추어 도려내고 형틀을 제거 한 후 다시 실온에서 약 15분간 놓아둔다.

㉢ 시험 순서

• 70±2℃를 유지하는 항온 공기조 안에 시료대를 수직으로 걸어 두고 5시간 후 시료대를 꺼내어, 각 시료의 긴 변 방향의 최대길이를 1 mm 단위까지 측정한다.

• 각각의 측정값에서 최초의 길이 60 mm를 뺀 값 중 최대의 것을 흘러내린 길이로 한다.

⑩ 가열 안정성

시료를 300±5℃에서 5시간 가열하여 가열 전후의 각각의 시료에 대한 취화점을 측정하고, 각각의 차를 가열 안정성으로 한다.

㉠ 시험장치

• 안지름 약 180 mm, 높이 200 mm인 범랑을 입힌 비커 또는 스테인리스제 비커, 공기 항온조 및 전압 조정기를 갖춘 1kW의 전열기, 취화점 시험기

㉡ 시험 방법

• 시료의 예상되는 연화점보다 90℃ 이상 높지 않은 온도로 유지하고 있는 공기 항온조 속에 시료 2 kg이 포함된 용기를 넣어 시료의 일부가 액화 유동할 때까지 예열한다.

• 예열된 시료를 전열기 위에 올려 넣어 300±5℃까지 휘저으면서 가열한 뒤 용기 중앙부에서 시료를 채취한다.

• 휘젓는 것을 중지하고 300±5℃에서 5시간 유지한 뒤 용기 중앙부에서 시료를 채취한다.

• 가열 전후에 채취한 시료에 대한 취화점을 측정하여 각각의 수치의 차를 구한다.

3. 아스팔트 펠트(Felts) 및 아스팔트 루핑(Roofing)

(1) 일반사항

■ 개 요

아스팔트 펠트는 목면, 마사, 양모, 폐지 등을 원료로 해서 만든 원지를 증기롤(Roll)로 건조시켜 이에 연질(침입도 60~120)의 스트레이트 아스팔트로 가열·용해하여 충분히 흡수시킨 후 회전롤에서 건조와 함께 두께를 조정해서 만든다. 이때 아스팔트는 원지중량의 140~160 % 정도 내외로 흡수된다. 아스팔트 펠트의 종류로는 단위면적당 무게에 따라 440품, 540품과 650품으로 나누어진다.

아스팔트 루핑은 펠트의 양면에 다시 침입도 10~40 정도의 블론아스팔트를 가열·용융시켜 피복한 것이다. 표면에는 접착을 방지하기 위해 활석, 운모, 석회석, 규조토이 미분말을 뿌린 것으로서, 피복아스팔트의 합계 중량은 원지의 250~300 %로 평지붕의 방수층, 슬레이트평판, 금속판 등의 지붕깔기 바탕 등에 이용된다. 또한 임시건물 등의 간단한 지붕재료로 이용되고 있다. 종류로는 단위면적당 무게에 따라 1 280품과 1 500품으로 나누어진다.

■ 품 질

① 겉모양

㉠ 극단적인 만곡, 우글쭈글함, 찢어진 곳, 꺾어진 주름 및 뚫어진 곳이 없어야 한다. 다만, 피복한 아스팔트에 미세한 우글쭈글함이 있는 것은 무관하다.

㉡ 상호 접착하는 부분이 없어야 한다.

㉢ 1두루마리의 길이가 8.0 m 미만인 경우 1두루마리의 도중에서 절단되어 있지 않아야 한다.

㉣ 1두루마리의 길이가 8.0 m 이상인 경우 1두루마리의 도중에서 2곳 이상 절단되어 있지 않아야 한다. 1곳이 절단되어 있을 경우 한편의 길이가 2.0 m 이상이어야 한다.

② 치수 및 질량

제품의 치수 및 질량은 인수·인도 당사자간의 협의에 의하되 그 표시값에 있어서 길이는 1 m, 너비는 100 mm의 증분값으로 한다. 이때 표시값에 대한 허용값은 표 2.8.4와 같이 한다.

표 2.8.4 치수 및 질량의 표시값에 대한 허용값

표시 항목	치 수		질 량
	길 이	너 비	
허 용 차	+측은 규정하지 않는다. 0	+측은 규정하지 않는다. −1.0 %	+측은 규정하지 않는다. 0

성 능

① 아스팔트 펠트

아스팔트 펠트의 성능은 표 2.8.5의 규정에 적합해야 한다.

표 2.8.5 아스팔트 펠트의 성능

항 목 \ 종 류		440품	540품	650품
제품의 단위면적 질량(g/m^2)		440 이상	540 이상	650 이상
원지의 단위면적 질량(g/m^2)		220 이상	260 이상	300 이상
원지에 대한 아스팔트 침투율(%)		100 이상	110 이상	110 이상
인장성능(N/mm)	길이 방향	4.0 이상	4.0 이상	4.0 이상
	너비 방향	2.0 이상	2.0 이상	2.0 이상
굴곡성능		시험편 10개 중 9개 이상에 잔금이 생기지 않을 것.		
아스팔트 침투 상황		아스팔트의 불침투 부분이 없을 것.		
가열 감량(%)		5.0 이하	5.0 이하	5.0 이하

② 아스팔트 루핑

아스팔트 루핑의 성능은 표 2.8.6의 규정에 적합해야 한다.

표 2.8.6 아스팔트 루핑의 성능

항 목 \ 종 류	1 280품	1 500품
제품의 단위면적 질량(g/m^2)	1 280 이상	1 500 이상
원지의 단위면적 질량(g/m^2)	280 이상	340 이상
원지에 대한 아스팔트 침투율(%)	120 이상	120 이상
피복물(1)의 단위면적당 질량(g/m^2)	400 이상	600 이상
피복물(1)의 회분(%)	65 이하	65 이상

(표 계속)

항 목 ＼ 종 류		1280품	1500품
인장성능(N/mm)	길이 방향	4.0 이상	5.0 이상
	너비 방향	2.0 이상	2.5 이상
굴곡성능		시험편 10개 중 9개 이상에 잔금이 생기지 않을 것.	
아스팔트침투 상황		아스팔트의 불침투 부분의 없을 것.	
내열성능		피복물[(1)]의 미끄러져 내림, 발포, 침투한 아스팔트가 비어져나옴 등이 없을 것.	

주(1) 피복물이란 피복한 아스팔트, 광물질 분말 및 광물질 입자를 말한다.

(2) 아스필트 펠트

(KS F 4901 ; Fiber Base, Saturated Bitumen Felts)

시험 방법

① 시험의 일반 조건

㉠ 시험장소의 온 · 습도 조건과 시험체 및 시험편의 양생조건.

- 치수의 측정, 겉모양 및 제품의 단위면적 무게 측정의 온 · 습도 조건은 KS A 0006(시험장소의 표준상태)에서 규정하는 20℃ 15급, 65 % 20급[20±15℃, 65±20 %]으로 한다.
- "①" 이외 시험의 온 · 습도 조건은 특별한 지정이 없는 한 KS A 0006에서 규정하는 20℃ 2급, 65 % 20급(20±15℃, 65±20 %)으로 한다.
- 시험체 및 시험편의 양생시간은 특별한 지정이 없는 한 시험 전 1시간 이상으로 한다.

㉡ 시험체 및 시험편의 제작

시험체, 시험편의 치수 및 개수는 표 2.8.7에 따른다.

표 2.8.7 시험체, 시험편의 치수 및 개수

시험 항목	시험편의 기호	시험체 및 시험편의 치수 (길이 방향×너비 방향)mm	개 수
제품의 단위면적 무게	–	1400×전체 너비	1
원지의 단위면적 무게	A	50×200	3
원지에 대한 아스팔트 침투율			

(표 계속)

시험 항목		시험편의 기호	시험체 및 시험편의 치수 (길이 방향×너비 방향)mm	개 수
인장성능	길이방향	B	200×50	10
	너비방향	B'	50×200	10
굴곡성능	길이방향	C	250×25	10
	너비방향	C'	25×250	10
아스팔트의 침투 상황		D	100×전체 너비	1
가열 감량		E	200×200	3

② **겉모양**

겉모양은 평면으로 펼쳐서 육안으로 관찰하여 조사한다.

③ **치수의 측정**

㉠ 길 이 : 길이는 인수 · 인도 당사자 간의 협의에 의한 치수인지를 확인한다.

㉡ 너 비: 너비는 길이방향의 양 끝 부근 및 중앙 부근의 3곳에서 너비를 1 mm까지 측정하고, 그 평균값으로 나타낸다.

④ **제품의 단위면적 무게**

제품의 단위면적 무게는 길이 및 너비를 측정한 시료의 끝부분에서 약 1 m를 제외한 부분으로부터 전체 너비에 걸쳐서 길이 약 1.4 m의 시험체를 길이방향과 직각으로 잘라낸 다음, 그 무게를 1 g까지 측정한 후, 이것을 시험체의 면적으로 나누어 이것을 1 m^2 단위면적 무게로 한다. 시험체의 면적은 시험체의 길이 및 너비를 각각 3곳에서 1 mm까지 측정한 다음 이들의 평균값으로 산출한다.

⑤ **원지의 단위면적 무게**

- 표 2.8.7에 나타낸 시험편 A(3개)를 취하여 그 각각에 대하여 치수를 0.1 mm까지 무게(W_1)를 0.01 g까지 측정한다.
- 다음에 이것을 삼염화에탄 등의 용제로 속슬렛 추출기로 추출액이 착색되지 않을 때까지의 아스팔트를 추출한 후, 원지를 꺼내어 실온에서 용제를 휘발시키고, 105±3℃의 가열 항온기 속에서 1시간 건조한다. 건조 후 데시케이터에 넣고, 실온까지 냉각시킨 후 꺼내어 각 시험편 원지의 무게(W_2)를 0.01 g까지 빨리 측정한다.
- 원지의 단위면적 무게는 이 값(W_2) 및 시험편의 실측 치수로부터 각 시험편별로 다음의 식을 이용하여 계산한 3개 값의 평균값으로 나타낸다.

$$원지의\ 단위면적\ 무게(g/m^2) = \frac{W_2 \times 10^6}{시험편의\ 실측면적}$$

⑥ **원지에 대한 아스팔트의 침투율**

⑤항에서 구한 W_1 및 W_2로부터 각 시험편마다 다음 식을 이용하여 계산한 3개값의 평균으로 나타낸다.

$$원지에\ 대한\ 아스팔트의\ 침투율(\%) = \frac{W_1 - W_2}{W_2} \times 100$$

⑦ **인장성능**

표 2.8.7에 나타낸 시험편 B(10개) 및 B′(10개)를 잘라내어 너비를 3곳에서 0.1 mm까지 측정한 다음 인징 시험기로 긱긱 10개씩 인장하여 자동 기록된 차트로부터 최대 인장 하중을 읽는다. 시험편의 물림 간격은 100 mm로 하며, 인장속도는 1분간 100 mm로 한다. 다만 시험시 물림쇠로부터 10 mm 이내에서 찢어진 경우에는 그 시험편을 제외하고, 새로운 시험편을 추가하여 측정한다. 인장강도는 최대 인장하중(N)을 시험편의 실측 너비(3곳에서의 평균값)로부터 너비 10 mm당 값으로 환산하여 10개의 평균값으로 나타낸다. 또한 최대 하중시의 연신율(%)을 측정하여 기록한다.

⑧ **굴곡성능**

표 2.8.7에 나타낸 시험편 C(10개) 및 C′(10개)를 각각 20±1℃의 수중에 약 15분간 담근 다음, 1매씩 꺼내어 즉시 지름 15 mm의 둥근막대기에 대고 2초 동안 180° 접어 표면에 균열의 발생 유무를 조사한다.

⑨ **아스팔트의 침투상황**

표 2.8.7에 나타낸 시험편 D(1개)를 제품의 너비방향으로 전체 너비에 걸쳐 당겨 찢어서 내부에 아스팔트가 침투되지 않은 부분이 있는지를 조사한다.

⑩ **가열감량**

표 2.8.7에 나타낸 시험편 E(3개)의 각각에 대하여 무게(W_3)를 0.1 g까지 측정한다. 다음에 105±3℃의 가열 항온기 속에서 5시간 가열 후 데시케이터에 넣고 상온까지 냉각시킨 후 각각의 무게(W_4)를 0.1 g까지 측정한다. 가열감량은 다음 식을 이용하여 계산한 3개 값으로 나타낸다.

$$가열\ 감량(\%) = \frac{W_3 - W_4}{W_4} \times 100$$

검 사

검사는 합리적인 샘플링 검사방법에 따라 채취한 샘플을 (1)에 따라 시험하여 위의 규정에 적합해야 한다.

표 시

표 2.8.8 아스팔트 펠트의 표시

종 류	품
치수	길이m×너비m
제품 무게	kg
제조 연월 또는 그 약호	년 월 일
제조자명 또는 그 약호	

(3) 아스팔트 루핑

(KS F 4902 ; Fiber Base, Self－Finished Bitumen Felts)

시험 방법

① 시험의 일반 조건

㉠ 시험장소의 온·습도조건과 시험체 및 시험편의 양생조건

- 치수의 측정, 겉모양 및 제품의 단위 면적 무게 측정의 온·습도조건은 KS A 0006에서 규정하는 20℃ 15급, 65％ 20급[20±15℃, (65±20)%]으로 한다.
- ① 이외의 시험의 온·습도조건은 특별한 지정이 없는 한 KS A 0006(시험장소의 표준상태)에서 규정하는 20℃ 2급, 65％ 20급[20±15℃, (65±20)%]으로 한다.
- 시험체 및 시험편의 양생시간은 특별한 지정이 없는 한 시험 전 1시간 이상으로 한다.

㉡ 시험체 및 시험편의 제작

시험체, 시험편의 치수 및 개수는 표 2.8.9에 따른다.

표 2.8.9 시험체, 시험편의 치수 및 개수

시험 항목		시험편의 기호	시험체 및 시험편의 치수 (길이 방향×너비 방향)mm	개 수
제품의 단위면적 무게		–	1 400×전체 너비	1
원지의 단위면적 무게		A	50×200	3
원지에 대한 아스팔트 침투율				
피복물의 단위면적 무게				
피복물의 회분				
인장성능	길이방향	B	200×50	10
	너비방향	B'	50×200	10
굴곡성능	길이방향	C	250×25	10
	너비방향	C'	25×250	10
아스팔트의 침투 상황		D	100×전체 너비	1
내열 성능		E	200×200	3

② 겉모양

겉모양은 평면으로 펼쳐서 육안으로 관찰하여 조사한다.

③ 치수의 측정

치수의 측정은 다음과 같다.

㉠ 길이: 길이는 인수·인도 당사자 간의 협의에 의한 치수인지를 확인한다.

㉡ 너비: 너비는 길이방향의 양 끝 부근 및 중앙 부근의 3곳에서 너비를 1 mm까지 측정하고, 그 평균값으로 나타낸다.

④ 제품의 단위면적 무게

제품의 단위면적 무게는 길이 및 너비를 측정한 시료의 끝부분에서 약 1 m를 제외한 부분으로부터 전체 너비에 걸쳐서 길이 약 1.4 m의 시험체를 길이방향과 직각으로 잘라낸 다음, 그 무게를 1 g까지 측정한 후 이것을 시험체의 면적으로 나누어 이것을 1 m^2 단위면적 무게로 한다. 시험체의 면적은 시험체의 길이 및 너비를 각각 3곳에서 1 mm까지 측정한 다음 이들의 평균값으로 산출한다.

⑤ 원지의 단위면적 무게

- 표 2.8.9에 나타낸 시험편 A(3개)를 취하여 그 각각에 대하여 치수를 0.1 mm까지, 무게(W_1)를 0.01 g까지 측정한다.

• 다음에 이것을 삼염화에탄 등의 용제로 속슬렛 추출기로 추출액이 착색되지 않을 때까지 아스팔트를 추출한 후, 원지를 꺼내어 실온에서 용제를 휘발시키고, 105±3℃의 가열항온기 속에서 1시간 건조한다. 건조 후 데시케이터에 넣고 실온까지 냉각시킨 후 꺼내어 각 시험편의 원지 무게(W_2)를 0.01 g까지 빨리 측정한다.

• 원지의 단위면적 무게는 이 값(W_3) 및 시험편의 실측 치수로부터 각 시험편별로 다음 식을 이용하여 계산한 3개 값의 평균으로 나타낸다.

$$\text{원지의 단위면적 무게}(g/m^2) = \frac{W_3 \times 10^6}{\text{시험편의 실측면적}}$$

⑥ 원지에 대한 아스팔트의 침투율

⑤항에서 구한 W_2 및 W_3로부터 각 시험편마다 다음 식을 이용하여 계산한 3개 값의 평균으로 나타낸다.

$$\text{원지에 대한 아스팔트의 침투율}(\%) = \frac{W_2 - W_3}{W_3} \times 100$$

⑦ 피복물의 단위면적 질량

⑤항에서 구한 W_1 및 W_2로부터 각 시험편마다 다음 식을 이용하여 계산한 3개 값의 평균으로 나타낸다.

$$\text{피복물의 단위면적 질량}(g/m^2) = \frac{(W_1 - W_2) \times 10^6}{\text{시험편의 실측면적}(mm^2)}$$

⑧ 피복물의 회분

⑤항에서 벗겨낸 피복물을 모아 200~250℃로 가열하면서 균일하게 되도록 휘젓고, 그 중에서 약 1 g을 0.001 g까지 측정한 무게(W_4)의 자제 도가니에 취하여 그 무게(W_5)를 0.001 g까지 측정한 후 750℃의 가열로에 넣고, 수시로 저으면서 항량이 될 때까지 가열한다. 그 후 용기를 데시케이터 중에서 상온까지 냉각시킨 후 그 무게(W_6)를 같은 방법으로 측정한다. 피복물의 회분은 다음 식을 이용하여 계산한 3개 값의 평균으로 나타낸다.

$$\text{피복물의 회분}(\%) = \frac{(W_6 - W_4)}{(W_5 - W_4)} \times 100$$

⑨ 인장성능

표 2.8.9에 나타낸 시험편 B(10개) 및 B′(10개)를 잘라내어 너비를 3곳에서 0.1 mm까지 측정한 다음에 인장 시험기로 각각 10개씩 인장하여 자동 · 기록된 차트로부터 최대 인장 하중을 읽는다. 시험편의 물림간격은 100 mm로 하며, 인장속도는 1분간 100 mm로 한다. 다만, 시험시 물림쇠로부터 10 mm 이내에서 찢어진 경우에는 그 시험편을 제외하고, 새로운 시험편을 추가하여 측정한다. 인장강도는 최대 인장하중(N)을 시험편의 실측 너비(3곳에서의 평균값)로부터 너비 10 mm당 값으로 환산하여 10개의 평균값으로 나타낸다. 또한 최대 하중시의 연신율(%)을 측정하여 기록한다.

⑩ 굴곡성능

표 2.8.9에 나타낸 시험편 C(10개) 및 C′(10개)를 각각 20±1℃의 수중에 약 15분간 담근 다음, 1매씩 꺼내어 즉시 지름 20 mm의 둥근막대기에 대고 2초 동안 180°접어 표면에 균열의 발생 유무를 조사한다.

⑪ 아스팔트의 침투상황

표 2.8.9에 나타낸 시험편 D(1개)를 제품의 너비 방향으로 전체 너비에 걸쳐 당겨 찢어서 내부에 아스팔트가 침투되지 않은 부분이 있는지를 조사한다.

⑫ 내열성능

표 2.8.9에 나타낸 시험편 E(3개)의 80±3℃의 가열항온기 속에 2시간 늘여서 걸쳐둔다. 그 다음 끄집어내어 침투한 아스팔트의 비어져나옴 등의 유무를 조사한다.

검 사

검사는 합리적인 샘플링 검사 방법에 따라 채취한 샘플을 시험 방법에 따라 시험하여 성능규정에 적합해야 한다.

표 시

표 2.8.10 아스팔트 루핑의 표시

종 류	품
치수	길이m×너비m
제품 무게	kg
제조 연월 또는 그 약호	년 월 일
제조자명 또는 그 약호	

4. 합성 고분자계 방수 시트

(KS F 4911 ; Waterproofing Sheets for Synthetic Polymer)

(1) 개요

합성 고분자계 방수 시트는 건축 및 그 밖의 구조물 방수 공사에 사용되는 합성 고분자를 주원료로 한 방수 시트이며, 이 재료를 이용하여 방수공사를 실시하는 것을 시트 방수공사라 한다.

(2) 방수 시트의 종류

방수 시트의 종류는 표 2.8.11과 같이 주원료에 따라서 4종류로 구분한다. 복합 시트는 일반 복합형과 보강복합형으로 구분하고, 일반 복합형은 다시 주원료에 따라서 3종류로 구분한다.

표 2.8.11 방수 시트의 종류

<table>
<tr><th colspan="3">종 류</th><th>약칭</th><th>주원료</th></tr>
<tr><td colspan="2" rowspan="4">균질 시트</td><td>가황 고무계</td><td>균질 가황 고무</td><td rowspan="2">부틸고무, 에틸렌프로필렌 고무,
클로로술폰화폴리에틸렌 등</td></tr>
<tr><td>비가황 고무계</td><td>균질 비가황 고무</td></tr>
<tr><td>염화비닐 수지계</td><td>균질 염화비닐 수지</td><td>염화비닐 수지, 염화비닐 공중합체 등</td></tr>
<tr><td>에틸렌아세트산비닐 수지</td><td>균질 에틸렌아세트산비닐</td><td>에틸레아세트산비닐 중공합체 등</td></tr>
<tr><td rowspan="4">복합 시트</td><td rowspan="3">일반 복합형</td><td>가황 고무계</td><td>일반 복합 가황 고무</td><td rowspan="2">부틸고무, 에틸렌프로필렌 고무,
클로로술폰화폴리에틸렌 등</td></tr>
<tr><td>비가황 고무계</td><td>일반 복합 비가황 고무</td></tr>
<tr><td>염화비닐 수지계</td><td>염화 복합 염화비닐 수지</td><td>염화비닐 수지, 염화비닐 공중합체 등</td></tr>
<tr><td>보강 복합형</td><td>–</td><td>보강 복합</td><td>염화비닐 수지, 염화비닐 공중합체
클로로술폰화폴리에틸렌,
염소화폴리에틸렌 등</td></tr>
</table>

(3) 품질

① 겉모양

겉모양은 제품을 평면으로 펼쳐서 관찰하여 다음 상태가 되어서는 안 된다.

㉠ 크게 구부러져 있거나, 표면에 심한 기복이 있다.

㉡ 시트 상호간의 점착된 부분이 있다.

㉢ 찢어진 부분, 절단된 부분, 접힌 주름, 뚫린 구멍이 있다.

㉣ 중간에 박리된 부분이 있다.

② 성능

방수 시트의 성능은 표 2.8.12 (a) 및 (b)의 규정에 적합해야 한다.

표 2.8.12 (a) 균질 시트의 성능

항목 \ 종류			가황고무계	비가황고무계	염화비닐수지계	에틸렌아세트산 비닐수지계
인장성능	인장강도(N/mm^2)		7.5이상	0.5 이상	10 이상 [20 이상](2) [18 이상](3)	10 이상
	신장률(%)		450 이상	450 이상	200 이상 [250 이상](2)	450 이상
인열성능	인열강도(N/mm)		25 이상	3.0 이상	40 이상	40 이상
온도의존성	시험온도 60℃	인장강도(N/mm^2)	2.3 이상	0.075 이상	4.0 이상 [7.2 이상](2)	1.5 이상
	시험온도 −20℃	신장률(%)	200 이상	100 이상	15 이상	200 이상
가열신축 성상	신축량(mm)	신장	2.0 이하	2.0 이하	2.0 이하	2.0 이하
		수축	4.0 이하	4.0 이하	4.0[6.0](2) 이하	6.0 이하
열화처리 후의 인장성능	인장 강도비 (%)	가열처리	80 이상	90 이상	80 이상	80 이상
		촉진 폭로처리(1)	80 이상	90 이상	80 이상	80 이상
		알칼리 처리	80 이상	80 이상	80 이상	80 이상
	신장률비 (%)	가열처리	70 이상	70 이상	70 이상	70 이상
		촉진 폭로처리(1)	70 이상	70 이상	70 이상	70 이상
		알칼리 처리	80 이상	90 이상	90 이상	80 이상
신장 시의 열화 성상		가열처리	어느 시험편에도 잔금이 없을 것			
		촉진 폭로처리(1)				
		오존처리(1)				
접합 성상		무처리	기준선으로부터 어긋남 및 박리의 길이가 5 mm 이하이며, 또한 해로운 어긋남 등 이상한 곳이 없을 것.			
		가열처리				
		알칼리 처리				

주 (1) 노출 방수용인 것에 적용한다.

(2) 염화비닐 수지계의 [ ] 안은 용제용착에서 적용한다.

(3) 염화비닐 수지계의 [ ] 안은 기계적 고정공법에서 적용한다.

표 2.8.12 (b) 복합 시트의 성능

<table>
<tr><th colspan="4" rowspan="2">종류
항목</th><th colspan="3">일반 복합형</th><th rowspan="2">보강 복합형</th></tr>
<tr><th>가황고무계</th><th>비가황고무계</th><th>염화비닐수지계</th></tr>
<tr><td rowspan="2">인장성능</td><td colspan="3">인장강도(N/mm)</td><td>8.0 이상</td><td>6.0 이상</td><td>10 이상</td><td>24 이상</td></tr>
<tr><td colspan="3">신장률(%)</td><td>300 이상</td><td>250 이상</td><td>150 이상</td><td>15 이상</td></tr>
<tr><td>인열성능</td><td colspan="3">인열강도(N)</td><td>40 이상</td><td>30 이상</td><td>50 이상</td><td>50 이상</td></tr>
<tr><td rowspan="2">온도의존성</td><td>시험온도
60℃</td><td colspan="2">인장강도
(N/mm)</td><td>3.2 이상</td><td>2.4 이상</td><td>4.0 이상</td><td>10 이상</td></tr>
<tr><td>시험온도
−20℃</td><td colspan="2">신장률(%)</td><td>150 이상</td><td>50 이상</td><td>10 이상</td><td>7.5 이상</td></tr>
<tr><td colspan="2" rowspan="2">가열신축 성상</td><td rowspan="2">신축량
(mm)</td><td>신장</td><td>2.0 이하</td><td>2.0 이하</td><td>2.0 이하</td><td>2.0 이하</td></tr>
<tr><td>수축</td><td>4.0 이하</td><td>4.0 이하</td><td>4.0 이하</td><td>4.0 이하</td></tr>
<tr><td rowspan="6">열화처리
후의
인장성능</td><td rowspan="3">인장
강도비
(%)</td><td colspan="2">가열처리</td><td>80 이상</td><td>80 이상</td><td>80 이상</td><td>80 이상</td></tr>
<tr><td colspan="2">촉진
폭로처리[(1)]</td><td>80 이상</td><td>80 이상</td><td>80 이상</td><td>80 이상</td></tr>
<tr><td colspan="2">알칼리 처리</td><td>80 이상</td><td>80 이상</td><td>80 이상</td><td>80 이상</td></tr>
<tr><td rowspan="3">신장률비
(%)</td><td colspan="2">가열처리</td><td>70 이상</td><td>70 이상</td><td>70 이상</td><td>70 이상</td></tr>
<tr><td colspan="2">촉진
폭로처리[(1)]</td><td>80 이상</td><td>80 이상</td><td>80 이상</td><td>80 이상</td></tr>
<tr><td colspan="2">알칼리 처리</td><td>80 이상</td><td>80 이상</td><td>80 이상</td><td>80 이상</td></tr>
<tr><td colspan="2" rowspan="3">신장 시의 열화 성상</td><td colspan="2">가열처리</td><td colspan="4" rowspan="3">어느 시험편에도 잔금이 없을 것</td></tr>
<tr><td colspan="2">촉진
폭로처리[(1)]</td></tr>
<tr><td colspan="2">오존처리[(1)]</td></tr>
<tr><td colspan="2" rowspan="3">접합 성상</td><td colspan="2">무처리</td><td colspan="3" rowspan="3">기준선으로부터 어긋남 및 박리의 길이가 5 mm 이하이며, 또한 해로운 어긋남 등 이상한 곳이 없을 것.</td><td rowspan="3">–</td></tr>
<tr><td colspan="2">가열처리</td></tr>
<tr><td colspan="2">알칼리 처리</td></tr>
<tr><td rowspan="3">접합
인장
성능</td><td rowspan="3">접합
인장
강도
(N/mm)</td><td colspan="2">무처리</td><td colspan="3" rowspan="3">–</td><td>24 이상</td></tr>
<tr><td colspan="2">가열처리</td><td>19 이상</td></tr>
<tr><td colspan="2">알칼리 처리</td><td>19 이상</td></tr>
</table>

주 (1) 옥외에 노출하여 사용하는 방수 시트에 적용한다.

(4) 시험 방법

① 일반조건

㉠ 시험편의 제작 및 시험을 하는 환경 조건은 특별히 규정이 없는 한 KS A 0006에 규정하는 온도 20℃ 2급, 습도 65 % 20급[(20±2)℃,(65±20)%]의 표준 상태로 한다.

㉡ 측정값, 계산값을 끝맺는 경우 수치의 맺음법은 KS Q 5002에 따른다.

- 두께
  - 두께는 KS M 6518에서 규정하는 두께 측정기로 측정한다.
  - 두께 측정위치는 그림 2.8.1과 같이 끝부분에서 300 mm를 잘라내고 다시 그 끝부분에서 20 mm 안쪽에서 측정한다.
  - 너비방향의 양끝에서 각각 너비의 10 % 안쪽으로 들어간 2곳(a, b)과 그 사이를 4등분한 위치(c, d)의 합계 5곳으로 한다.
  - 두께는 0.01 mm까지 측정하고, 그 측정값을 평균값으로 나타낸다.
- 너비
  - 너비는 길이방향의 양 끝 부근 및 중앙 부근의 3곳에서 1 mm까지 측정하고 그 측정값의 평균값으로 나타낸다.
- 길이
  - 길이는 평면으로 펼친 전체 길이의 최단부를 10 mm까지 측정한다.

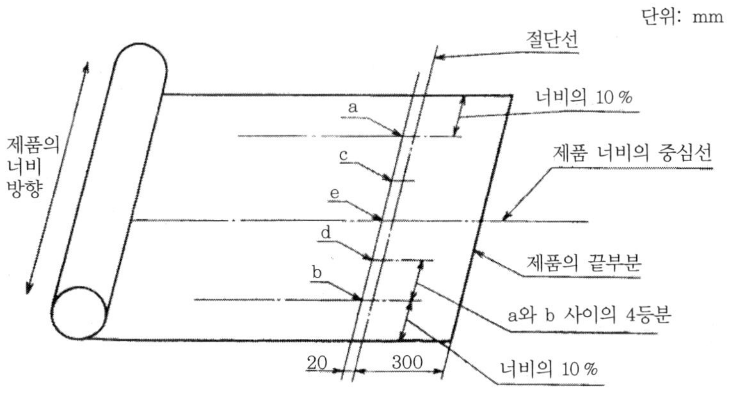

그림 2.8.1 두께의 측정

㉣ 시험편 제작

- 시험편의 채취는 치수를 측정한 제품으로부터 시험에 필요한 길이를 잘라내고 평면으로 펼쳐서 표준 상태에 24시간 이상 놓아둔 후 KS F 4911에 따라 시험편을

채취한다.

- 시험편의 두께는 두께 측정기를 사용하여 아령형의 평행 부분을 몇 곳, 앵글형은 당겨 잘려지는 부근의 3곳 이상을 측정하여 각 중앙값을 시편의 두께로 한다.

② 인장 성능

㉠ 시험장치

인장 시험기는 크로스 헤드 이동 속도가 일정하고 하중 및 변위의 자동 기록 장치 및 일정온도로 조절할 수 있는 항온조를 준비하고, 인장 속도를 일정 속도로 조절할 수 있으며 시험편의 눈금 간 거리의 8배 이상으로 인장되는 것을 사용한다.

㉡ 시험 방법

시험편을 표준 상태에 1시간 이상 정치한 후, 표 2.8.13에 나타내는 인장 속도 및 시험편의 물림 간 거리에서 시험편이 파단될 때까지 인장한다.

표 2.8.13 인장 속도 및 시험편 물림 간 거리

<table>
<tr><th colspan="3">종류</th><th>인장속도(mm/min)</th><th>물림 간 거리(mm)</th></tr>
<tr><td colspan="2" rowspan="4">균질 시트</td><td>(1) 가황 고무계</td><td>500</td><td rowspan="4">60</td></tr>
<tr><td>(2) 비가황 고무계</td><td>500</td></tr>
<tr><td>(3) 염화비닐 수지계</td><td>200</td></tr>
<tr><td>(4) 에틸렌아세트산비닐 수지계</td><td>200</td></tr>
<tr><td rowspan="4">복합 시트</td><td rowspan="3">일반 복합형</td><td>(1) 가황 고무계</td><td>500</td><td rowspan="3">60</td></tr>
<tr><td>(2) 비가황 고무계</td><td>500</td></tr>
<tr><td>(3) 염화비닐 수지계</td><td>200</td></tr>
<tr><td>보강 복합형</td><td>–</td><td>300</td><td>75</td></tr>
</table>

③ 인열 성능

㉠ 시험장치

- 인장 시험기

㉡ 시험 방법

- 시험편을 표준 상태에 1시간 이상 정치한 후 인장 시험기에 시험편을 물림 간 거리 60 mm로 하여 부착하고, 이때의 인장 속도로 시험편이 파단 될 때까지 인장한다. 인열 강도의 측정 및 계산은 KS F 4911에 따른다.
- 인열 강도는 길이 방향 및 너비방향에 대하여 각각 시험편 3개의 평균값으로 나타낸다.

④ 온도 의존성

㉠ 시험장치

- 인장 시험기

㉡ 시험 방법

- 시험편을 60℃ 및 −20℃의 시험 온도에서 1시간 이상 정치한 후 표 2.8.13에 나타낸 인장 속도 및 시험편 물림 간 거리에서 각 온도에서 시험편이 파단 될 때까지 인장한다.
- 인장강도 및 신장률의 측정과 계산은 KS F 4911에 따른다.
- 인장강도 및 신장률은 길이 방향 및 너비방향에 대하여 각각 시험편 3개의 평균값으로 나타낸다.

⑤ 가열 신축 성상

㉠ 시험장치

- 길이 측정기, 가열 항온기

㉡ 시험 방법

- 시험편을 표준 상태에서 24시간 이상 정치하고 시험편의 길이를 중앙부에서 길이측정기로 측정한 후 80±2℃로 조절한 가열 항온기에 168시간 수평으로 놓아둔다.
- 다음에 시편을 꺼내어 표준 상태에 4시간 이상 정치한 후 다시 시험편의 길이를 같은 위치에서 측정하여 최초의 길이에 대한 신축량(mm)을 계산한다.
- 신축량은 길이 방향 및 너비방향에 대하여 각각 시험편 3개의 평균값으로 나타낸다.

⑥ 열화 처리 후의 인장 성능

㉠ 시험장치

- 인장 시험기, 가열 항온기, 촉진 폭로 시험 장치

㉡ 시험편의 처리

- 가열 처리는 KS M 6518의 공기 가열 노화 시험에 따른다. 단, 시험편이 변형 하는 것에 대해서는 시험편을 박리지 등의 위에 수평으로 놓고 가열한다.
- 가열 온도는 80±2℃, 가열 시간은 168 시간으로 하며, 가열 후의 시험편은 표준 상태에 4시간 이상 정치한다.
- 촉진 폭로 처리는 KS F 2274의 시험 방법에 따른다. 단, 블랙 패널 온도계의 지시 온도는 63±3℃, 스프레이 사이클은 120분 중 18분, 시험 시간은 250시간으로 한다.

- 알칼리 처리는 20±2℃의 수산화칼슘의 포화 수용액에 시험편을 168시간 침지한다. 침지 후의 시험편은 충분히 세척하고 마른 헝겊으로 닦은 후 표준 상태에 24시간 매달아 건조시킨다. 건조 후의 시험편은 표준 상태에 4시간 이상 정치한다.

㉢ 시험 방법

- 인장강도 비는 각각 처리 후의 인장강도를 KS F 4911에 따라 계산하여 무처리 시의 인장강도에 대한 백분율로 나타낸다.
- 신장률 비는 각 처리 후의 신장률을 KS F 4911에 따라 계산하여 무처리 시의 신장률에 대한 백분율로 나타낸다.

⑦ 신장 시의 열화 성능

㉠ 시험기기

- 가열 항온기, 촉진 폭로 시험 장치, 오존 열화 시험기, 유지구

㉡ 시험 방법

- 가열 처리
  - 가열 처리는 시험편 유지로 시험편의 눈금 간 거리를 표 2.8.14와 같이 신장하여 유지하고 24시간 표준 상태에 놓아둔다.
  - 다음에 시험편을 붙인 유지구를 가열 항온기 내에 연직으로 하여 80±2℃에서 168시간 가열한다.
  - 시험편을 붙인 유지구를 꺼내어 표준 상태에 4시간 이상 정치한 후 시험편을 유지구에 부착한 채로 8배의 확대경으로 잔금의 유무를 관찰한다.

표 2.8.14 가열 처리의 신장 조건

종류	시장 조건
균질 시트	눈금 간 거리 20 mm를 40 mm로 신장
복합 시트(일반 복합형)	눈금 간 거리 20 mm를 28 mm로 신장
복합 시트(보강 복합형)	눈금 간 거리 40 mm를 44 mm로 신장

- 촉진 폭로 처리
  - 촉진 폭로 처리는 유지구를 사용하여 시험편의 눈금 거리를 표 2.8.15와 같이 신장하여 유지하고 24시간 표준 상태에 놓아둔다.
  - 시험편을 붙인 유지구를 촉진 폭로 시험장치에 넣어 KS F 2274의 6.에 의하여 촉진 폭로 처리를 한다. 다만, 블랙 패널 온도계의 지시 온도는 63±3℃, 스프레이 사이클은 120분 중 18분, 시험 시간은 250시간으로 한다.

– 시험편붙이 유지구를 꺼내어 표준 상태에 4시간 이상 정치한 후, 시험편을 유지구에 부착한 채로 8배 확대경으로 잔금의 유무를 관찰한다.

표 2.8.15 촉진 폭로 처리의 신장조건

종류	시장 조건
균질 시트 복합 시트(일반 복합형) 복합 시트(보강 복합형)	눈금 간 거리 40 mm를 80 mm로 신장 눈금 간 거리 40 mm를 56 mm로 신장 눈금 간 거리 40 mm를 44 mm로 신장

• 오존 처리

– 유지구를 사용하여 시험편의 눈금 간 거리를 표 2.8.16과 같이 신장하여 유지하고 24시간 표준 상태에 놓아둔다.

– 시험편을 붙인 유지구를 오존 농도 $75 \pm 7.5 \times 10^{-8}$, 온도 40±2℃로 조절한 오존 열화 시험기 내에 각가 상하 좌우 50 mm 이상, 기내벽으로부터 50 mm 이상 떨어지게 하여 168시간 놓아둔다.

– 시험편 붙이 유지구를 꺼내어 표준 상태에 4시간 이상 정치한 후, 시험편을 유지구에 부착한 채로 8배 확대경으로 잔금의 유무를 관찰한다.

표 2.8.16 오존 처리의 신장 조건

종 류	시장 조건
균질 시트 복합 시트(일반 복합형) 복합 시트(보강 복합형)	눈금 간 거리 40 mm를 56 mm로 신장 눈금 간 거리 40 mm를 56 mm로 신장 눈금 간 거리 40 mm를 44 mm로 신장

⑧ 접합 성능

㉠ 시험기기

• 길이 측정기, 가열 항온기, 시험체 유지구

㉡ 시험체의 제작

• 접합부를 접착제로 접하는 시험체는 2개의 시험편을 100 mm 겹쳐서 붙이고 표준 상태에서 168시간 놓아둔다.

• 접합부를 열 융착 또는 용제로 용착하는 시험체는 그림과 같이 2개의 시험편을 40 mm 겹쳐서 붙이고 표준상태에 24시간 놓아둔다.

• 그림 2.8.2 및 그림 2.8.3과 같이 기준선 및 눈금을 표시하고 양 끝 15 mm를 제외한 중앙부로부터 너비 25 mm의 시험체를 3개씩 절단하여 6개를 취한다.

- 시험체는 각 시험체별로 접합하여 제작하여도 된다. 시험체는 무처리, 가열 처리 및 알칼리 처리용으로 각각 제작한다.
- 접합 방법 및 접합 끝부분 등의 처리는 제조자가 지정하는 방법으로 한다.

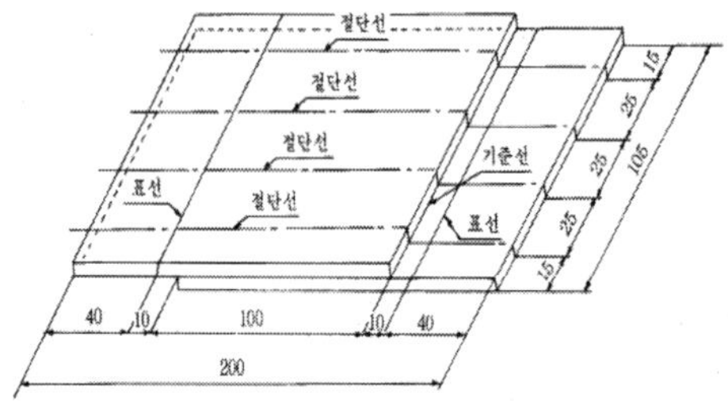

그림 2.8.2 균질 시트 및 복합 시트의 접착제를 사용하는 시험

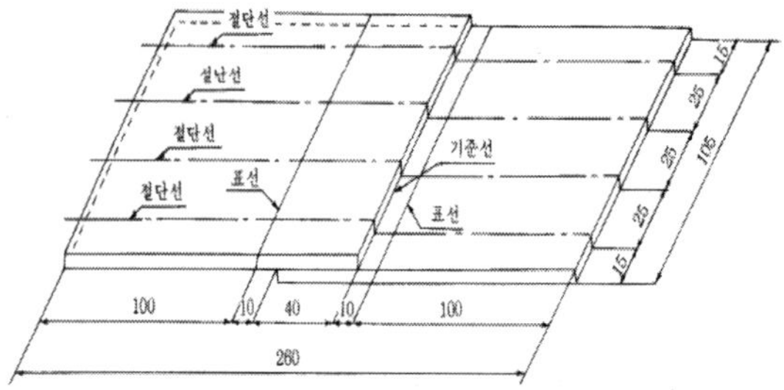

그림 2.8.3 균질 시트 및 복합 시트의 열 융착 또는 용제 용착에 사용하는 시험체

㉢ 시험 방법

- 시험체 유지구에 눈금 간이 물림 간격으로 되도록 시험체를 부착하고 겹침 길이 100 mm인 시험체에 대하여는 눈금 간 140 mm가 될 때까지, 겹침 길이 40 mm인 시험체에 대하여는 눈금간 70 mm가 될 때까지 신장하여 24시간 표준 상태에 놓아둔다.
- 시험편을 떼어내고 표준 상태에 4시간 정치한 후 기준선으로부터의 어긋남 및 박리된 길이를 측정하고 해로운 어긋남, 박리 등 이사한 위치의 유무를 조사한다.

⑨ 접합 인장 성능

㉠ 시험기기

- 인장 시험기, 가열 항온기

㉡ 시험체의 제작

- 접합부를 접착제로 접하는 시험체는 그림 2.8.4와 같이 2개의 시험편을 100 mm 겹쳐서 붙이고 표준 상태에서 168시간 놓아둔다.
- 접합부를 열융착 또는 융제로 용착하는 시험체는 그림 2.8.5와 같이 2개의 시험편을 40 mm 겹쳐서 붙이고 표준상태에 24시간 놓아둔다.
- 양끝 25 mm를 제외하고 폭 100 mm의 시험체를 3개 절단하여 취한다.
- 시험체는 무처리, 가열처리 및 알칼리 처리용으로 각각 3개씩 모두 9개를 제작한다.
- 접합 방법 및 접합 끝부분 등의 처리는 제조자가 지정하는 방법으로 한다.

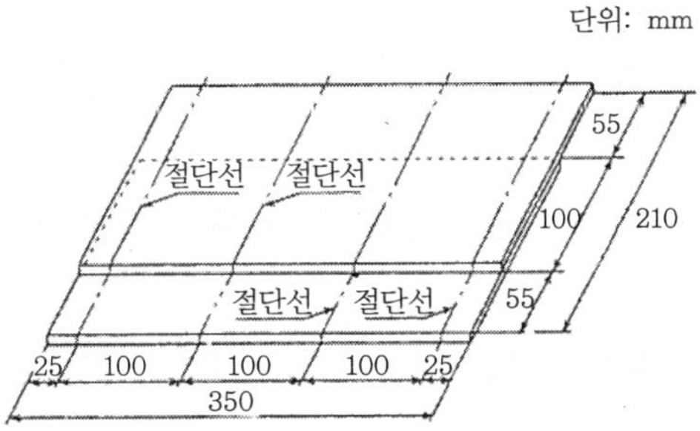

그림 2.8.4 접착제로 접합하는 보강 복합형의 시험체

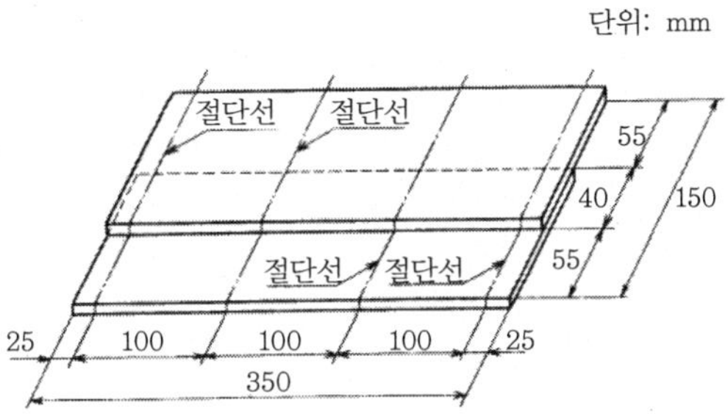

그림 2.8.5 열 융착 또는 용제 용착으로 접합하는 보강 복합형의 시험체

㉢ 시험 방법

- 시험체 겹침부가 거의 중앙이 되도록 인장 시험기에 부착한다.
- 물림 간격을 접합 너비가 100 mm의 시험체는 135 mm, 접합 너비가 40 mm의 시험체는 75 mm로 한다.
- 물림구의 크기는 상하 모두 바깥쪽은 25×25 mm, 안쪽은 50×25 mm 이상으로 한다.

- 인장 속도 300 mm/min에서 시험체가 파단될 때까지 인장한다.
- 접합 인장강도는 최대 하중(N)을 읽고 다음의 식으로 계산하며, 시험체 3개의 평균값으로 나타낸다.

5. 건설용 도막 방수재

(KS F 3211 ; Waterproofing Membrane Coating for Construction)

(1) 개요

도막 방수재는 주로 철근 콘크리트조 건축물 및 그 밖의 구조물에 대한 지붕 및 바닥 방수와 외벽 방수를 목적으로 사용하는 방수재이다.

(2) 도막 방수재의 종류

도막 방수재의 종류는 주원료 및 사용 부위에 따라 다음 표 2.8.17과 같이 구분된다.

표 2.8.17 도막 방수재의 종류

종 류		주요 성분
주요원료에 따른 구분	우레탄 고무계	폴리이소시아네이트, 폴리올, 가교제를 주원료로 하는 우레탄 고무에 충전재 등을 배합한 우레탄 고무계 방수재로서, 성능에 따라 1류 및 2류로 구분
	아크릴 고무계	아크릴 고무를 주원료로 하여 충전재 등을 배합한 아크릴 고무계 방수재
	클로로프렌 고무계	클로로프렌 고무를 주원료로 하여 충전재 등을 배합한 클로로프렌 고무계 방수재
	실리콘 고무계	올가노 폴리실록산을 주원료로 하여 충전재 등을 배합한 실리콘 고무계 방수재
	고무 아스팔트계	아스팔트와 고무를 주원료로 하는 고무 아스팔트계 방수재
사용 부위에 따른 구분	수평부용	주로 지붕 및 바닥의 수평부에 사용하는 방수재
	수직부용	주로 지상 및 지하의 수직부에 사용하는 방수재

(3) 성능

도막 방수재의 성능은 표 2.8.18의 규정에 적합해야 한다.

표 2.8.18 도막 방수재의 종류별 성능

항 목		종 류	우레탄고무계 1류	아크릴 고무계	클로로프렌 고무계	실리콘 고무계	우레탄고무계 2류	고무 아스팔트계
인장성능	인장강도(N/mm^2)		2.5 이상	1.5 이상	1.5 이상	0.5 이상	2.0 이상	0.3 이상
	파단시의 신장률(%)		450 이상	300 이상	450 이상	600 이상	550 이상	600 이상
	항장적(N/mm)		294.2 이상	137.2 이상	196.1 이상	117.2 이상	294.2 이상	-
인열성능	인열강도(N/mm)		14.7 이상	6.9 이상	14.7 이상	2.9 이상	12.8이상	2.9 이상
온도 의존성	인장 강도비 (%)	시험 시 온도 -20℃	100 이상	100 이상	100 이상	100 이상	100 이상	700 이상
		시험 시 온도 60℃	60 이상	30 이상	30 이상	60 이상	35 이상	5 이상
	파단 시 물림부 사이의 신장률 (%)	시험 시 온도 -20℃	250 이상	70 이상	50 이상	300 이상	300 이상	70 이상
		시험 시 온도 20℃	300 이상	180 이상	300 이상	300 이상	350 이상	600 이상
		시험 시 온도 60℃	200 이상	150 이상	200 이상	250 이상	200 이상	600 이상
가열 신축 성상		신축률(%)	-4 이상 1 이하	-1 이상 1 이하	-1 이상 1 이하	-1 이상 1 이하	-4 이상 1 이하	-1 이상 1 이하
열화처리 후의 인장성능	인장 강도비 (%)	가열 처리	80 이상 150 이하	80 이상 150 이하	80 이상 200 이하	80 이상 130 이하	80 이상 150 이하	80 이상 150 이하
		촉진노출 처리					-	-
		알칼리 처리					80 이상 150 이하	80 이상 150 이하
		산 처 리					-	-
	파단 시의 신장률 (%)	가열 처리	400 이상	200 이상	200 이상	500 이상	500 이상	600 이상
		촉진노출 처리					-	-
		알칼리 처리					500 이상	600 이상
		산 처 리					-	-
신장 시의 열화 성상		가열 처리	어느 시험편에도 갈라진 잔금 및 뚜렷한 변형이 없을 것.					
		촉진노출 처리	어느 시험편에도 갈라진 잔금 및 뚜렷한 변형이 없을 것.				-	-
		오존 처리					-	-
부착 성능	무처리	N/mm^2	0.7 이상	0.7 이상	0.7 이상	0.3 이상	0.7 이상	-
	냉온 반복 처리 후	N/mm^2	0.5 이상	0.5 이상	0.5 이상	0.3 이상	0.5 이상	-
		도막상태	어느 시험체에도 도막의 잔금 및 뚜렷한 변형이 없을 것.					
내피로 성능			어느 시험체에도 갈라진 잔금 및 뚜렷한 변형이 없을 것.					
흘러내림 저항성능		흘러내림 길이(mm)	어느 시험체라도 3 이하					
		주름 발생	어느 시험체에도 없을 것					
고형분(%)			표시치 ±3					
참 고			주로 노출용				주로 비노출용	

(4) 시험 방법

① 일반조건

시험편 제작 및 시험 환경 조건은 20℃ 2급, 65 % 20급[(20±2)℃, (60±20)%]인 표준 상태로 한다. 재료, 용기, 형틀 및 바탕판은 시험 전에 24시간 이상 표준 상태로 보관한다.

㉠ 시료

- 시료는 방수재를 잘 혼합하여 균질하게 하고 필요에 따라 제조자가 지정하는 양의 희석액을 첨가하여 다시 균질하게 혼합한 것으로 한다.

㉡ 시험편의 제작 조건

- 특별한 지정이 없는 한 제조자가 지정하는 방법에 따라 실시하고, 각 시험편은 건조 후의 도막 두께가 우레탄 고무계 및 아크릴 고무계 등은 약 1 mm, 고무 아스팔트계는 약 2 mm로 마무리 한다.

② 시험편의 제작 방법

㉠ 시험편의 제작

- 시료를 그림 2.8.6에 나타낸 형틀에 기포가 없도록 균일하게 도포 한 후 KS F 3211의 양생 조건에 따라 막을 성형한다.
- 시험편은 그 도막에서 채취하고 탈형 후 도막을 뒤집어 양생을 실시한다.

㉡ 시험편의 두께의 측정 및 눈금

- 시험편의 두께의 측정 및 눈금은 각각의 시험 및 열화 처리에 앞서 KS M 6518의 두께 및 너비 측정, 신장 측정용 눈금에 따라 한다.

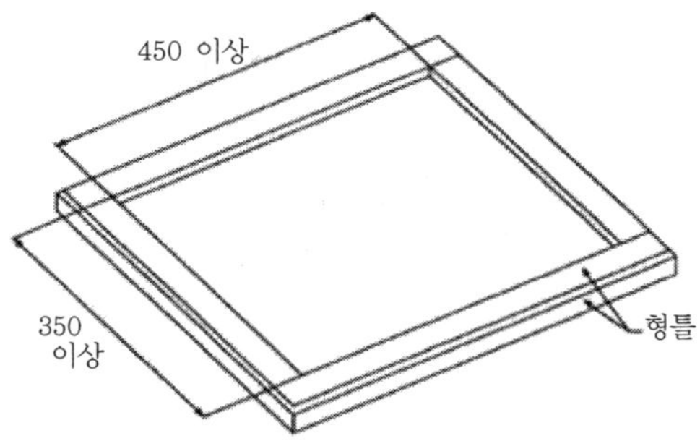

그림 2.8.6 시험편 제작용 형틀

③ 인장 성능

㉠ 시험장치

- 인장 시험기(최대 하중이 그 능력의 15~85 % 범위가 되는 것), 항온조(하중, 변위의 자동 기록 장치와 일정온도 조절이 가능한 것)

㉡ 시험 방법

- 시험편을 표준 상태에서 1시간 이상 방치한 후 인장 시험기에 물림 간격이 60 mm

가 되도록 시험편을 부착하고, 우레탄 고무계, 클로로플렌 고무계 및 고무 아스팔트계는 500 mm/min, 아크릴 고무계, 실리콘 고무계는 200 mm/min의 인장 속도로 시험편이 파단될 때까지 인장을 실시한다.

- 인장강도는 자동 기록된 차트지에서 최대 하중을 읽고, 다음 식에 따라 산출한다.

$$T_B = \frac{P_B}{A}$$

여기에서, T_B: 인장강도(N/mm²)

P_B: 최대하중(N)

A : 시험편의 단면적(mm²)

- 파단시의 신장률은 파단시의 눈금 사이 거리를 측정하여, 다음 식에 따라 산출한다.

$$E_B(\%) = \frac{(L_B - L_O)}{L_O} \times 100$$

여기에서, E_B: 파단시의 신장률(%)

L_B: 파단시의 눈금 사이 거리(mm)

L_O: 눈금 사이 거리(20 mm)

- 항장적은 산출된 인장강도 및 파단시의 눈금 사이 거리를 이용하여, 다음 식에 따라 산출한다.

$$T_R = T_B \times (L - 20)$$

여기에서, T_R: 항장적(N/mm)

T_B: 인장강도(N/mm²)

L : 파단시의 눈금 사이의 길이(mm)

④ 인열 성능

㉠ 시험장치

- 인장 시험기(최대하중이 그 능력의 15~85 % 범위가 되는 것), 항온조(하중, 변위의 자동 기록 장치와 일정온도 조절이 가능한 것)

㉡ 시험 방법

- 시험편을 표준 상태에서 1시간 이상 방치한 후 인장 시험기에 시험편을 부착하고, 우레탄 고무계, 클로로플렌 고무계 및 고무 아스팔트계는 500 mm/min, 아크릴 고무계, 실리콘 고무계는 200 mm/min의 인장 속도로 시험편이 파단될 때까지 인장을 실시한다.
- 인열강도는 자동 기록된 차트지에서 최대하중을 읽고, 다음 식에 따라 산출한다.

$$T_T = \frac{R_t}{t}$$

여기에서, T_T: 인열강도(N/mm)

P_T: 최대하중(N)

t : 시험편의 두께(mm)

⑤ 온도 의존성

㉠ 시험장치

- 인장 시험기(최대 하중이 그 능력의 15~85 % 범위가 되는 것), 항온조(하중, 변위의 자동 기록 장치와 일정온도 조절이 가능한 것)

㉡ 시험 방법

- 시험편을 −20℃ 및 60℃의 시험시 온도에 1시간 이상 방치한 후 인장 시험기에 물림 간격이 60 mm가 되도록 시험편을 부착하고, 우레탄 고무계, 클로로플렌 고무계 및 고무 아스팔트계는 500 mm/min, 아크릴 고무계, 실리콘 고무계는 200 mm/min의 인장 속도로 시험편이 파단될 때까지 인장을 실시한다.
- 인장강도비는 각 온도에 대한 인장강도를 인장강도 계산식에 의해 산출하고, 인장 성능의 인장강도에 대한 백분율의 평균값으로 나타낸다.
- 파단시의 물림부 사이의 신장률은 시험시 온도에 대하여 자동 기록된 차트지로부터 물림부 사이의 거리 60 mm에 대한 파단시의 신장량을 읽고, 다음 식에 따라 산출한다.(단, 온도 20℃일 때는 제외한다)

$$E_C = \frac{L_C}{60} \times 100$$

여기에서, E_C: 파단 시 물림부 사이의 신장률(%)

L_C: 물림부 사이의 거리 60 mm에 대한 파단시의 신장량(mm)

⑥ 가열 신축 성상

㉠ 시험장치

- 길이 측정기(정밀도 0.5 mm 이상), 가열 항온기(KS M 6158에서 규정하는 장치)

㉡ 시험 방법

- 시험편을 표준 상태로 24시간 이상 방치한 후 시험편의 중앙부에서 길이 측정기로 길이를 측정한다.
- 우레탄 고무계 1류, 아크릴 고무계 및 클로로프렌 고무계, 실리콘 고무계는 80±2℃, 우레탄 고무계 2류 및 고무 아스팔트계는 70±2℃로 조절한 가열 항온기에 168시간 수평으로 놓아둔다.
- 168시간 이후 시험편을 꺼내어 표준 상태로 4시간 이상 가만히 둔 후 시험편의 동일한 장소에서 길이를 측정한다.
- 다음 식에 따라 최초의 길이에 대한 신축률을 산출한다.

$$S = \frac{(L_1 - L_o)}{L_0} \times 100$$

여기에서, S : 신축률(%)

L_0 : 가열 처리 전의 길이(mm)

L_1 : 가열 처리 후의 길이(mm)

⑦ 열화 처리 후의 인장 성능

㉠ 시험장치

- 인장 시험기(최대 하중이 그 능력의 15~85 % 범위가 되는 것), 가열 항온기(KS M 6158에서 규정하는 장치), 촉진 노출 시험 장치(KS F 2274에서 규정하는 장치)

㉡ 시험편의 처리

- 가열 처리는 KS M 6518의 공기 가열 노하 시험에 따른다. 단, 시험편이 변형되는 것에 대하여 시험편을 이형지 등의 수평으로 놓고 가열한다.
- 촉진 노출 처리는 KS F 2274의 규정에 따른다. 단, 블랙 패널 온도계의 지시 온도는 63±3℃, 스프레이 사이클은 120분 중 18분, 시험 시간은 250시간으로 한다.
- 알칼리 및 산 처리는 KS M ISO 6533-2의 규정에 따라 온도 20±2℃인 수산화나트륨 특급품의 0.1 % 수용액 400 mℓ, 황산 특급품 2 %용액 400 mℓ 속에 시험편 3개를 168시간 침지 후 시험편을 물로 충분히 씻어 마른 헝겊으로 닦는다. 아크릴 고무계 및 고무 아스팔트계는 50~60℃의 온도에서 6시간 이상 건조시킨 후

우레탄 고무계 및 클로로프렌 고무계, 실리콘 고무계는 표준 상태에서 4시간 이상 가만히 정치한다.

㉢ 시험 방법

- 인장강도비는 각각 처리 후의 인장강도를 인장강도 계산식에 의해 산출하고, 인장 성능의 인장강도에 대한 백분율의 평균값으로 나타낸다.
- 파단 시의 신장률은 파단시의 눈금 사이 거리를 측정하여, KS F 3211의에 따라 산출한다.

⑧ 신장 시의 열화 성상

㉠ 시험장치

- 가열 항온기(KS M 6158에서 규정하는 장치), 촉진 노출 시험 장치(KS F 2274에서 규정하는 장치), 오존 열화 시험기, 유지구(시험편 눈금 사이의 신장률을 100 %까지 유지할 수 잇는 물림구를 가진 기구)

㉡ 시험 방법

- 가열 처리는 유지구를 사용하여 시험편의 눈금 사이 거리 40 mm를 80 mm가 되도록 늘린 상태로 24시간 표준 상태에 둔다. 다음에 그 시험편이 부착된 유지구를 가열 항온기 속에 수직으로 하여 우레탄 고무계 1류, 아크릴 고무계, 클로로프렌 고무계 및 실리콘 고무계는 80±2℃, 우레탄 고무계 2류 및 고무 아스팔트계는 70±2℃로 168시간 가열한다.
- 촉진 노출 처리는 유지구를 사용하여 시험편의 눈금 사이 거리 40 mm를 60 mm가 되도록 늘린 상태로 24시간 표준 상태에 둔다. 다음에 그 시험편이 부착된 유지구를 촉진 노출 시험장치에 넣어 KS F 2274에 따라 촉진 노출한다.
- 오존 처리는 유지구를 사용하여 시험편의 눈금 사이 거리 40 mm를 56 mm가 되도록 늘린 상태로 24시간 표준 상태에 둔다. 다음에 그 시험편이 부착된 유지구를 오존 농도70±7.5×10^{-8}, 온도 40±2℃로 조절한 오존 열화 시험기 속에 각각 상하 좌우 50 mm 이상, 기구 내벽으로부터 50 mm 이상 떨어져 168시간 둔다.
- 각각 가열 처리, 촉진 노출 처리, 오존 처리를 한 시험편이 부착된 유지구를 꺼내어 표준 상태에 4시간 이상 가만히 놓아둔 후, 시험편을 유지구에 부착한 채로 시험편의 변형 유무와 8배의 확대경으로 갈라진 잔금의 유무를 관찰한다.

⑨ 부착 성능

㉠ 시험장치

- 인장 시험기(최대 하중이 그 능력의 15~85 % 범위, 인장 속도가 2 mm/min으로 조절 가능한 것)

㉡ 시험편의 처리

- 냉온 반복한 후의 부착 성능 측정에 사용하는 시험체의 처리는 시험체를 20±2℃의 수중에 18시간 침지시킨 다음, 즉시 −20±2℃의 항온조에서 3시간 냉각시키고, 그 다음에 50±2℃의 별도의 다른 항온조에서 3시간 가열시킨다. 이와 같은 24시간의 처리를 1사이클로 하여 10회를 반복한 후 표준 상태에서 48시간 방치하여 부착강도를 측정한다.

㉢ 시험 방법

- 어태치먼트의 설치는 시험체를 수평으로 유지하고, 도막면의 거의 중앙에 접착제를 바른 다음 그림 2.8.7과 같이 인장용 어태치먼트를 가볍게 올려 문질러 접착하며 그 위에 질량 약 1 kg 정도의 추를 올려 24시간 이상 정치한다.

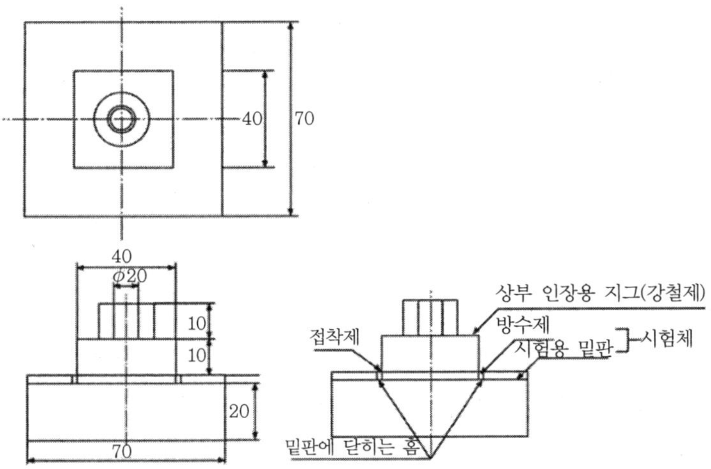

그림 2.8.7 인장용 어태치먼트(강제)

- 부착강도는 인장 방법은 인장용 어태치먼트로부터 추를 제거하고 어태치먼트의 측면 4면을 그라인더 커터 등으로 도막을 바탕에 도달할 때까지 절단한다. 다음으로 인장용 강제의 기구 및 강제의 붙임판을 사용하여 시료면에 대하여 수직 방향으로 2 mm/min의 인장 속도로 인장하여 최대 하중을 구한다.

• 부착강도는 다음 식에 따라 산출한다.

$$T_f = \frac{T_n}{A}$$

여기에서, T_f : 부착강도(N/mm^2)

T_n : 최대 하중(N)

A : 시험체의 단면적(mm^2)

⑩ 내피로 성능

㉠ 시험장치

• 피로 시험기(바닥의 평면을 유지하면서 바닥판의 균열을 소정의 크기로 확대 · 축소하며, 그 횟수를 제어할 수 있는 장치)

㉡ 시험 방법

• 시험체를 피로 시험기에 고정하고, 온도 −10℃에서 1시간 이상 보관한다. 그 다음으로 −10℃ 온도에서 바탕판의 균열부에 0.5~2.5 mm의 확대 · 축소를 5회/min의 속도로 2 000회 반복한 후, 균열 너비를 2.5 mm 확대한 상태에서 도막의 표면을 육안으로 구멍 뚫림, 찢김, 판단의 유무 등을 관찰한다.

⑪ 흘러내림 저하 성능

㉠ 바탕편의 제작

• 바탕편의 제작은 KS L 5114에 규정하는 두께 8±1 mm의 플렉시블판을 길이 400 mm, 너비 200 mm로 절단하여 그 평활면의 주위에 그림 2.8.8에 나타낸 너비 10 mm, 두께 2 mm의 형틀 A 및 B를 붙여서 한다.

㉡ 시험 방법

• 시료를 수평으로 놓은 바탕판 위에 기포가 들어가지 않도록 흘려 넣고 형틀의 표면을 따라 둥근 봉으로 전체 면이 평평하게 한다.

• 형틀 B를 제거하고 그 부분이 아래가 되도록 시험체를 수직으로 하며 표준 상태에서 24시간 그대로 유지한다.

• 그림 2.8.8에 표시한 흘러내린 길이를 길이 측정기를 사용하여 측정하고 도막에 주름의 발생 유무를 관찰한다.

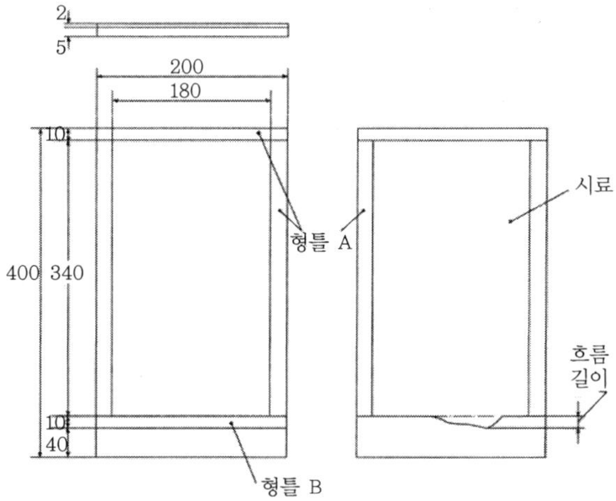

그림 2.8.8 흘러내림 저항 성능의 시험 방법

6. 시멘트 액체형 방수제

(KS F 4925 ; Cement Mortar Mixed Liquid Waterproofing Agent)

(1) 개요

시멘트 액체 방수제는 콘크리트 구조체 표면에 바르거나 또는 도포하여 방수층을 형성하는 목적으로 시멘트 모르타르 또는 시멘트 페이스트에 혼합하여 사용하는 액체형 방수제이다.

(2) 시멘트 액체 방수제의 종류

시멘트 액체 방수제의 종류는 다음 표 2.8.19와 같이 구분된다.

표 2.8.19 시멘트 액체 방수제의 종류

종 류		주요 성분
무기질계		염화칼슘계, 규산소다계, 실리케이트계
유기질계	지방산계	지방산계, 파라핀계
	폴리머계	합성고무 라텍스계, 에틸렌비닐아세테이트 에멀션계, 아크릴 에멀션계

(3) 성능

시멘트 액체 방수제는 시멘트의 응결, 경화 및 안정성 또는 모르타르에 접하는 건설재료 등에 유해해서는 안 된다. 즉 요구 성능은 표 2.8.20의 규정에 적합해야 한다.

표 2.8.20 시멘트 액체 방수제의 요구성능

항목	성능 기준
응결시간	초결은 1시간 이상, 종결은 10시간 이내에 일어날 것
안정성	팽창성 균열 또는 비틀림이 없을 것
압축강도(N/mm^2)	30.0 이상일 것
물흡수 계수비	방수제를 혼입하지 않은 경우의 0.50 이하일 것
투수비	방수제를 혼입하지 않은 경우의 0.50 이하일 것
부착강도(N/mm^2)	0.80 이상일 것

(4) 시험 방법

① 일반조건

㉠ 시험실 환경

- 특별한 지정이 없는 한 KS A 0006에서 규정하는 표준상태 온도 20±3℃, 습도 65±20 %로 한다.

㉡ 습기함의 환경

- 시험체의 관리 및 보관을 위한 양생실의 표준상태 온도 20±3℃, 습도 65±20 %가 되도록 한다.

② 시험에 사용하는 재료 및 시험체

㉠ 시험용 시멘트

- 시험에 사용하는 시멘트는 KS L 5201에 규정한 보통 포틀랜드 시멘트로 한다.

㉡ 시험용 모래

- 시험에 사용하는 모래는 KS L ISO 679 5.1에서 규정한 압축강도 시험용 표준사를 사용한다.

㉢ 시험용 물

- 시험에서 사용하는 물은 맑은 물로 한다.

㉣ 방수제의 배합 비율

- 방수제의 시멘트 또는 배합수에 대한 배합 비율은 제조자가 제시하는 배합비 및 시방서에 따른다.

③ 응결 시험(KS L 5103)

㉠ 시험용 기구

- 저울, 메스실린더, 길모어침(초결 침, 종결 침)

㉡ 온도 및 습도

- 반죽판, 건조 시멘트 및 길모어 침 부근의 공기 온도는 20±2℃로 유지하여야 한다.
- 혼합수 및 습기함이나 흡기실의 온도는 20±1℃ 범위 내에 있어야 한다.
- 시험실의 상대 습도는 50 % 이상이어야 하며, 습기함이나 습기실은 시험체를 90 % 이상의 상대 습도에서 저장할 수 있는 구조이어야 한다.

㉢ 시험체 제작

- 시멘트 반죽 조제 KS L 5109의 6.에 따른다.
- 조제한 시멘트 반죽으로 약 100 mm 정사각형의 깨끗한 유리판 위에 밑면 지름 약 75 mm, 윗면 지름 약 50 mm, 중앙면의 두께가 약 13 mm 이고, 바깥쪽으로 갈수록 점점 얇은 패드를 만든다.
- 패드를 만드는 데는 처음에 시멘트 반죽을 유리판 위에 편편하게 놓고 흙손질을 하여 윗면을 편편하게 한다.
- 만든 패드는 습기함이나 습기실 안에 넣고 응결 시간을 측정하는 시간 이외에는 정치하여 둔다.

㉣ 시험 방법

- 침을 수직 위치로 놓고 패드의 표면에 가볍게 댄다.
- 알아 볼 만한 흔적을 내지 않고 패드가 길모어의 초결 침을 받치고 있을 때를 시멘트의 초결로 하고, 길모어 종결 침을 받치고 있을 때를 시멘트의 종결로 한다.

④ 안정성 시험

㉠ 시험체 제작 및 양생 방법

- KS L 5109의 6.에 따라 제작한 시멘트 페이스트를 가로 · 세로 약 130 mm의 유리판 위에 놓는다.
- 스패튤러로 가장자리에서 안으로 가볍게 문질러 지름을 약 100 mm의 원형으로 하고, 중심의 두께를 약 15 mm로 하여 가장자리를 향하여 얇아지도록 한다.
- 시험체를 만든 즉시 습기함에 넣고 약 24시간 양생한다.
- 습기함의 온도는 (20±3)℃로 유지하여야 하며, 습도를 80 % 이상으로 한다.
- 시험체를 심수시키는 수조의 물의 온도는 (20±3)℃로 한다.

㉡ 시험 및 평가 방법

- 담금 방법
  - 습기함 속에 약 24시간 저장한 시험체 2개를 수조에 넣고 27일간 두어, 팽창

성 균열 또는 비틀림 유무를 검사한다.

- 삶는 방법
  - 습기함 속에 약 24시간 저장한 시험체 2개를 유리판을 붙인 그대로 찌는 용기의 물속에 넣고 천천히 가열하여, 끓는 물속에 약 90분 동안 쪄서 자연적으로 식힌 후 팽창성 균열 또는 비틀림 유무를 검사한다.

⑤ 압축강도 시험(KS L 5105)

㉠ 시험체 제작 및 양생 방법

- 시험용 시멘트와 모래를 1: 2.45(질량비)로 혼합하여, 배합수량는 KS L 5105의 3.6의 플로 테이블 및 플로 틀을 사용하여 KS L 5105의 9.에 따라 시험한다.
- 방수제를 혼합한 것과 혼합하지 않은 것 모두가 플로어 값이 100~115 mm가 되도록 한다.
- 1회 배합하는 시료의 합계 질량은 5 kg 이상으로 한다.
- 금속제 및 플라스틱제 용기에 방수제를 넣고, 핸드믹서 등으로 휘저으면서 시멘트를 천천히 첨가하고, 이어서 모래를 천천히 첨가한 후 3분 이상 균등질로 반죽한 것을 시료로 한다.
- 시험체는 KS L 5105의 3.4의 시험체 성형용 틀을 사용하여 KS L 5105의 10.에 따라 시험체를 성형한다.
- 성형틀에 모르타르를 타설한 후에는 즉시 온도 20±3℃, 습도 80 % 이상의 습기함에서 48시간 양생 후 탈형하여 19일간 다시 습기함 속에서 양생한다.
- 이후 온도 20±3℃, 습도 60±5 %의 표준 상태에서 7일간 보존하여 압축강도 시험을 한다.

㉡ 시험 및 평가 방법

- 압축강도 시험은 KS L 5105의 12.의 시험 방법에 따른다.
- 방수제를 혼합한 시험체 5개를 대상으로 측정하고, 이중 최곳값과 최젓값을 버리고 나머지 3개의 측정값을 평균한 값으로 구한다.

⑥ 흡수 시험

㉠ 시험체 제작 및 양생 방법

- 시험체 제작용 모르타르의 배합은 압축강도 시험의 시험체 배합과 같다.
- 시험체의 형틀은 안지름 150 mm, 안높이 40 mm의 금속제 또는 플라스틱제로, 내면을 평활하게 다듬질하며, 성형은 KS L 5105의 3.7의 시멘트 페이스트로 실험용 탬퍼로 각 층을 약 80회 다진다.

- 성형틀에 모르타르를 타설한 후에는 즉시 온도 20±3℃, 습도 80 % 이상의 습기함에 넣고 48시간 경과 후 탈형하며, 그 후 19일간 온도 20±3℃, 습도 80 % 이상의 습기함 속에서 양생한다.

㉡ 시험 및 평가 방법

- 시험체는 온도 20±3℃, 습도 60±5 %의 표준 상태에서 7일간 건조시킨 후, 시험체의 측면을 파라핀 또는 속경성 에폭시수지 등으로 방수 처리하여 KS F 2609의 5.에 따라 시험하고, 6.에 따라 계산한다.
- 물흡수 계수는 방수제를 혼합한 것과 혼합하지 않은 것 각각 5개의 시험체를 대상으로 측정하고, 이 중 최곳값과 최젓값을 버리고 나머지 3개의 측정값을 평균한 값으로, 다음 식에 따라 물흡수 계수비를 구한다.

$$\text{물흡수 계수비} = \frac{\text{방수제를 혼합한 시험체의 물흡수 계수}(Kg/m^2 \cdot h^{0.5})}{\text{방수제를 혼합하지 않은 시험체의 물흡수 계수}(Kg/m \cdot h^{0.5})}$$

⑦ 투수 시험

㉠ 시험체 제작 및 양생 방법

- 시험체 제작용 모르타르의 배합은 압축강도 시험체의 배합과 같다.
- 성형틀에 모르타르를 타설한 후에는 즉시 온도 20±3℃, 습도 80 %의 표준 상태에서 5일간 건조시킨다.
- 시험체는 그 양면의 중앙부 지금 50 mm 이상에 가볍게 솔질하여 레이턴스와 탈형제를 제거하고, 80℃에서 24시간 건조시킨 후 시험체 측면을 파라핀 또는 속경성 에폭시 수지 등으로 방수 처리하여 온도 20±3℃, 습도 60±5 %의 표준 상태에서 24시간 동안 건조한다.

㉡ 시험 및 평가 방법

- 시험체의 질량(W_1)을 측정한 후, 그림 2.8.9에서 나타낸 투수 시험 장치를 사용하여 시험체의 위아래 양면의 중앙에 지름 50 mm의 원형 누수 구멍이 있는 두께 약 10 mm 이상의 고무 캐스킷을 대고 균일하게 단단히 죈 후, 성형할 때의 윗면으로부터 0.1 MPa의 수압을 1시간 가한다.

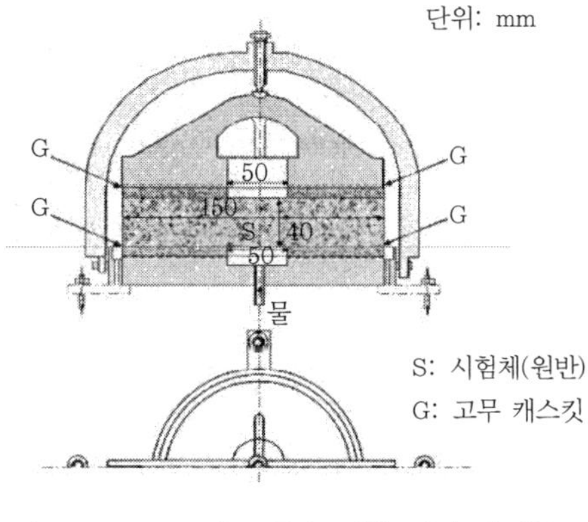

그림 2.8.9 모르타르 투수 시험 장치 및 개요도

- 수압을 가한 시험체를 투수 시험 장치에서 꺼내어 표면에 묻은 물은 젖은 헝겊 등을 이용하여 제거한 후 질량(W_2)을 측정한다.
- 투수 시험 평가는 방수제를 혼합한 것 5개와 혼합하지 않은 것 5개의 시험체를 대상으로 투수량을 구하고, 이 중 최곳값과 최젓값을 버린 나머지 3개의 측정값을 평균한 값으로 다음 식에 따라 투수비를 구한다.

$$\text{투수량(g)} = W_2 - W_1$$

$$\text{투수비} = \frac{\text{방수제를 혼합한 시험체의 투수량(g)}}{\text{방수제를 혼합하지 않은 시험체의 투수량}}$$

여기에서, W_1: 시험체 측면에 방수제를 도포한 후 24시간 표준 상태에서 양생한 후의 질량(g)

W_2: 1시간 0.1 MPa의 수압을 가한 직후의 시험체 질량(g)

⑧ 부착 시험

㉠ 시험체의 제작 및 양생 방법

- 시험체는 KS F 4716의 5.2에 표시한 시험용 밑판을 연한 면에 그림 2.8.10과 같이 안쪽 치수 40×40×5 mm의 금속제 또는 합성 수지제 형틀을 놓고, 이것에 압축강도 시험체와 동일하게 조제한 시료를 쇠흙손 또는 쇠주걱을 사용하여 윗면을 평탄하게 마무리하여 성형한다.

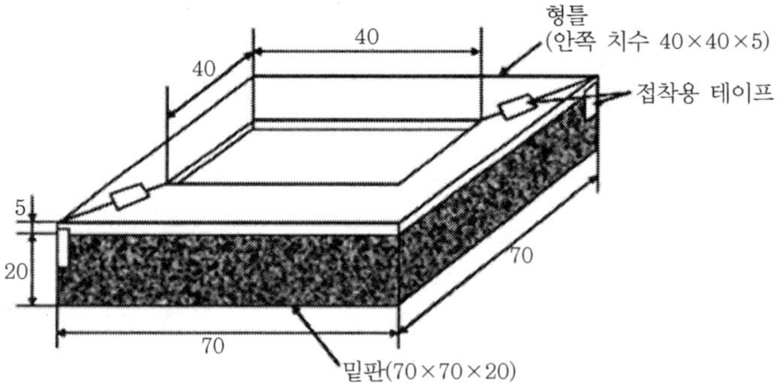

그림 2.8.10 부착 시험 시험판 제작 형틀

- 그 후 즉시 온도 20±3℃, 습도 80 % 이상의 습기함에 넣고 48시간 경과 후 탈형하여 10일간 온도 20±3℃, 습도 80 % 이상의 습기함 속에서 양생한 후, 온도 20±3℃, 상대 습도 65±5 %의 표준 상태에서 24시간 건조시킨다.

㉡ 시험 및 평가 방법

- 정해진 양생이 끝나 시험체를 시험실 내에서 수평하게 놓고, 시료 도포면에 접착제를 바른 후 그림 2.8.11에 나타낸 상부 인장용 지그(강철제)를 가만히 올려놓고 가볍게 문질러 접착시킨 후, 다시 그 위에 질량 1 kg의 추를 얹어 주위에 비어져 나온 접착제를 신중히 제거한다.

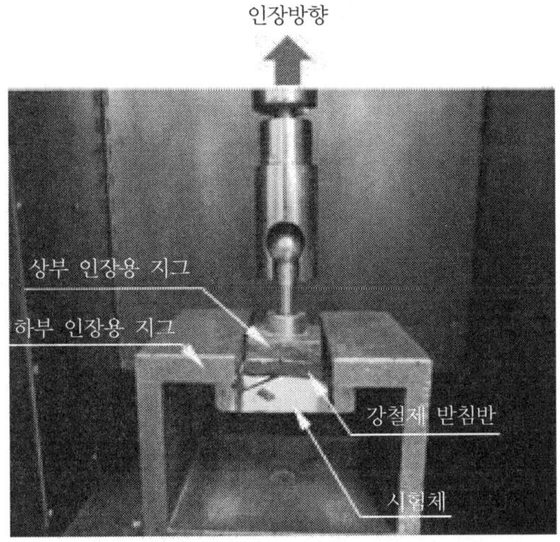

그림 2.8.11 부착강도 시험

- 24시간 가만히 둔 후 추를 제거하고 그림 2.8.11과 같은 하부 인장용 지그(강철제) 및 강철제 받침판을 사용해서 시료면에 대해 수직 방향으로 인장력을 가해 최대 인장하중을 측정하며 파단할 때까지의 하중 속도는 10 mm/min로 한다.
- 부착강도는 다름 식에 의해 시험체 5개를 대상으로 측정하고, 이중 최곳값과 최젓값을 버리고 나머지 3개의 측정값을 평균한 값으로 구한다.

$$\text{부착강도}(N/mm^2) = \frac{T}{1600}$$

여기에서, T: 최대 인장 하중(N)

7. 기타 방수 재료 관련 규정

이외의 방수 재료 관련 규정은 다음과 같다.

컷백 아스팔트	KS M 2202
유화아스팔트	KS M 2203
블론 아스팔트	KS M 2204
방습·방수용 아스팔트 프라이머	KS M 2270
스트레치 아스팔트 루핑	KS F 4904
구멍 뚫린 아스팔트 루핑	KS F 4905
모래 붙인 루핑	KS F 4906
직조망 아스팔트 루핑	KS F 4913
멤브레인 방수층 성능 평가 시험 방법	KS F 2622
개량 아스팔트 방수시트	KS F 4917
투습 방수시트	KS F 4927
교면용 시트 방수재	KS F 4931
자착식 고무화 아스팔트 방수시트	KS F 4934
섬유제 방수시트	KS K 1400
수도용 액상 에폭시 수지 도료 및 도장방법	KS D 8502
멤브레인 방수층 성능 평가 시험 방법	KS F 2622
외벽용 도막 방수재	KS F 4920
콘크리트용 에폭시 수지계 방수·방식재	KS F 4921
폴리우레아수지 도막 방수재	KS F 4922
세라믹 메탈계 방수·방식 도료	KS F 4929
콘크리트 표면 도포용 액상형 흡수 방지재	KS F 4930
교면용 도막 방수재	KS F 4932
콘크리트 보호용 도막재	KS F 4936
건축용 시멘트 방수재 시험 방법	KS F 2451
얇은 마무리용 벽 바름재	KS F 4715
시멘트계 바탕 바름재	KS F 4716
시멘트 혼화용 폴리머	KS F 4916
규산질계 분말형 도포 방수재	KS F 4918
시멘트 혼입 폴리머계 방수재	KS F 4919
콘크리트 혼입용 방수재	KS F 4926
콘크리트 구조물 보수용 폴리머 시멘트 모르타르	KS F 4042
콘크리트 구조물 보수용 에폭시 수지	KS F 4043
누수 보수용 주입형 실링재	KS F 4935
건축용 실링재 시험 방법	KS F 2621
건축용 개스킷	KS F 3215
건축용 실링재	KS F 4910
건축용 플라스틱계 방습필름	KS F 4924
방수층 보호 콘크리트용 줄눈대	KS F 4933
수팽창성 벤토나이트 방수시트	KS M 3736

8-3 보수재료

1. 개 요

콘크리트 보수재란 열화된 콘크리트의 표면 또는 단면을 복구함으로써 콘크리트의 성능을 회복 또는 유지시키기 위해 사용하는 재료로서 건설구조물 보수재료에 대한 정확한 정의는 국내 KS 표준에는 정의되어 있지 않으나 일반적으로 다음 표 2.8.21과 같이 표면 보호재, 콘크리트 주입재, 단면 복구재로 크게 구분할 수 있다.

표 2.8.21 보수재료의 분류

구분	재료
표면 보호재	규산질계 분말형 도포방수재(KS F 4918)
	시멘트 혼입 폴리머계 방수재(KS F 4919)
	콘크리트 보호용 도막재(KS F 4936)
콘크리트 주입재	콘크리트 구조물 보수용 에폭시 수지(KS F 4923)
	점착 유연형 고무 아스팔트계 누수보수용 주입형 실링재(KS F 4935)
단면 복구재	콘크리트 구조물 단면 보수용 폴리머 시멘트 모르타르(KS F 4042)
	콘크리트 구조물 단면 보수용 에폭시 수지 모르타르(KS F 4042)

2. 폴리머 시멘트 모르타르의 시험 방법

(KS F 2476 ; Test Method for Polymer-Modified Mortar)

(1) 정의

폴리머 시멘트 모르타르와 관련된 용어 및 정의는 다음과 같다.

표 2.8.22 폴리머 시멘트 모르타르 관련 용어 및 정의

<table>
<tr><th colspan="2">용 어</th><th>정 의</th></tr>
<tr><td colspan="2">시멘트 혼화용 폴리머</td><td>시멘트 모르타르 및 콘크리트의 개량을 목적으로, 혼합하여 사용하는 시멘트 혼화용 폴리머 분산제 및 시멘트 혼화용 재유화형 분말 수지의 총칭</td></tr>
<tr><td rowspan="2">시멘트 혼화용 폴리머 분산제</td><td>시멘트 혼화용 고무 라텍스</td><td>합성 고무계, 천연 고무계, 고무 아스팔트계 등의 고무 라텍스에 안정제, 소포제 등을 가하여 잘 분산시켜 균질하게 한 것을 말한다.</td></tr>
<tr><td>시멘트 혼화용 수지 에멀션</td><td>에틸렌아세트산비닐계, 아크릴산에스테르계, 수지 아스팔트계 등의 수지 에멀션에 안정제, 소포제 등을 가하여 잘 분산시켜 균질하게 한 것을 말한다.</td></tr>
<tr><td colspan="2">시멘트 혼화용 재유화형 분말 수지</td><td>고무 라텍스 및 수지 에멀션에 안정제 등을 가한 것을 건조하여 제조한 것을 말한다.</td></tr>
</table>

(2) 폴리머 시멘트 모르타르의 혼합

폴리머 시멘트 모르타르의 혼합은 기계 혼합 또는 수동 혼합으로 하며, 1회 혼합량은 0.85~1.20 L로 한다.

① 기계 혼합에 의한 방법

㉠ 분산제를 혼입하는 경우: 계량한 시멘트 및 잔 골재를 혼합 유발에 넣고 혼합기를 가동하여 2분간 혼합을 실시한 후 계량한 분산제 및 물을 넣고 즉시 1분간 혼합한다.

㉡ 분말 수지를 혼입하는 경우: 계량한 시멘트, 분말 수지 및 잔 골재를 혼합 유발에 넣고, 혼합기를 가동하여 2분간 혼합을 실시한 후 계량한 물을 넣고 즉시 1분간 혼합한다.

㉢ 공통사항: 1분 간의 혼합이 끝나면 30초간 혼합을 쉬고 그 사이 패들에 붙은 모르타르를 숟가락으로 저어 떨어뜨려 3회 반복하여 혼합한다. 혼합이 끝나면 혼합 유발의 중앙에 모은다. 다시 2분간 혼합을 실시한 뒤 혼합이 끝나면 혼합기에 꺼내어 숟가락으로 10회 휘저어 섞어 혼합한다.

② 수동 혼합에 의한 방법

㉠ 분산제를 혼입하는 경우: 계량한 시멘트 및 잔 골재를 유발에 넣고 숟가락으로 2분간 혼합하며, 다시 계량한 분산제 및 물을 가하여 즉시 3분간 잘 섞는다.

㉡ 분말 수지를 혼입하는 경우: 계량한 시멘트, 잔 골재 및 분말 수지를 유발에 넣고 숟가락으로 2분간 혼합하며, 다시 계량한 분산제 및 물을 가하여 즉시 3분간 잘 섞는다.

(3) 굳지 않은 상태 폴리머 시멘트 모르타르의 시험

① 플로 시험

㉠ 시험장치: 플로 테이블, 플로콘 및 다짐봉

㉡ 측정방법: 혼합한 모르타르를 플로콘에 2층으로 채우며, 각 층은 다짐봉의 앞끝이 그 층의 약 1/2의 깊이까지 들어가도록 전면에 걸쳐 각각 15회 다지고 표면을 고르게 한다. 즉시 플로콘을 바르게 위쪽으로 제거하고, 15초간 15회의 낙하 운동을 가하여 모르타르가 퍼진 후의 지름을 최대라고 인정하는 방향과 이것과 직각방향에서 측정한다. 시험은 2회 실시하고, 평균값을 플로값으로 한다.

② 슬럼프 시험

㉠ 시험장치: 슬럼프콘, 다짐봉

㉡ 측정방법: 슬럼프콘에 폴리머 시멘트 모르타르를 채우기 시작한 후 다 채울 때까지의 시간은 3분 이내로 진행한다. 슬럼프콘을 수평으로 설치한 수밀성 강제 평판 위에 놓고, 슬럼프콘에 2층으로 나누어 채우며, 그 각 층은 다짐봉으로 고르게 한 후 15회 똑같이 다진다. 그 다음 폴리머 시멘트 모르타르의 윗면을 슬럼프콘의 위 끝에 맞추어 고르게 한 후 즉시 슬럼프콘을 가만히 연직으로 들어 올려 슬럼프를 측정한다. 슬럼프는 2회 시험의 평균값으로 나타낸다.

③ 단위 용적 질량 시험

㉠ 시험장치: 용기(금속제 원통 모양이고, 안지름은 약 75 mm, 깊이 약 115 mm, 두께 약 5 mm인 용기), 저울, 흙손

㉡ 측정방법: 폴리머 시멘트 모르타르를 용기의 깊이 약 1/3까지 넣고, 그 윗면을 흙손으로 고르게 한 후 용기 원둘레의 거의 6등분점을 흙손을 사용하여 1회씩 가볍게 두드려 반복적으로 실시한다. 일련의 조작은 약 3분 이내로 진행한다. 폴리머 모르타르를 채운 용기의 질량을 측정 후 용기의 질량을 빼 폴리머 시멘트 모르타르의 질량을 산출하며, 다음 식에 따라 단위용적 질량을 산출한다.

$$M = W/V$$

여기에서, M : 단위용적 질량(kg/ℓ)

W : 폴리머 시멘트 모르타르의 질량(g)

V : 용기의 용적(mm^3)

④ 공기량 시험

㉠ 시험장치: 공기량 시험기

㉡ 측정방법: 공기량 시험은 KS F 2421(굳지않은 콘크리트 압력법에 의한 공기함유량 시험 방법(공기실 압력방법))에 따른다. 단, 공기량 측정기 용기의 용적은 500 mℓ 이상으로 하며 2회 시험의 평균값으로 나타낸다.

⑤ 응결 시간 시험

㉠ 시험장치: 비커침 장치, 초결용 표준침

㉡ 측정방법: 폴리머 시멘트 모르타르를 용기에 채우고 비커침 장치를 사용하여, ϕ3 mm 침 및 ϕ1 mm 침이 들어가지 않을 때까지의 시간을 침경화시간으로 측정하며, ϕ1 mm 침 및 ϕ3 mm 침 경화 시간은 2회 시험의 평균값으로 나타낸다.

(4) 경화 상태 폴리머 시멘트 모르타르의 시험

① 공시체의 제작

㉠ 공시체 성형용 몰드는 다음 3종류를 사용한다.

- 치수 40×40×160 mm의 공시체 성형용 몰드는 몰드 각부의 재질은 강으로 하고 밑판의 재질은 주철로 한다.
- 치수 100×100×100 mm의 공시체 성형용 몰드는 안목 치수 100×100×100 mm의 금속제로 하고, 그 내면은 연마 가공으로 한다.
- 치수 ϕ150×40 mm의 공시체 성형용 몰드는 안목 치수 ϕ150×40 mm의 금속제로 하고, 그 내면은 연마 가공으로 한다.

㉡ 공시체 성형용 다짐봉은 다음의 2종류를 사용한다.

- 치수 40×40×160 mm 및 100×100×100 mm의 공시체 성형용 몰드에 사용하는 다짐봉은 그림 2.8.2에 나타내는 모양 및 치수, 질량 1 000±5 g의 연강제인 다짐봉을 사용한다.
- ϕ150×40 mm의 공시체 성형용 몰드에 사용하는 다짐봉은 지름 20±1 mm, 질량 500±3 g인 것으로 한다.

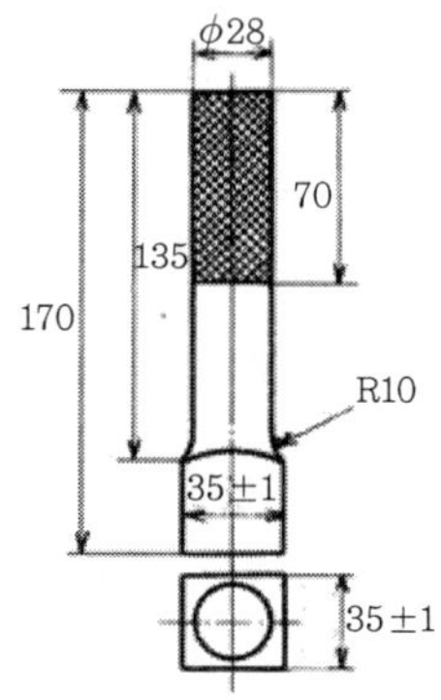

그림 2.8.12 다짐봉

㉢ 공시체의 모양, 치수 및 개수

- 시험에 사용하는 공시체의 모양, 치수 및 개수는 표 2.8.23에 따른다.

표 2.8.23 공시체의 모양, 치수 및 개수

시험 항목	공시체의 모양 및 치수(mm)	공시체의 개수
휨강도 및 압축강도	40×40×160	3
접착강도	모르타르제 바탕판 위에 40×40×10의 모양으로 폴리머 시멘트 모르타르를 충전하여 성형한 것	5
흡수율	40×40×160	3
투수율	ϕ150×40	3
길이 변화율	40×40×160	3
중성화 깊이	100×100×100	3
염화물 이온 침투 깊이	100×100×100	3
접착 내구성	접착 강도 시험용 공시체와 같다.	5
동결 융해에 대한 저항성	40×40×160	3
투습도	ϕ68×10	3

㉣ 공시체의 성형 및 양생

- 성형: 접착 강도 시험용 및 투습도 시험용 공시체를 제외하고, 폴리머 시멘트 모르타르는 몰드에 2층으로 채운다. 폴리머 시멘트 모르타를 몰드 높이의 약 1/2까지 채우고, 다짐용을 사용하여 그 앞끝이 폴리머 시멘트 모르타르 안에 약 4 mm 들어갈 정도로 전면에 걸쳐 다진다. 다음으로 폴리머 시멘트 모르타르를 몰드 위 끝까지 채우고, 앞과 같이 다짐봉을 사용하여 다지고 마지막으로 나머지 폴리머 시멘트 모르타르에 의해 약 5 mm 돋우고 습기상자에 넣으며 다지는 수는 각 층 15회를 표준으로 한다. 폴리머 시멘트 모르타르를 채우고 나서 1시간 이후의 적당한 시기에 공시체를 손상하지 않도록 주의해서 몰드 위에 돋움을 깎아내고, 그 윗면을 평평하게 한다.
- 양생: 공시체는 성형 후 온도 20±2℃, 상대 습도 90 % 이상에서 48시간 경과한 후 탈형하고 나서, 온도 20±2℃의 물속에서 5일간 양생하고, 다시 온도 20±2℃, 상대 습도 60±10 %에서 21일간 양생한다. 단, 길이변화율 시험용 공시체는 제외한다.

② 휨강도 시험

㉠ 시험장치: 휨강도 시험기 50±10 N/s의 재하 속도 및 10 kN까지 하중을 걸 수 있는 것)

㉡ 측정방법: 휨강도 시험은 지점 사이의 거리를 100 mm로 하고, 공시체를 성형하였을 때 측면의 중앙에 매초 50±10 N의 하중 속도로 재하하여 최대 하중을 구한다. 휨강도는 3개의 공시체 평균값으로 나타낸다.

$$\sigma_b = P \times 0.00234$$

여기에서, σ_b : 휨강도(MPa)

P : 최대하중(N)

③ 압축강도 시험

㉠ 시험장치: 압축강도 시험기(KS B 5533의 규정을 바탕으로 한 1등급)

㉡ 측정방법: 압축강도 시험은 휨강도 시험을 한 1조 3개의 공시체의 절편 6개에 대하여 휨강도 시험 직후에 실시한다. 공시체를 성형하였을 때의 양쪽면을 가압면으로 하여 하중용 가압판을 사용하여 공시체 중앙부에 매초 2 400±200 N의 하중 속도로 재하하여 하중을 구한다. 압축강도는 다음 식에 따라 6개의 공시체 절편의 평균값으로 나타낸다.

$$\sigma_c = P/1,600$$

여기에서, σ_c : 압축강도(MPa)

P : 최대하중(N)

④ 접착강도 시험

㉠ 공시체의 제작: 바탕판의 연마한 면 중앙부에 그림 2.8.13과 같이 안목 치수 40×40×10 mm의 금속제 또는 플라스틱제 몰드를 놓고, 물로 적신 후 흙손을 사용하여 칠하듯이 폴리머 시멘트 모르타르를 충전하여 성형한다. 성형 후 양생하여 공시체로 한다.

㉡ 시험 방법: 공시체를 수평으로 놓고 공시체의 표면에 접착제를 바른 후 상부 인장용 지그를 가만히 놓고, 가볍게 문지르듯이 접착하여 주위로 비어져 나온 접착제를 제거한다. 상부 인자용 지그를 접착한 공시체를 시험실 내에 24시간 가만히 둔 후 하부 인자용 지그 및 강제 받침판을 사용하여 매분 1 500~2 000 N의 하중 속도로 공시체의 연직방향으로 재하하여 최대 하중을 구한다. 접착강도는 다음 식에 따라 5개의 공시체 평균값으로 나타낸다.

$$\sigma_B = \frac{T}{1,600}$$

여기에서, σ_B : 접착강도(MPa)

T : 최대하중(N)

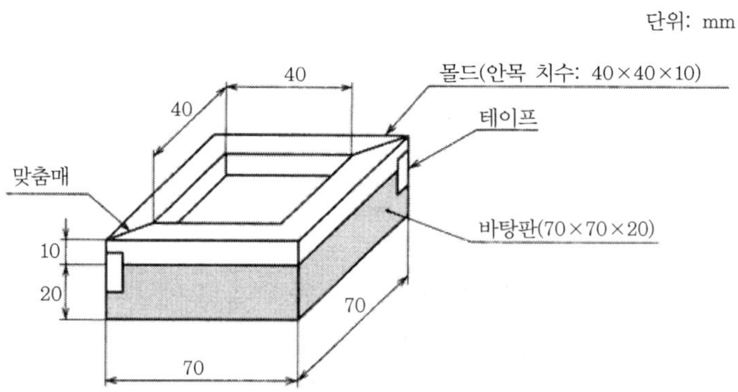

그림 2.8.13 공시체 제작용 몰드

⑤ 흡수율 시험

시험 방법: 공시체를 온도 80±2℃에서 48시간 건조하고, 데시케이터 내에서 냉각하

고 나서 질량을 잰다. 다음으로 공시체를 온도 20±2℃의 맑은 물 안에 담그고, 48시간 경과한 후 꺼내어 공시체의 각 면을 습포로 재빨리 닦고 즉시 질량을 잰다. 흡수율 시험은 다음 식에 따라 3개의 공시체 평균값으로 나타낸다.

$$W_a = \frac{W_1 - W_0}{W_0} \times 100$$

여기에서, W_1 : 흡수율(%)

W_0 : 건조 후의 질량(g)

W_1 : 흡수 후의 질량(g)

⑥ 투수량 시험

시험 방법: 공시체를 온도 80±2℃에서 48시간 건조하고, 데시케이터 내에서 냉각하고 나서 그 양면의 중앙부 지름 50 mm 이상을 가볍게 솔질을 하여 표 피부를 제거하고 질량을 잰다. 다음에 공시체에 100 kPa의 수압을 1시간 가한 후 질량을 잰다. 흡수율 시험은 다음 식에 따라 3개의 공시체 평균값으로 나타낸다.

$$W_p = W_1 - W_o$$

여기에서, W_p : 흡수량(%)

W_0 : 건조 후의 질량(g)

W_1 : 투수 후의 질량(g)

⑦ 길이 변화율 시험

시험 방법: 길이 변화율 시험은 KS F 2424에 따른다. 단, 길이변화율 공시체는 탈영 후 5일간 물속에 양생한 후 즉시 공시체의 바탕 길이를 측정한다. 이어서 온도 20±2℃, 상대 습도 60±10 %에서 28일간 양생한 후에 길이를 측정한다. 길이 변화율 3개의 공시체 평균값으로 나타낸다.

⑧ 중성화 깊이 시험

시험 방법: 중성화 깊이 시험에 사용하는 공시체에 대해서는 양생 종료 3일 전에 공시체의 양끝부, 다져 넣기면 및 밑면을 KS M 6030에 규정하는 6종 또는 에폭시 수지 도료로 밀봉한다. 공시체를 온도 30±2℃,상대 습도 60±10 %, 이산화탄소 농도 5.0 %의 이산화탄소 환경조 내에 가만히 둔다. 정치 개시시부터 28일 경과한 후에 공시체를 꺼내서 다시 온도 20±2℃, 상대습도 60±10 %로 24시간 가만히 둔 후에 이분할한다. 그 단면에 페놀프탈레인 1 % 알코올 용액을 분무하여 빨갛게 변하지 않은 부분

을 중성화역으로 중성화한 1측면 3곳씩 합계 6곳에서 공시체 표면에서 빨갛게 변한 곳까지의 깊이를 버니어 캘리퍼스를 사용하여 1 mm까지 측정한다. 측정한 6곳의 평균값을 1개의 공시체의 중성화 깊이로 하고, 중성화 깊이는 3개의 공시체의 평균값으로 나타낸다.

⑨ 염화물 이온 침투 깊이 시험

시험 방법: 염화물 이온 침투 깊이 시험에 사용하는 공시체는 양생 종료 3일 전에 공시체의 양끝부, 다져 넣기면 및 밑면을 KS M 6030에 규정하는 6종 또는 에폭시 수지 도료로 밀봉한 공시체를 사용한다. 공시체를 온도 20±2℃에서 KS F 2561의 부속서 1의 염분 용액에 규정하는 염분 용액에 담그고 28일 경과한 후에 꺼낸다. 염분 용액에 침지 후의 공시체를 나누어서 이분할하고, 그 단면에 0.1 % 프루올레세인나트륨 수용액 및 0.1 N 질산은용액으로 분무하여 형광을 발하는 부분을 염화물 이온 침투역으로 하여 염화물 이온이 침투한 1측면 3곳씩 합계 6곳에서 공시체 표면에서 형광을 발하지 않는 곳까지의 깊이를 버니어 캘리퍼스를 사용하여 1 mm까지 측정한다. 측정한 6곳의 평균값을 1개 공시체의 염화물 이온 침투 깊이로 하고, 염화물 이온 침투 깊이는 3개의 공시체의 평균값으로 나타낸다.

⑩ 접착 내구성 시험

시험 방법: 접착 내구성 시험은 접착 강도용 공시체를 사용한다. 다만, 양생 종료 3일 전에 그림 2.8.14에 나타내듯이 바탕판의 4측면 및 윗면과 폴리머 시멘트 모르타르의 측면을 KS M 6030에 규정하는 6종 또는 에폭시 수지 도료로 밀봉한다. 공시체를 온도 50±3℃의 항온기 속에서 3시간 가온하는 1사이클을 24시간으로 하는 온랭 반복 조장을 10회 반복한다. 그 후 시험실에 2시간 가만히 둔 후 바탕판에 도달하도록 폴리머 시멘트 모르타르 주위의 에폭시 수지 도료를 자르고, 접착 강도 시험을 한다.

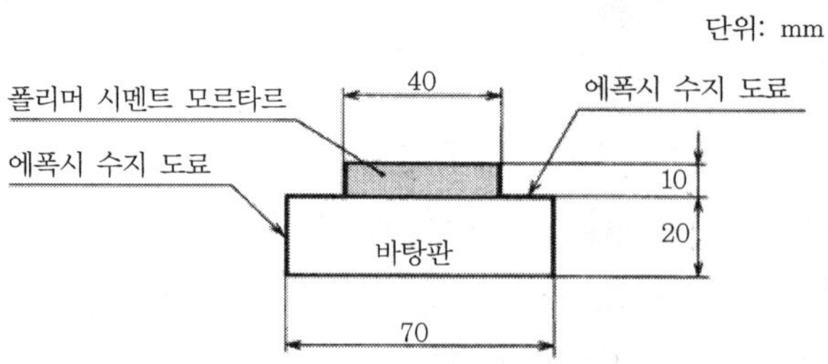

그림 2.8.14 접착 내구성 시험용 공시체

⑪ 동결융해에 대한 저항성 시험

시험 방법: 동결융해에 대한 저항성 시험은 KS F 2560에 따라 공시체의 동결융해 시험을 200사이클로 하고, 동결융해에 대한 저항성을 평가하기 위하여 상대동탄성계수를 계산하고, 동결융해에 대한 저항성은 3개 공시체의 상대동탄성계수의 평균값으로 나타낸다.

⑫ 투습도 시험

㉠ 시험장치: 안지름 68 mm, 바깥지름 70 mm, 높이 30 mm이며, 윗면에 지름 56.5 mm 구멍을 가진 방청 처리한 알루미늄제 원통 및 안지름 70 mm, 바깥지름 72 mm, 높이 15 mm의 방청처리한 알루미늄제 원통 용기를 사용한다.

㉡ 공시체의 제작: 안목치수 ϕ68×10 mm의 금속제 또는 플라스틱제 몰드 안에 흙손을 사용하여 폴리머 시멘트 모르타르를 충전하여 성형한다. 성형 후 양생하여 공시체로 한다. 양생 종료 3일 전에 그림 2.8.15와 같이 공시체를 원통에 에폭시 수지계 접착제로 접착하여 원통과 공시체 사이의 틈새를 KS M 6030에 규정하는 6종 또는 에폭시 수지 도료로 밀봉한다.

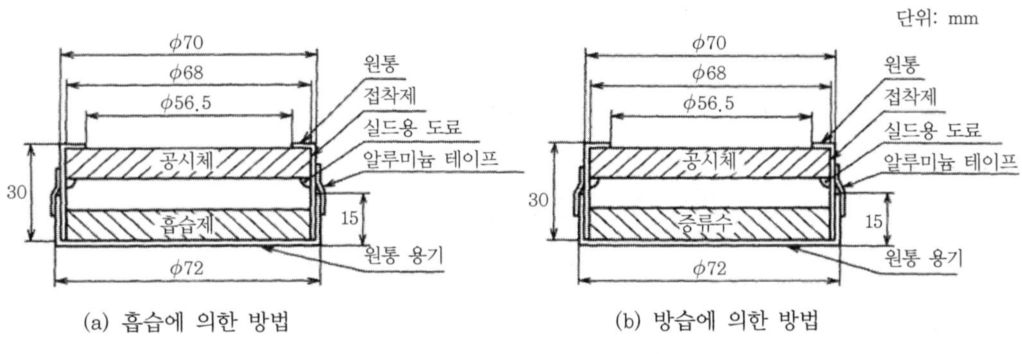

그림 2.8.15 투습도 시험용 공시체를 부착한 원통 용기

㉢ 시험 방법: 시험 방법은 흡습 및 방습에 의한 시험으로 한다.

- 흡습에 의한 시험: 흡습제로서 KS M 8038에 규정하는 입자 지름 3 mm 이하의 염화칼슘 50 g을 원통 용기에 넣고, 즉시 공시체를 부착한 원통을 꽂고 주위를 알루미늄 테이프로 밀봉한다. 공시체를 부착한 원통 용기를 건조제를 넣은 데시케이터 안에 24시간 가만히 둔 후 온도 40±1℃, 상대 습도 90±2 %의 조건 아래에서 240시간 가만히 두고, 그 사이 24시간마다 데시케이터 안에서 30분간 냉각하고 나서 질량을 0.1 mg까지 측정한다.

- 방습에 의한 시험: 공시체를 부착한 원통을 원통 용기에 꽂고, 주위를 알루미늄 테이프로 밀봉한 후 주수구에 증류수를 약 20 mℓ 넣고 주수구를 밀봉한다. 공시체를 부착한 원통 용기를 온도 20±1℃, 상대습도 60±2 %의 조건 아래에서 240시간 가만히 두고, 그 사이 24시간마다 꺼내서 질량을 0.1 mg까지 측정한다.
- 투습량은 다음의 식에 따라 계산한다.

$$Q = |W_n - W_{n+1}|$$

여기에서, Q : 투습량(g)

W_n : 질량 측정 n회째에서의 공시체를 부착한 원통 용기의 질량(g)

W_{n+1} : 질량 측정 $n+1$회째에서의 공시체를 부착한 원통 용기의 질량(g)

- 투습도는 투습량의 변화가 연속하는 두 개의 측정 간격에서 5 %이내에 일정해진 시점에서 다음 식에 따라 계산하고, 3개 공시체의 평균값으로 나타낸다.

$$M = \frac{Q_i}{A \cdot t}$$

여기에서, M : 투습도(g/m² · d)

Q_i : 마지막으로 측정된 투습량(g)

A : 투습 면적(0.0025 m²)

t : 마지막의 질량 측정과 그 1회 앞의 질량 측정과의 시간 간격(d)

3. 콘크리트 구조물 보수용 에폭시 수지

(KS F 4923 ; Epoxy Adhesives for Repairing in Concrete Structure)

(1) 개요

콘크리트 구조물 보수용 에폭시 수지는 주로 콘크리트 구조물 및 이에 관계되는 마감용 모르타르 및 타일 등의 균열, 들뜸에 대한 보수, 앵커 핀의 고정에 사용되는 주제와 경화제로 이루어지는 보수용 에폭시 수지이다.

(2) 에폭시 수지의 종류

에폭시 수지의 종류는 표 2.8.24와 같이 신장률에 따라서는 경질형, 연질형으로 구분되고, 점성에 따라서는 저점도형, 중점도형, 고점도형으로 구분되며, 시공시기에 따라서는 일반용 및 겨울용으로 구분된다.

표 2.8.24 에폭시 수지의 종류

<table>
<tr><th>구 분</th><th>종 류</th><th>기호</th><th>구분 내용</th></tr>
<tr><td rowspan="2">신장률에 따른 구분</td><td>경질형</td><td>I</td><td>인장 파괴 시 신장률이 10 % 이하인 것</td></tr>
<tr><td>연질형</td><td>Ⅱ</td><td>인장 파괴 시 신장률이 50 % 이하인 것</td></tr>
<tr><td rowspan="3">점성에 따른 구분</td><td>저점도형</td><td>L</td><td>주로 균열의 보수에 사용되는 저점도인 것</td></tr>
<tr><td>중점도형</td><td>M</td><td>주로 균열, 들뜸의 보수에 사용하고 중점도로 유연성을 부여한 것</td></tr>
<tr><td>고점도형</td><td>H</td><td>주로 큰 균열, 들뜸의 보수에 사용하고 높은 유연성을 부여한 것. 앵커 핀의 고정에는 경질형을 사용함</td></tr>
<tr><td rowspan="2">시공 시기에 따른 구분</td><td>일반용</td><td>R</td><td>주로 봄, 여름 및 가을에 사용하는 것</td></tr>
<tr><td>겨울용</td><td>W</td><td>주로 겨울에 사용하는 것</td></tr>
</table>

(3) 성능

에폭시 수지의 성능은 표 2.8.25 및 표 2.8.26의 규정에 적합해야 한다.

표 2.8.25 경질형 에폭시 수지의 성능

<table>
<tr><th colspan="2" rowspan="2">시험 항목</th><th colspan="2" rowspan="2">시험 조건</th><th colspan="2">저점도형</th><th colspan="2">중점도형</th><th colspan="2">고점도형</th></tr>
<tr><th>일반용</th><th>겨울용</th><th>일반용</th><th>겨울용</th><th>일반용</th><th>겨울용</th></tr>
<tr><td rowspan="4">점성</td><td>점도(mP · s)</td><td colspan="2">23±0.5℃</td><td colspan="2">100~1 000</td><td colspan="2">5 000~20 000</td><td colspan="2">–</td></tr>
<tr><td>틱스트로픽 인덱스</td><td colspan="2">23±0.5℃</td><td colspan="2">–</td><td colspan="2">5±1</td><td colspan="2">–</td></tr>
<tr><td rowspan="2">슬럼프(mm)</td><td colspan="2">15±2℃</td><td colspan="2">–</td><td colspan="2">–</td><td>–</td><td>5 이하</td></tr>
<tr><td colspan="2">30±2℃</td><td colspan="2">–</td><td colspan="2">–</td><td>5 이하</td><td>–</td></tr>
<tr><td colspan="2" rowspan="4">접착강도(N/mm^2)</td><td colspan="2">표준 조건</td><td colspan="2">6.0 이상</td><td colspan="2">6.0 이상</td><td colspan="2">6.0 이상</td></tr>
<tr><td rowspan="3">특수조건</td><td>저온 시</td><td>–</td><td>3.0 이상</td><td>–</td><td>3.0 이상</td><td>–</td><td>3.0 이상</td></tr>
<tr><td>습윤 시</td><td colspan="2">3.0 이상</td><td colspan="2">3.0 이상</td><td colspan="2">3.0 이상</td></tr>
<tr><td>건습 반복 시</td><td colspan="2">3.0 이상</td><td colspan="2">3.0 이상</td><td colspan="2">3.0 이상</td></tr>
<tr><td colspan="2">경화 수축률(%)</td><td colspan="2">표준 조건</td><td colspan="2">3 이하</td><td colspan="2">3 이하</td><td colspan="2">3 이하</td></tr>
<tr><td rowspan="2">가열 변화</td><td>질량 변화율(%)</td><td colspan="2">–</td><td colspan="2">5 이하</td><td colspan="2">5 이하</td><td colspan="2">5 이하</td></tr>
<tr><td>부피 변화율(%)</td><td colspan="2">–</td><td colspan="2">5 이하</td><td colspan="2">5 이하</td><td colspan="2">5 이하</td></tr>
<tr><td colspan="2">인장강도(N/mm^2)</td><td colspan="2">표준 조건</td><td colspan="2">15 이상</td><td colspan="2">15 이상</td><td colspan="2">10 이상</td></tr>
<tr><td colspan="2">인장파괴 시 신장률(%)</td><td colspan="2">표준 조건</td><td colspan="2">10 이하</td><td colspan="2">10 이하</td><td colspan="2">10 이하</td></tr>
<tr><td colspan="2">압축강도(N/mm^2)</td><td colspan="2">표준 조건</td><td colspan="2">–</td><td colspan="2">–</td><td colspan="2">50 이상</td></tr>
</table>

표 2.8.26 연질형 에폭시 수지의 성능

<table>
<tr><th colspan="2" rowspan="2">시험 항목</th><th colspan="2" rowspan="2">시험 조건</th><th colspan="2">저점도형</th><th colspan="2">중점도형</th><th colspan="2">고점도형</th></tr>
<tr><th>일반용</th><th>겨울용</th><th>일반용</th><th>겨울용</th><th>일반용</th><th>겨울용</th></tr>
<tr><td rowspan="4">점성</td><td>점도(mP · s)</td><td colspan="2">23±0.5℃</td><td colspan="2">100~1 000</td><td colspan="2">5 000~20 000</td><td colspan="2">–</td></tr>
<tr><td>틱스트로픽 인덱스</td><td colspan="2">23±0.5℃</td><td colspan="2">–</td><td colspan="2">5±1</td><td colspan="2">–</td></tr>
<tr><td rowspan="2">슬럼프(mm)</td><td colspan="2">15±2℃</td><td colspan="2">–</td><td colspan="2">–</td><td>–</td><td>5 이하</td></tr>
<tr><td colspan="2">30±2℃</td><td colspan="2">–</td><td colspan="2">–</td><td>5 이하</td><td>–</td></tr>
<tr><td colspan="2" rowspan="4">접착강도(N/mm^2)</td><td colspan="2">표준 조건</td><td colspan="2">3.0 이상</td><td colspan="2">3.0 이상</td><td colspan="2">3.0 이상</td></tr>
<tr><td rowspan="3">특수조건</td><td>저온 시</td><td>–</td><td>1.5 이상</td><td>–</td><td>1.5 이상</td><td>–</td><td>1.5 이상</td></tr>
<tr><td>습윤 시</td><td colspan="2">1.5 이상</td><td colspan="2">1.5 이상</td><td colspan="2">1.5 이상</td></tr>
<tr><td>건습 반복 시</td><td colspan="2">1.5 이상</td><td colspan="2">1.5 이상</td><td colspan="2">1.5 이상</td></tr>
<tr><td colspan="2">경화 수축률(%)</td><td colspan="2">표준 조건</td><td colspan="2">3 이하</td><td colspan="2">3 이하</td><td colspan="2">3 이하</td></tr>
<tr><td rowspan="2">가열 변화</td><td>질량 변화율(%)</td><td colspan="2">–</td><td colspan="2">5 이하</td><td colspan="2">5 이하</td><td colspan="2">5 이하</td></tr>
<tr><td>부피 변화율(%)</td><td colspan="2">–</td><td colspan="2">5 이하</td><td colspan="2">5 이하</td><td colspan="2">5 이하</td></tr>
<tr><td colspan="2" rowspan="3">인장강도(N/mm^2)</td><td colspan="2">표준 조건</td><td colspan="2">1.0 이상</td><td colspan="2">1.0 이상</td><td colspan="2">1.0 이상</td></tr>
<tr><td colspan="2">저온 시</td><td colspan="2">1.0 이상</td><td colspan="2">1.0 이상</td><td colspan="2">1.0 이상</td></tr>
<tr><td colspan="2">가열 열화 시</td><td colspan="2">1.0 이상</td><td colspan="2">1.0 이상</td><td colspan="2">1.0 이상</td></tr>
<tr><td colspan="2" rowspan="3">인장 파괴시 신장률(%)</td><td colspan="2">표준 조건</td><td colspan="2">50 이상</td><td colspan="2">50 이상</td><td colspan="2">50 이상</td></tr>
<tr><td colspan="2">저온 시</td><td colspan="2">50 이상</td><td colspan="2">50 이상</td><td colspan="2">50 이상</td></tr>
<tr><td colspan="2">가열 열화 시</td><td colspan="2">50 이상</td><td colspan="2">50 이상</td><td colspan="2">50 이상</td></tr>
</table>

(4) 시험 방법

① 시험의 일반 조건

㉠ 시험실의 상태는 온도 25±2℃, 습도 50±5 %인 표준상태로 한다.

㉡ 시료는 표준상태에서 24시간 양생한 주제 및 경화체를 적적한 용기에 제조업자가 정한 비율로 채취하여 1분간 충분히 교반한 것으로 한다.

㉢ 시험은 시험별로 3회 실시한다.

② 점성

㉠ 점도: 시료를 채취하여 즉시 KS M 3705의 점도방법에 의해 측정한다. 이때 측정 시의 온도는 23±0.5℃, 점도계의 회전수는 20r/min으로 하며 지시계의 읽기는 측정 개시 후 60초 후로 한다.

㉡ 틱스트로픽 인덱스(Thixotropic index): 시료를 채취하여, 즉시 KS M 3705에 따라 측정한다. 이때 측정시의 온도는 23±0.5℃로 하고, 점도계의 회전수는 2 r/min에서의 점도 및 20r/min에서의 점도를 측정하고, 다음 식에 의해 틱소트로

픽 인덱스를 구한다.

$$TI = \frac{V_r}{V_o}$$

여기에서, TI : 틱소트로픽 인덱스

V_o : 20r/min에서의 점도(mPa · s)

V_r : 2r/min에서의 점도(mPa · s)

㉢ 슬럼프

- 시험장치: 항온기(각 시험 온도를 유지할 수 있는 것), 주사기(1 mℓ 단위의 눈금이 있는 용량 30 mℓ 이상의 주사기)
- 시험체 재료: 콘크리트판(KS F 4001에 규정하는 콘크리트 보통 평판), 메타크릴 수지판(KS M 3811에서 규정하는 일반용 투명한 판)
- 시험체의 제작 방법: 주제, 경화체 및 재료는 표 2.8.25 및 표 2.8.26에 나타내는 시험 온도로 24시간의 전 양생을 한다. 주제와 경화체를 제조업자가 정하는 비율로 채취하여 1분간 충분히 교반, 혼합한 시료로부터 20 mℓ를 주사기에 넣어 수평으로 놓아 콘크리트판의 중앙부에 높이 3 mm 이상의 반원구가 되도록 놓는다. 두께 3 mm의 금속제 간격재를 단부 주변에 설치하고, 그 위에 메타크릴 수지판을 콘크리트판에 겹쳐지도록 올려놓고 죔쇠로 고정한다. 그 후 곧바로 기준선을 시료의 하단부에 접하게 하고 콘크리트판의 밑변과 평행이 되도록 기입하고, 시험체를 그림 2.8.16과 같이 기준선이 하단이 되도록 연직으로 세운다.

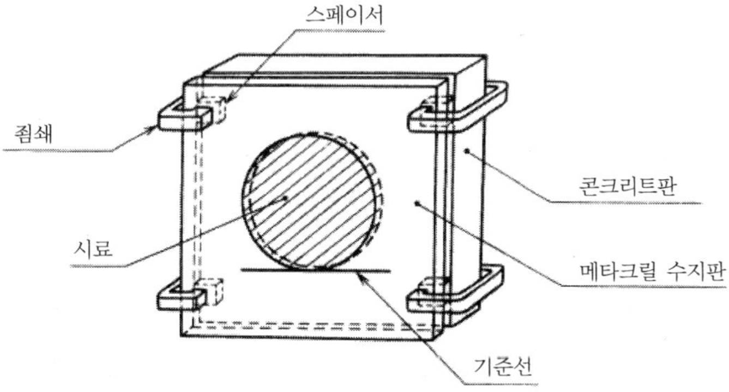

그림 2.8.16 슬럼프 시험체

- 시험 방법: 시험체를 연직으로 세우고 1시간 경과 후에 기준선으로부터 시료가 흘러 내린 길이를 정밀도 0.5 mm 이상의 자를 사용하여 측정한다.

③ 접착강도

㉠ 시험 환경 조건: 시험체 제작시, 양생시 및 시험시에 있어서 환경 조건은 표 2.8.27에 나타내는 표준 조건 및 특수 조건의 2종류로 한다.

표 2.8.27 접착강도 시험의 환경 조건 및 지속시간

<table>
<tr><th colspan="2" rowspan="2">시험 환경 조 건</th><th colspan="2">시험체 제작 시</th><th rowspan="2">시험체 양생 시</th><th rowspan="2">시험 시</th></tr>
<tr><th>접착 작업 전</th><th>접착 작업 시</th></tr>
<tr><td colspan="2">표준 조건</td><td>표준상태 7일간</td><td>표준상태 10분 이내</td><td>표준상태 7일간</td><td>표준상태</td></tr>
<tr><td rowspan="3">특수 조건</td><td>저온 시</td><td>표준상태 7일간 후 저온상태(1) 1일간</td><td>표준상태 10분 이내</td><td>저온상태 14일간</td><td>저온상태</td></tr>
<tr><td>습윤 시</td><td>표준상태 7일간 후 수중상태(2) 1일간</td><td>표준상태 10분 이내</td><td>다습상태(3) 7일간</td><td>표준상태</td></tr>
<tr><td>건습 반복 시</td><td>표준상태 7일간</td><td>표준상태 10분 이내</td><td>표준상태 1일간 후 건습반복(4) 3사이클, 그 후 표준 상태 1일간</td><td>표준상태</td></tr>
</table>

(1) 저온 상태: 온도 5±1℃를 말한다.
(2) 수중 상태: 온도 23±2℃의 맑은 물 중에 침지한 상태를 말한다.
(3) 다습 상태: 온도 23±2℃, 습도 85 % 이상을 말한다.
(4) 건습 반복: 온도 60℃의 순환식 공기 건조기 안에 18시간 방치고, 곧바로 온도 60℃의 항온 수조 안에 6시간 침지한 상태를 말하며, 이러한 조작을 1사이클이라고 한다.

㉡ 시험 장치

- 순환식 공기 건조기 시험(온도 60℃를 18시간 유지할 수 있는 것)
- 항온 수조(시험 온도 60℃를 6시간 유지할 수 있는 것)

㉢ 시험체 재료

- KS F 5201의 보통 포틀랜드 시멘트를 이용하여 질량비 1(시멘트): 3(표준사): 0.5(물)의 재료를 기계식 혼합기로 혼합하여 40×40×80 mm의 시험체를 제작하며, 습기 박스 중에서 24시간, 수중에서 27일 이상 양생한 것으로 한다.

㉣ 시험체의 제작 방법

- 그림 2.8.17에 나타낸 바와 접착층이 두께가 1.0 mm가 되도록 지름 1.0 mm의 강선을 스페이서(간격재)로 하여 끼워 넣고, 시료가 유출하지 않도록 점착 테이프 등으로 3방향을 봉하여 조제한 시료를 주입하여 시험체로 한다.

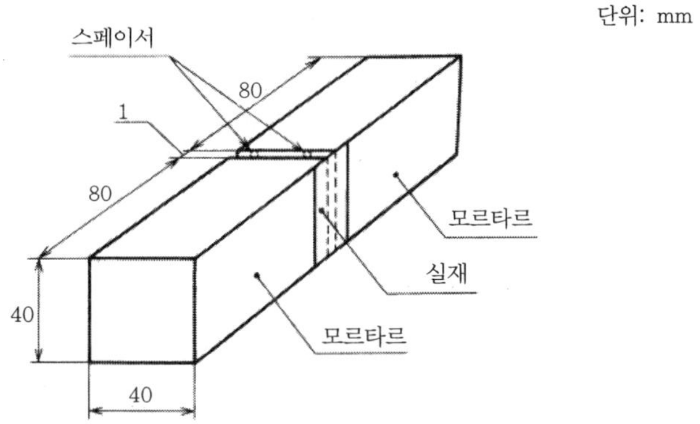

그림 2.8.17 접착강도 시험체

㉤ 접착강도의 측정방법

- 그림 2.8.18에 나타내는 재하방법으로 변형 속도 1.5 mm/min 또는 하중 속도 3 000 N/min로 재하하여 최대 하중을 구하여 다음 식에 의해 산출한다.

$$F = \frac{120P}{bh^2}$$

여기에서, F : 접착강도(N/mm²)

P : 최대하중(N)

b : 시험체의 너비(mm)

h : 시험체의 높이(mm)

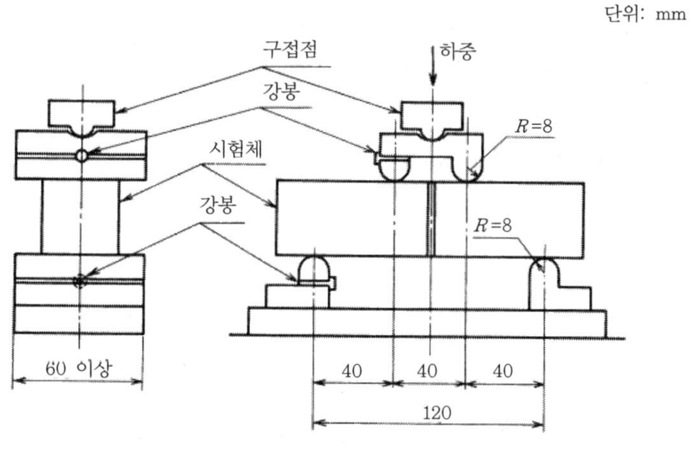

그림 2.8.18 접착강도 시험체 재하방법

④ 경화 추축률

㉠ 시험체: 액비중의 측정에는 앞의 (4) 시험 방법 ①항에 제시된 시료를 사용한다. 고체 비중의 측정에는 (4) 시험 방법 ①항에 제시된 시료를 KS M ISO 844의 7. 시험편에 규정하는 치수의 시험편이 얻어질 수 있는 금형에 충전하며, 표준상태의 시험실에서 7일간 양생하고, 탈형한 것을 사용한다.

㉡ 측정기: 정밀도 0.01 g 이상의 저울을 사용한다.

㉢ 시험 방법: 액비중은 KS M 3705의 비중컵 법에 따르고, 고체 비중은 KS M ISO 1183-1 A법(수중 치환법에 따른 측정방법)에 따른다. 이러한 액비중과 고체 비중으로부터 선수축률을 구하여 경화수축률로 하며, 다음 식에 의해 산출한다.

$$S = \frac{1}{3} \times \frac{D_2 - D_1}{D_2} \times 100$$

여기에서, S : 경화 수축률(%)

D_1 : 액비중

D_2 : 고체 비중

⑤ 가열 변화

㉠ 시험체: (4) 시험 방법 ①항에 제시된 시료를 KS M ISO 178의 6. 시험편에 나타낸 표준 치수의 시험편이 얻어질 수 있는 금형에 충전하며, 표준상태의 시험실에서 7일간 양생하고, 탈형한 것을 사용한다.

㉡ 측정기: 저울, 순환식 공기 건조기(온도 110±3℃에 7일간 이상 유지할 수 있는 것)

㉢ 시험 방법: 시험체에 대해 공기 중 및 수중에서의 질량을 측정하고, 온도 110±3℃의 순환식 공기 건조 기중에 7일간 방치한 후 공기 중 및 수중에서의 질량을 측정한다.

• 질량 변화율은 다음 식에 의해 산출한다.

$$M = \frac{W_1 - W_2}{W_1} \times 100$$

여기에서, M : 질량 변화율(%)

W_1 : 가열 전 공기 중에서의 시험체 질량(g)

W_2 : 가열 후 공기 중에서의 시험체 질량(g)

• 부피 변화율은 다음 식에 의해 산출한다.

$$T = \frac{V_1 - V_2}{V_1} \times 100$$

여기에서, T : 부피 변화율(%)

V_1 : 가열 전 시험체의 부피(cm^3)

V_2 : 가열 후 시험체의 부피(cm^3)

V_1 및 V_2는 다음 식에 의해 계산한다.

$$V_1 = (W_1 - w_1)/N$$

$$V_2 = (W_2 - w_2)/N$$

여기에서, w_1 : 가열 전 수중에서의 시험체 질량(g)

w_2 : 가열 후 수중에서의 시험체 질량(g)

⑥ 인장강도 및 인장 파괴시 신장률

㉠ 시험 조건: 시험 조건은 표 2.8.28과 같다.

표 2.8.28 인장강도 및 인장 파괴 신장의 시험 조건

시험의 환경 조건	시험체 양생 시	시험 시
표준 조건	표준 조건	표준상태
저온 시	저온상태 1일간	저온상태
가열 열화 시	고온상태 14일 후 표준상태 1일간	표준상태

고온 상태: 80±3℃를 말한다.

㉡ 시험체: 4.1의 시료를 KS M ISO 527-2 및 KS M ISO 527-3의 시험편에 나타난 치수의 시험편이 얻어질 수 있는 금형에 충전하고, 표준상태인 시험실에서 7일간 양생하여, 탈영한 것을 사용한다. 단, 경질형은 KS M ISO 527-2의 1B형 시험편, 연질형은 KS M ISO 527-3의 5호형 시험편으로 한다.

㉢ 시험장치

• 항온기(온도 80±3℃를 14일간 이상 유지할 수 있는 것)

• 시험기(파단 하중이 시험기 용량의 15~85 %에 상당한 것)

㉣ 시험 방법: 인장강도 및 인장 파괴시 신장률 시험은 KS M ISO 527-1에 따라 조작하고, 계산하여 산출한다. 단, 시험 속도는 경질형 5 mm/min, 연질형 20 mm/min로 한다.

⑦ 경질형 에폭시 수지의 압축강도

㉠ 시험 체: (4) 시험 방법 ①항의 시료를 KS M ISO 844의 7.의 시험편에서 규정하는 치수의 시험편이 얻어질 수 있는 금형에 충전고, 표준상태인 시험실에서 7일간 양생하여 탈형한 것을 사용한다.

㉡ 시험 방법: KS M ISO 844에 따라 시험을 진행하고, 압축강도는 항복점에 있어서의 시험편에 가해진 하중을 원래의 최소 단면적으로 나누어 구한다.

4. 기타 보수 재료 관련 규정

이외의 보수 재료 관련 규정은 다음과 같다.

콘크리트보수, 보호재의 기건 동결융해 시험 방법	KS F 2472
콘크리트 구조물 균열 보수용 직접 주입재의 내피로 성능 시험 방법	KS F 2624
콘크리트 보수, 보호재의 접착강도 시험 방법	KS F 2762
관입 저항침에 의한 콘크리트 보수재의 응결시간 측정방법	KS F 2763
콘크리트 구조물 보수용 폴리머 시멘트 모르타르	KS F 4042
콘크리트 구조물 보수용 에폭시 수지 모르타르	KS F 4043
수경성 시멘트 무수축 그라우트	KS F 4044
시멘트 혼화용 폴리머	KS F 4916
규산질계 분말형 도포방수재	KS F 4918
시멘트 혼입 폴리머계 방수재	KS F 4919
콘크리트 표면 도포용 액상형 흡수방지재	KS F 4930
점착 유연형 고무 아스팔트계 누수보수용 주입형 실링재	KS F 4935
콘크리트 보호용 도막재	KS F 4936
에폭시수지 및 경화제의 비중 시험 방법	KS M 3821
에폭시수지 및 경화제의 점도 시험 방법	KS M 3822
에폭시수지의 연화점 시험 방법	KS M 3823

8-4 미장재료

1. 개 요

(1) 일반사항

미장재료란 건축물의 구체 부위를 대상으로 미화, 보호, 보온, 방습, 방음, 내화를 위하여 내·외벽, 바닥, 천장 등에 흙손 또는 뿜칠에 의해 일정한 두께로 발라 마감하는 재료를 말한다. 또한, 미장재료는 주로 물을 사용하여 현장에서 배합하는 것이 특징이며, 어느 정도의 두께를 갖느냐에 따라 도장재료와 구별된다.

(2) 분류

미장재료의 분류는 다음 표 2.8.29와 같이 크게 기경성과 수경성 재료로 구분된다. 즉, 기경성 재료는 공기중의 이산화탄소와 작용하여 경화한 후 수축 및 경화하는 것으로 진흙, 회반죽, 돌로마이트 플라스터 등이 있으며, 수경성 재료로는 석고 플라스터, 시멘트 모르타르 등이 있다.

표 2.8.29 에폭시 수지의 종류

구 분		종 류
기경성	진흙질	진흙, 배벽흙 등
	석회질	회반죽, 회사벽, 돌로마이트 플라스터 등
수경성	석고질	석고 플라스터, 무수석고 플라스터 등
	시멘트 모르타르	시멘트 모르타르, 폴리머 시멘트 모르타르 등
	인조석 바름	인조석 바름, 테라조 현장바름 등

2. 미장용 시멘트 모르타르 시험 방법

(KS F 2262: Testing Method of Cement Mortar Plastering)

(1) 개요

이 표준은 건축물의 미장 공사에 사용하는 미장용 시멘트 모르타르의 시험 방법을 규정하기 위한 것이다.

(2) 시험 방법

미장용 시멘트 모르타르는 옥내용과 옥외용으로 구분되며, 옥내용의 경우 균열 시험을 실시하며, 옥외용의 경우 균열 시험 및 투수 시험을 실시한다.

① 균열 시험

3회 바름에 쓰이는 각 모르타르에 대하여 시험한다. 물의 양은 공사에 사용하는 정도로 한다. 시험기는 강철제로 형상은 그림 2.8.19에 표시한 것에 따른다. 모르타르를 시험기내에 타설하여 온도 20±5℃, 습도 70±5 %의 실내에 연직으로 아래로 매달아 1주 이내에 균열이 없어야 한다. 초벌 바름 두께가 특히 얇은 것은 시험기 강선의 높이를 소정의 바름 두께로 시험하여도 좋다.

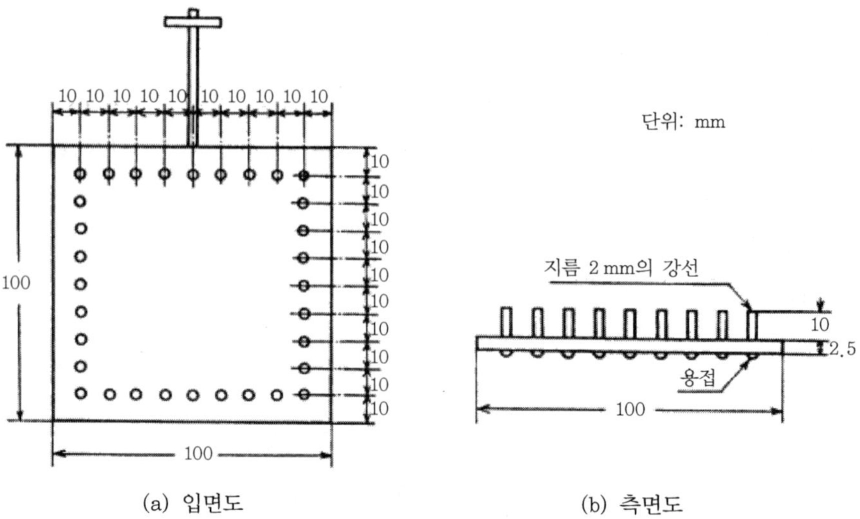

그림 2.8.19 균열 시험용 시험기

② 투수 시험

시험체는 크기 400×400 mm 이상으로 알맞은 두께의 형을 써서 초벌, 재벌, 정벌 바르기의 순으로 소정의 두께의 판을 만들어 온도 20±5℃, 습도 70±5 %의 실내에 4주간 보존한 것을 쓴다. 정벌 바름면을 위로 하여 책상에 놓고, 밑이 없는 지름 60 mm 이상, 250 mm 이상의 실린더를 그 위에 세운다. 밑의 바깥 주위는 기름이나 흙으로 밀폐하여 누수를 방지하고, 물의 높이가 항상 200 mm가 되게 조절하여 24시간 정치한 후 시험체의 뒷면에 물의 침투 흔적이 없어야 한다.

3. 석고 플라스터

(KS F 3507: Gypsum Plaster)

(1) 개요

이 표준은 건축물의 미장 공사에 사용하는 석고 플라스터에 관한 것이다.

(2) 종류

석고 플라스터의 종류는 다음 표 2.8.30과 같이 구분한다.

표 2.8.30 석고 플라스터의 종류

<table>
<tr><th colspan="2">구 분</th><th>내 용</th></tr>
<tr><td rowspan="2">혼합 석고 플라스터</td><td>정벌용</td><td>물만 혼합하여 즉시 사용하는 것</td></tr>
<tr><td>초벌용</td><td>물 및 골재를 혼합하여 즉시 사용하는 것</td></tr>
<tr><td colspan="2">보드용 석고 플라스터</td><td>물 및 골재를 혼합하여 즉시 사용하는 것으로
부착력이 강한 초벌용의 것</td></tr>
</table>

(3) 석고 플라스터의 품질

석고 플라스터의 품질은 다음 표 2.8.31의 성능을 만족하여야 한다.

표 2.8.31 석고 플라스터의 종류

<table>
<tr><th colspan="2" rowspan="2">구 분</th><th rowspan="2">소석고의 양[(1)](%)</th><th colspan="2">분말도(%)</th><th colspan="2">응결시간(시간)</th><th rowspan="2">휨강도 (N/mm^2)</th><th rowspan="2">경도 계수 (mm)</th><th rowspan="2">균열 시험</th><th colspan="2">보수율(%)</th></tr>
<tr><th>1 410 μm 체 통과량</th><th>149 μm 체 통과량</th><th>시발</th><th>종결</th><th>2분</th><th>10분</th></tr>
<tr><td rowspan="2">혼합 석고 플라 스터</td><td>정벌용</td><td>25 이상</td><td>100</td><td>60 이상</td><td rowspan="3">1 이상</td><td rowspan="2">8 이내</td><td>0.6 이상</td><td>2.0 이상</td><td rowspan="2">균열이 생기지 않을 것</td><td rowspan="3">80 이상</td><td rowspan="3">75 이상</td></tr>
<tr><td>초벌용</td><td>65 이상</td><td>–</td><td>–</td><td>1.4 이상</td><td>–</td></tr>
<tr><td colspan="2">보드용 석고 플라스터</td><td>85 이상</td><td>–</td><td>–</td><td>16 이내</td><td>1.6 이상</td><td>–</td><td>–</td></tr>
</table>

(1) 소석고량의 규정은 β형 석고를 주성분으로 하는 경우에는 적용하는 것으로 한다.

(4) 시험 방법

① 소석고량

소석고($CaSO_4 \cdot 1/2H_2O$)량의 환산은 다음 식에 따른다. 다만, 무수 황산(SO_3)의 정량 방법은 KS L 9003에 따른다.

$$소석고량(\%) = 무수황산(\%) \times 1.81$$

② 분말도 시험

㉠ 분말도 시험은 KS A 5101-1에 규정하는 치수 1.4 mm 및 150 μm 체를 사용하고, 다음 방법에 따라 체가름한다.

㉡ 시료 100 g을 채취하여 150 μm 체에 넣고 맑은 물로 씻는다. 이때 손가락으로 덩어리를 흘려 보낸다.

㉢ 통과된 물이 투명하게 된 후 체에 남아 있는 시료를 40℃ 이하의 온도로 건조시킨다. 충분히 건조된 후에 남아 있는 것을 취하여 감도 0.1 g의 저울로 단다. 1.4 mm 체에 대해서도 위와 같은 조작에 의해 체에 남아 있는 시료의 건조 질량을 구한다. 분말도는 다음 식에 따라 각 체의 통과량을 산출한다.

$$분말도(\%) = \frac{100 - 체에\ 남아\ 있는\ 시료의\ 질량}{100} \times 100$$

㉣ 시험은 각 체에 대하여 2회 실시하여 평균값을 구한다.

③ 응결 시험

㉠ 표준 연도의 연도 측정에는 KS L 5102에 규정하는 비카침 장치를 사용한다. 단, 연도 측정용 봉은 그림 2.8.20에 나타내는 중공 알루미늄제로 무게 50 g인 것으로 한다.

㉡ 낙하물의 총 질량은 표 2.8.32에 규정하는 비카침 장치를 사용한다.

표 2.8.32 응결 시험기의 낙하 물체의 총 질량

구 분		혼합량(g)		낙하물체의 질량(g)	표준 연도 (침입 깊이,mm)
		석고 플라스터	모래[1]		
혼합 석고 플라스터	정벌용	300	0	50	10±1
	초벌용	100	200	150[2]	
보드용 석고 플라스터		100	200	150	

㉢ 시료는 표 2.8.32에 나타내는 혼합량의 것을 철제 범랑 비커(1 L)에 넣고 혼합한 후 적정량의 물을 넣어 약 3분간 젓는다. 휘저을 때는 끝을 반구형으로 한 지름 약 20 mm의 목재 또는 플라스틱제 봉을 사용하고, 1분간 약 120회의 속도로 균일하게 한다. 휘저은 시료를 측정 용기에 가득 채워 표면을 평평하게 하여 그 중앙에 그림 2.8.20에 나타내는 연도 측정용 봉을 서서히 내려서 침이 들어간 깊이를 측정한다. 침이 들어간 깊이가 10±1 mm에 도달했을 경우를 표준 연도로 하고, 그때의 석고 플라스터에 대한 물의 질량비를 표준 혼수비로 한다.

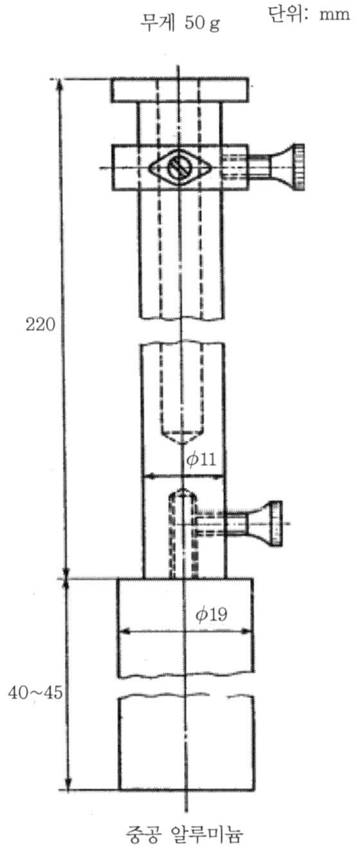

그림 2.8.20 표준 연도 측정용 봉

㉣ 응결 시간의 측정에 사용하는 침은 KS L 5102에 규정하는 비카침 장치의 시발용 표준침으로 한다. 표준 연도의 시료를 측정 용기에 넣고, 표면을 평평하게 하여 침을 서서히 내리고 침의 끝이 용기의 바닥으로부터 약 3 mm 되는 곳에 정지되었을 때를 응결시작이라 하고, 석고 플라스터에 물을 넣을 때부터 응결 시작까지의 시간을 시발 시간으로 한다. 응결 시작으로부터 약 3 mm 되는 곳에 정지하는 때를 종결 시작이라 하고, 석고 플라스터에 물을 넣을 때부터 종결 시작까지의 시간을 종결 시간으로 한다. 시발 및 종결은 10분 단위로 나타낸다.

④ 휨강도 시험

㉠ 시험체의 크기는 20×20×80 mm로 한다. 시료의 교반은 ③에 나타낸 방법과 동일하게 하고, 표 2.8.32에 나타낸 표준 연도로 조정한 시료를 형틀에 흘려 넣어 시험체에 기공이 생기지 않도록 넣는다. 시험체의 수는 6개로 한다. 시험체는 응결 종결 후 3시간 이상 실내에 놓아 둔 후 40±3℃의 공기 순환기가 달려 있는 건조기로 건조하여, 그 질량 변화가 6시간에 0.2 g 이하로 되었을 때를 항량 건조 상태에 있다고 보고 시험한다.

㉡ 휨강도 시험이 지점 간 거리는 60 mm로 하고, 받쳐 주는 것과 눌러 주는 것은 8 mm의 봉강으로 한다. 하중은 시험체 측면의 중앙에 놓고 하중 속도는 매초 19.6 N으로 한다.

㉢ 휨강도는 다음 식에 따라 산출한다.

$$\text{휨강도}(\mathrm{N/mm^2}) = \text{최대 하중}(\mathrm{N}) \times 1.125/100$$

㉣ 시험 결과는 6개의 시험체 중 최댓값과 최솟값을 제한값의 평균값으로 나타낸다.

⑤ **경도 시험**

㉠ 시료는 표 2.8.32에 나나낸 표준 연도의 석고 플라스터를 사용한다. 밑판은 크기 70×70 mm의 유리판을 사용하고, 그 위에 초벌용 석고 플라스터를 두께 5 mm로 바른다. 다음에 물이 빠지는 것을 보고 정벌용 혼합 석고 플라스터를 가능한 한 얇게 바르고 표면을 잘 고른 다음 풍속 0.7m/s 이하의 습한 공기 중에 1일간 구고, 그 후에는 적당한 통풍이 되는 실내에 6일간 둔다. 시험체의 수는 3개로 한다.

㉡ 인장 시험은 마르텐스 형 인장 경도계를 사용한다. 단, 인장 침은 KS B 2001에 규정하는 지름 3 mm의 강구로 한다.

㉢ 경도계의 하중은 1.96 N으로 하고, 각 시험체의 표면 중앙 부분에 길이 약 30 mm의 흠집을 내고, 그 선 중앙을 흠 너비를 1/20 mm 눈금이 있는 확대경으로 측정하고 3개의 평균값을 구한다.

㉣ 그 평균값을 b(mm)로 하고, 경도 계수는 다음 식에 의한 산출한다.

$$\text{경도계수}(\mathrm{mm}) = 3.0 - b$$

⑥ **균열 시험**

㉠ 시료는 표 2.8.32에 나나낸 표준 연도의 석고 플라스터를 사용한다. 혼합 석고 플라스터 초벌용의 균열 시험은 시료를 철제 밑판에 흙손으로 바르고, 8시간 실내에 놓아둔 후 2~3m/s로 통풍이 되는 곳에 수직으로 걸어 두어 시험체 표면의 균열 발생 상황을 3일간 관찰한다. 시험체의 수는 3개로 한다.

㉡ 혼합 석고 플라스터 정벌용의 균열 시험은 초벌용 시험에서 균열이 발생하지 않은 시험체의 표면에 정벌용 혼합 석고 플라스터를 약 1.5 mm의 두께로 바르고, 8시간 실내에 놓아 둔 후 초벌용 시험과 같은 방법으로 시험을 하고 균열 발생 유무를 조사한다.

⑦ **보수율 시험**

㉠ 석고 프라스터 400 g을 취하여 표준 연도 측정용인 50 g 봉으로 측정한 침입량이

단위: mm

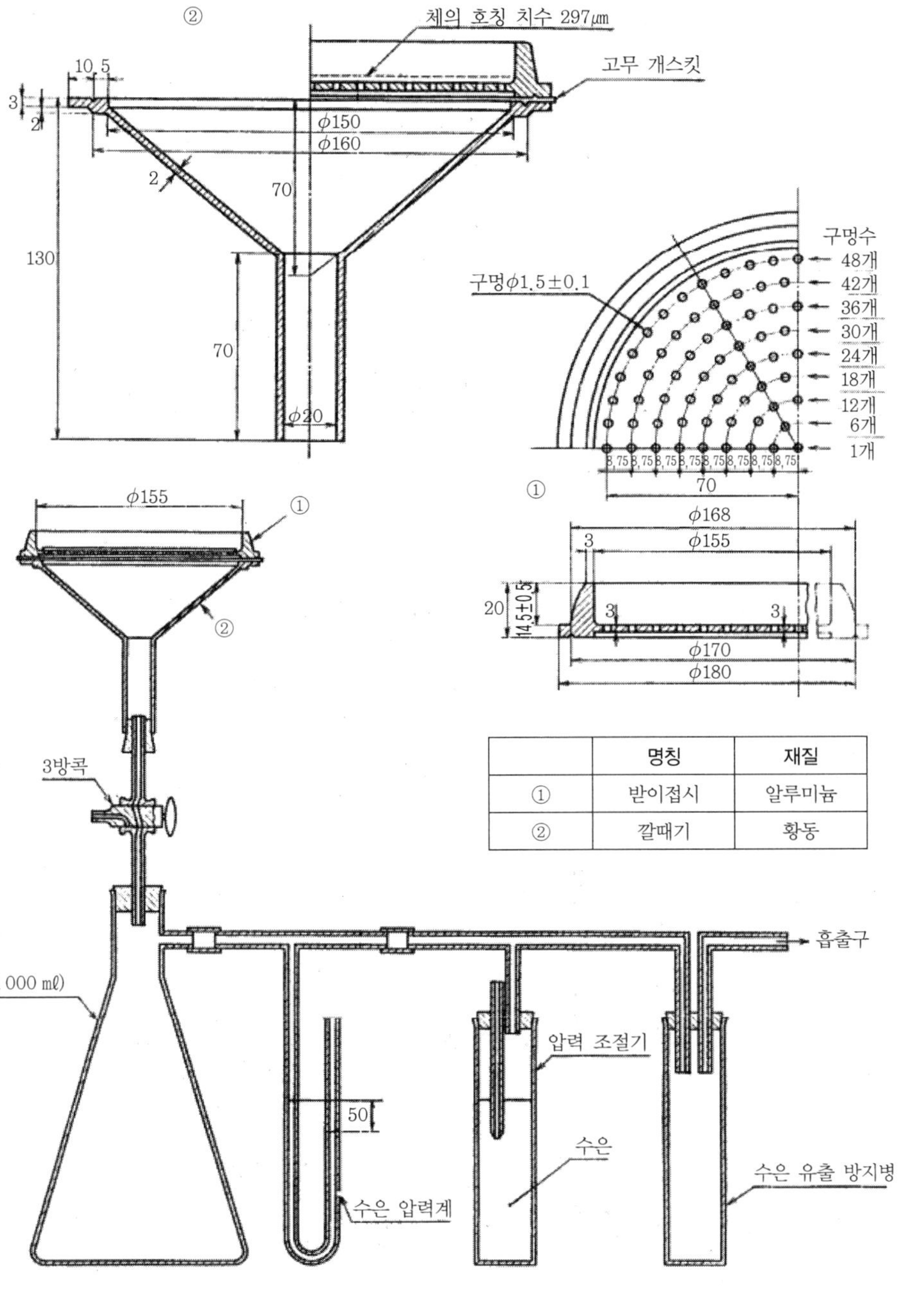

	명칭	재질
①	받이접시	알루미늄
②	깔때기	황동

그림 2.8.21 보수율 시험 장치

10±1 mm의 표준 연도가 되도록 조정하여 시료로 한다.

㉡ 보수율 시험 장치는 그림 2.8.21에 나타낸 것을 사용한다. 받이접시에 놓는 거름종이는 KS M 7602에 규정한 5종 A로 한다. 받이접시에 놓은 거름종이를 물로 적시고 여분의 물을 흡수시킨 후, 그 위에 시료를 채우고 뒷면을 평평하게 한다. 압력조절기는 흡출구를 움직여 압력계로 측정했을 때 50 mm의 감압이 되도록 조정하여 놓고, 시료를 가득 채운 받이접시를 깔때기 위에 놓고 흡인한다. 흡인 시간은 2분 및 10분으로 한다.

㉢ 흡인 후 시료를 받이접시 위에 놓고 계량한다. 이때 받이 접시 밑에 부착되어 있는 물방울은 천으로 닦아낸다. 보수율은 흡인 전후의 받이접시 중 시료의 수량으로부터 다음 식에 따라 산출한다. 시험은 3회로 하고 그 평균값을 구한다.

$$\text{보수율}(\%) = \frac{\text{흡인 후의 받이접시 중 시료의 수량}}{\text{흡인 전의 받이접시 중 시료의 수량}} \times 100$$

4. 얇은 마무리용 벽 바름재

(KS F 4715: Wall Coatings for Thin Textured Finishes)

(1) 개요

얇은 바름재는 합성수지 등의 결합재, 골재, 무기질계 분체 및 섬유 재료를 주원료로 하여 주로 건축물의 내외벽을 스프레이, 롤러, 흙손 등으로 시공하는 두께 1~3 mm 정도의 요철 모양으로 마무리하는 미장재료이다.

(2) 종류 및 성능

얇은 바름재는 외장 얇은 바름재와 내장 얇은 바름재로 대별되며, 각각의 성능은 다음 표 2.8.33를 만족해야 한다.

표 2.8.33 얇은 바름재의 요구성능

시험항목		종 류	
		외장 얇은 바름재	내장 얇은 바름재
저온 안정성		덩어리가 없고, 조성물의 분리 · 응집이 없을 것	
초기 건조에 따른 내잔갈림성		잔갈림성이 생기지 않을 것	
부착강도 (N/mm^2)	표준상태	0.6 이상	0.4 이상
	침수 후	0.4 이상	–

(표 계속)

시험항목	종 류	
	외장 얇은 바름재	내장 얇은 바름재
온랭반복 작용에 대한 저항성	시험체의 표면에 벗겨짐, 잔갈림, 부풂이 없고, 또한 현저한 변색 및 광택저하가 없으며, 부착강도가 0.4 N/mm^2 이상일 것	–
물흡수 계수 $kg/(m^2 \cdot h^{0.5})$	0.2 이하	–
내세척성	벗겨짐, 마모에 의한 밑판의 노출이 없을 것	
내충격성	잔갈림, 두드러진 변형 및 벗겨짐이 없을 것	
내알칼리성	갈라짐, 부풂, 벗겨짐, 녹아남이 없고, 침투 안 된 부분에 비하여 선명하지 않거나 변색이 현저하지 않을 것	
내후성	잔갈림, 벗겨짐이 없고, 변색이 표준회색 3호 이상일 것	–
습기투과성(sd)	2 이하	–
내변퇴색성	–	잔갈림, 벗겨짐이 없고, 변색이 표준회색 3호 이상일 것
연소성능	–	난연성[1]
가요성	–	잔갈림 및 벗겨짐이 없을 것

(1) 난연성의 성능은 총 방출열량 $8MJ/m^2$ 이하, 최대 열 방출률이 10초 이상 연속으로 $200KW/m^2$를 초과하지 않으며, 시험체를 관통하는 방화상 유해한 균열, 구멍 및 용융이 없을 것, 가스유해성 시험결과 평균 행동정지시간이 9분 이상일 것

(3) 시험 방법

① 양생실 및 시험실의 상태

양생실의 상태는 20±2℃, 습도 65±10 %로 한다. 또 시험실의 상태는 20±15℃, 습도 65±20 %로 한다.

② 시험용 밑판

시험용 밑판은 다음 표 2.8.34과 같이 한다.

표 2.8.34 시험용 밑판 조건

시험항목	시험용 밑판
초기 건조에 따른 내잔갈림성 시험	KS F 4001의 규정에 적합한 제품으로 표면에 붙은 더러움, 부착물 등을 와이어 브러시 · 천 등으로 제거하고, 7일 동안 양생실에서 양생한 것으로 300×300×60 mm의 것
내충격성 시험	
부착강도 시험	70×70×20 mm의 모르타르 판(1)
온랭 반복 작용에 대한 저하성 시험	70×70×20 mm의 모르타르 판(1)
물흡수계수 측정	KS L 5105에 따라 제작한 지름 100 mm, 두께 10 mm의 원형 모르타르
내세척성 시험	KS L 5114에 규정하는 두께 6 mm의 플렉시블판을 430×170 mm의 크기로 절단한 것
내알칼리성 시험	KS L 5114에 규정하는 두께 4 mm의 플렉시블판을 150×50 mm의 크기로 절단 한 것
내후성 시험	
내변퇴색성 시험	
연소성 시험	KS L 5114에 규정하는 두께 10 mm의 0.8 PA 펄라이트판
가요성 시험	KS D 3506에 규정하는 SGCC로 두께 0.3 mm의 용융 아연 도금 강판을 150×50 mm의 크기로 절단한 것

(1) KS L 5105에 따라 배합한 모르타르르 안쪽 치수 70×70×20 mm의 금속제 거푸집을 사용하여 성형시켜, 온도 20±3℃, 습도 80 % 이상의 상태에서 24시간 양생시켜 탈형한 후 6일 동안 20±2℃의 물속에서 양생한다. 다시 7일 이상 양생실에서 양생시킨 뒤 KS L 6003에 규정하는 150번 연마지를 사용하여 성형 시 밑면을 충분히 연마해서 시험용 밑판으로 한 것이다.

③ 시료의 조제

㉠ 혼합한 형인 경우

얇은 바름재의 용기 내에서 충분히 휘저어 균등질로 한 뒤 3 kg 이상을 꺼내어 필요한 양을 묽게 하기 위한 액체를 가해 균등하게 혼합하여 시료로 한다. 다만, 분체의 얇은 바름재는 금속제 용기에 넣어 핸드 믹서 등으로 이겨서 균등질하게 한다.

㉡ 사용 시 혼합하는 형인 경우

필요한 성분과 물의 필요량을 준비한 다음에 이 원료를 금속제 용기에 넣고 균등하게 되도록 혼합해서 시료로 한다. 다만, 분체의 얇은 바름재는 핸드 믹서 등으로 이겨서 균등질하게 한다.

④ 시료 또는 시험체의 수

각각의 시험 항목의 시료 또는 시험체의 수는 3개로 한다.

⑤ 저온 안정성 시험

㉠ 시료의 조제

합성 수지 에멀션계 얇은 바름재를 용기 내에서 충분히 혼합한 균등질의 시료로 한다.

㉡ 시험 방법

- 시료를 높이 130 mm, 지름 112 mm, 판두께 0.23~0.27 mm의 금속제 용기에 거의 가득히 넣어서 밀폐하고, −5±2℃로 유지한 항온조에 18시간 넣어 둔 후 용기를 꺼내어 양생실에 6시간 놓아둔다.
- 이 조작을 3회 반복 뒤, 용기의 윗면을 열어 시료를 가만히 휘저으면서 덩어리의 유무 및 조성물의 분리 · 응집 유무를 육안으로 관찰한다.

⑥ 초기 건초에 따른 내잔갈림성

㉠ 시험 방법

- 바탕판에 표면에 ③에 따라 조제한 시료를 2 mm 두께가 되도록 흙손으로 바른 시험체를 바로 풍속 3m/s±10 %로 조정한 공기 흐름통 내에 넣어 시험체를 기류에 평행이 되도록 놓는다.
- 6시간 후에 시험체를 꺼내어 표면에 잔갈림 발생하였는지의 여부를 육안으로 관찰한다.

⑦ 부착강도 시험

㉠ 시험체의 제작

- ②에 표시한 시험용 밑판의 표면에 그림 2.8.22와 같이 ③에 따라 조제한 시료를 2 mm 두께가 되도록 흙손으로 바르고 윗면을 평판하게 마무리한다.

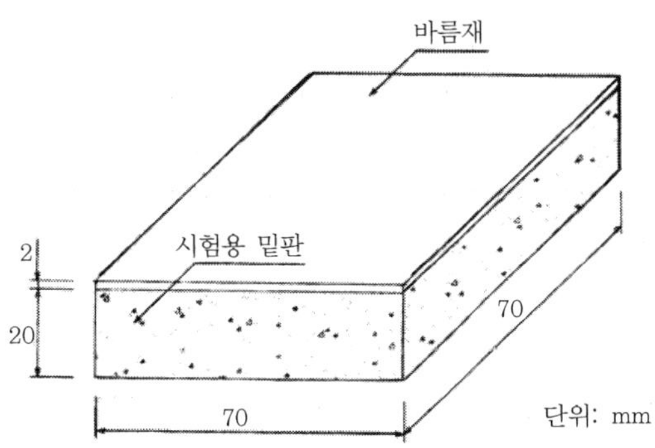

그림 2.8.22 부착강도용 시험체

- 그 후 양생실에 14일 동안 가만히 놓아 둔 것을 시험체로 한다. 또한, 침수 후의 부착강도 시험에 사용하는 시험체의 4측면은 양생 기간 종료 3일 전에 에폭시 수지 도료로 도포한다.

ⓛ 표준 상태의 시험 방법

- 소정의 양생이 끝난 시험체를 양생실 내에서 수평으로 간직하고, 시료 바름면에 접착제를 칠한 후 상부 인장용의 강철제 지그를 가만히 올려 놓고 가볍게 문지르듯이 접착시킨 후, 다시 그 위에 질량 약 1 kg의 추를 얹어 주위에 비어져 나온 접착제를 신중히 제거한다.
- 24시간 가만히 놓아둔 후 추를 제거하고, 강철제 지그 주변을 따라 얇은 바름재의 밑판에 닿을 때까지 홈을 내고 밑 인장용 강철제 지그와 강철제 받침판으로 시료면에 대하여 연직방향으로 인장력을 가하여 최대 인장하중을 구한다. 부착강도는 다음 식에 의해 산출하고 소수점 이하 1자리로 끝맺음한다.

$$\text{부착강도}(\mathrm{N/mm^2}) = \frac{T}{1600}$$

여기에서, T: 최대 인장 하중(N)

ⓒ 침수 후의 시험 방법

그림 2.8.23과 같이 물탱크 내의 표준 모래 위에 시험체를 수평으로 놓고, 수면이 시험체 밑판의 윗면에 약 5 mm의 위치가 되도록 물을 붓고 그 상태에 10일 동안 가만히 놓아둔다. 소정의 기간이 지난 뒤, 시험체를 꺼내어 시험체의 측면을 밑으로 하여 양생실 내에 48시간 가만히 놓아둔 뒤 부착강도를 구한다.

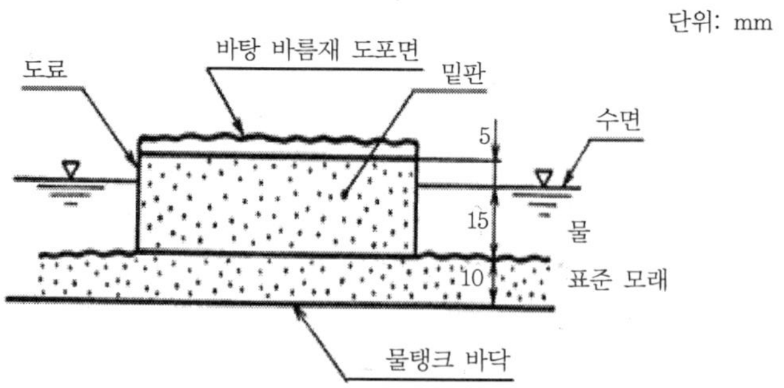

그림 2.8.23 침수 후 부착강도 시험 방법

⑧ 온랭 반복 작용에 대한 저항성 시험

시험체를 20±2℃의 물속에 18시간 담가둔 다음, 즉시 −20±3℃의 항온 탱크 속에 3시간 냉각시키고, 이어서 50±3℃의 다른 항온 탱크 속에서 3시간 가온한다. 이 24시간을 1사이클로 하는 조작을 10회 반복한 뒤, 시험실에 2시간 가만히 놓고, 얇은 바름재의 표면에 벗겨짐, 잔갈림, 부풂이 있는지 여부를 육안으로 관찰하는 동시에 변색 및 광택 저하의 정도를 기준 시험체와 비교한다. 시험 후 부착강도를 실시하고, 결괏값을 초기 부착강도와 비교한다.

⑨ 물흡수 계수 측정

밑판은 ②에 따라 제작하고, 표면에 ③에 따라 조제한 시료를 2 mm 두께로 성형하여 다음과 같이 처리한 다음, KS F 2609에서의 계산식에 따라 물흡수 계수를 구한다.

14일간: 일반 기후 조건하에 저장한다.
6시간: 표면을 흐르는 물에 담근다.
18시간: 일반 기후 조건하에 저장한다.
6시간: 50℃의 열상자에 저장한다.
18시간: 일반 기후 조건하에 저장한다.
6시간: 시험 표면을 흐르는 물에 담근다.
18시간: 일반 기후 조건하에 저장한다.
6시간: 50℃의 열상자에 저장한다.
18시간: 일반 기후 조건하에 저장한다.
6시간: 시험 표면을 흐르는 물에 담근다.
9일간: 일반 기후 조건하에서 항량이 될 때까지 건조시킨다.

⑩ 내세척성 시험

㉠ 시험체의 제작

- 밑판에 ③에 따라 조제한 시료를 2 mm 두께가 되도록 흙손으로 발라, 양생실에 14일 동안 가만히 놓아둔 것을 시험체로 한다.

㉡ 시험 방법

- 시험체를 바름면이 위를 향하도록 세척 시험기(그림 8.2.28) 시험대에 수평으로 고정시킨다.
- 미리 처리한 브러시를 바름면에 올려 놓고 약 4.40 N의 압력을 브러시에 가하면서 표면을 문지른다.
- 문지른 면은 항상 비눗물에 젖게 하고, 외장 얇은 바름재일 때는 500회, 내장 얇

은 바름재일 때에는 300회 브러시를 왕복시킨다.

- 시험체를 시험기에서 떼어내어 물로 씻고, 브러시로 문지른 자국 중앙에 해당되는 길이 100 mm의 부분에 대해서 올려 놓고, 벗겨짐 및 마모에 의한 밑판의 노출 유무를 확산 주광 아래서 육안으로 관찰한다.

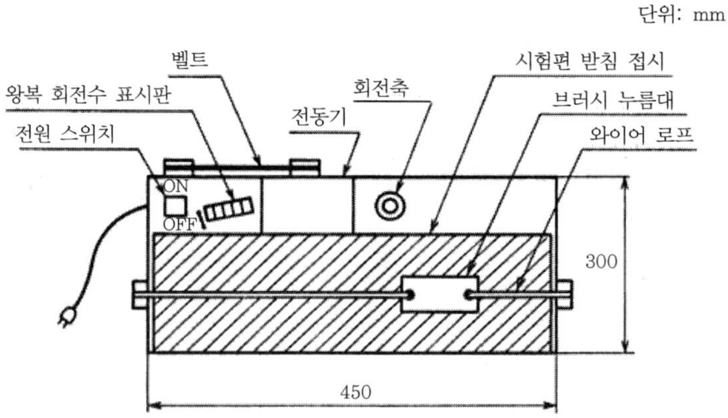

그림 2.8.24 내세척성 시험기 상세

⑪ 내충격성 시험

㉠ 시험체의 제작

- 밑판의 표면에 ③에 따라 조제한 시료를 2 mm 두께가 되도록 흙손으로 발라, 양생실에 14일 동안 가만히 놓아둔 것을 시험체로 한다.

㉡ 시험 방법

- KS F 2221에 규정하는 모래 위 전면지지 방법에 따라 수평을 유지한 시험체의 표면에 둥근 모양의 추 W2-500을 높이 300 mm에서 떨어뜨려 잔갈림, 심한 변형 및 밑판과의 벗겨짐 유무를 육안으로 관찰한다. 시험은 1개의 시험체에 대하여 50 mm 이상 떨어진 3곳에서 한다.

⑫ 내알칼리성 시험

㉠ 시험체의 제작

- 밑판의 표면에 ③에 따라 조제한 시료를 2 mm 두께가 되도록 흙손으로 발라 양생실에 7일 동안 가만히 놓아둔 후 뒷면 및 옆면을 에폭시 수지 도료로 칠하고, 그 뒤 3일 동안 가만히 놓아둔 것을 시험체로 한다.

㉡ 시험 방법

- 300 mℓ 비커에 20±2℃의 수산화칼슘 포화 용액을 약 90 mm 높이까지 넣고, 이

용액 속에 시험체를 거의 수직이 되도록 담가둔다.

- 24시간 경과 후, 시험체를 거내어 즉시 물로 가만히 끼얹어 표면에 묻어 있는 시험액을 씻어내고, 묻어 있는 물기를 대충 닦아 낸다. 이 시험체를 3시간 동안 시험실에 가만히 놓아둔 후 잔갈림, 부풂, 벗겨짐, 녹아 나옴의 유무를 육으로 관찰하는 동시에 흐름 및 변색의 정도를 시험 용액에 잠기지 않는 부분과 비교한다.

⑬ 내후성 시험

㉠ 시험체의 제작

- 밑판의 표면에 ③에 따라 조제한 시료를 2 mm 두께가 되도록 흙손으로 발라 양생실에 7일 동안 가만히 놓아둔 것을 시험체로 한다.

㉡ 시험 방법

- KS F 2274의 4.(시험 방법의 종류)에 규정하는 선샤인 카본 아크등(WS형)을 사용하며, KS F 2274의 6.(시험 방법)에 따라 시험한다.
- 250시간 빛을 쪼인 뒤 기중의 시험체와 빛을 받은 시험체를 KS K 0911에 규정하는 표준 회색 색표를 사용하고, KS A 0065에 준하여 변색의 정도를 비교하는 동시에 잔갈림 및 벗겨짐의 유무를 육안으로 관찰한다.

(a) 촉진 내후성 시험기

(b) 촉진 내후성 시험체 설치 모습

그림 2.8.25 촉진 내후성 시험

⑭ 습기 투과성 시험

㉠ 시험체의 제작

- 밑판에 ③에 따라 조제한 시료를 2 mm 두께가 되도록 흙손으로 바른 후, 시험체를 온도 23℃, 습도 50 %에서 28일 동안 경화시킨다.

㉡ 시험 방법

- KS F 2607의 5.1(컵법)의 측정용 기구를 이용하여 KS F 2607의 5.1.2의 c)(측

그림 2.8.26 습기 투과성 시험 모습

정)에 따라 측정을 한 후, 다음 식에 따라 결괏값을 구한다.

단일재료의 경우, $sd(\mathrm{m}) = \mu \times t = \dfrac{1}{1.5 \times 10^6} \times \dfrac{\Delta P}{M}$

복합재료의 경우, $sd_1 + sd_2 + \cdots + sd_n = \dfrac{1}{1.5 \times 10^6} + \dfrac{\Delta P}{M}$

여기에서, sd: 측정 재료의 습기 투과성(m)

μ : 측정 재료의 습기 투과 저항계수

t : 측정 재료의 두께(m)

$\delta\left(\dfrac{1}{1.5 \times 10^6}\right)$: 공기 5℃에서의 습기 투과계수$\left(\dfrac{\mathrm{kg}}{\mathrm{m \cdot Pa \cdot h}}\right)$

M : 측정 재료의 단위시간당 질량의 변화(kg/m^2 · h)

ΔP: 습기압차(Pa)

단, 포화 습기 Ps는 온도 20℃일 경우 2 340 Pa이다.

⑮ 내변퇴색성 시험

㉠ 시험체의 제작

- 밑판에 ③에 따라 조제한 시료를 2 mm 두께가 되도록 흙손으로 발라 양생실에 7일 동안 가만히 놓아둔 것을 시험체로 한다.

㉡ 시험 방법

- KS M 3072에 규정하는 자외선 카본 페이드미터를 사용하여, 청색 색표를 사용하지 않는 경우의 시험 방법에 따라 시험체를 28시간 빛에 노출시킨 뒤 암실에 24시간 방치하여 KS K 0911에 규정하는 표준 회색 색표와 비교하는 동시에 잔갈림 및 벗겨짐의 유무를 육안으로 관찰한다.

⑯ 연소성 시험

㉠ 난연성 시험

- 시험체의 제작
  - 시험체의 제작은 밑판의 표면에 ③에 따라 조제한 시료를 2 mm 두께가 되도록 흙손으로 발라 양생실에 7일 동안 가만히 놓아둔 것을 시험체로 한다.
  - 시험체는 실제의 것과 동일한 구성과 재료로 되어야 하며, 시험체의 각 단면에 별도의 마감을 하지 않아야 한다.
- 시험 방법
  - KS F ISO 5660-1에 따라 실내에 접하는 면에 대하여 3회 시험을 실시하며, 가열 시험 개시 후 5분간 총 발열량을 측정하며, 5분간 10초 이상 연속으로 발생하는 최대 열 방출률을 측정한다. 또한 5분간 가열 후 시험체를 관통하는 이상 유무를 관찰한다.
  - 가스유해성 시험은 KS F 2271에 따라 실내에 접하는 면에 대하여 2회 시험을 실시한다.

⑯ 가요성 시험

㉠ 시험체의 제작

- 밑판의 표면을 KS L 6003에 규정하는 240번 연마지를 사용하여 연마한 후, 석유 벤진으로 가루 등을 제거하고 30분 동안 건조시켜, ③에 따라 조제한 시료를 2 mm 두께가 되도록 흙손으로 발라, 양생실에 14일 동안 가만히 놓아 둔 것을 시험체로 한다.

㉡ 시험 방법

- 그림 2.8.27에 표시한 대로 시험체의 뒷면 대략 중앙에 지름 10 mm의 강철봉을 대고, 바름면을 바깥쪽으로 해서 90° 꺾어 굽혀 잔갈림 및 벗겨짐의 유무를 육안으로 관찰한다.

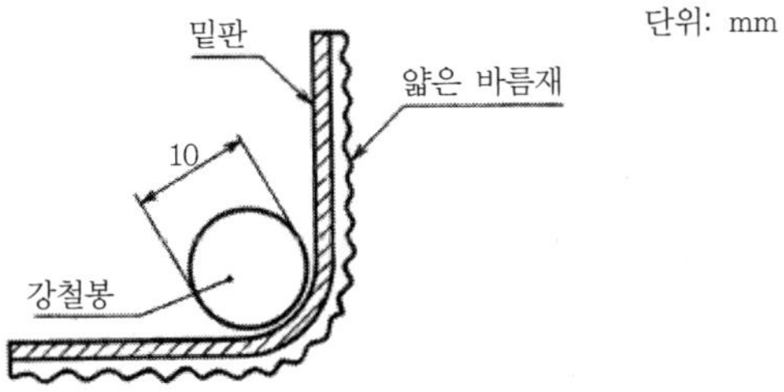

그림 2.8.27 가요성 시험 방법

5. 미장재료의 기타 시험 방법 및 제품

이외의 미장재료에 대한 기타 시험 방법 및 제품은 다음과 같다.

시멘트계 바탕 바름재	KS F 4716
경량 골재 마감용 바름재	KS F 3513
미장용 잔 골재	KS F 2578
미장용 소석회	KS L 9007
건조 시멘트 모르타르	KS L 5220
돌로마이트 플라스터	KS F 3508

8-5 도장재료

1. 개 요

(1) 일반사항

도장재료란 유동상태로 물체의 표면에 바르면 얇은 층으로 되어 시간이 흐름에 따라 부착한 채로 고화되어 소요의 성능을 갖는 막으로 형성되면서 연속적으로 면을 덮는 것을 말한다.

소요의 성능이란 다음 중의 하나 또는 두 가지 이상의 성능을 말한다.

① 물체의 보호: 방습, 방청, 방식, 내유 · 내약품

② 외관이나 형상의 변화: 색 및 광택의 변화, 미관, 표지, 평활화, 평탄화, 입체화

③ 기타: 열 · 전기 등의 전도성 조절, 미생물의 부착방지, 살균, 음파 또는 기타 파동의 발산, 반사, 흡수, 색에 의한 온도의 지시 등

도료를 물체의 표면에 칠하는 것을 도장, 마른 도료가 얇은 층으로 고화하는 것을 건조하여 생긴 연속피막을 도막이라 한다.

(2) 도장재료의 종류

도장재료에는 페인트 바니시와 같이 불투명 또는 투명피막을 형성하는 것과 스테인 또는 실리콘방수액과 같이 피막을 형성하지 않은 것이 있다. 피막을 형성하는 것 중에서도 주로 마감장식 또는 환경조정 등을 목적으로 하는 것과 방부, 방충, 방화, 방청 또는 내산, 내알칼리성 등 보호를 주목적으로 사용하는 것이 있고, 그 종류도 매우 많다. 도장재료를 분류하면 표 2.8.35와 같다.

표 2.8.35 도장재료의 종류

구 분		비 고
유성페인트 수성페인트 에나멜페인트		안료와 유지 또는 페이스트재를 혼합한 물을 주원료로 한 것으로서, 유지가 건조하거나 수액이 증발하여 불투명한 피막을 만드는 것.
수지성 페인트	용제형	안료와 합성수지 시너(Thinner)를 주원료로 한 것으로 용제에 용융시킨 것과 용제에 용융시키지 않은 것이 있다.
	에멀션형	
	무용제형	
바니시(Varnish)	유성	천연 또는 인공수지를 유지 또는 용제로 용융시킨 것.
	휘발성	
스테인	수성	안료를 물, 기름 또는 용제에 용융시킨 것으로 주로 목재착색용에 이용
	유성	
	용제형	
옻칠	생옻칠	옻나무 수피로부터의 분비액을 정제한 것으로 피막은 투명, 불투명 등 여러 가지가 있다.
	정제칠	
감 물		익지 않은 감을 절구에 다져 물을 가하여 수일 후 천으로 짜서 채취한 액체로 주로 목재의 착색과 보호의 목적으로 사용되고 있다.

2. 도료 및 관련 원료 시험 방법

(KS M 5000: Testing Method for Organic Coatings and Their Related Materials)

(1) 투명액체의 점도 시험 방법-가드너관법(시험 방법 2121)

■ 기 구

① 가드너관

안지름 10.75±0.025 mm, 안길이 112±0.05 mm의 투명한 유리로 만든 평평한 바닥 시험관으로서, 관의 입구로부터 아래로 5 mm 및 13 mm의 곳에 각각 눈금이 새겨져 있다.

② 표준 점도관

가드너관에 점도를 알고 있는 액을 넣고 밀폐한 것으로서, 표에 표시한 값에 따라 기호가 새겨져 있는 것을 말한다.

■ 시험 방법

① 직접 시험

고형물이 없는 깨끗한 시료를 가드너관에 거품이 생기지 않도록 하여 그림 2.8.28과 같이 액면이 아래 눈금에 일치하도록 시료를 채우고, 코르크 마개의 밑부분이 위 눈금에 일치하도록 끼운다. 시료가 든 가드너관을 물중탕에 넣고, 내용물이 25±0.25℃가 되도록 유지시킨다. 가드너관을 거꾸로 하여 기포가 올라와서 정지하도록 하고, 기포가 올라오는데 소요된 시간의 2배 정도를 정치시킨 후 다시 거꾸로 하여 수직으로 하고, 기포가 원위치로 돌아가는데 소요되는 시간을 0.1초까지 측정하여 다음 식에 따라 초 단위의 시간을 스토크 단위의 점도로 환산한다.

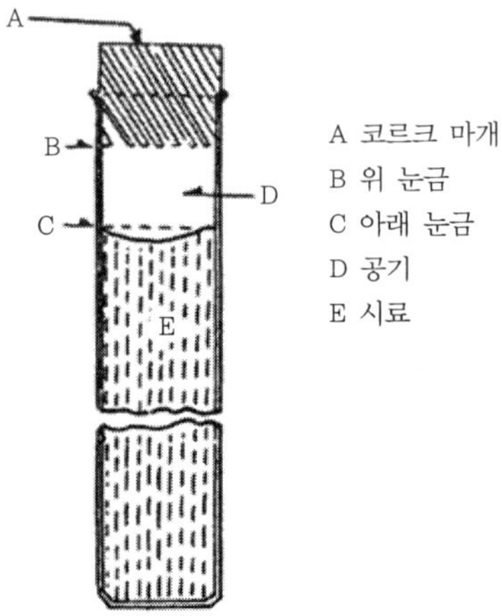

그림 2.8.28 가드너관

$$V = 0.73T - 0.5/T^2$$

여기에서, V : 점도(스토크)

T : 시간(초)

② 표준점도관과의 비교 시험

시료가 든 가드너관과 표준점도관을 동시에 위와 같은 조작을 반복할 때, 비교할 표준점도관과 시료가 든 가드너관의 기포상승속도가 가장 가까운 것을 택하여 표 2.8.30에 규정된 점도관의 가드너 기호를 시료의 점도로 표시한다.

(2) 도료의 비중 시험 방법(시험 방법 2131)

■ 기 구

알루미늄이나 스테인리스강으로 만든 수직 원통형에 가운데 지름이 1 mm의 구멍이 있는 뚜껑을 사용하도록 된 그림 2.8.29과 같은 것으로 높이 약 79 mm, 지름 약 40 mm, 25±0.5℃에서 용량 100±0.1 mℓ의 컵.

■ 시험 방법

무게를 알고 있는 비중컵에 25±0.5℃로 유지한 시료를 가득 채우고 기포가 완전히 제거된 것을 확인한 다음 뚜껑을 닫고 넘친 시료를 깨끗이 닦아내고 무게를 단다.

■ 계 산

다음 식에 따라 비중을 계산한다.

$$S=(G_s-G)/100$$

여기에서, S : 시료의 비중

G_s : 시료를 넣은 비중컵의 무게(g)

G : 빈 비중컵의 무게(g)

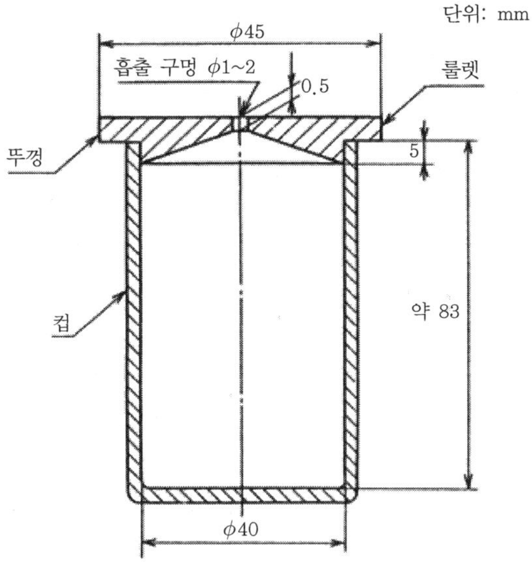

그림 2.8.29 비중컵

표 2.8.36 표준 점도관의 가아드너 기호와 점도(스토크)(1)의 관계

가아드너 기호	점도(스토크)	기포 상승 시간(초)
A 5	0.005 05	
A 4	0.0624	
A 3	0.144	
A 2	0.220	
A 1	0.321	

(표 계속)

가아드너 기호	점도(스토크)	기포 상승 시간(초)
A	0.50	1.2
B	0.65	1.3
C	0.85	1.5
D	1.00	1.6
E	1.25	1.9
F	1.40	2.1
G	1.65	2.3
H	2.00	2.8
I	2.25	3.1
J	2.50	3.4
K	2.75	3.8
L	3.00	4.1
M	3.20	4.4
N	3.40	4.7
O	3.70	5.1
P	4.00	5.5
Q	4.35	6.0
R	4.70	6.4
S	5.0	6.8
T	5.5	7.6
U	6.27	8.6
V	8.84	12.1
W	10.7	14.7
X	12.9	17.7
Y	17.6	24.0
Z	22.7	31.0
Z 1	27.0	37.0
Z 2	36.2	50.0
Z 3	46.3	63.0
Z 4	63.4	87.0
Z 5	98.5	135.0
Z 6	148	202.0
Z 7	388	
Z 8	590	
Z 9	855	
Z 10	1 066	

주(1) 포아즈=스토크×비중(g/㎖)

(3) 도막의 색상 시험 방법(시험 방법 3011)

◢ 시험 방법

① 시험판

제품규격과 시험 방법에서 규정하고 있는 방법에 따라 도막을 작성한다. 만일, 표준 견본액을 규정한 경우에는 시료와 같은 방법으로 이의 도막을 만들고, 시편 또는 경우에 따라서는 표준 도편을 지정한 대기조건[19] 아래에서 건조시킨다.

② 색의 비교 방법

㉠ 비색을 위한 광원[20)21)]은 자연광 또는 인공표준광원을 사용한다.

㉡ 시료면과 광의 목측 방향은 목측할 때 시료면에 대한 눈의 위치 및 광선방향은 그림 2.8.30과 같다.

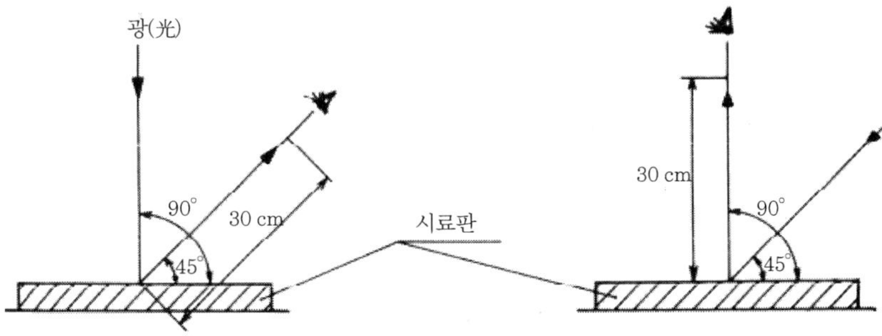

그림 2.8.30 목측 위치

㉢ 마스킹을 비교할 때는 명도 5~8의 무광택 회색 종이로 만든 그림 2.8.31과 같은 마스킹을 사용하며, 이간비교법(離間比較法)으로 5초 이내에 목측한다.

---

19) 시료를 도장·건조하여 시험하는 장소는 온도 23±1℃, 상대습도 50±4 %의 직사광을 받지 않는 장소로서, 시험에 악영향을 미치는 가스, 증기 등이 없고, 통풍되는 곳으로 한다. 스프레이 도장하는 장소는 온도 23±5℃, 습도 55±4 % 이하로 한다.

20) 자연광을 사용할 때의 주의사항

a) 직사광선을 피한다.

b) 환경색(보기를 들면 벽이나 천장의 색)에서 영향을 받지 않게 한다.

c) 유리창, 커튼 등의 투과광선을 피한다.

d) 해가 뜬 후 3시간부터 해가 지기 전 3시간까지의 자연광을 이용하고, 정한 시간 외에는 인공광원을 사용한다.

e) 북쪽에서 오는 빛을 택한다.

21) 인공표준광원: 크세논 램프와 필터를 사용한 표준백색광원을 사용한다.

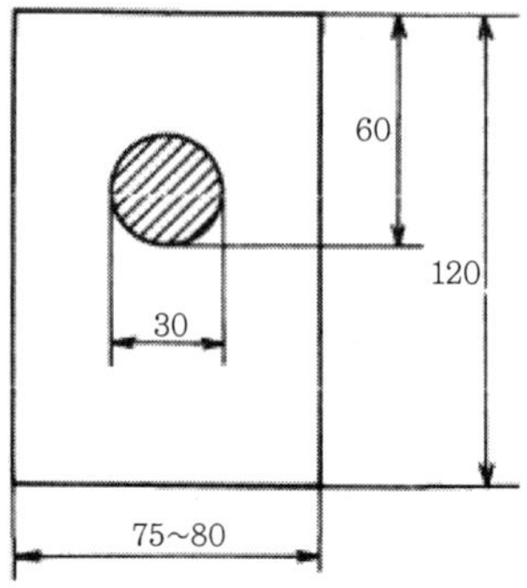

그림 2.8.31 마스킹

③ 광택도의 비교

광택도가 다른 도막을 비교할 때에는 물이나 투명한 광유로 도막을 적셔야 한다.

(4) 마모성 시험 방법-낙사 시험(시험 방법 3321)

■ 장 치

① 마모 시험기는 그림 2.8.32와 같다.

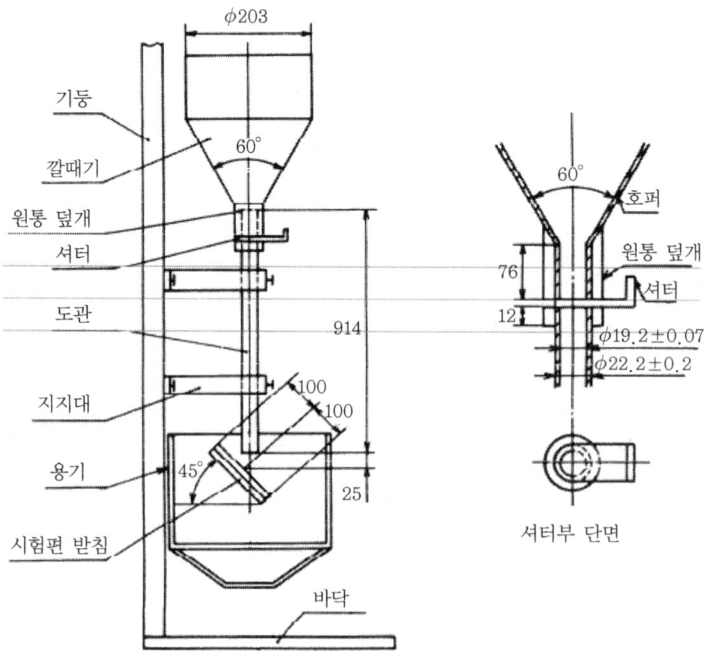

그림 2.8.32 낙사 마모 시험기

모래 도관은 적당한 용기 위에 수직으로 고정되어야 하며, 용기는 수직방향과 45°의 각도로 시험판을 놓을 수 있는 지지대가 있어야 한다. 도관에서 시험편까지의 가장 가까운 거리는 25.4 mm이어야 한다. 이 장치의 밑바닥에는 장치를 알맞게 조절하도록 나사가 붙어 있어야 한다.

② 도관에는 모래가 흐르는 도관의 위 끝에서 76 mm되는 곳에 엷은 접시 모양의 차단기(금속판)가 달려 있으므로 모래의 차단을 조정할 수 있어야 한다. 도관을 통해 당겨지는 공기의 흐름으로 모래의 적당한 흐름이 방해를 받게 되므로 도관 위쪽 입구 13 mm 틀의 금속 덮개를 해주어야 한다.
차단 금속판이 제거될 때 도관의 흘러내릴 덮개를 고정할 수 있도록 입구 아래 6 mm 되는 곳의 도관 주위에 좁은 띠를 쳐주어야 한다.

③ 표준 모래는 오타와에서 나는 자연 실리카 모래로서 1.2 mm체를 통과하지만 0.6 mm체에는 통과하지 않는 모래이다. 그러나 보통 100 g의 모래를 5분간 체로 쳤을 때 1.2 mm 체에 15 g 미만이 남고, 0.6 mm체를 통과한 것이 5 g 미만이면 표준 모래로 사용할 수 있다.

장치의 조절

① 적당량의 모래를 깔때기에 넣고 도관을 통해 떨어뜨릴 때, 조절나사를 이용하여 모래 줄기가 맨 중앙에 흐르도록 맞추고 서로 90°되는 두 위치에서 맞는지 살펴본다. 모래 2 000±10 mℓ를 깔때기에 넣고 흐르게 하여 소요된 시간을 측정한다. 2ℓ가 22±1초 동안에 흘러내려야 한다.

② 시험편을 정위치에 놓고 시험편의 도막에 지름 4 mm의 구멍이 날 때까지 모래를 흐르게 한다. 시험막의 연마된 전 면적은 타원형이 되고, 긴 지름이 31.8 mm, 짧은 지름이 25.4 mm가 된다. 마모된 원의 중심은 긴 지름의 중앙에 위치하고, 맨 위쪽 둘레에서 15.9±1.6 mm 범위 안에 들어야 한다. 가볍게 마지막 조정으로 중심을 맞춘다.

장치의 유지

① 정확한 시험을 하도록 주기적으로 장치를 확인한다.

② 모래는 50차례 사용하면 새 것으로 바꿔야 한다.

시험 방법

① 별다른 규정이 없으면, 적당한 용제로 깨끗이 닦은 금속판에 적당한 방법으로 도료를 일정한 두께로 도막을 만든 다음 제품 규격에 따라 건조 · 경화시킨다.

② 시험편의 세 곳에 지름 2.5 cm의 원을 그리고 시험할 수 있도록 시험편을 지지판 위

에 알맞게 고정한다. 적당한 방법으로 시험 도막의 두께를 각 부분에서 적어도 5곳을 측정하고, 평균을 내어 각 시험편의 두께로 한다.

③ 별다른 규정이 없으면 시험은 23±1℃, 상대습도 50±4 %에서 행한다. 시험편을 시험편 지지대 위에 놓고 표시해 둔 세 부분의 하나를 모래 도관 밑에 고정시킨다. 5 000±25 mℓ의 모래를 깔때기에 붓는다. 금속판의 차단기를 열어 도관에서 모래가 시험할 부분에 떨어지도록 한다. 모래가 모두 떨어진 후에 마모된 정도를 관찰한다. 다시 금속판으로 도관을 막고 전부 또는 적당량의 모래를 깔때기에 다시 붓는다.

사용한 모래의 양을 매번 기록해 두어야 한다. 각 시험 때마다 마모의 정도를 기입하여 시험을 계속한다. 도막에 구멍이 뚫어지면 모래의 양을 줄여가며 조절하고 구멍의 지름이 4 mm가 될 때 시험을 중지한다. 사용된 모래의 mℓ수를 기록한다. 똑같은 방법으로 시험편의 나머지 부분도 실험해야 한다. 다음의 방법에 의하여 얻어진 결과를 계산하여 보고한다.

■ 결과의 계산과 보고

① 시험 부분 도막두께의 평균치와 사용한 모래의 양을 계산한다.

② 다음 식에 의하여 도막에 대한 마모계수를 계산하여 보고한다. 이 식에서 마모저항성이 도막 두께에 비례한다는 것을 추측할 수 있다.

$$\text{마모계수}(l/\mu\text{m}) = V/T$$

여기에서, V : 사용된 모래의 평균량

T : 도막의 평균 두께(μm)

■ 재현성

각 시험편에서 얻은 각 수치는 그 시험편에서의 평균수치 ±10 % 안에 들어야 한다. 또 똑같은 두께에서 똑같은 시료로 된 다른 시험편들에서 얻은 평균치는 ±10 % 범위에 들어야 한다.

(5) 도료의 점착성 시험 방법-나이프 시험(시험 방법 3341)

■ 시험 방법

제품 규격에 규정된 방법으로 시료를 도장하여 건조시킨다.

예리한 칼날을 시험판에 대해 30°의 각도로 잡고, 시험판의 표면으로부터 도막을 좁은 리본 모양으로 잘라보고, 도막의 유연성, 부스러짐, 강인성을 시험한다.

잘라낸 도막의 상태가 규격에 일치하는가를 검사한다.

3. 도료의 기타 시험 방법 및 제품

이외의 도료에 대한 기타 시험 방법 및 제품은 다음과 같다.

복층 마감 도장재	KS F 4723
도료 및 관련 원료 시험 방법	KS M 5000
도료 용어	KS M 5001
안료 시험 방법	KS M 5131
안료의 블리딩성 시험 방법	KS M 5132
안료의 열 안정성 시험 방법	KS M 5133
도료용 지방산	KS M 5201
액상 도료용 건조제	KS M 5202
에폭시 수지 분체 도료	KS M 5250
폴리에스테르 수지 분체 도료	KS M 5251
염화비닐 수지 바니시	KS M 5304
염화비닐 수지 에나멜	KS M 5305
염화비닐 수지 프라이머	KS M 5306
합성수지 에멀션 페인트(외부용)	KS M 5310
광명단 조합페인트	KS M 5311
조합페인트	KS M 5312
조합페인트 목재 프라이머 백색 및 담색	KS M 5318
도료용 희석제	KS M 5319
합성수지 에멀션 페인트(내부용)	KS M 5320
건축용 방화 도료	KS M 5328
분광 광도계 측정값에 의한 적외선 반사율 측정	KS M 5506
상도 적합성 시험 방법	KS M 5507
도료의 색 분류 기준	KS M 5550
알키드 수지 바니시	KS M 5601
콘크리트 및 벽돌 외부용 조합페인트	KS M 5957
도료 건조 도막의 내용매성 시험 방법	KS M 5971
도료 건조 도막의 긁힘성 시험 방법	KS M 5972
도료 건조 도막의 부풀음 평가 시험	KS M 5973
도장된 철판 표면의 녹 평가 시험 방법	KS M 5974
페인트 바니시-도료 도막의 열화 평가	KS M 5975
분체도료의 입자 크기 및 분포 시험 방법	KS M 5976
이산화황이 함유된 나습한 조건에서 도료의 내구성 시험 방법	KS M 5977
분체 도료의 가열 감량 시험 방법	KS M 5978
도료의 흐름 저항성 시험 방법	KS M 5980
도료의 밀착성 시험 방법	KS M 5981
도료의 촉진 내후성 시험 방법	KS M 5982

Part 3

각종 데이터 시트

목재의 시험성과표

20 년 월 일

1. 시료번호 ____________________ 5. 채취날짜 ____________________
2. 시료종류 ____________________ 6. 생 산 자 ____________________
3. 시료채취장소 ____________________ 7. 시 공 자 ____________________
4. 채 취 자 ____________________ 8. 의 뢰 자 ____________________

시험편 / 시험종목		성 적							비 고 (참고로 필요한 기재사항)
		1	2	3	4	5	평균	판정	
1. 평균 연륜폭(mm)									
2. 함수율(%)									
3. 비 중									
4. 수축률(%)	연륜반경방향								
	접선방향								
	섬유방향								
5. 흡수량 (N/mm^2)	마구리면								
	접선방향면								
	섬유방향면								
6. 압축강도 (N/mm^2)	종압축강도								
	종압축영계수								
7. 인장강도 (N/mm^2)	종인장강도								
	종인장영계수								
8. 휨강도 (N/mm^2)	휨강도								
	영계수								
9. 전단강도 (N/mm^2)	접선방향								
	반경방향								
10. 갈라짐저항 (N/mm^2)	접선방향								
	반경방향								
11. 내후비(%)									
12. 마모량(mm)									
13.									
14.									
15. 고찰									

실험자	소 속		성 명	인
확 인	서 기 20 년 월 일		성 명	인

시멘트의 시험성과표

20 년 월 일

1. 시료번호 ______________________
2. 시료종류______________________
3. 시료채취장소__________________
4. 채 취 자______________________
5. 채취날짜______________________
6. 생 산 자______________________
7. 시 공 자______________________
8. 의 뢰 자______________________

시험 종목 \ 시료		성 적						비 고 (참고로 필요한 기재사항)
		1	2	3	4	평균	판정	
1. 비 중								
2. 분말도	블레인법 (cm^2/g)							
	표준체44μ 잔분(%)							
3. 응 결	표준주도(%)							
	초 결(분)							
	종 결(시간)							
4. 안정도(%)	오토클레이브팽창도							
5. 압축강도 (N/mm^2)	1일							
	3일							
	7일							
	28일							
6. 인장강도 (N/mm^2)	1일							
	3일							
	7일							
	28일							
7.								
8.								

고 찰

실험자	소 속		성 명	인
확 인	서 기 20 년 월 일		성 명	인

잔 골재의 시험성과표

20 년 월 일

1. 시료번호 ____________________
2. 시료종류____________________
3. 시료채취장소________________
4. 채 취 자____________________
5. 채취날짜____________________
6. 생 산 자____________________
7. 시 공 자____________________
8. 의 뢰 자____________________

시료 / 시험종류		성적 1	2	3	4	평균	판정	비 고 (참고로 필요한 기재 사항)
1. 체 가 름(F.M)								
2. 비 중								
3. 흡 수 율(%)								
4. 단위용적질량(kg/m^3)								
5. 공 극 률(%)								
6. 안정성(손실질량)(%)								
7. 표면수율(%)	표건포화상태기준							
	습윤상태기준							
8. 유기불순물(표준색의( )배)								
9. 잔입자율(0.074 mm체 통과) (%)								
10. 점토덩어리 함유율(%)								
11. 모르타르압축강도에 의한 잔 골재시험	기준재 (N/mm^2)							
	시료 (N/mm^2)							
12.								
13.								

고 찰

실 험 자	소 속		성 명	인
확 인	서 기	20 년 월 일	성 명	인

굵은 골재의 시험성과표

20 년 월 일

1. 시료번호 ______________________
2. 시료종류______________________
3. 시료채취장소____________________
4. 채 취 자______________________
5. 채취날짜______________________
6. 생 산 자______________________
7. 시 공 자______________________
8. 의 뢰 자______________________

시료 / 시험종목	성적						비고
	1	2	3	4	평균	판정	
1. 체가름(F.M)							
2. 비중							
3. 흡수율(%)							
4. 단위용적질량(kg/m^3)							
5. 공극률(%)							
6. 안정성(손실질량)(%)							
7. 마모율(%)							
8.							
9.							

고 찰

실 험 자	소 속		성 명	인
확 인	서 기 20 년 월 일		성 명	인

잔 골재의 체가름 시험

시 험 일	서기 20 년 월 일 요일 날씨	
시험일 상태	실 온 (℃)	습 도 (%)

시 료	채취장소	채취날짜	채취자

체크기(mm)	각체에 남는 양의 누계		각체에 남는 양		통과량
	(g)	(%)	(g)	(%)	(%)
10 mm					
5 mm					
2.5 mm					
1.2 mm					
0.6 mm					
0.3 mm					
0.15 mm					
팬(접시)					
계					
조립률					

체가름 곡선

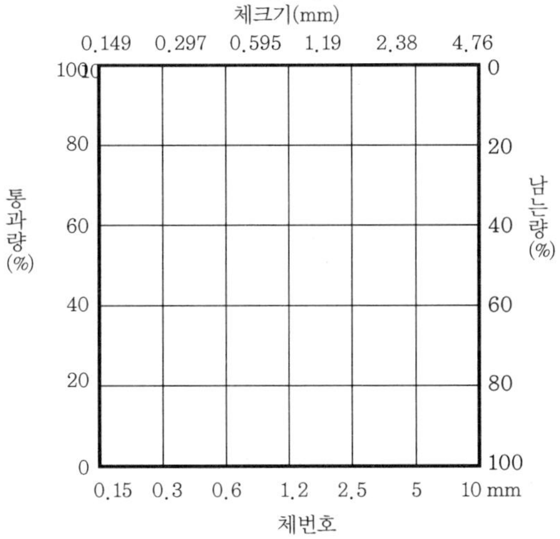

고 찰

실 험 자	소 속		성 명	인
확 인	서기 201 년 월 일		성 명	인

굵은 골재의 체가름 시험

시 험 일	서기 20 년 월 일 요일 날씨		
시험일의 상태	실 온(℃)	습 도(%)	
시 료	채취장소	채취날짜	채취자

체크기(mm)	각 체에 남는 양의 누계		각체에 남은 양		통과량
	(g)	(%)	(g)	(%)	(%)
100					
80					
65					
50					
40					
30					
25					
19					
16					
10					
5					
2.5					
팬(접시)					
계					
최대치수 (mm)			조립률		

체가름 곡선

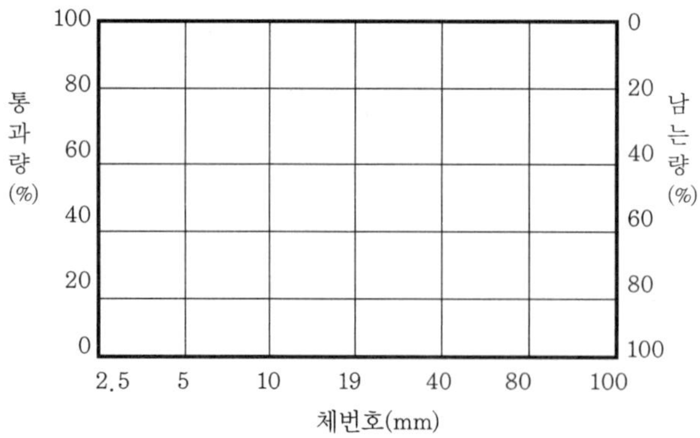

고 찰

실험자	소 속		성 명	인
확 인	서 기 20 년 월 일		성 명	인

골재의 안정성 실험

시험일	서 기 20 년 월 일 요일			날씨	
시험일의 상태	실 온(℃)	습 도(℃)	수 온(℃)	건조온도(℃)	
시료	잔 골재		굵은 골재		암석
용액의 종류					

체눈크기(mm) 통과	체눈크기(mm) 잔류	각 무더기의 질량(g)	① 각 무더기의 질량백분율(%)	② 시험 전 각 무더기 질량(g)	③ 시험 후 각 무더기의 질량(g)	④ 시험 후의 손실 질량백분율 $(1-\frac{③}{②})\times 100(\%)$	⑤ 골재의 손실 질량백분율 $\frac{(①\times④)}{100}(\%)$
잔 골재 안정성 시험							
0.15	–	–			–		
0.3	0.15				–		
0.6	0.3						
1.2	0.6						
2.5	1.2						
5	2.5						
10	5						
합 계				100.0			
비 고							

굵은 골재의 안정성 시험						
80	65					
65	40					
40	19					
19	10					
10	5					
합 계			100.0			
관찰 (19 mm 이상의 낱알)	시험 전 개수 이상을 나타낸 개수		파괴상황	붕괴 할열 박리 균열 기타		
비 고						

암석의 안정성 시험				
① 시험 전의 시료의 질량		관 찰	3조각 이상으로 쪼개진 낱알수	
② 시험 후 3조각 이상으로 쪼개지는 낱알의 질량			파괴 상황	붕괴 균열 할열 기타 박리
③ 손실질량백분율 $(1-\frac{①-②}{①})\times 100(\%)$				

고 찰			
실험자	소 속	성 명	인
확 인	서 기 20 년 월 일	성 명	인

굵은 골재의 닳음 시험

<table>
<tr><td>시 험 일</td><td colspan="7">서기 20 년 월 일 요일 날씨</td></tr>
<tr><td rowspan="2">시험일의 상태</td><td>실 온(℃)</td><td>습 도(%)</td><td colspan="2">수 온(℃)</td><td colspan="3">건조온도(℃)</td></tr>
<tr><td></td><td></td><td colspan="2"></td><td colspan="3"></td></tr>
<tr><td rowspan="2">시 료</td><td colspan="6">채취장소 채취일자</td><td>채취자</td></tr>
<tr><td colspan="6"></td><td></td></tr>
<tr><td colspan="2">체의 크기 또는 번호</td><td rowspan="2">각 무더기의 질량(g)</td><td rowspan="2">각 무더기의 질량백분율 (%)</td><td rowspan="2">입도구분</td><td rowspan="2">철구의 수</td><td rowspan="2">회전수</td><td rowspan="2">① 시험 전 시료 질량 (g)</td></tr>
<tr><td>남는체 (mm)</td><td>통과체 (mm)</td></tr>
<tr><td></td><td>2.5</td><td></td><td></td><td></td><td></td><td></td><td></td></tr>
<tr><td>2.5</td><td>5</td><td></td><td></td><td></td><td></td><td></td><td></td></tr>
<tr><td>5</td><td>5.66</td><td></td><td></td><td></td><td></td><td></td><td></td></tr>
<tr><td>5.66</td><td>10</td><td></td><td></td><td></td><td></td><td></td><td></td></tr>
<tr><td>10</td><td>13</td><td></td><td></td><td></td><td></td><td></td><td></td></tr>
<tr><td>13</td><td>19</td><td></td><td></td><td></td><td></td><td></td><td></td></tr>
<tr><td>19</td><td>25</td><td></td><td></td><td></td><td></td><td></td><td></td></tr>
<tr><td>25</td><td>40</td><td></td><td></td><td></td><td></td><td></td><td></td></tr>
<tr><td>40</td><td>50</td><td></td><td></td><td></td><td></td><td></td><td></td></tr>
<tr><td>50</td><td>65</td><td></td><td></td><td></td><td></td><td></td><td></td></tr>
<tr><td>65</td><td>80</td><td></td><td></td><td></td><td></td><td></td><td></td></tr>
<tr><td colspan="2">합 계</td><td></td><td>100.0</td><td></td><td></td><td></td><td></td></tr>
<tr><td colspan="4">② 시험 후 1.2 mm 체에 남는 시료의 질량(g)</td><td colspan="4"></td></tr>
<tr><td colspan="4">③ 닳음 손실질량 ①−② (g)</td><td colspan="4"></td></tr>
<tr><td colspan="4">④ 닳음(마모)률 $\frac{③}{①} \times 100$ (%)</td><td colspan="4"></td></tr>
<tr><td colspan="8">고 찰</td></tr>
<tr><td>실 험 자</td><td>소 속</td><td colspan="4"></td><td>성 명</td><td>인</td></tr>
<tr><td>확 인</td><td colspan="5">서기 20 년 월 일</td><td>성 명</td><td>인</td></tr>
</table>

콘크리트 시험성과표

20　　년　　월　　일

<table>
<tr><td rowspan="4">시방
배합</td><td rowspan="3">굵은
골재의
최대
치수
(mm)</td><td rowspan="3">슬럼프
의 범위</td><td rowspan="3">공기
량의
범위</td><td rowspan="3">물·
시멘
트비
(%)</td><td rowspan="3">잔
골재율
(%)</td><td colspan="8">단 위 량(kg/m³)</td></tr>
<tr><td rowspan="2">물
W</td><td rowspan="2">시멘트
C</td><td rowspan="2">잔 골재
S</td><td colspan="2">굵은 골재 G</td><td colspan="2">혼화재료</td><td rowspan="2">배합비
C: S: G</td></tr>
<tr><td>m~m
mm</td><td>m~m
mm</td><td>혼화제
종류</td><td>혼화제
(cc/m³)</td></tr>
<tr><td></td><td></td><td></td><td></td><td></td><td></td><td></td><td></td><td></td><td></td><td></td><td></td><td></td></tr>
</table>

<table>
<tr><td colspan="2" rowspan="2">시 료
시험종목</td><td colspan="5">성 적</td><td rowspan="2"></td></tr>
<tr><td>1</td><td>2</td><td>3</td><td>평균</td><td>판정</td></tr>
<tr><td colspan="2">1. 슬럼프(mm)</td><td></td><td></td><td></td><td></td><td></td><td></td></tr>
<tr><td colspan="2">2. 공기함유량(%)</td><td></td><td></td><td></td><td></td><td></td><td></td></tr>
<tr><td colspan="2">3. 블리딩량
(cc/mm²)</td><td></td><td></td><td></td><td></td><td></td><td></td></tr>
<tr><td colspan="2">4. 압축강도
(N/mm²)</td><td></td><td></td><td></td><td></td><td></td><td></td></tr>
<tr><td colspan="2">5. 인장강도
(N/mm²)</td><td></td><td></td><td></td><td></td><td></td><td></td></tr>
<tr><td colspan="2">6. 휨강도
(N/mm²)</td><td></td><td></td><td></td><td></td><td></td><td></td></tr>
<tr><td rowspan="2">7. 탄성
계수</td><td>종탄성계수
(N/mm²)</td><td></td><td></td><td></td><td></td><td></td><td></td></tr>
<tr><td>푸아송비</td><td></td><td></td><td></td><td></td><td></td><td></td></tr>
<tr><td colspan="2">8.</td><td></td><td></td><td></td><td></td><td></td><td></td></tr>
<tr><td colspan="2">9.</td><td></td><td></td><td></td><td></td><td></td><td></td></tr>
</table>

고 찰

실험자	소 속		성 명	
확 인	서기 20　　년　　월　　일		성 명	

굳지않은 콘크리트의 씻기 분석 시험

<table>
<tr><td colspan="2">시 험 일</td><td colspan="4">서기 20 년 월 일 요일 날씨</td></tr>
<tr><td colspan="2" rowspan="2">실험일의 상태</td><td>실 온(℃)</td><td>습 도(%)</td><td>수 온(℃)</td><td>건조온도(℃)</td></tr>
<tr><td></td><td></td><td></td><td></td></tr>
<tr><td colspan="2">시 료</td><td colspan="4"></td></tr>
<tr><td colspan="2">① 용기의 공기중질량(g)</td><td colspan="4"></td></tr>
<tr><td colspan="2">② 용기의 수중질량(g)</td><td colspan="4"></td></tr>
<tr><td colspan="2">③ 시료의 공기중질량(g)</td><td colspan="4"></td></tr>
<tr><td colspan="2">④ 시료의 수중질량(g)</td><td colspan="4"></td></tr>
<tr><td colspan="2">⑤ No.4(4.76 mm)체에
남은 시료의 수중질량(g)</td><td colspan="4"></td></tr>
<tr><td colspan="2">⑥ No.100(0.15 mm)체에
남은 시료의 수중질량(g)</td><td colspan="4"></td></tr>
<tr><td colspan="2">⑦ 잔 골재의 비중</td><td colspan="4"></td></tr>
<tr><td colspan="2">⑧ 굵은 골재의 비중</td><td colspan="4"></td></tr>
<tr><td colspan="2">⑨ 시멘트의 비중</td><td colspan="4"></td></tr>
<tr><td>⑩ 시험
결과</td><td colspan="5">a. 시멘트의 질량 $=(④-⑥)\times\frac{⑨}{⑨-1}=$
b. 잔 골재의 질량 $=(⑥-⑤)\times\frac{⑦}{⑦-①}=$
c. 굵은 골재의 질량 $=⑤\times\frac{⑧}{⑧-1}=$
d. 물의 질량 $=③-(a+b+c)=$</td></tr>
<tr><td colspan="6">고 찰</td></tr>
</table>

<table>
<tr><td>실 험 자</td><td>소 속</td><td></td><td>성 명</td><td>인</td></tr>
<tr><td>확 인</td><td colspan="2">20 년 월 일</td><td>성 명</td><td>인</td></tr>
</table>

슈미트 해머에 의한 콘트리트의 비파괴 시험

시 험 일	서기 20 년 월 일 요일 날씨												
시험일의 상태	기 온(℃)				실 온(℃)				습 도(%)				수 온(℃)
시 료													
공시체	재령 (일)				단위 시멘트량 (kg/m^3)								W/C(%)
반발경도													평균치( )
환산압축강도 (N/mm^2)													
실압축강도 (N/mm^2)													
반발경도													평균치( )
환산압축강도 (N/mm^2)													
실압축강도 (N/mm^2)													
반발경도													평균치( )
환산압축강도 (N/mm^2)													
실압축강도 (N/mm^2)													
고 찰													
실 험 자	소 속								성 명				인
확 인	서기 20 년 월 일								성 명				인

<table>
<tr><th colspan="5">콘크리트의 배합설계 (a)</th></tr>
<tr><td>시 험 일</td><td colspan="4">서기 20 년 월 일 요일 날씨</td></tr>
<tr><td rowspan="2">시험일의 상태</td><td>실 온(℃)</td><td colspan="2">습 도 (%)</td><td>수 온 (℃)</td></tr>
<tr><td></td><td colspan="2"></td><td></td></tr>
<tr><td>설계조건</td><td colspan="4"></td></tr>
<tr><td>시 료</td><td colspan="4"></td></tr>
<tr><td>재료시험
결 과</td><td colspan="4"></td></tr>
<tr><td>실제강도의
증가계수</td><td colspan="4"></td></tr>
<tr><td>① 물 시멘트비
W/C(%)의 결정</td><td></td><td>⑤ 단위수량 W(kg)
의 계산</td><td colspan="2"></td></tr>
<tr><td>② 굵은 골재의
최대치수(mm)의 결정</td><td></td><td>⑥ 단위 시멘트량
C(kg)의 계산</td><td colspan="2"></td></tr>
<tr><td>③ 슬럼프(mm)의
결정</td><td></td><td>⑦ 단위 잔 골재량
S(kg)의 계산</td><td colspan="2"></td></tr>
<tr><td>④ 잔골재율 s/α (%)의
결정</td><td></td><td>⑧ 단위 굵은 골재량
G(kg)의 계산</td><td colspan="2"></td></tr>
<tr><td colspan="5">고 찰</td></tr>
<tr><td>실 험 자</td><td>소 속</td><td>성 명</td><td colspan="2">인</td></tr>
<tr><td>확 인</td><td>서기 20 년 월 일</td><td>성 명</td><td colspan="2">인</td></tr>
</table>

콘크리트의 배합설계(b)

시험일	서기 20 년 월 일 요일 날씨			
시험일의 상태	기 온(℃)	실 온(℃)	습 도(℃)	수 온(℃)
시 료				

1배치 / 시험비비기	시멘트량 (kg)	수량 (kg)	W/C (%)	S/a (%)	잔 골재량 (kg)	굵은 골재량 (kg)	슬럼프 (mm)	관 찰
제 1 배치								
제 2 배치								
제 3 배치								
제 4 배치								

W/C에 대한 f_{28}의 평균치

W/C (%)	C/W (%)	S/a (%)	단위 수량 W(kg)	단위 시멘트량 C (kg)	슬럼프 (mm)	f_{28}의 평균 (N/mm²)

1.8 2.0 2.2

계 산

	굵은 골재의 최대 치수 (mm)	슬럼프의 범위 (mm)	공기량의 범위 (%)	물 시멘트비 W/C (%)	잔 골재율 S/a (%)	단위량(kg/m³) 물 W	시멘트 C	잔 골재 S	굵은 골재G mm ~ mm	굵은 골재G mm ~ mm	혼화 재료 혼화재	혼화 재료 혼화제 (cc/m³)
시방배합												
현장배합												

고 찰

실 험 자	소 속		성 명	인
확 인	서기 20 년 월 일		성 명	인

석재의 시험성과표

20 년 월 일

1. 시료번호____________________
2. 시료종류____________________
3. 시료채취장소____________________
4. 채 취 자____________________
5. 채취날짜____________________
6. 시공자____________________
7. 의뢰자 ____________________
8. 실험일온도____________________
9. 실험일습도____________________
10. 수조온도____________________

시 료 / 시험종목	성 적						비 고 (참고로 필요한 기재사항)
	1	2	3	4	평균	판정	
1. 흡수량(%)							
2. 비 중							
3. 안정성 (손실질량)(%)							
4. 마모율(%)							
5. 압축강도							
6. 휨강도							
7.							
8.							

고 찰

실험자	소속		성 명	인
확 인	서기 20 년 월 일		성 명	인

강재의 인장시험

시 험 일		
시험일의 상태	기 온(℃)	실 온(℃)
시 료		

시 료 번 호				
호 칭 지 름(mm)				
실축지름 (mm)	최대지름			
	최소지름			
	평 균			
단면적(mm^2)				
종 별		제 종	제 종	제 종
기 호		SB	SB	SB
표점거리(mm)				
항복점 하중(N)				
항복점(N/mm^2)				
인장하중(N)				
인장강도(N/mm^2)				
신 도	(mm)			
	(%)			
절단위치				
시험편				
판 정				

고 찰

실 험 자	소 속		성명	인
확 인	서기 20 년 월 일		성명	인

강재의 굴곡시험

시 험 일	서기 20 년 월 일 요일 날씨		
시험일의 상태	기 온(℃) 실 온(℃)		
시 료			
시 료 번 호			
호칭지름(mm)			
실측지름(mm)			
종 별	제 종	제 종	제 종
기 호	SB	SB	SB
굴곡각도(°)			
안쪽반지름(mm)			
판 정			

고 찰

실 험 자	소 속		성 명	인
확 인	서기 20 년 월 일		성 명	인

<table>
<tr><td colspan="6">강 재 의 경 도 시 험</td></tr>
<tr><td colspan="2">시 험 일</td><td colspan="4">서기 20 년 월 일 요일 날씨</td></tr>
<tr><td colspan="2" rowspan="2">시험일의 상태</td><td colspan="2">기 온</td><td colspan="2">실 온</td></tr>
<tr><td colspan="4"></td></tr>
<tr><td colspan="2">시 료</td><td colspan="4"></td></tr>
<tr><td colspan="6">Ⅰ. 브리넬경도</td></tr>
<tr><td colspan="2">시 료 번 호</td><td></td><td></td><td></td><td></td></tr>
<tr><td colspan="2">종 별</td><td>제 종</td><td>제 종</td><td>제 종</td><td></td></tr>
<tr><td colspan="2">기 호</td><td>SB</td><td>SB</td><td>SB</td><td></td></tr>
<tr><td rowspan="3">자국의 직경</td><td>1</td><td></td><td></td><td></td><td></td></tr>
<tr><td>2</td><td></td><td></td><td></td><td></td></tr>
<tr><td>3</td><td></td><td></td><td></td><td></td></tr>
<tr><td colspan="2">경도치(환산표)</td><td></td><td></td><td></td><td></td></tr>
<tr><td colspan="2">경도치(계산치)</td><td></td><td></td><td></td><td></td></tr>
<tr><td colspan="6">Ⅱ. 로크웰경도</td></tr>
<tr><td rowspan="4">시험횟수</td><td>1</td><td></td><td></td><td></td><td></td></tr>
<tr><td>2</td><td></td><td></td><td></td><td></td></tr>
<tr><td>3</td><td></td><td></td><td></td><td></td></tr>
<tr><td>평균치</td><td></td><td></td><td></td><td></td></tr>
<tr><td colspan="6">Ⅲ. 쇼어경도</td></tr>
<tr><td rowspan="4">시험횟수</td><td>1</td><td></td><td></td><td></td><td></td></tr>
<tr><td>2</td><td></td><td></td><td></td><td></td></tr>
<tr><td>3</td><td></td><td></td><td></td><td></td></tr>
<tr><td>평균</td><td></td><td></td><td></td><td></td></tr>
<tr><td colspan="6">고 찰</td></tr>
<tr><td>실 험 자</td><td>소 속</td><td></td><td>성 명</td><td colspan="2">인</td></tr>
<tr><td>확 인</td><td colspan="2">서기 20 년 월 일</td><td>성 명</td><td colspan="2">인</td></tr>
</table>

철 근 시 험 표

유 별 번 호:　　　　　　　　시 험 일: 20 년 월 일
시 험 번 호:　　　　　　　　의 뢰 자:
시 료 종 류:　　　　　　　　시 험 자:　　　　　　인

시료 번호	공칭지름 (mm)	실지름 (mm)	단면적 (mm^2)	항 복 점		인 장 강 도		연 신 율			구부림
				하중 (N)	강도 (N/mm^2)	하중 (N)	강도 (N/mm^2)	표점거리 (mm)	연신량 (mm)	연신율 (%)	

고 찰

실 험 자	소 속		성 명	인
확 인	서기 20 년 월 일		성 명	인

아스팔트 시험성과표

20 년 월 일

시험일의 상태	실 온 (℃)	습 도 (℃)	날 씨

시료종류	

침입도	시료번호	1회	2회	3회	침입도	비 고

신도	시료번호	아스팔트 비중	액체비중	신속도 (mm/mın)	물온도 (℃)	1회	2회	신도 (mm)	비고

연화점	시료번호	온도 (℃)							비고

	시료번호								비고

고 찰

실 험 자	소 속		성 명	인
확 인	서기 20 년 월 일		성 명	인

(　　　　) 제 품 시 험 표

유 별 번 호: 품질관리　　　　시 험 일 자: 20 년 월 일
시 험 번 호:　　　　생 산 자:
시 료 종 류:　　　　시 험 자:

시 료 번 호						
외 관						
시 료 채 취 일		20 년 월 일 (일)	20 년 월 일 (일)	20 년 월 일 (일)	20 년 월 일 (일)	20 년 월 일 (일)
크 기						
물먹음	젖은무게	gr	gr	gr	gr	gr
	마른무게					
	흡 수 량					
	흡 수 율	%	%	%	%	%
눌음	파괴하중	L/B	L/B	L/B	L/B	L/B
		kg	kg	kg	kg	kg
	단 면 적					
	강 도	N/mm^2	N/mm^2	N/mm^2	N/mm^2	N/mm^2
꺾기	스팬길이					
	파괴하중	L/B	L/B	L/B	L/B	L/B
		N	N	N	N	N
	모 멘 트					
	단면계수					
	강 도					

고 찰

실 험 자	소 속		성 명	인
확 인	서기 20 년 월 일		성 명	인

내장재의 난연성 시험성과표

20 년 월 일

유별번호		의뢰자	주소	
시험번호			성명	

제품	재료명		상품명	
	형 상 치 수	형 상 평판 · 파형 · 폐공 · 관통공	중 량	kg/매 kg/m^2
		표준치수 mm× mm× mm	함수율	(%)
	재 료 구 성		재료단면도	
	치장층			
	기본재			
	상용치수 기 타			

가열조건	표 면 시 험	부 열 원	(L/min)	기본재 시 험	열원	(kW/h)		
		주 열 원	(kW/h)		조정 온도	별첨 4	별첨 5	별첨 6
		가열시간	(min)			(℃)	(℃)	(℃)

구분		항목	A	B	C
공시체		공 시 체 번 호	A	B	C
		크 기(mm)	×	×	×
		두 께(mm)			
		중 량(g)			
		함 수 율(%)			
		재 령(D)			
시험결과		시험에 의한 감량(g)			
	표면재	배기온도 및 발연량 곡선	별첨 1( )	별첨 2( )	별첨 3( )
		온도시간 면적(℃min)			
		단위면적당 발연량(Ca)			
		잔여시간(sec)			
		전두께에 걸친 용융균열두께 등(mm)			
		유해한 변형 등			
		유해가스의 발생			
		뒷면 공간 온도 및 시간(℃.h)			
		앞면 공간 온도 및 시간(℃.h)			
	기본재	노내 최고온도(℃)	별첨 4(℃)	별첨 5(℃)	별첨 6(℃)
		표준 조정온도(℃)			
		온도차(Max)(℃)			
		시료의 변화			

판 정				
고 찰				
실 험 자	소 속		성 명	인
확 인	서기 20 년 월 일		성 명	인

(   ) 시 험 성 과 표

20　　년　　월　　일

유 별 번 호:　　　　　　　　　　채 취 날 짜: 20　　년　　월　　일
시 험 번 호:　　　　　　　　　　재　고　량:
시 료 종 류:　　　　　　　　　　생　산　자:
시료 채취 장소:　　　　　　　　　시　공　자:
채　취　자:　　　　　　　　　　의　뢰　자:

시 험 종 목	단 위	시 료 번 호				비　고
		1	2	3	4	
1.						
2.						
3.						
4.						
5.						
6.						
7.						
8.						
9.						
10.						
11.						
12.						
13.						
14.						

고 찰

실　험　자	소　속		성 명	인
확　　인	서기 20　　년　　월　　일		성 명	인

(　　　　) 시 험 성 과 표

20　　년　월　일

유 별 번 호:　　　　　　　　채 취 날 짜:　20　　년　월　일
시 험 번 호:　　　　　　　　재　고　량:
시 료 종 류:　　　　　　　　생　산　자:
시료 채취 장소:　　　　　　　시　공　자:
채　취　자:　　　　　　　　의　뢰　자:

시 험 종 목	시 험 종 목					비 고

고 찰

실 험 자	소 속		성 명	인
확 인	서기 20　　년　월　일		성 명	인

(　　　　)시험성과표

20　　년　　월　　일

유 별 번 호:　　　　　　　　　　시료채취 날짜: 20　　년　　월　　일
시 험 번 호:　　　　　　　　　　재　고　량:
시 료 종 류:　　　　　　　　　　생　산　자:
시료 채취 장소:　　　　　　　　　시　공　자:
채　취　자:　　　　　　　　　　의　뢰　자:

실 험 자	소 속		성 명	인
확　　인	서기 20　　년　　월　　일		성 명	인

저 자

한민철

현, 청주대학교 건축공학과 교수
청주대학교 건축공학과 공학박사
건축품질시험기술사
한국건축시공학회이사
저서 : 기온과 콘크리트, 레디믹스트콘크리트의 품질관리, 콘크리트와 환경,
건설관리학 총서4 품질/안전/환경관리, 한중콘크리트 시공

임남기

현, 동명대학교 건축공학과 교수
단국대학교 건축공학과 공학박사
건축시공기술사
한국건축시공학회 회장, 국토교통부 중앙심의위원
저서 : 건축시공전서, 국토교통부제정 콘크리트 시방서

이건철

현, 한국교통대학교 건축학부 교수
일본 나고야대학 도시환경학전공, 공학박사
건축기사, 일본콘크리트기사
한국건설생활환경시험연구원 선임연구원, 한국건설기술연구원 박사후 연구원
저서: 레디믹스트 콘크리트의 품질관리, 고유동 콘크리트의 제조, 콘크리트와 환경,
레디믹스트 콘크리트 품질문제의 원인 및 대책, 굳지 않은 콘크리트의
레올로지 특성 및 적용

이창준

현, 충북대학교 건축공학과 부교수
Univ. of Illinois at Urbana-Champaign, 토목공학과 공학박사
Univ. of Illinois at Urbana-Champaign, CEAT 박사후 연구원
한국건설기술연구원 기반시설본부 박사후 연구원

기성훈

현, 동아대학교 ICT융합 해양스마트시티공학과 부교수
미국 Univ. of Texas at Austin, 토목공학과 공학박사
미국 Rutgers Univ., Center for Advanced Infrastructure and Transportation,
선임연구원, 육군공병장교

한동엽

현, 경상국립대학교 건축공학과 부교수
미국 Univ. of Texas at Austin, 토목공학과 공학박사
서울대학교 공학연구원 연수연구원 박사후 연구원
육군공병장교

김 종

현, 청주대학교 건축공학과 조교수
청주대학교 건축공학과 공학박사
㈜선엔지니어링종합건축사사무소 이사
저서 : 건설관리학 총서4 품질/안전/환경관리, 한중콘크리트 시공

건축재료실험

2015년 9월 10일 1판 발행
2020년 4월 30일 2판 발행
2022년 6월 30일 3판 발행

저 자 한민철 임남기 이건철 이창준
기성훈 한동엽 김 종
발 행 인 강해작
발 행 처 기문당
주 소 서울시 성동구 무학봉 28길 4-1
전 화 02) 2295-6171(代)~5
팩 스 02) 2296-8188
홈페이지 http://www.kimoondang.com
출판등록 1976. 10. 7(1-44)
I S B N 978-89-6225-512-6 93540